D1670410

Lecture Notes in Physics

New Series m: Monographs

Editorial Board

H. Araki, Kyoto, Japan
E. Brézin, Paris, France
J. Ehlers, Potsdam, Germany
U. Frisch, Nice, France
K. Hepp, Zürich, Switzerland
R. L. Jaffe, Cambridge, MA, USA
R. Kippenhahn, Göttingen, Germany
H. A. Weidenmüller, Heidelberg, Germany
J. Wess, München, Germany
J. Zittartz, Köln, Germany

Managing Editor

W. Beiglböck
Assisted by Mrs. Sabine Landgraf
c/o Springer-Verlag, Physics Editorial Department II
Tiergartenstrasse 17, D-69121 Heidelberg, Germany

Springer
Berlin
Heidelberg
New York
Barcelona
Budapest
Hong Kong
London
Milan
Paris
Santa Clara
Singapore
Tokyo

The Editorial Policy for Monographs

The series Lecture Notes in Physics reports new developments in physical research and teaching - quickly, informally, and at a high level. The type of material considered for publication in the New Series m includes monographs presenting original research or new angles in a classical field. The timeliness of a manuscript is more important than its form, which may be preliminary or tentative. Manuscripts should be reasonably self-contained. They will often present not only results of the author(s) but also related work by other people and will provide sufficient motivation, examples, and applications.

The manuscripts or a detailed description thereof should be submitted either to one of the series editors or to the managing editor. The proposal is then carefully refereed. A final decision concerning publication can often only be made on the basis of the complete manuscript, but otherwise the editors will try to make a preliminary decision as definite as they can on the basis of the available information.

Manuscripts should be no less than 100 and preferably no more than 400 pages in length. Final manuscripts should preferably be in English, or possibly in French or German. They should include a table of contents and an informative introduction accessible also to readers not particularly familiar with the topic treated. Authors are free to use the material in other publications. However, if extensive use is made elsewhere, the publisher should be informed. Authors receive jointly 50 complimentary copies of their book. They are entitled to purchase further copies of their book at a reduced rate. As a rule no reprints of individual contributions can be supplied. No royalty is paid on Lecture Notes in Physics volumes. Commitment to publish is made by letter of interest rather than by signing a formal contract. Springer-Verlag secures the copyright for each volume.

The Production Process

The books are hardbound, and quality paper appropriate to the needs of the author(s) is used. Publication time is about ten weeks. More than twenty years of experience guarantee authors the best possible service. To reach the goal of rapid publication at a low price the technique of photographic reproduction from a camera-ready manuscript was chosen. This process shifts the main responsibility for the technical quality considerably from the publisher to the author. We therefore urge all authors to observe very carefully our guidelines for the preparation of camera-ready manuscripts, which we will supply on request. This applies especially to the quality of figures and halftones submitted for publication. Figures should be submitted as originals or glossy prints, as very often Xerox copies are not suitable for reproduction. For the same reason, any writing within figures should not be smaller than 2.5 mm. It might be useful to look at some of the volumes already published or, especially if some atypical text is planned, to write to the Physics Editorial Department of Springer-Verlag direct. This avoids mistakes and time-consuming correspondence during the production period.

As a special service, we offer free of charge $\text{L}^{\text{A}}\text{T}_{\text{E}}\text{X}$ and $\text{T}_{\text{E}}\text{X}$ macro packages to format the text according to Springer-Verlag's quality requirements. We strongly recommend authors to make use of this offer, as the result will be a book of considerably improved technical quality.

Manuscripts not meeting the technical standard of the series will have to be returned for improvement.

For further information please contact Springer-Verlag, Physics Editorial Department II, Tiergartenstrasse 17, D-69121 Heidelberg, Germany.

Res Jost

Das Märchen vom Elfenbeinernen Turm

Reden und Aufsätze

Mit einem Beitrag von Abraham Pais

Herausgegeben von K. Hepp,
W. Hunziker und W. Kohn

 Springer

Autor

Res Jost †

Herausgeber

Klaus Hepp
Walter Hunziker
Institut für Theoretische Physik
ETH-Hönggerberg
CH-8093 Zürich, Schweiz

Walter Kohn
Institute for Theoretical Physics
University of California
Santa Barbara, CA 93106, USA

Cataloging-in-Publication-Data applied for

Die Deutsche Bibliothek - CIP-Einheitsaufnahme

Jost, Res:
Das Märchen vom Elfenbeinernen Turm : Reden und Aufsätze /
Res Jost. Mit einem Beitr. von Abraham Pais. Hrsg. von K.
Hepp ... - Berlin ; Heidelberg ; New York ; Barcelona ;
Budapest ; Hong Kong ; London ; Milan ; Paris ; Tokyo :
Springer, 1995
  (Lecture notes in physics : N.s. M, Monographs ; Vol. 34)
  ISBN 3-540-59476-0
NE: Hepp, Klaus [Hrsg.]; Lecture notes in physics / M

ISBN 3-540-59476-0 Springer Verlag Berlin Heidelberg New York

This work is subject to copyright. All rights are reserved, whether the whole or part of the material is concerned, specifically the rights of translation, reprinting, re-use of illustrations, recitation, broadcasting, reproduction on microfilms or in any other way, and storage in data banks. Duplication of this publication or parts thereof is permitted only under the provisions of the German Copyright Law of September 9, 1965, in its current version, and permission for use must always be obtained from Springer-Verlag. Violations are liable for prosecution under the German Copyright Law.

© Springer-Verlag Berlin Heidelberg 1995
Printed in Germany

Typesetting: Camera-ready by authors using TₑX
SPIN: 10532211   55/3142-54321 - Printed on acid-free paper

Vorwort der Herausgeber

Der vorliegende Band enthält Manuskripte von Res Jost über die Geschichte der Physik im 19. und 20. Jahrhundert, über das Verhältnis von Mathematik und Physik und über wissenschaftliche und ethische Fragen, an ein breites, wissenschaftlich interessiertes Publikum.

Warum ein weiteres Buch aus diesem, in der heutigen postmodernen Zeit so breit behandelten Fragenkreis? Nur nach langem Zögern und wissend, dass sich Jost zu seinen Lebzeiten mehrfach geweigert hatte, seine Werkaufzeichnungen zu veröffentlichen, haben wir uns auf Drängen seiner Freunde und in dankbarer Erinnerung entschlossen, diese Studien einem grösseren Leserkreis zugänglich zu machen. Jost war in vieler Hinsicht einzigartig unter den grossen Physikern seiner Zeit. Auch während der Jahre grösster Schöpferkraft und im Glanz internationaler Anerkennung hat er sich immer wieder mit der Vergangenheit und den Problemen seiner Zeit auseinandergesetzt. Als Berner, aufgewachsen im Blick auf die wohl grossartigste Alpenkette, wusste er, dass sich die Gipfel in ihren richtigen Proportionen nur dem sicheren, aber dem eigenen Leistungsbeweis nicht restlos verfallenen Kletterer darstellen. Jost hatte das Glück, in der Zeit des wissenschaftlichen Erwachens nach dem 2. Weltkrieg in Zürich, Kopenhagen und Princeton mit der grossen "Alten Garde" der theoretischen Physik in Kontakt zu kommen und sich im Kreis der Jüngeren durch das Lösen harter Probleme und seine tiefe Einsicht einen Namen zu machen. Als Schweizer liebte und verwünschte er die Gespaltenheit zwischen schonungsloser Selbstkritik und moralischer Weltsicht, die ihn ohne den Humor eines Rabelais und dem Humanismus eines Jakob Burckhardt vielleicht in die Isolation getrieben hätte. So aber entstanden in Josts letztem Lebensdrittel einige wunderschöne Studien über Faraday, Boltzmann, Planck, Einstein und seine Zeit, und über unsere heutigen Probleme.

Das Verzeichnis der Schriften von Res Jost befindet sich am Ende dieses Bandes. Wegleitend für die Auswahl der Texte war erstens die Absicht, Doppelspurigkeiten zu vermeiden. So fehlen etwa zum Thema "Boltzmann und Planck" der Vortrag von 1978 in Gwatt samt den ausführlichen Notizen und Literatur-Recherchen. Zweitens wurde stets die deutsche Originalfassung einer englischen Version vorgezogen, denn Josts kräftigste Ausdrucksweise war sein eigenes Deutsch.

Der Anstoss zu dieser Sammlung ging von Hilde Jost aus, schon seit immer die treue Hüterin des Bewahrenswerten. Frau Annet Schultze danken wir für das Erstellen des druckfertigen Textes und Wolf Beiglböck für Rat und Tat.

Zürich, Juli 1995

K. Hepp

W. Hunziker

W. Kohn

Inhalt

Essays zur Geschichte der Physik im 19. und 20. Jahrhundert

Mathematik und Physik

Wissen und Gewissen

Res Jost

Res Jost
January 10, 1918 - October 3, 1990

Abraham Pais
Rockefeller University, New York, New York

On January 2, 1946 I arrived in Copenhagen to start post-doctoral research. I was the first of the post-War crop of youngsters from abroad to start work at Niels Bohr's *Institut for teoretisk Fysik* (in 1965 renamed Niels Bohr Institute). There, shortly afterwards, on the 15th, I made the first acquaintance of another young arrival from abroad[1]. He was Res Jost. We were of the same age, both born in 1918.

What follows is mainly the story of our almost half a century's friendship rather than a systematic detailed analysis of Jost's oeuvre.

Res was a native of Berne, Switzerland, where he received his elementary and secondary education and took courses at the University from which, after considerable interruption for military service, he received in 1943 the *Diplom* as *Gymnasiallehrer* (high school teacher) in mathematics, physics, and chemistry. From 1944 until the summer of 1946 he studied at the University of Zürich, where he became deeply impressed by the courses from the mathematician Heinz Hopf (1894-1971) and the physicist Gregor Wentzel (1998-1978), under whose guidance he completed his Ph.D. thesis on a topic in meson theory[2] just before his departure for Denmark.

Res and I got along well from the day we met. We would often eat and talk together, especially about our work, which had gone in different directions. I had become interested in the possible existence of elementary particle spectra,

---

[1] I found the dates of our arrival and departure among the documents at the Niels Bohr Archive in Copenhagen.

[2] RJ, Helv. Phys. Acta *19*, 113, 1946.

work of which only a new word, the term lepton[3], has survived, had made some calculations on neutron-proton scattering[4], and had soon become involved in daily work together with Bohr. Res had become deeply immersed in the theory of the scattering matrix (S-matrix), formulated in 1943 by Heisenberg, and of great interest in Copenhagen, where Christian Møller (1904-1980) had elaborated Heisenberg's ideas.

Heisenberg had conjectured that the zeros of the S-matrix on the imaginary axis in the k-plane (k is the asymptotic momentum) would give the bound states. Meanwhile it had been found out, however, that for potential scattering, "false zeros" can arise that do not correspond to bound states. Whereupon Jost gave a general criterion for bound states: For given angular momentum the S-matrix can always be written, he showed, as* $S(k) = f(k)/f(-k)$. Bound states are given by the zeros of $f(k)$, any false zeros by the poles of $f(-k)$. $f(k)$ is now known as the Jost function. It appears for the first time in his paper completed in Copenhagen[5], and was treated by him in much more detail a year later[6]. Ever since the Jost function has played an important role in scattering theory.

One remnant of our Danish days has remained in our later conversations, whether face to face or by phone. At the end, one of us would invariably say: *mange tak*, many thanks, the other would reply: *selv tak*, thanks yourself.

On the following September 26, I left Copenhagen, Res departed four days later. I was bound for Princeton, where I had received a fellowship from the Institute for Advanced Study (hereafter called the Institute), which one year later was converted to a five-year appointment. In 1951 I became a full professor at the Institute. Res had left Copenhagen for Zürich with an appointment as assistant to Wolfgang Pauli (1900-1958) at the ETH (Eidgenössische Technische Hochschule, Swiss Federal Institute of Technology).

In 1947, Pauli wrote to a colleague: "I am very satisfied with my assistant Jost."[7] Res had indeed quickly become quite productive in his new position. In that year he first published work done some years earlier on the mathematical theory of counters[8], then came the paper[6] on false zeros mentioned earlier, next he solved a problem set to him by Pauli[9], concerning soft photons emitted

[3]C. Møller and A. Pais, Cambridge Conf. on fundamental particles and low temperatures, p. 181, Taylor and Francis, London 1947.

[4]Ref. 3, p. 177.

*$f(k)$ is the value of the function $f(k,r)$ at $r = 0$, where $f(k,r)$ is that solution of the Schrödinger equation which for large r behaves as an incoming spherical wave with amplitude normalized to unity: $f(k,r) \rightarrow e^{-ikr}$, $r \rightarrow \infty$.

[5]RJ, Physica *12*, 509, 1946.

[6]RJ, Helv. Phys. Acta *20*, 256, 1947.

[7]W. Pauli, letter to H.B.G. Casimir, January 2, 1947, repr. in W. Pauli, "Wissenschaftliche Briefwechsel", K. von Meyenn, Ed., Vol. III, p. 411, Springer, New York 1993.

[8]RJ, Helv. Phys. Acta *20*, 173, 1947.

[9]W. Pauli, letter to A. Bohr, March 30, 1947, ref. 7, p. 432.

in Compton scattering[10]. Finally, he published a theorem on entropy in wave mechanics[11].

One will note the strong mathematical bent in all these papers. So it remained throughout Jost's career. He was in fact to become one of the leading mathematical physicists of his time.

The year 1947 saw major advances in quantum electrodynamics, stimulated by discoveries of a small displacement (Lamb shift) of certain lines in the hydrogen spectrum, and of a small anomaly of the magnetic moment of the electron, both as compared with Dirac's predictions of 1928. New mathematical techniques, known as the renormalization program for radiative corrections, were developed almost at once to cope with these effects. It was just the kind of novelty that was up Jost's alley.

Several of his next papers (together with coworkers) are devoted to applications of this new program.: radiative corrections to Compton scattering for spinless particles[12], and a treatment of vacuum polarization[13]. In the next paper, a more refined treatment of vacuum polarization[14], we find Jost's first use of the graph techniques meanwhile perfected by Richard Feynman (1918-1988). This paper is of particular interest because of questions of principle addressed therein. First: why are all charges renormalized to the same amount, that is, for example, why do the proton and the positron have the same renormalized charge? It was shown how this comes about to order e^2. Secondly, Pauli had conjectured that the fine structure constant might be fixed by requiring a correlation of divergences to order e^2 and e^4. This conjecture was proven incorrect.

We, in Princeton, had followed this work with great interest. I urged Oppenheimer to invite some of the young Zürich theorists to the Institute. That fit quite well with another long-standing invitation, to Pauli, to spend academic 1949-50 with us. So it came about that in the autumn of 1949 he appeared in Princeton, soon followed by his "children", as he put it[15], Jost, Luttinger, and Villars.

Jost came accompanied by his bride. Earlier in 1949 he was married in Berne to Hilde Fleischer (b. 1922), a native of Vienna, herself a Ph.D. in physics, who found a job at the Princeton University Library. Theirs was a splendid union. In particular, Hilde's cheery outlook on life, always aiming towards the positive side, was a great support to Res, who tended to be less sanguine by nature.

---

[10]RJ, Phys. Rev. *72*, 815, 1947.

[11]RJ, Helv. Phys. Acta *20*, 491, 1947.

[12]RJ and E. Corinaldesi, Helv. Phys. Acta *21*, 183, 1948.

[13]RJ and J. Rayski, Helv. Phys. Acta *22*, 457, 1949.

[14]RJ and J. Luttinger, Helv. Phys. Acta *23*, 201, 1950.

[15]W. Pauli, letter to I. Rabi, December 19, 1949, ref. 7, p. 722.

I became fond of Hilde right away. (Later she told me that she had heard about me from Res and had imagined me to be a grey-haired older man.) Since I would often be invited for dinner to their apartment, I soon found out that she was a fine cook. Her Wiener schnitzels were excellent, her Sacher torte was superb. After-dinner discussions would range far and wide. For the first time I realized Res' broad and deep extrascientific interests in history, literature, music, the visual arts. Through the years it has always enriched me to talk with him about those subjects.

Res' first Princeton paper[16] deals with a calculation using S-matrix methods of the angular and momentum distribution of a nucleus as it recoils after pair production by an incident photon. It is his only work in which comparisons with current experiments were used. He made such a strong impression at the Institute that in the spring of 1950 he was offered and accepted a five-year membership, thus extending his first stay to 1955. In later years he would return several more times to the Institute, to spend the fall term of 1957, academic 1962-63, and the fall term of 1968.

The next great event in Res' life was the birth of his first son, in 1951. In that year Hilde had gone to Berne for the delivery. On her return Res went to fetch her. I can still remember seeing them walk to their apartment, Res holding little baby Resli in a carrying bag. I was most honored and pleased to become his *Götti*, godfather, and felt likewise when Res agreed to become godfather to my son Joshua. Resli has grown up to be a tall, vigorous fellow, for years a fine handball player, and is currently the head of the gastroenterology department of the *Kantonsspital* Winterthur. The Josts were to have two more children, who likewise have done well in mature life: Beat (b. 1957), experimental physicist, currently staff member at CERN; and Inge (b. 1960), who became a student of law, and is now personnel manager at the firm Allopro, in Baar, Switzerland (both were also born in Berne). After Resli's birth, Hilde gave up her career forever. She was, and is, a splendid mother.

During 1951-52, Res and I collaborated on two projects, our only joint papers.
The first of these deals with the quantum theory of potential scattering and is an elaboration of an approximation method first proposed by Max Born (1882-1970) in 1926[17]. Brooding about integration methods devised by *Feynman*, it struck me one day that it would be possible to use them for a calculation in closed form of the second Born approximation for scattering by a Yukawa potential. The

---

[16]RJ, J. Luttinger, and M. Slotnick, Phys. Rev. *80*, 189, 1950.
[17]M. Born, Z. f. Phys. *38*, 803, 1926.

gist of Born's method is to expand the scattering amplitude in terms of powers of the potential coupling strength. Up till then very little was known beyond the first power, i.e., the first approximation. The prospect of going one step further was exciting.

That evening I had to buy something in Thorne's drugstore on Nassau Street. There I met the Josts and told Res of my idea. He too got excited and suggested we go to a blackboard to have a closer look, which we did. So began a several months' period of intense joint labor; evenings we would often work until three in the morning.

It did not take us long to solve the Yukawa problem. It was only natural that next we were led to a much tougher question: what is the radius of convergence of the Born series? We could give an exact answer for one particular potential[18], but for S-states only. Could we do something for general potentials, independent of angular momentum restrictions? The answer was yes, using a new method based on the Fredholm theory of integral equations. Jost's profound mathematical knowledge was indispensable to get that far. Emboldened by this success we dared to ask whether our methods could be extended to quantum field theory. A few days of rumination showed us that this ambition could not be fulfilled. Later, our Fredholm method was successfully applied to non-relativistic dispersion relations[19].

As we began preparing our paper[20] on the subject, the question arose whether others had studied the convergence question before us. We went back and back in the literature, found nothing, until we came to Born's paper[17] of 1926, where we saw a correct proof of general convergence for one-dimensional scattering, followed by the incorrect statement, without proof, that this result can directly be extended to three dimensions[21].

When we received proofs, the pedantic Editor of the Physical Review demanded that in our references we supply the initials of authors of books which everyone knows by last names only. That went too far, we felt, so you will find in our printed paper references to A.B. Whittaker and C.D. Watson, A.B. Frank and C.D. Mises ....

Our second joint paper[22] deals with problems in particle physics. It is the first paper that introduces a rigorous selection rule which has come to be known as G-parity. This work has played a crucial role in my later work, since it was the first occasion on which I learned to apply invariance principles.

In the summer of 1952 I saw Res in action in a quite different capacity: as

---

[18]The Hulthén potential, $V(r) = e^{-r}/(1 - e^{-r})$.

[19]N.N. Khuri, Phys. Rev. *107*, 1148, 1957.

[20]RJ and A. Pais, Phys. Rev. *82*, 840, 1951.

[21]Ref. 17, p. 816.

[22]A. Pais and RJ, Phys. Rev. *87*, 871, 1952.

a mountaineer. In June of that year the Josts and I were in Copenhagen to attend an international physics conference. While there we planned to take some vacation together in the Swiss mountains. Some weeks later I joined them in Zürich, from where, together with Res' father, we went by car to Pontresina in Canton Graubünden, where we settled down in Pension Remi. We made an excursion to nearby St. Moritz. Another day we went up the Schafsberg, more of a hike, but a good long one. Res' father, erstwhile physics teacher at the municipal *Gymnasium* in Berne, then in his early eighties, went along. I admired the old man's ways, going slowly but steadily, rarely pausing for a moment's rest. From him, a seasoned mountaineer in his younger days, I learned the climber's rule: Below 4000 meters walk slowly, higher up go as fast as you can.

Guided by Res I found some Edelweiss that day. (I had no idea what they looked like.) I plucked a few of those delicate white flowers. For years they have hung behind glass in my office.

Meanwhile Res and I had made a plan to do something more serious, climb the nearby Piz Albris. We estimated that the ascent would take some 5 hours so, leaving early, we could be back by dinner time. That, however, did not come to pass.

All went as planned on the way up. The climb was not very technical, yet did require that now and then Res, an expert in the mountains, had to belay me, the novice. After we reached the top we had a piece of bread and sausage and some water. Looking over the beautiful landscape, we noticed another possible way back to the valley, steeper but considerably shorter. We decided to try that one and began our slow descent. There came a point where I, in front, belayed by Res, saw trouble ahead. If we continue this way, I told him, we will hit a good-sized waterfall. We retraced our steps part of the way until we found a narrow lateral ledge along which we proceeded sideways, stepping very carefully. The going was slow, the sun went down, we were still on the slope. Whereupon Res decided that safety demanded that we spend the night there to wait for sunrise before going further. We sat for quite a while until I felt like moving a little bit. That was lucky, since I discovered a safe way to get down. Slowly, slowly, we went on, reaching the road by eleven in the evening. We still had to walk another hour to reach our Pension. On we went, when a car stopped next to us. Are you the two men from Pension Remi who were on the Albris? Indeed we were. Shouts of joy from the car.

What had happened meanwhile was that Hilde, seriously alarmed, had called a local three-man mountain rescue squad who were on their way to save us when we met them. Together we drove to the Pension where we were embraced by a tearful Hilde. All of us were given food and hot tea, then sat for hours as the locals told stories of other rescues which did not end as happily as ours.

Also in later years I have spent happy times with the Josts in Switzerland. We would vacation together, in Saas Fee, and in Lauenen, from where, in 1961, Res and I made another climb, the ascent of the Wildhorn – this time with a guide. I was always welcome as their houseguest wherever they lived. In October 1964 they moved into their final residence in Unterengstringen, a house they themselves had largely designed. Not only was it a beautiful comfortable home, but also it had its own heatable swimming pool, realizing Hilde's dream of taking a swim every day. I have never seen Res in their pool, water was not his element. On hikes in the neighborhood I noticed another quality of Res. He was an expert in finding eatable mushrooms.

I return to Princeton in 1952. Res had begun a series of investigations on the "inverse problem"; given the scattering phase shifts and the values of the bound state energies, to what extent is the scattering potential determined? And on the related issue of equivalent potentials: can different potentials lead to the same phase shifts and bound states? That work, begun with his good friend Walter Kohn, kept him busy on and off for the next three years[23]. Then his time in Princeton was up. In the spring of 1955 he and his family went back to Zürich, where an appointment as *extraordinarius* at the ETH was awaiting him.

During the first few years after his return, Res had unexpectedly and undeservedly to endure grave personal attacks from the side of Pauli, who in those last few years of his life had turned quite hostile to him. It caused an irreparable rift between the two men.

Pauli's attitude was, I am sure, due to his mental instability at that time, which I noticed from personal observations (in New York, in April 1957). Similar observations (with which I concur) about that sad state of affairs are found in Heisenberg's autobiography[24]. In 1989 Jost sent me a detailed memorandum on these events, to which I may return elsewhere. Here I shall only quote the one published remark on this matter by Res himself. "I was under the spell of this unique personality until he ousted me [from his inner circle]"[25]. None of which prevented his appointment in 1959 as successor to Pauli, who had died in 1958.

Meanwhile, undaunted, Jost had begun in Zürich his researches on issues of principle in quantum field theory, his most famous and profound contributions to mathematical physics. I mention their highlights only, and those very briefly, since this is not the place in which to go into detail, and, more so, since this work lies beyond my range of expertiese, though I have followed it in outline.

---

[23]RJ and W. Kohn, Phys. Rev. *87*, 977, 1952; *88*, 382, 1952; RJ and R. Newton, Helv. Phys. Acta *29*, 410, 1955; RJ, *ibid. 29*, 410, 1956.

[24]W. Heisenberg, "Der Teil und das Ganze", pp. 316-320, Piper Verlag, München 1969.

[25]RJ, Phys. Blätter *40*, 178, 1984 (reprinted in this volume).

These activities began with his paper, jointly with Harry Lehmann, on causal commutators[26]. Next follows his series of papers on the CTP theorem[27], culminating in his masterful derivation in terms of the complex extension on the Lorentz group[28]. This work forms part of his studies in axiomatic field theory, a new field of endeavor that started in the 1950s, of which he was one of the cofounders, and on which he published a monograph[29]. In those years Res also found time to pursue questions in another area dear to him: classical mechanics[30].

Beginning in the later 1950s, Jost exerted his important influence as teacher, creating in fact his own school. His students, several of whom have internationally made names, have forever endeavored to follow the high standards he set for himself.

In those years I continued to see Res fairly frequently, in Switzerland and elsewhere. In particular I recall us being together in Seattle, in September 1956, for a physics conference; and our joint visit to Otto Stern (1888-1969) near Berkeley, California, where he lived part of the time in his years of retirement. Also in that period we maintained steady contact by correspondence.

I had left the Institute when, in the fall of 1968, Res spent his last period of membership there. He came to the Rockefeller University, however, where I had been appointed in 1963, to give a series of lectures on classical mechanics, entitled "Attempts of an old professor to learn modern mechanics".

In 1972 Res suffered a serious heart attack, from which he recovered. To help cheer him up, I initiated proceedings for his nomination to Foreign Member of the U.S. National Academy of Sciences; he was elected in 1974.

After 1972 Jost turned to the history of science as his main interest. With but two exceptions all his essays collected in the present volume date from that period. With his customary elegance he wrote of his heroes, Boltzmann, Einstein, Faraday, and Planck, whom he heard twice lecture in his high school days. Among the honors he received during those years I only mention the Planck medal. On receiving this award, at the *Festsitzung* in Münster of the *Deutsche Physikalische Gesellschaft*, in 1984, he gave an address[25] in which he reminisced about his past career.

In 1979 we were both in Princeton again, to attend the Centennial Celebration of Einstein's birth. I spoke on "Particles, fields, and the quantum theory"[31],

---

[26]RJ and H. Lehmann, Nuovo Cim. *5*, 1598, 1957.

[27]RJ, Helv. Phys. Acta *30*, 409, 1957; *33*, 773, 1960; *36*, 77, 1963; also with M. Fierz, *ibid.* *38*, 137, 1965.

[28]See Jost's contribution to "Theoretical physics in the twentieth century", p. 107, Interscience, New York 1960.

[29]RJ, "The general theory of quantized fields", Am. Math. Soc., Providence, RI 1965.

[30]See e.g. RJ, Helv. Phys. Acta *41*, 965, 1968.

[31]A. Pais, in "Some strangeness in the proportion", p. 197, H. Woolf, Ed., Addison Wesley, Reading, Mass. 1980.

followed by a lengthy learned commentary on my paper by Jost[32].

Regarding Einstein, in his later years Res was quite active with help in the preparation of the publication of Einstein's collected works, both in scientific matters and in obtaining financial support from Swiss sources. In volume 5 of these papers, published[33] in 1993, one will find the dedication "To the memory of Res Jost, *Fortiter in re, suaviter in modo*": Forceful in affairs, mild in execution.

In 1987 it was diagnosed that Res suffered from a melanoma. He was operated on, successfully it appeared, but was much weakened afterward.

In 1988 friends of mine had organized a one-day physics symposium followed by a festive dinner, at the Rockefeller University, in honor of my 70th birthday. I wanted very much for Res and Hilde to attend; we would take care of expenses. After some discussions by telephone, they accepted, to my great contentment, and spent a few days in New York. On arrival Res told me that he did not have the strength, however, to speak at the occasion. I told him not to worry, I was just happy that he and Hilde were present.

In 1989, a second operation turned out to be necessary. Res appeared to respond well to after-treatment, but then, one night, became lame on the left side and was hospitalized.

I was in Denmark at that time and decided to visit him, which I did. On return I kept in close touch with Hilde, who told me that his state was deteriorating. Whereupon, in September 1990, I went back to Zürich again, staying several days, spending part of each with him in his hospital room. He could no longer speak but I could see that he responded to me when I talked to him. It was heartbreaking to see this good man, who always had been so strong physically and was so helpless now. In all those months, until the end, Hilde was constantly at his bedside.

On October 3, 1990, Res Jost died in the hospital. In the Family's announcement, sent out the next day, it was said that he took his final suffering "with courage and humor". On October 8, a memorial service was held in Weiningen's reformed church.

Of all the people I have known and who have passed before me, I miss no one more than Res. He was my best friend.

---

[32]RJ, Ref. 31, p 252 (reprinted in this volume).
[33]"The collected papers of Albert Einstein", Vol. 5, M. Klein et al. Eds., Princeton University Press 1993.

Erinnerungen: Erlesenes und Erlebtes*

"Wir wissen mit weit mehr Deutlichkeit, daß unser Wille frei ist, als daß alles, was geschieht, eine Ursache haben müsse. Könnte man also nicht einmal das Argument umkehren und sagen: Unsre Begriffe von Ursache und Wirkung müssen sehr unrichtig sein, weil unser Wille nicht frei sein könnte, wenn die Vorstellung richtig wäre."

Georg Christian Lichtenberg (1742-1799)
Sudelbuch I (1789-1793)

Verehrte Anwesende,

ich muss wenigstens für die folgende halbe Stunde bei Ihnen ein gewisses Interesse an meiner Person voraussetzen. Nur dies gibt mir den Mut, so lange meist über mich selbst zu sprechen. Weiter muss ich Sie warnen, dass ich über keine Aufzeichnungen, Tagebücher, gesammelte Korrespondenz und dergleichen verfüge, dass, mit anderen Worten, meine Aussagen dem lückenhaften Gedächtnis eines alten Mannes entspringen. Sie sind mit mehr als einem Gran Zweifel zu würzen, denn es ist eine wohlbekannte Tatsache, dass die menschliche Einbildungskraft die Leere nicht duldet und Lücken, für den einzelnen unmerklich, mit eigenem Gewebe ausfüllt.

Zunächst aber gebietet es der Anlass, des grossen Menschen zu gedenken, dessen Namen die mir verliehene Medaille trägt: *Max Plancks*. Ihn kann ich nicht oder nur mit grosser Künstlichkeit unter *meine Lehrer* zählen. Er war der Lehrer meiner Lehrer, des Experimentalphysikers Heinrich Greinacher in Bern und des Mathematikers Heinz Hopf in Zürich. Meine eingehende Beschäftigung mit dem grossen Physiker und eigentlichen Schutzgeist der Deutschen Naturwissenschaft gehört entschieden meiner zweiten Lebenshälfte an und verdichtet sich hauptsächlich auf die Jahre 1894 bis 1900 und die Kette von Arbeiten "Über irreversible Strahlungsvorgänge", die schliesslich zur Entdeckung des elementaren Wirkungsquantums und zur richtigen spektralen Energiedichte für die Hohlraumstrahlung geführt haben.

---

*Festvortrag anlässlich der Entgegennahme der Max-Planck-Medaille durch R. Jost auf der 48. Physikertagung in Münster. (Physikalische Blätter, *40*, 178, 1984)

Allein, in dunkler Zeit, als in diesem Lande das Unheil schon gesiegt hatte und alles unaufhaltsam dem Abgrund zutrieb, habe ich Planck selbst in öffentlichen Vorträgen zweimal gehört. Solche Veranstaltungen wurden von den damals Befehlenden verordnet und dienten ihnen als Tarnung. Das wussten auch wir in unserer Bernischen Provinz, und trotzdem strebten wir hin zum ehrwürdigen Greis, der uns das wahre Gegenteil der in Deutschland herrschenden Barbarei vorstellte. An den ersten der beiden Vorträge, dem ich als ein Gymnasiast beiwohnte, kann ich mich über die Zeitspanne eines halben Jahrhunderts hinweg noch bestimmt erinnern. Er fand in der Aula der Universität statt und trug den Titel "Kausalgesetz und Willensfreiheit". Er faszinierte mich durch Form und Inhalt, wurde doch hier die strengste Auffassung von der Kausalität durch wendungsreiche Darlegungen, die ständig der geradlinigen Logik zu folgen schienen, in Einklang gebracht mit unserem Empfinden der Willens- und Handlungsfreiheit.

Es blieb mir damals natürlich verborgen, dass mir eben ein Stück Kultur aus der alten Tradition der Königlichen Preussischen Akadamie der Wissenschaften zu Berlin begegnet war, wo der Vortrag am 17. Februar 1923 zum ersten Mal gehalten worden war. Wie hoch die Wertschätzung der Reden und Vorträge Plancks heute steht, kann ich nicht abschätzen. Sie enthalten herrliche Einsichten. Gedanken, die sich möglicherweise verselbständigt haben und andern zugeschrieben werden. Ich wähle als Beispiel den Vortrag vom 18. Februar 1929 über "Das Weltbild der neuen Physik", in dem Planck ausführt: "Es ist häufig mit besonderer Betonung darauf hingewiesen worden, daß die Quantenmechanik es nur mit prinzipiell beobachtbaren Größen und mit physikalisch sinnvollen Fragen zu tun hat. Das ist gewiß zutreffend, es darf aber nicht speziell der Quantentheorie von vornherein als ein besonderer Vorzug gegenüber anderen Theorien angerechnet werden. Denn die Entscheidung darüber, ob eine physikalische Größe prinzipiell beobachtbar ist oder eine gewisse Frage einen physikalischen Sinn hat, läßt sich niemals a priori, sondern immer erst vom Standpunkt einer bestimmten Theorie aus treffen." Eine Feststellung, die (ohne dessen Zutun) gewöhnlich Einstein zugeschrieben wird.

Auch Werner Heisenberg, nun schon während des Krieges in ähnlicher Mission stehend, sah ich zuerst anlässlich eines Vortrages in meiner Geburtsstadt. So hatte denn auch das Verwerflichste lokal seine guten Folgen, denn es bestand für den weltberühmten Leipziger Professor durchaus keine Veranlassung, der *damals* in der Physik sehr unbedeutenden Universität Bern einen Besuch abzustatten. Vom jugendlichen Helden, der da lehrte, waren wir alle tief beeindruckt, obschon mir der Inhalt seiner Ausführungen weitgehend fremd und eigenartig vorkam. Sein Postulat nach einer universellen Länge konnte mich kaum überzeugen, und der etwas gezwungene Optimismus stach allzu sehr von der beängstigenden Gegenwart ab.

Die hohe Auszeichnung, welche ich von der Deutschen Physikalischen Gesellschaft, verdient oder unverdient, entgegennehmen durfte, verdanke ich meinen

Lehrern, meinen Mitarbeitern, meinen Schülern und, sie alle umfassend, meinen Freunden. Man möge mir verzeihen, wenn ich beim Aufzählen der Namen der noch unter uns weilenden bewusst äusserst sparsam bin – aus Angst, einen zu vergessen und jemandem ungewollt wehe zu tun. Mit grösster Freiheit spreche ich von meinen Lehrern, denen kaum etwas noch wehtun kann, denn die allermeisten sind tot.

Unter ihnen an frühester Stelle steht mein Vater, Physiklehrer am Städtischen Gymnasium in Bern, der mir auf langen Wanderungen durch die reizvolle Umgebung dieser Stadt zuerst in einprägsamer Weise die Grundbegriffe der Mechanik nahe brachte und mir den Sinn für das absolute Gaussische Masssystem eröffnete. Nicht nur das: er stellte mir die Physik als eine lebendige Wissenschaft dar, deren gegenwärtige Gestalter an Genie durchaus Newton vergleichbar wären. Das verwunderte mich Schulbuben höchlich und da ich diese Grössen nicht um mich sah, stellte ich sie mir in grosser räumlicher Entfernung vor. Nicht viel zu vermerken habe ich allerdings von meinen Physik- und Chemielehrern am Gymnasium, die mehr unter mir als ich unter ihnen zu leiden hatten. Anders in der Mathematik, wo die einsetzende Aufrüstung der Armee, durch die auch Hauptlehrer noch eingezogen wurden, mir den ausgezeichneten Dozenten Hugo Hadwiger als Stellvertreter bescherte. Er regte mich zur selbständigen Aneignung des Mittelschulstoffes in Infinitesimalrechnung an. Weiter trug meine Begabung nicht, meine Grenzen – der mangelnde Mut und das beschränkte Vorstellungsvermögen – zeigten sich eben schon damals. Es wäre allzu billig, diese meine Beschränktheit aus der Charakteristik des bedrohten Kleinstaates herzuleiten. Umgeben von Grossmächten mit zum Teil aggressiven Absichten bei grosser Hemmungslosigkeit in der Wahl der Mittel war auf schweizerischer Seite allerdings die äusserste Vorsicht angezeigt. Wer sich dem Abenteuer verschrieb, verfiel leicht dem Verhängnis jenseits der Grenze. Ein scharfer Schnitt zwischen dem zu Konservierenden aus der grossen deutschen Kultur und dem Verwerflichen aus der späteren Entwicklung war notwendig und schmerzlich: denn wir Deutschschweizer brauchen diesen Urgrund der Bildung und Menschlichkeit. Und so muss ich denn unter meinen frühen Lehrern (den Begriff im weitesten Sinn gefasst) notwendig Gotthold Ephraim Lessing nennen, der mich vor allem durch seine Streitschriften gebildet hat. Ich habe später oft bedauert, dass die Polemik in den Naturwissenschaften, wie es scheint, ganz ausser Kurs geraten ist. Man verzichtet dabei auf ein, sicher mit Vorsicht zu gebrauchendes, Reinigungsinstrument.

Mein Studium in Bern, kräftig gestört durch militärische Einberufungen, verlief ohne nennenswerte Ereignisse und schloss mit dem Fachlehrerdiplom in Mathematik, Physik und Chemie. Dann bezog ich, gegen Ende des Zweiten Weltkrieges, die Universität Zürich, wo ein anderer, frischerer Wind wehte. Ich kannte ihn aus einem früheren Besuch, als ich einen etwa fünfwöchigen militärischen Urlaub als sogenanntes Auslandsemester in Zürich verbrachte und dort zum ersten Mal den Mathematiker Heinz Hopf und den theoretischen Physiker Gregor Wentzel hörte. Beide hinterliessen mir einen unauslöschlichen Eindruck.

Ich weiss nicht, ob jemand unter den Anwesenden ausser mir den Zauber des Hopfschen Vortrages noch erlebt hat. Er sprach völlig frei, etwas zögernd die Worte suchend, als ob er eben im Begriffe sei, seine Gedanken zu ordnen, in absolut fehlerlosen, kristallklaren Sätzen, welche den mathematisch darzustellenden Gegenstand mit grösster Genauigkeit erfassten: kein Wort zu viel, keines zu wenig. Ich verabschiedete mich von Heinz Hopf, den ich zufälligerweise in den Korridoren der ETH traf, mit grosser Wehmut im Herzen.

Eine Spur anders Gregor Wentzel, der theoretische Physiker, ein Schüler von Arnold Sommerfeld. Sein Vortrag fast frei; nur hin und wieder, nach einer besonders komplizierten Ableitung, griff er nach dem Vorbereitungsblatt in der linken inneren Rocktasche "um" wie er sich ausdrückte "die Vorzeichen zu kontrollieren"; die Sprache makellos fliessend, die Vorlesung von hinreissender Verständlichkeit. Bei ihm nun schloss ich die Lücken, die mein Physikstudium in Bern gelassen hatte, und bei ihm promovierte ich im Januar 1946 mit einer Arbeit über die Mesontheorie der Kernkräfte. Gregor Wentzel war damals auf dem Höhepunkt seiner schöpferischen Kraft und Zürich, neben Princeton, wo Wolfgang Pauli während des Krieges wirkte, das Zentrum der Quantenfeldtheorie. Im Jahr 1943 war Wentzels "Einführung in die Quantentheorie der Wellenfelder" erschienen, sicher eines der letzten deutschen Lehrbücher der theoretischen Physik, die auf die amerikanische Entwicklung wesentlich eingewirkt haben. Jetzt, während des Zweiten Weltkrieges, arbeitete mein neuer Lehrer an der Theorie der Mesonfelder, die stark an ruhende Nukleonen gekoppelt sind. Diese Theorie der starken Koppelung zeigte eine bedeutende prognostische Kraft. Sie sagt Resonanzen des Nukleons voraus, wovon die tiefste, ein $(3/2, 3/2)$-Zustand, in den fünfziger Jahren durch das Experiment bestätigt worden ist. Die Theorie aber war zu früh gekommen und hat deshalb meines Erachtens nie die ihr zukommende Würdigung erfahren.

Während meines zweiten, nun längeren Aufenthaltes in Zürich traf ich Werner Heisenberg erneut, diesmal im intimen Zirkel eines Seminars. Sein Thema betraf die S-Matrix-Theorie, und der Vortragende erklärte im besonderen, wie sich die gebundenen Zustände eines quantenmechanischen Systems als Pole oder Nullstellen in der analytischen Fortsetzung gewisser Matrixelemente des Streuoperators manifestieren. Der kleine Kreis vervielfachte die Ausstrahlung Heisenbergs und ich war vom Referenten und vom Referat begeistert. Wenig später wurde ich zu einem scharfen Kritiker der S-Matrix-Theorie und speziell der Methode, durch analytische Fortsetzung die gebundenen Zustände zu finden.

Diese Wandlung vollzog sich während meines ersten Auslandaufenthaltes 1946 in Kopenhagen. Die Reise von Basel nach Kopenhagen erfolgte im Reisecar und dauerte 72 Stunden. Die Fahrt durch das hungernde, kriegsverwüstete Deutschland anfangs Mai 1946 hat mich tief erschüttert. Irgendwo in Norddeutschland begannen wir unseren Proviant aus dem fahrenden Wagen zu werfen in der Hoffnung, er würde von der Bevölkerung eingesammelt. Die Hunde erwiesen sich als gelehriger als die Menschen.

Und nun erwarten Sie bitte von mir nicht eine Schilderung des Kopenhagener Universitätsinstitutes für Theoretische Physik, jenes Wallfahrtszieles der Atom- und Teilchenphysiker, das vom grossen Niels Bohr durch Geist und Tatkraft geschaffen worden ist. Die Zeit drängt, ich muss eilen. Ich erfuhr, dass Wolfgang Pauli in Princeton Heisenbergs Idee über die analytische Fortsetzung der Streumatrix auf die nichtrelativistische Quantenmechanik übertragen hatte. Sollte die Vorschrift in der hypothetischen relativistischen Theorie zutreffen, so durfte man vernünftigerweise erwarten, dass sie auch in der nichtrelativistischen Theorie richtige Resultate liefere. Da fand nun der chinesische Physiker S.T. Ma an einem Beispiel, dass dies schon im einfachsten Fall der elastischen Streuung zweier nichtrelativistischer Teilchen aneinander, der Streuung an einem kugelsymmetrischen Potential, nicht zutrifft. Ma arbeitete mit einem speziellen Potential, für welches die Schrödinger-Gleichung explizit lösbar ist und dessen relevantes (Diagonal-) Element $S(k)$ der Streumatrix der Heisenbergschen Regel widerspricht. Wie aber, so fragte ich mich, steht es im allgemeinen Fall? Lässt sich denn überhaupt die Funktion $S(k)$, die als physikalische Grösse nur für reelle Werte von k einen Sinn hat, auch zu komplexen, speziell zu imaginären Argumenten fortsetzen? Ich war von Bern her mathematisch hinreichend verbildet, um dies heftig zu bezweifeln. Aber mit Beispielen liess sich hier nichts ausrichten, man brauchte eine Einsicht. Und diese fand ich, nach einigen Wochen des vergeblichen Herumsuchens, in der wunderbaren gemeinsamen Bibliothek des Theoretisch-Physikalischen Institutes und des Mathematischen Institutes der Universität Kopenhagen, die sich auf der Nahtstelle der beiden Reiche – dessen von Niels Bohr und dessen seines Bruders Harald Bohr, des Mathematikers – befand. Was mir half, war ein einfacher Satz von Henri Poincaré, der mir selbst hätte in den Sinn kommen sollen, und der es mir gestattete, die Funktion $S(k)$ als einen Quotienten $S(k) = f(k)/f(-k)$ zu schreiben, wobei f sich immer zu komplexen Werten mit negativem Imaginärteil fortsetzen lässt und durch seine Nullstellen genau die gebundenen Zustände beschreibt, so dass f genau die Information aus den Streudaten S und den gebundenen Zuständen enthält.

Mit dieser vorläufigen Klärung hatte ich mir mit geringem Aufwand ein Gütlein erworben, auf dem ich ohne Furcht vor Konkurrenz auf fast ein Jahrzehnt hinaus meine bescheidene Ernte einbringen konnte.

Im Herbst des Jahres 1946 wurde ich ganz unerwartet von Wolfgang Pauli aufgefordert, sein Assistent an der Eidgenössischen Technischen Hochschule zu werden. Dieses Angebot konnte man nicht ausschlagen, und so quittierte ich nach weniger als einem halben Jahr meinen Aufenthalt in Kopenhagen, bestieg zum ersten Mal ein Flugzeug und traf anfangs Oktober in Zürich ein.

Dass ich nach Zürich zurückkehrte, war selbstverständlich. Was aber hat Pauli veranlasst im Jahr 1946, dem reissenden Strom von Emigranten aus Europa entgegen, die verlockendsten Angebote aus den Vereinigten Staaten auszuschlagen und in den alten Kontinent, den geschändeten, zurückzukehren? Auf diese ernste Frage habe ich nur leichtfertige Antworten.

Es sei in Amerika zwar leicht, viel Geld zu verdienen, aber schwierig, es angenehm auszugeben, sagte er mir auf einem gemeinsamen Spaziergang von Zollikon zum Wassberg und freute sich auf ein Zweierli Rotwein und ein Stück Käse am Ziel der Wanderung.

Dann war er tief betroffen vom Einstieg der Physik in das Waffengeschäft, wie er durch Los Alamos, woran er keinen Anteil hatte, verkörpert wurde. Er hasste auch die entsprechende Bezahlung in der Gestalt der grossen Laboratorien und ihrer grossen Maschinen. Im Stillen mochte er eine Zeitlang hoffen, dass sich die Natur um diesen Preis ihre Geheimnisse nicht werde abhandeln lassen. Er hing an Ideen, Maschinen waren ihm zuwider. Natürlich wusste er genau, wie irreversibel der Eintritt unserer irdischen Zivilisation ins sogenannte Atomzeitalter war: dass Atomenergie-Kommissionen in jedem Land aus dem Boden spriessen würden. So suchte er sich einen Wohnsitz, an dem das Unvermeidliche möglichst harmlos und operettenhaft vor sich gehen würde – und fand die Schweiz. Auch bei uns konstituierte sich eine Kommission für Atomwissenschaft, liess sich Gelder zuweisen und verteilte sie weiter – aber alles geschah wie Pauli das vorausgesehen hatte.

Paulis Urteil war im höchsten Mass unabhängig und zeugte von der Selbstsicherheit eines Menschen, der von Kind an der Hochachtung seiner Umgebung sicher ist: er hatte das Selbstbewusstsein eines wohlerwachsenen Wunderkindes. Im Banne dieses einzigartigen Mannes sollte ich nun bleiben, bis er mich daraus vertrieb.

Die Pflichten eines Pauli-Assistenten waren von je her bescheiden, und es lohnt sich nicht, auf sie einzugehen. Die faszinierendste Entwicklung während meiner dreijährigen Assistentenzeit war die mit den Forschern S. Tomonaga, J. Schwinger, R. Feynman und F.J. Dyson verknüpfte Renormierungstheorie. (Den grossen E.C.G. Stückelberg-von Breidenbach haben wir nicht verstanden.) Wir versuchten in Zürich hier einigermassen mitzuhalten und hie und da auch ein Zipfelchen zu erwischen. Das mag uns manchmal vielleicht auch gelungen sein. Viel Aufhebens ist davon nicht zu machen, aber es reichte hin, dass für das Studienjahr 1949/1950 drei Theoretiker aus dem Zürcher Institut ans Institute for Advanced Study in Princeton eingeladen wurden. Wie es nun kam, dass ich länger dort verweilte, weiss ich nicht zu berichten: es war dies die Entscheidung vorwiegend von Robert Oppenheimer, dem damaligen Direktor des Institutes. Bei Gelegenheit des Durchblätterns von Frank Yangs vor kurzem erschienenen "Selected Papers with Commentary" wurde mir erst richtig klar, welche Aussenseiterrolle ich damals im Betrieb dieser Forschungsstätte gespielt habe. Statt zu versuchen, mit den ambitiösen und hochbegabten Absolventen der Spitzenuniversitäten Amerikas mitzuhalten, zog ich mich auf mein Gütlein der Potentialstreuung zurück und bastelte allerlei mathematische Kuriositäten, hin und wieder auch schwieriger und immer zweckloser Art, ganz so als ob man eine unbedeutende aber noch unerstiegene Felsnadel erklimmte.

Die gängige Physik verstörte mich, und ich verstörte die "richtigen" Physiker mit ihren undurchsichtigen Approximationen und den breitbeinigen Behauptungen, etwa über die analytische Fortsetzung des Streuoperators weit über das Gebiet der direkten physikalischen Bedeutung hinaus. War ich hier von Heisenbergs Behauptung her als ein gebranntes Kind allzu zurückhaltend, so gingen sie mit ihrem globalen Optimismus in der andern Richtung in die Irre. In diese Verwirrung hinein strahlte ein schwaches klärendes Licht einer mehr axiomatischen Richtung, deren Ursprung in Göttingen und an der Universität Princeton zu finden ist und die von anerkannten Grundlagen aus mit sicherern Schlussweisen das Zusammenhängende vom Widersprüchlichen zu trennen versuchte.

Unterdessen war ich, auf Wolfgang Paulis Betreiben hin, wieder in Zürich, diesmal als sein Kollege. Amerika hatte meinen Horizont erweitert, vielleicht nicht so sehr im Fachlichen als durch viele dauernde Freundschaften im Menschlichen.

So blieb ich auch Robert Oppenheimer verbunden. Es war mir rätselhaft, wie ein Mann mit seinen guten Absichten so viele Feinde gegen sich aufbringen konnte. Und ewig lehrreich schien es mir zu sein, zu erfahren, welcher Folter eine unentschlossene Regierung eines demokratischen Landes einen Bürger mit grössten Verdiensten um das Vaterland ausliefern kann. Es war mir klar, dass der Staat früher oder später sich um eine Rehabilitation des Verfolgten, soweit das mit seinen plumpen Mitteln überhaupt möglich ist, bemühen werde.

Die Stelle in Zürich trat ich mit dem festen Vorsatz an, dort, soweit das meine Fähigkeiten erlaubten, die Mathematische Physik zu hegen. Zunächst schlug mich die axiomatische Analyse der quantisierten Felder in den Bann. In dem stürmischen Betrieb um die heute fast vergessene analytische Fortsetzung des Streuoperators war meine Stimme möglicherweise hin und wieder zu hören. Am meisten aber freute mich eine Einsicht, die mir fast mühelos in den Schoss fiel. Zu ihrer Erläuterung muss ich weiter ausgreifen.

Heute, im Atomzeitalter, weiss jedes Kind, dass in unserer Welt die massigen Atomkerne alle einerlei Ladung (wir nennen sie positiv) und die leichten Elektronen entgegengesetzte (als negative) Ladung tragen. Diese Asymmetrie der Masse hinsichtlich der Ladung war in der historischen Entwicklung unseres theoretischen Verständnisses ein Stein des Anstosses, denn die Theorien weigerten sich beharrlich, sich den nackten Tatsachen zu fügen. Sie behandelten Plus und Minus in symmetrischer Weise. Heute wissen wir, dass sie recht haben und dass die Wirklichkeit trügt. Der Zustand unserer Welt reflektiert nur höchst mittelbar die grundlegenden Naturgesetze, denn er ist historisch aufgrund einer komplizierten, allerdings naturgesetzlichen Entwicklung entstanden. Unter den reinen Bedingungen der Hochenergiephysik sind die beiden Ladungen nicht wesentlich verschieden: zu jedem geladenen Teilchen, ob stabil oder instabil, gibt es das entgegengesetzt geladene Teilchen mit, soweit wir wissen, genau derselben Masse, demselben Spin und derselben totalen Zerfallswahrscheinlichkeit. Die Naturgesetze haben eine verborgene Symmetrie, die CTP-Symmetrie, die im wesentlichen von J. Schwinger und G. Lüders entdeckt und von W. Pauli formuliert worden ist. Diese Symmetrie konnte ich nun in einer einfachen Eigenschaft der Lorentz-Gruppe und im Kausalitätspostulat der Relativitätstheorie verankern.

Die Tatsache aus der Lorentz-Gruppe besteht darin, dass die räumliche Spiegelung P an einem Punkt, gefolgt von der Umkehr T aller Bewegungen zwar eine (sogar orientierungserhaltende) Lorentz-Transformation ist, die sich aber in keiner Weise innerhalb der reellen Lorentz-Gruppe stetig aus der Identität erzeugen lässt. Gestattet man aber auch imaginäre Lorentz-Transformationen – oder bettet man die reelle Lorentz-Gruppe in die komplexe orthogonale Gruppe ein, dann wird eine stetige Verbindung von TP mit der Identität möglich. Ohne eine gewisse analytische Fortsetzung wird sich also die CTP-Symmetrie der Naturgesetze nicht verstehen lassen.

Das Kausalitätspostulat der Relativitätstheorie besagt, dass Wirkungen sich höchstens mit Lichtgeschwindigkeit ausbreiten können. Es muss notwendig erfüllt sein, wenn, woran wir doch nicht zweifeln, die Ursachen für den gegenwärtigen Zustand in der Vergangenheit liegen. Die Kausalität nun wäre auf das gröbste verletzt, wenn es *unmöglich* wäre, aus einem naturgesetzlichen Ablauf durch die folgenden Operationen:

P: räumliche Spiegelung an einem Punkt,

T: Umkehr aller Bewegungen,

C: Umkehr sämtlicher Ladungen,

erneut einen naturgesetzlichen Ablauf zu gewinnen.

Wir sind hier einer Paradoxie sehr nahe. In der Tat sind wir gewohnt, in jedem Augenblick die Ereignisse, die uns zugänglich sind, in zwei qualitativ wesentlich verschiedene Klassen zu spalten, nämlich in solche, die wir von unserem Jetzt-Hier aus beeinflussen können, und solche, die uns beeinflusst haben. Grob und unsorgfältig ausgedrückt, zertrennt die Gegenwart den Fluss der Zeit in die Zukunft, auf die wir wirken können und die Vergangenheit, die in unserem Gedächtnis Spuren hinterlassen hat. Gegen die Vorstellung einer Bewegungsumkehr sträubt sich in uns alles, denn wir sind von der Irreversibilität des natürlichen Geschehens überzeugt. Die uns bekannten elementaren Naturgesetze wissen nichts von dieser unserer Abneigung. Sie gestatten uns die Spaltung in eine aktive Zukunft und eine passive Vergangenheit nur um den Preis einer Symmetrie, welche Vergangenheit und Zukunft vertauscht.

Verehrte Anwesende, unvermerkt haben wir uns dem Ausgangspunkt unserer Erzählung wieder genähert. Über den grossen Themen der *Kausalität* und der *Irreversibilität* wölbt sich das Plancksche Lebenswerk. Das zweite erklingt zuerst in seiner Dissertation "Über den zweiten Hauptsatz der mechanischen Wärmetheorie"; zum ersten lesen wir in seiner Preisschrift über "Das Prinzip der Erhaltung der Energie":

> *"Die Naturwissenschaft kennt überhaupt nur ein Postulat: das Kausalitätsprinzip; denn dasselbe ist ihr Existenzbedingung. Ob dies Prinzip selber erst aus der Erfahrung geschöpft ist, oder ob es eine notwendige Form unseres Denkens bildet, brauchen wir hier nicht zu untersuchen."*

Lassen Sie mich in dieser gleichschwebenden Stimmung meine Ausführungen schliessen.

Essays zur Geschichte der Physik im 19. und 20. Jahrhundert

Zur Vorgeschichte des Planckschen Strahlungsgesetzes*

Für den Naturforscher ist der 14. Dezember 1900 vielleicht das wichtigste Datum der neueren Geschichte. An diesem Tag hat *Max* Carl Ernst Ludwig *Planck* der königlichen Akademie der Wissenschaften zu Berlin die Ableitung des von ihm schon in der Sitzung vom 19. Oktober 1900 mitgeteilten neuen Strahlungsgesetzes vorgetragen. In dieser Ableitung folgte er dem Gedanken von *Ludwig Boltzmann*, die *Entropie* als Logarithmus der "Wahrscheinlichkeit" aufzufassen. Bei der Ausrechnung dieser Wahrscheinlichkeit ist er aber gezwungen, die äusserst folgenreiche Annahme zu treffen, dass ein schwingender, elektrisch geladener Massenpunkt nur diskrete Energiewerte annehmen kann, deren Differenz ein ganzzahliges Vielfaches des Produktes aus der Frequenz und einer neuen Naturkonstanten von der Dimension Energie × Zeit, also einer Wirkung ist. Das ist der Ursprung der Planckschen Konstanten und der Quantentheorie, die seither die Naturwissenschaften durchwegs tiefgreifend umgestaltet und in neue Bahnen gewiesen hat.

Wie kam es zu dieser grundlegenden und revolutionären Entdeckung? Planck selbst hat in seinem späteren langen, an Anerkennung und Ehre reichen, von Tragik und schrecklichen Verlusten überschatteten Leben mehrfach die unmittelbare Vorgeschichte des nach ihm benannten Strahlungsgesetzes beschrieben. Aber aus Gründen, die vielleicht durch meinen Vortrag etwas erhellt werden, ist er dabei nicht sehr weit gegangen. Die Erinnerung an alle Irrwege, die vor dem schliesslichen Erfolg durch ihn abgeschritten worden waren, erschien ihm offenbar zu schmerzhaft.

Kürzlich aber hat *Hans Kangro*, in seiner Habilitationsschrift über die "Vorgeschichte des Planckschen Strahlungsgesetzes", in sehr gründlicher Arbeit wenigstens das urkundliche Material gesammelt und besprochen. Ich werde mich im folgenden hin und wieder auf ihn stützen, auch wenn ich dies nicht erwähnen werde. Mein Standpunkt allerdings unterscheidet sich von Kangros wesentlich.

---

*Naturforschende Gesellschaft in Zürich, Vortrag, 1972.

1. Planck und die Thermodynamik

Planck war, wie er selbst mehrfach betont, ein Autodidakt. Die stärkste Anregung schöpfte er aus den Schriften von Rudolf Clausius, dem ersten Lehrer für Physik am damals noch jungen Eidgenössischen Polytechnikum. Clausius ist der eigentliche Begründer der *Thermodynamik*, der phänomenologischen Wissenschaft von der Wärme. Er hat neben das *Energieprinzip* von Robert Mayer sein *Entropieprinzip* gestellt. Während das Energieprinzip für jeden Vorgang in einem abgeschlossenen System die Unveränderlichkeit einer bestimmten Grösse, nämlich der Energie U, behauptet, kennzeichnet das Entropieprinzip die Richtung der möglichen Veränderungen, indem bei jeder solchen eine andere Grösse, die Entropie S, zunehmen muss. Daraus folgt, dass alle tatsächlich vorkommenden Prozesse *irreversibel* sind und höchstens idealisierte Prozesse vollkommen rückgängig gemacht werden können. Clausius bezeichnet das Energieprinzip als den *ersten*, das Entropieprinzip als den *zweiten* Hauptsatz der Thermodynamik.

Der Ursprung der Thermodynamik liegt durchaus im Technisch-Ingenieurmässigen und ist aufs engste mit der Entwicklung der Dampfmaschine, also dem Ursprung der industriellen Revolution verknüpft. Es ist kein Zufall sondern aus diesem Ursprung zu verstehen, dass sie sich zu einer besonders wohlbegründeten, streng logischen, zu einer *axiomatischen* Wissenschaft entwickeln musste. Wir finden uns eben in der verwirrenden Fülle der alltäglichen Erscheinungen vernunftmässig nur aufgrund von klaren Denkschemata, die leicht eine axiomatische Gestalt annehmen, zurecht. Ein Beispiel dazu stellt die Geometrie dar – oder das Programm einer doktrinären politischen Partei. Ausserdem tangiert der 2. Hauptsatz natürlich auch urtümliche Vorstellungen vom Weltende – dem Wärmetod – und steht in einem hübschen Gegensatz zum Fortschrittsglauben des 19. Jahrhunderts. Kein Wunder denn, dass Planck zu einem doktrinären Thermodynamiker wurde und einen eigentlichen Missionseifer für die neue Lehre an den Tag legte. Ohne solchen Eifer ist es den meisten in der Tat schwer möglich, sich für die Wissenschaft voll einzusetzen.

Das Wunder der Thermodynamik, diesem Kind genialer Ingenieure, liegt aber darin, dass ihre Anwendungen sehr bald die gesamte Physik und Chemie durchdrangen und selbst für den subtilsten Stoff, das Licht, höchst relevante Aufschlüsse lieferten. Zum Beispiel, dass ein noch so guter Hohlspiegel im Sonnenlicht keine höhere Brennpunktstemperatur liefern kann als 6000° (die Temperatur der Sonnenoberfläche) oder, dass ein guter Strahler auch stark absorbiert, ja, dass das Verhältnis zwischen dem Emissionsvermögen e und dem Absorptionsvermögen a unabhängig von der Natur des untersuchten Körpers eine universelle Funktion von Temperatur und Frequenz des Lichtes ist. Und diese Funktion ist es, die im wesentlichen durch das Plancksche Gesetz gegeben wird. Für einen ideal schwarzen Strahler ($a = 1$) ist sie gleich dem Emissionsvermögen. Eine kleine Öffnung in einem Hohlraum stellt einen solchen idealen schwarzen Strahler dar.

Ihr Emissionsvermögen ist offenbar in einfacher Weise mit der spektralen Energiedichte $\rho(T,\nu)$ im (gleichmässig temperierten) Hohlraum der Temperatur T verknüpft. $\rho(T,\nu)\,d\nu$ ist die Energiedichte der elektromagnetischen Strahlung mit Frequenzen im Intervall $(\nu, \nu + d\nu)$.

Nun liefern die Thermodynamik und die Maxwellsche Theorie das Stefan-Boltzmannsche Gesetz

$$\int_0^\infty \rho(T,\nu)\,d\nu \;=\; u(T) \;=\; a\,T^4$$

und eine verfeinerte Betrachtung von Wilhelm Wien gibt

$$\rho(T,\nu) \;=\; \nu^3 f(\nu/T).$$

Nun aber besitzt $\rho(T,\nu)$ für jede Temperatur genau ein Maximum und dieses Maximum ist ein Maximum der Funktion $(\nu/T)^3\,f(\nu/T)$. Also gilt

$$\nu_{\max}(T) \quad \text{ist proportional zu } T.$$

Abgesehen von einer Normierung bildet also ein ideal schwarzer Körper ein *absolutes Thermometer* $T \propto \nu_{max}$. Soweit kommt man mit der Thermodynamik und einer recht rudimentären Elektrodynamik. Das verbleibende fundamentale Problem ist die Bestimmung der Funktion f. Hier hat nun wieder Wilhelm Wien durch sehr gewagte Überlegungen den Vorschlag

$$\rho(T,\nu) \;=\; c_1 \nu^3 e^{-c_2 \nu/T}$$

gemacht, und dieses sogenannte Wiensche Strahlungsgesetz wurde durch das Experiment (F. Paschen) sehr gut bestätigt – aber die Experimente waren wegen der Schwierigkeiten der Messungen im *extremen Ultrarot* auf *hohe Frequenzen* beschränkt.

Durch das allgemein (oder fast allgemein) akzeptierte Gesetz von Wien war daher das erwähnte Fundamentalproblem auf die Frage der Herleitung einer bestimmten Funktion *einer* Variablen reduziert. Niemand zweifelte, dass dies möglich sei. Die klare Unmöglichkeit der Lösung aufgrund der klassischen Physik, wiewohl eigentlich elementar, wurde erst nach Plancks Entdeckung eines richtigen, vom Wienschen verschiedenen, Strahlungsgesetzes erkannt und vor allem von Lord Rayleigh klar herausgearbeitet. Fürwahr ein merkwürdiger Beweis für die Kurzsichtigkeit auch der hervorragendsten Gelehrten, an denen die zweite Hälfte des 19. Jahrhunderts keinen Mangel litt.

2. Plancks Motivierung

Zwischen 1894 und 1900 beschäftigt sich Planck fast ausschliesslich mit der Hohlraumstrahlung. Natürlich will er das Wiensche Strahlungsgesetz aus der Maxwellschen Theorie herleiten. Aber eine *einzelne Formel*, die man ausserdem für *herleitbar* hält, ist für einen Physiker – und gar für einen Physiker mit so geringen mathematischen Interessen wie Planck – keine hinreichende Motivierung, dass er zu ihrem Verständnis die fruchtbarsten Jahre seines Lebens opfere. Da müssen andere, mehr *persönliche*, mehr *metaphysische* Triebkräfte am Werk sein.

Die "*persönlichen* Verhältnisse" kristallisieren sich für Planck in der Beziehung zu *Ludwig Boltzmann*, das metaphysische Problem liegt in dem uralten Spannungspaar *Endzeit* und ewige *Wiederkunft*, welches sich hier im Gegensatzpaar Irreversibilität oder Reversibilität oder konkreter: gerichtete Zeit oder ungerichtete Zeit darstellt.

Wir sahen schon: der zweite Hauptsatz definiert für jedes abgeschlossene System, welches sich nicht im Gleichgewichtszustand befindet, eine Zeitrichtung mit welcher die Entropie zunimmt. Befindet sich das System im Gleichgewicht, dann passiert (wie Boltzmann sich gelegentlich ausdrückte) überhaupt nichts mehr und der Zeitbegriff entschwindet.

Um nun zu verstehen, wie die Reversibilität in die Wärmelehre hereinspielt, muss ich noch einmal auf die historische Entwicklung, diesmal auf die *mechanische* Wärmetheorie zurückkommen.

Dass Wärme und Bewegung miteinander zu tun haben, ist ebenfalls eine uralte Einsicht. Es bedeutet daher eine merkwürdige akademische Verblendung, wenn dieser Zusammenhang im Anfang des 19. Jahrhunderts in die Vergessenheit verdrängt worden war. Dafür ist das Martyrium von *Robert Mayer*, dem Begründer des allgemeinen Energieprinzips, ein beredtes Zeugnis. Freilich, mit der Anerkennung des Energieprinzips fand auch die *mechanische Wärmetheorie*, kraft welcher die Wärmeerscheinungen auf der ungeordneten Bewegung der Moleküle beruht, wieder Beachtung. Vor allem ist es *Clausius* selbst, der neben der Begründung der Thermodynamik auch zu den Wiederentdeckern der statistischen Mechanik gehört. Neben ihn tritt J.C. Maxwell und vor allem und durchaus selbständig *Ludwig Boltzmann*.

Die Aufgabe, die Thermodynamik aus der Mechanik eines Systems von sehr vielen Molekülen – Kraftzentren – herzuleiten, ist gleichzeitig eigentümlich leicht und ausserordentlich schwierig.

Was die Energie eines mechanischen Systems sei, ist von vornherein klar und von vornherein gilt ein Energiesatz. Aber die Wärmelehre handelt auch von der Wärmemenge und der Temperatur, und beide Begriffe sind im 2. Hauptsatz, soweit dieser die Existenz der Entropie fordert, miteinander verbunden. Es gilt also für ein mechanisches System Wärmemenge, Temperatur und Entropie zu definieren, so dass diese drei Begriffe in der richtigen Beziehung zueinander stehen. Das gelingt erstaunlich leicht. Sei H die Energiefunktion des Systems und $\Omega(U)$ das natürliche Volumen der Menge $\{y \mid H(y) \leqq U\}$; dann hat man nur zu setzen

$$S = \log \Omega(U)$$

$$\frac{1}{T} = \frac{\partial S}{\partial U} .$$

Dies ist, in der Schreibweise von W. Gibbs, die Entdeckung von L. Boltzmann, welche sich, verbunden mit dem Aequipartitionsprinzip, schon 1866 in seinen Arbeiten ankündigt. Diese mechanisch-thermodynamische Analoge ist so überzeugend, dass sie *richtig sein muss.* Sie beschreibt aber zunächst nur Gleichgewichtszustände.

Freilich kann man formal auch Nichtgleichgewichtszustände beschreiben und ihnen eine Entropie zuordnen, aber in einem abgeschlosssenen System bleibt *diese Entropie konstant.* Der zweite, wichtige Teil des 2. Hauptsatzes, der eine *Zeitrichtung* auszeichnet, der die Irreversibilität der natürlichen Prozesse definiert, hat also keine Analogie im mechanischen Bild und kann keine Analogie haben, *denn die mechanischen Gesetze sind zeitreversibel.*

Dies ist der berühmte, von Boltzmanns genialem Wienerkollegen Josef Loschmidt stammende, Umkehreinwand gegen die mechanische Wärmetheorie. Boltzmann bezeichnet ihn in seiner grossen Arbeit: "Bemerkungen über einige Probleme der mechanischen Wärmetheorie" aus dem Jahr 1877 als einen "Schluss, der viel Verlockendes an sich hat, ... daß man ihn geradezu als ein interessantes Sophisma bezeichnen muß." Und seine Antwort lautet, dass in diesem Dilemma die Wahrheit auf seiten der mechanischen Wärmetheorie und der Fehler auf seiten der Thermodynamik liegt. Streng genommen ist der 2. Hauptsatz von Clausius falsch und die Auszeichnung einer *Zeitrichtung* durch die Naturgesetze eine Täuschung, die bei unseren Experimenten durch die Präparation der Anfangszustände, in unserem Kosmos durch dessen speziellen Zustand erzeugt wird. Zudem erscheint bei Boltzmann der eigentliche Kern des Clausiusschen Prinzips als eine Wahrscheinlichkeitsaussage. Ist der Zustand zur Zeit t_0 weit vom Gleichgewicht entfernt, dann war das System, sofern es nicht künstlich präpariert worden ist, sondern dauernd abgeschlossen war, sowohl vor wie nach der Zeit t_0 dem Gleichgewichtszustand mit überwältigender Wahrscheinlichkeit näher.

Es ist nicht verwunderlich, dass diese grossartige und richtige Einsicht bei Planck auf Ablehnung, ja auf vehemente Ablehnung stiess. Eine frühe und scharfe Kampfansage gegen die mechanische Wärmetheorie findet sich schon beim 23-jährigen in seiner Arbeit: "Verdampfen, Schmelzen und Sublimieren", Wied. Ann. *15* (1882), 446 - 475:

"Zum Schluss möchte ich hier noch auf eine allerdings schon bekannte Tatsache ausdrücklich hinweisen. Der zweite Hauptsatz der mechanischen Wärmetheorie Thermodynamik, consequent durchgeführt, ist unverträglich mit der Annahme endlicher Atome. Es ist vorauszusehen, dass es im Laufe der weiteren Entwicklung der Theorie zu einem Kampf zwischen diesen beiden Hypothesen kommen wird, der einer von ihnen das Leben kostet. Das Resultat dieses Kampfes voraussagen zu wollen, wäre allerdings verfrüht, indeß scheinen mir augenblicklich verschiedene Anzeichen darauf hinzudeuten, daß man trotz der großen bisherigen

Erfolge der atomistischen Theorie sich schließlich doch noch einmal zu einer Aufgabe derselben und zur Annahme einer continuierlichen Materie wird entschließen müssen."

Das richtet sich gegen Boltzmann und erklärt Plancks Faszination durch die Hohlraumstrahlung, denn die Maxwellsche Theorie des elektromagnetischen Feldes ist ja eine Kontinuum-Theorie. In ihr hoffte Planck ein Element der Irreversibilität zu entdecken. Boltzmann selbst, der die Ähnlichkeit der Mechanik und der Maxwellschen Theorie bis zur Konstruktion mechanischer Modelle für das elektromagnetische Feld wohl kannte, sah die Hoffnungslosigkeit von Plancks Unterfangen von vorneherein ein. Es brauchte in der Tat eine bedeutende Besessenheit und Blindheit, diese einfachen Zusammenhänge nicht zu erfassen. Diese Blindheit aber führte Planck durch fürchterliche Niederlagen zur grössten Entdeckung des vergangenen Jahrhunderts.

3. Der Zweikampf Boltzmann-Planck

Das Verhältnis zwischen Planck und Boltzmann scheint von Anfang an getrübt. Für einen Riesen wie Boltzmann war ein mittelbegabter Professor, wie Planck einer zu sein schien, von vornherein eine Art Freiwild, dem man die Fehler mit höhnischer Herablassung ankreuzte. Kompliziert wurde die persönliche Beziehung auch durch die Politik. Planck war in Berlin, dieser "nouveau riche" unter den europäischen Hauptstädten, Boltzmann in Österreich, dem ehemaligen Machtzentrum Zentraleuropas. Er hatte die österreichische Katastrophe von 1866 nie verwunden. Dazu kam noch, dass Boltzmann als Nachfolger Kirchhoffs nach Berlin berufen worden war, eine Vakanz, die man schliesslich mit Planck besetzt hatte, wobei das Ordinariat auf ein Extraordinariat abgewertet worden war.

Nicht, dass Planck ein völlig unbeschriebenes Blatt vorgestellt hätte. Aus seiner Ablehnung der Maxwell-Boltzmannschen statistischen Mechanik hatte er auch 1891, anlässlich der 64. Versammlung der deutschen Naturforscher und Ärzte in Halle, keinen Hehl gemacht. Er tat dies in einer höflichen, aber für Boltzmann, aus Gründen, die ich nicht ausführen kann, wahrscheinlich besonders verletzenden Weise. Auch war er so unvorsichtig, sich auf Boltzmanns Seite in fremde Händel einzumischen und es ging ihm, wie es einem bei solchen Anbiederungsversuchen geht: Boltzmann und Ostwald waren zwar im Gebiet der Wärmelehre und der Energetik Gegner, aber einig waren sie sich darin, dass ein Junger wie Planck in ihren Kreisen nichts zu suchen hätte, und dass dessen anmassender Ton dem verdienten Alter gegenüber höchst unangebracht sei.

Ich kann nun unmöglich die 14 Arbeiten zur Strahlungstheorie, welche Planck zwischen 1896 und 1900 publiziert hat, im einzelnen besprechen. Eine Liste von einigen Titeln mag genügen.

(a) Absorption und Emission elektrischer Wellen durch Resonanz; Wied. Ann. *57* (1869) 1 - 14.

(b) Über elektrische Schwingungen, welche durch Resonanz erregt und durch Strahlung gedämpft werden; ibid. *60* (1897) 577 - 599.

(c) Notiz zur Theorie der Dämpfung elektrischer Schwingungen; ibid *63* (1897) 419 - 422.

(d) Über irreversible Strahlungsvorgänge 1. Mitteilung; S.-B. Preuss. Akad. Wiss. 1897, 57 - 68.

(e) dito, 2. Mitteilung; ibid (1897) 715 - 717.

(f) dito, 3. Mitteilung; ibid (1897) 1122 - 1145.

(g) dito, 4. Mitteilung; ibid (1898) 449 - 476.

(h) dito, 5. Mitteilung; ibid (1899) 440 - 480.

L. Boltzmann

(A) Über irreversible Strahlungsvorgänge I; S.-B. Preuss. Akad. Wiss. (1897) 660-662.

(B) dito, II; ibid (1897) 1016 - 1018.

(C) Über vermeintlich irreversible Strahlungsvorgänge; ibid (1898) 182 - 187.

Wir erinnern uns: Für Planck stand, bis zum Herbst 1900, das richtige Strahlungsgesetz fest. Wesentlich für ihn war es, am Beispiel des Strahlungsfeldes das Clausiussche Prinzip der Entropiezunahme zu demonstrieren.

Ich möchte zunächst seinen Grundgedanken illustrieren. Die Maxwellschen Gleichungen für das elektromagnetische Feld sind genauso zeitumkehr-invariant wie die Gleichungen eines mechanischen konservativen Systems von Massepunkten. Für die Fragen der Irreversibilität gewinnt man also vorläufig gar nichts – und überhaupt gar nichts, worauf Boltzmann ständig und immer stärker insistierte. Plancks Ideen waren also verfehlt, und sie sind daher auch nur sehr schwer darstellbar. Sie waren sogar in doppelter Hinsicht verfehlt; denn das Wiensche Strahlungsgesetz ist mit der klassischen Physik im Widerspruch. Nun sind die Maxwellschen Gleichungen zwar zeitumkehr-invariant, das bedeutet aber nicht, dass ihre Lösungen nicht etwa eine Zeitrichtung auszeichnen können. Aber jede Lösung, die eine Zeitrichtung auszeichnet, entspricht einer Lösung, die die entgegengesetzte Zeitrichtung auszeichnet. Hier das wichtigste derartige Beispiel. Nehmen Sie die Antenne eines Radiosenders früh am Morgen, bevor die Sendungen begonnen haben; und nehmen Sie an, dass es im übrigen keine Sender, auch keine Sonne, kurz keine anderen Quellen von elektromagnetischer Strahlung gibt. Dann herrscht völlige Funkstille. Das elektromagnetische Feld etwa einer benachbarten Stadt verschwindet. Sobald die Ströme in der Antenne aber zu fliessen beginnen, sendet die Antenne elektromagnetische Wellen aus, das elektromagnetische Feld in der Umgebung ist nach kurzer Zeit von Null verschieden und aus dem Empfänger tönt Musik. Dieser Vorgang wird durch eine Lösung der Maxwellschen Gleichungen beschrieben und diese Lösung entspricht unserem Kausalitätsbedürfnis, welches sich auf eine bestimmte, der Erfahrung entsprechende, Zeitrichtung gründet. Aber auch die völlig akausale, zeitumgekehrte Lösung existiert. Sie entspricht der umgekehrten Zeitrichtung.

Plancks Ausgangspunkt ist ein anderes Beispiel. Ein ruhender verlustloser Oszillator, etwa ein idealleitendes Stäbchen oder eine an idealen Federn befestigte geladene Kugel, wird durch vorüberziehende elektromagnetische Wellen zu Schwingungen angeregt. Er beginnt dann selber Wellen *auszusenden* und verändert dadurch das elektromagnetische Feld und zwar in dem Sinne, dass in der Vorwärtsrichtung eine Abschwächung, in den Seitwärtsrichtungen eine Verstärkung stattfindet. Ist die erregende Welle vorübergezogen, dann wird er noch weiter schwingen, bis seine Energie durch die Ausstrahlung aufgezehrt ist. Der Oszillator zerstreut also die erregende Welle und gleicht auch zeitliche Schwankungen aus. All dies wird durch entsprechende kausale Lösungen der Maxwellschen Gleichungen beschrieben. Neben diese Lösungen treten aber die zeitumgekehrten akausalen Lösungen, die dem umgekehrten Zeitsinn entsprechen. Entscheidend wichtig für die Formulierung der kausalen Zusatzbedingungen ist die Möglichkeit, zwischen einlaufenden und auslaufenden Kugelwellen unterscheiden zu können. Diese Möglichkeit entfällt aber beim geschlossenen Hohlraum, denn durch die Reflexion an der Begrenzung entstehen aus auslaufenden Wellen einlaufende Wellen.

Nun besteht das Plancksche Modell für die Hohlraumstrahlung aus einer Kugel, die durch ideal-leitende Wände begrenzt ist und in der sich ruhende ideale Oszillatoren befinden. Planck stellt sich vor, dass diese Oszillatoren das anfänglich vorhandene Strahlungsfeld so verändern, dass schliesslich ein Gleichgewicht approximiert wird, das dann der Hohlraumstrahlung entspricht. Dass diese Aussicht völlig verfehlt ist, beweist ihm Boltzmann schlagend wie folgt: Planck gibt zu, dass im Hohlraum ohne Oszillatoren sich *kein Gleichgewicht einstellt*. Die idealen Oszillatoren, die Planck nicht spezifiziert, kann man sich aber aus idealen Leitern zusammengebaut denken. Oszillatoren und Rand des ursprünglichen Hohlraumes bilden dann einen neuen, allerdings komplizierteren Hohlraum. Die Oszillatoren nützen also überhaupt nichts zur Erzeugung einer Irreversibilität.

Tatsächlich ist dieses Boltzmannsche Argument noch viel destruktiver. In einem beliebig gestalteten Hohlraum bilden sich Eigenschwingungen aus, die sich gegenseitig wegen der strengen Gültigkeit des Superpositionsprinzips überhaupt nicht stören. Eine beliebige Energieverteilung über die einzelnen Eigenschwingungen, z.B. die Wiensche, ändert sich überhaupt nicht. Das Plancksche Modell ist also mit einem beliebigen Strahlungsgesetz, z.B. auch dem richtigen, verträglich. Das Plancksche Modell verhält sich in dieser Hinsicht gleich, wie ein streng ideales Gas, in welchem auch jede Verteilung der Geschwindigkeitsquadrate ungeändert bleibt. Freilich, wenn man *bewegliche* Atome im Hohlraum hat, entfällt dieser Schluss.

Um aber die Härte von Boltzmanns Kritik zu demonstrieren, will ich den Schluss von (A) und den Anfang von (B) vorlesen:

(A) "Auf die Rechnungen Hrn. Plancks einzugehen, habe ich hier keine Veranlassung. Denn von der Aufstellung eines mathematischen Ausdrucks, der eine der Entropie analoge Rolle spielt, ja von einem Beweise, daß die Strahlung unbedingt einseitig verläuft, ist daselbst gar keine Rede. Es wird nur für eine spezielle, von vornherein einseitig gewählte Anregungsart gezeigt, daß sie im unendlichen Raum überhaupt, im geschlossenen wenigstens für längere Zeit einseitig verlaufende Erscheinungen zur Folge hat."

(B) "Um Zweifel, ob ich die Mitteilungen Hrn. Plancks gut verstanden habe, zu beseitigen, sei mir gestattet, nochmals kurz den gegenwärtigen Stand der Frage zu präzisieren. Es ist sicher möglich und wäre jedenfalls dankenswert, einen dem Entropiesatz analogen auch für die Strahlungserscheinungen aus den allgemeinen Gesetzen derselben nach den gleichen Prinzipien wie in der Gastheorie abzuleiten. Es würde mich daher freuen, wenn sich einmal zu diesem Zwecke die Ausführungen Hrn. Plancks über die Zerstreuung elektrischer Planwellen an sehr kleinen Resonatoren als nützlich erweisen würden, welche übrigens ganz einfache Rechnungen sind, deren Richtigkeit ich niemals in Zweifel gezogen habe."

Das ist scharf und, was die Physik angeht, gross und richtig. Das Beste was man von Plancks Untersuchungen erwarten konnte, konnte nicht besser sein als Boltzmanns Untersuchungen zur Gastheorie, die eben um diese Zeit von Plancks Assistenten Ernst Zermelo einer scharfsinnigen, mathematisch bewundernswerten, physikalisch völlig verfehlten, stilistisch ungemein kasuistischen Kritik unterzogen wurden. Planck bekannte sich zwar nicht öffentlich, wohl aber im Briefwechsel mit Kollegen, zur Meinung von Zermelo. Seine Aussagen gipfeln in einem Brief an Leo Graetz in der Feststellung:

"In dem Hauptpunkt der Frage stehe ich auf Zermelo's Seite, indem auch ich der Ansicht bin, daß es principiell ganz aussichtslos ist, die Geschwindigkeit irreversibler Prozesse, z.B. der Reibung oder Wärmeleitung, in Gasen, auf wirklich strengem Wege aus der gegenwärtigen Gastheorie abzuleiten. Denn da Boltzmann selber zugibt, daß sogar die *Richtung*, in der die Reibung und Wärmeleitung wirkt, nur aus Wahrscheinlichkeitsbetrachtungen zu folgern ist, so wäre völlig unverständlich, woher es denn kommt, daß unter allen Umständen auch die *Größe* dieser Wirkung einen ganz bestimmten Betrag darstellt." (Planck an L. Graetz 23.5.1897)

Tiefer kann man Boltzmann nicht missverstehen wollen.

In Anbetracht der Boltzmannschen Kritik, deren Berechtigung Planck doch nach und nach anerkennen musste, ist es ganz erstaunlich, dass er die Arbeiten mit einer schwer verständlichen Konsequenz doch weiterführte und schliesslich richtig das (falsche) Wiensche Strahlungsgesetz herausgebracht hat. Ein bleibendes und richtiges Verdienst freilich haben die Planckschen Arbeiten, nämlich die Reduktion des Problems der Hohlraumstrahlung auf das thermische Verhalten eines einzelnen Oszillators vorgegebener Frequenz ν und die Einsicht, dass die Entropie S_ν des Oszillators als Funktion der Energie U von der Gestalt

$$S_\nu(U) = f\left(\frac{U}{\nu}\right)$$

ist. Auf diese Weise äussert sich das Wiensche Verschiebungsgesetz am einfachsten.

Aus der Thermodynamik folgt dann

$$\frac{dS}{dU} = \frac{1}{T}$$

und daher

$$\frac{d^2 S}{dU^2} = \frac{d(1/T)}{dU}.$$

Nun war der ursprüngliche Plancksche Ansatz

$$\frac{d^2 S}{dU^2} = -\frac{const}{U},$$

denn dieser Ansatz führt zum Wienschen Strahlungsgesetz. Durch die neuen Messungen von *Rubens* und *Kurlbaum* war aber bekannt, dass dieses Gesetz für grosse Werte von U (d.h. kleine Frequenzen) falsch ist. Daher Plancks Verbesserung vom 19. Oktober 1900

$$\frac{d^2 S}{dU^2} = -\frac{\alpha}{U(\beta + U)} = \frac{d(1/T)}{dU}$$

woraus unmittelbar durch Integration

$$U = \frac{\beta}{e^{\beta/\alpha T} - 1}$$

und mit dem Wienschen Verschiebungsgesetz

$$U_\nu(T) = \frac{h\nu}{e^{h\nu/kT} - 1}$$

folgt. Damit wird das Plancksche Strahlungsgesetz

$$\rho(T,\nu) = \frac{8\pi}{c^3} \nu^2 \frac{h\nu}{e^{h\nu/kT} - 1}.$$

4. Schluss

Soweit war Planck am 19. Oktober 1900. Was aber sollte nun der physikalische Sinn der glücklich erratenen Formel für $\rho(T,\nu)$ sein? Das war das neue, das überraschende Problem, das niemand vorausgesehen hatte, vor dem alle Rechthaberei aufhörte, zu dessen Lösung Planck direkt auf die Boltzmannschen Abzählmethoden zurückgriff. Hier zum ersten Mal tritt uns die Plancksche Formel

$$S = k \log W$$

S die Entropie, W die (Boltzmannsche) Wahrscheinlichkeit, k das Verhältnis der Gaskonstanten R zur Loschmidtschen Zahl auf. k wurde von Planck später zu dessen Ehren die Boltzmannsche Konstante genannt, tritt aber bei Boltzmann nirgends auf, wohl aber bei Drude.

Bekanntlich steht die Formel auf Boltzmanns Grabstein, und so kam es denn, dass eine Plancksche Formel Boltzmanns Grab ziert.

Und jetzt wird, nach einer Vorankündigung aus dem Vorjahr, Plancks Grösse offenbar. Nicht nur führt er richtig seine Quantenhypothese aus, gemäss welcher der harmonische Oszillator nur diskrete Energiewerte annehmen kann, die eine arithmetische Folge mit der Differenz $h\nu$ (ν die Frequenz) bilden, sondern er berechnet aus dem empirischen Strahlungsgesetz auch

$$k \quad \text{und} \quad h$$

und findet damit die erste zuverlässige Grösse der Loschmidtschen Zahl

$$L = 6,175 \cdot 10^{23} \; Mol^{-1}$$

und den überraschend guten Wert

$$e = 4,69 \cdot 10^{-10} \; [estat]$$

für die elektrische Elementarladung. Ausserdem ist es ihm völlig klar, dass die Naturkonstanten c, k, h und G, die Gravitationskonstante, ein natürliches Masssystem für Länge, Zeit, Masse und Temperatur definieren. Setzt man alle diese Konstanten 1, so können dadurch alle Grössen der Physik durch dimensionslose Zahlen bestimmt werden. Planck berührt hier ein Problem, welches bis heute ungelöst ist, nämlich die Beziehung zwischen der Gravitation, d.h. der Kosmologie und dem Atomismus. Das Problem zeigt sich in der natürlichen Längeneinheit von $\sim 10^{-33} cm$, einer Länge, zu der wir experimentell keinen Zugang haben.

Es ist schwer, Plancks Grösse als Naturforscher zu fassen. Seine Schwächen sind zu offensichtlich. Blendendes, Gewinnendes, Reichtum des Geistes waren ihm kaum gegeben. Wilhelm Wien ist ihm darin hoch überlegen. Auch in der Kraft der logisch-einwandfreien Durchführung wird er von Zeitgenossen übertroffen, und Boltzmann ist ihm an physikalischer Einsicht unvergleichlich hoch überlegen. Dazu kommt seine Empfindlichkeit, die den Angriff wegen der schönen Erfolgs-aussichten geradezu herausforderte. Aus tiefen Quellen stammt sein Sendungs-bewusstsein, wenn Sie wollen, sein Hochmut, sein hochmütiger Ernst, der so sehr zum polternden Humor von Boltzmann im Gegensatz steht. Und doch trägt ihn diese seine Überzeugung, ein eigener Genius, über alle Niederlagen hinweg zum schliesslichen Erfolg und zur allgemeinen Verehrung und Anerkennung. Es ist diese Standhaftigkeit, die ihn auszeichnet. Für ihn gilt das Wort, dass der Charakter für den Menschen viel entscheidender ist, als Reichtum des Geistes.

Grosse Entdeckungen, und die Entdeckung der Planckschen Konstanten ist was die Folgen angeht das Bedeutendste, was in der Physik des letzten Jahrhun-derts geschehen ist, grosse Entdeckungen können nicht geplant werden. Das eigentliche Ziel wurde Planck erst einen Monat vor dem Erfolg klar. Fünf Jahre lang lief er einer Chimäre nach und machte sich – bei Kennern wenigstens und Nachgeborenen – lächerlich. Aber das Problem der Irreversibilität, welches bis heute – etwa in der Grundlegung der Boltzmannschen Gleichung für die Verän-derung der molekularen Verteilungsfunktion – nicht alle seine Rätsel offenbart hat, ist ein grundsätzliches Problem. Und hier zeigt sich ein anderer Charak-terzug Plancks: die Beschäftigung mit dem Grundsätzlichen. Ich glaube, es war Einstein, dessen Grösse viel leichter zu fassen ist als Plancks, der sich geweigert hat, einem jungen Physiker ein Forschungsthema vorzuschlagen, weil er die Ver-antwortung dafür nicht tragen möchte; denn, so stellt er fest, es muss eine subtile Sympathie zwischen dem Problem und dem Forscher bestehen, es darf weder zu einfach, noch zu schwierig sein, es soll ihn vielleicht auf Jahre hinaus durch seine geheimnisvollen Wege und Irrwege locken und ihm schliesslich die überraschende Lösung gewähren. Von dieser Art war Plancks Beschäftigung mit der Irreversibilität der natürlichen Prozesse.

Boltzmann und Planck: Die Krise des Atomismus um die Jahrhundertwende und ihre Überwindung durch Einstein*

Meine Damen und Herren,

ich weiss, dass *Albert Einstein* selbst *Hendrik Antoon Lorentz* als den für seine eigene Entwicklung bestimmendsten Physiker bezeichnet hat. Dessen ungeachtet sind für die Gegenstände, die der Diskussion des heutigen Tages zugrunde liegen, nämlich Einsteins Arbeiten zur *Brownschen Bewegung* und zur *Quantentheorie, Boltzmann* und *Planck* die eigentlichen Vorläufer und Wegbereiter. An Boltzmann schliessen Einsteins frühe Arbeiten zur Statistischen Mechanik an, mit welchen er die Grundlage seiner souveränen Meisterschaft über die Schwankungserscheinungen schafft; und die Strahlungsformel von Max Planck wird ihm der Ausgangspunkt für die Entdeckung des verborgensten Elementarteilchens, des sichtbaren Photons. Das Quantenrätsel aber ist der "cantus firmus" in Einsteins wissenschaftlichem Leben.

So verschmelzen im jungen Einstein die Bestrebungen der beiden verbitterten Streiter des ausgehenden 19. Jahrhunderts, des Österreichers Ludwig Boltzmann und des Deutschen Max Planck. Als dritter erscheint in diesem Kampf *Ernst Mach*, der grosse Unabhängige, dessen Einwirkung auf den jungen Einstein hinreichend bekannt ist.

Max Planck und Ernst Mach

Die Behauptung, dass Mach im Kampf zwischen Planck und Boltzmann eine Rolle gespielt habe, bedarf einer Rechtfertigung. Vor der Jahrhundertwende finde ich Ernst Mach in Plancks "Physikalischen Abhandlungen und Vorträgen" [PAV] nur einmal erwähnt, nämlich im Vortrag über "Die Maxwell'sche Theorie der Elektricität von der mathematischen Seite betrachtet" aus den Jahresberichten der Deutschen Mathematischen Vereinigung von 1899. Ich zitiere:

---

*Einstein Symposion Berlin (Herausgeber: H. Nelkowski, A. Hermann, H. Poser, R. Schrader, R. Seiler), Lecture Notes in Physics *100*, 128-145, Springer Verlag, Berlin 1979.

"Alles zusammengefaßt möchte ich also sagen: die *Maxwell*'sche Theorie zeich-net sich vor den älteren Theorien aus nicht durch größere Richtigkeit, sondern durch größere Einfachheit, oder mit anderen Worten: es ist im letzten Grunde nichts anderes als das Prinzip der Ökonomie im Sinne von *Mach* gesprochen, welches in der Durchführung der *Maxwell*'schen Elektricitätstheorie einen seiner schönsten Triumphe gefeiert hat[1]."

Im Dezember 1908, vor den Studenten der Universität Leiden tönt es dann allerdings anders[2]. Der IV. Abschnitt dieses Vortrages ist der Beginn einer Polemik des im Zenith seiner Laufbahn stehenden Max Planck gegen einen seit Jahren leidenden, gelähmten Ernst Mach. Hier eine bekannte Stelle – und ich zitiere:

"Zum Schluß noch ein Argument, das vielleicht auf diejenigen, welche trotz alledem den menschlich-ökonomischen Gesichtspunkt als den eigentlich ausschlag-gebenden hinzustellen geneigt sind, mehr Eindruck macht als alle bisherigen sach-lichen Überlegungen. Als die großen Meister der exakten Naturforschung ihre Ideen in die Wissenschaft warfen: als *Nikolaus Kopernikus* die Erde aus dem Zen-trum der Welt entfernte, als *Johannes Kepler* die nach ihm benannten Gesetze formulierte, als *Isaac Newton* die allgemeine Gravitation entdeckte, (...), als *Michael Faraday* die Grundlagen der Elektrodynamik schuf – die Reihe wäre noch lange fortzusetzen, da waren ökonomische Gesichtspunkte sicherlich die allerletz-ten, welche diese Männer in ihrem Kampfe gegen überlieferte Anschauungen und gegen überragende Autoritäten stählten. Nein – es war ihr felsenfester, sei es auf künstlerischer, sei es auf religiöser Basis ruhender Glaube an die Realität ihres Weltbildes. Angesichts dieser doch gewiß unanfechtbaren Tatsache läßt sich die Vermutung nicht von der Hand weisen, daß falls das *Mach*'sche Prinzip der Ökonomie wirklich einmal in den Mittelpunkt der Erkenntnistheorie gerückt wer-den sollte, die Gedankengänge solcher führender Geister gestört, der Flug ihrer Phantasie gelähmt und dadurch der Fortschritt der Wissenschaft vielleicht in verhängnisvoller Weise gehemmt werden würde [3]."

Man sieht, Planck bekennt sich jetzt (und damit ist er nicht allein) zu einer idealistisch-romantischen Auffassung über die Wurzeln des Fortschrittes in der Physik. Es ist vielleicht die Anmerkung angebracht, dass mit der Abkehr von der Machschen Nüchternheit die Physik in immer grössere Abhänigkeit von Wirt-schaft und Ökonomie getrieben wurde und schliesslich mit der nackten Gewalt (nämlich dem Militär) akkordiert hat. Das mag eine zufällige Koinzidenz sein.

Wichtig für uns ist Plancks scharfe Duplik "Zur *Mach*'schen Theorie der physikalischen Erkenntnislehre. Eine Erwiderung" [12]; denn sie enthält die auf-schlussreiche Rechtfertigung:

"Die Berechtigung zu einer Meinungsäußerung über die *Mach*'sche Theorie der

---

[1]Die Einheit des physikalischen Weltbildes, [PAV] Bd. III, 6-29.
[2]l.c. 1.
[3]l.c. 1, p. 28.

physikalischen Erkenntnis glaube ich aus dem Umstand ableiten zu dürfen, daß ich mich mit dieser Theorie seit Jahren eingehend beschäftigt habe. Zählte ich mich doch in meiner Kieler Zeit (1885 - 1889) zu den entschiedenen Anhängern der *Mach*'schen Philosophie, die wie ich gerne anerkenne, eine starke Wirkung auf mein physikalisches Denken ausgeübt hat[4]."

Das ist das Bekenntnis, das wir suchten: *Planck* ist als *Machist* (um einen Ausdruck von *Wladimir Illjitsch Uljanow* zu verwenden) gegen Boltzmann angetreten. Und nach der schmerzlichen Niederlage glaubte er aus Recht und Pflicht vor allem die junge Generation vor Mach und seiner Erkenntnistheorie warnen zu müssen. Allein dies geschah in verletzender Form und auch Einstein, der zu heilen suchte, wo er konnte, war unfähig den Schaden zu bessern. Das Unrecht war geschehen[5].

Wir aber glauben den Einfluss Machs auf Planck schon in der Münchner Zeit und auch später in der ersten Berliner Dekade erkennen zu können. Mach war bekanntlich ein Anti-Atomist, Planck war hinsichtlich der Existenz der Atome ein Skeptiker bis zu seiner Bekehrung im Herbst 1900. Um den "Glauben an die Realität der Atome[6]" geht es denn auch im Streit zwischen Mach und Planck. Woher aber diese Feindschaft gegen die Atome? Hören wir ein Zeugnis Machs aus seinem Frühwerk "Die Geschichte und die Wurzel des Satzes von der Erhaltung der Arbeit", Prag 1872, eine Schrift, die Planck wahrscheinlich in seiner Münchner Zeit studiert hat. Mach schreibt mit Hinblick auf den 1. Hauptsatz der Thermodynamik:

"Auf dieses Verschwinden der Wärme bei Leistung von Arbeit und die Bildung von Wärme bei Verbrauch von mechanischer Arbeit (...) hat man nun ein besonderes Gewicht gelegt. Man schloß daraus: Wenn Wärme sich in mechanische Arbeit verwandeln kann, so wird Wärme in mechanischen Vorgängen, in Bewegung bestehen."

"Dieser Schluß, der sich wie ein Lauffeuer über die ganze cultivierte Erde verbreitete, rief nun eine Masse von Schriften über diesen Gegenstand hervor und man ist nun allerorten bemüht, die Wärme durch Bewegungen zu erklären; man bestimmt die Geschwindigkeiten, die mittleren Wege und die Bahnen der Molecüle und es gibt fast kein Räthsel mehr, das nicht auf diesem Wege mit Hilfe hinreichend langer Rechnungen und verschiedener Annahmen vollständig erledigt würde[7]."

Zu den in Machs Augen unkritischen Rechnern gehören natürlich *Rudolf Clausius* und *Ludwig Boltzmann*, aber auch *Gustav Kirchhoff* und wohl *Hermann v. Helmholtz* – "das Viergestirn" der Theoretischen Physik in Deutschland um 1880,

---

[4][12] p. 1187.
[5]Zum Verhältnis Mach-Planck-Einstein siehe [16].
[6][11] p. 603.
[7][3] p. 16 f.

wie Planck es nannte[8].

Es kennzeichnet die anti-autoritäre Haltung des jungen Planck, dass er der Meinung von Ernst Mach zuneigte. In seiner Preisschrift über "Das Prinzip der Erhaltung der Energie" [7] aus dem Jahr 1887 sekundiert er vorsichtig und ohne Namensnennung mit den Worten:

"Der Ansicht aber, die wohl auch manchmal geäußert wird, daß man die mechanische Theorie (der Atome) als ein a priori Postulat der physikalischen Forschung zu akzeptieren habe, müssen wir mit aller Entschiedenheit entgegentreten; dieselbe kann nicht von der Verpflichtung befreien, jene Theorie auf legalem Wege zu begründen[9]."

Und er fährt – auch hier Mach folgend[10] – fort:

"Die Naturwissenschaft kennt überhaupt nur ein Postulat: das Kausalitätsprinzip; denn dasselbe ist ihre Existenzbedingung. Ob dieses Prinzip selber erst aus der Erfahrung geschöpft ist, oder ob es eine notwendige Form unseres Denkens bildet, brauchen wir hier nicht zu untersuchen[11]."

Plancks Haltung ist eine grundsätzlich-axiomatische. Für ihn ist die Allgemeingültigkeit des Energiesatzes eine Tatsache, gesichert wie wenig andere in der Naturwissenschaft. Er ist *Ausgangspunkt*, die mechanische Naturauffassung mögliches oder sogar wahrscheinliches *Ziel* der Forschung.

Planck arbeitete an der Preisschrift über die Erhaltung der Energie nach eigener Angabe im Frühjahr 1885, also noch in München[12].

Planck als Entropiker

Planck war anti-autoritär und fand daher im deutschen Sprachgebiet, das um 1880 die eigentliche Wallfahrtsstätte für Studenten der theoretischen Physik war, keinen Lehrer im eigentlichen Sinne des Wortes. Er sagt selbst in seiner Antrittsrede als Mitglied der Preussischen Akademie:

"Mir ist nicht das Glück zuteil geworden, daß ein hervorragender Forscher oder Lehrer in persönlichem Verkehr auf die spezielle Richtung meines Bildungsganges Einfluß genommen hat. Was ich gelernt habe, entstammt ausschließlich dem Studium der Schriften unserer Meister, (...)[13]."

Seine Dissertation trägt den Titel "Über den zweiten Hauptsatz der mechanischen Wärmetheorie[14]". Die mechanische Wärmetheorie von damals ist unsere heutige phänomenologische Thermodynamik. Planck glaubte an die absolute

---

[8]Theoretische Physik (1930), [PAV] Bd. III, 209-218, p. 209.
[9][7] p. 155.
[10][3] p. 50.
[11][7] p. 155.
[12]Wissenschaftliche Selbstbiographie, [PAV] Bd. III, 374-401, p. 379.
[13]Antrittsrede zur Aufnahme in die Akademie vom 28. Juni 1894, [PAV] Bd. III, 1-5, p. 4 f.
[14][PAV] Bd. I, 1-61.

Gültigkeit des Satzes von der Vermehrung der Entropie: Er war ein *Entropiker*. Das machte ihn schon früh zum Anti-Atomisten. Erstaunt lesen wir beim erst 23jährigen:

"Zum Schluß möchte ich hier noch auf eine allerdings schon bekannte Tatsache ausdrücklich hinweisen. Der zweite Hauptsatz der mechanischen Wärmetheorie consequent durchgeführt, ist unverträglich mit der Annahme endlicher Atome.* Es ist daher vorauszusehen, daß es im Laufe der weiteren Entwicklung der Theorie zu einem Kampfe zwischen diesen beiden Hypothesen kommen wird, der einer von ihnen das Leben kostet. Das Resultat dieses Kampfes jetzt schon mit Bestimmtheit voraussagen zu wollen, wäre allerdings verfrüht, indeß scheinen mir augenblicklich verschiedenartige Anzeichen darauf hinzudeuten, daß man trotz der großen bisherigen Erfolge der atomistischen Theorie sich schließlich doch noch einmal zu einer Aufgabe derselben und zur Annahme einer continuierlichen Materie wird entschließen müssen.

* Vgl. J. Clerk Maxwell, Theory of Heat. Deutsche Übersetzung (...) von F. Neesen, p. 373, 1878.[15]**

München, Dec. 1881"

(** Die Bedenken Plancks gegen den Atomismus sind also älter als seine Theorie der ideal verdünnten Lösungen, die er in späteren Jahren auch als Ursache für seinen frühen Antiatomismus angibt.[16])

Will man der Fussnote des Textes voll vertrauen, dann waren es also *James Clerk Maxwells* Ausführungen über die "Begrenzung des zweiten Hauptsatzes der Thermodynamik", welche Plancks Widerstand gegen die Existenz von Atomen wachriefen. Es ist dies der Abschnitt im zweiundzwanzigsten Kapitel der Theorie der Wärme, die vom Maxwellschen Dämon handelt und der die Warnung enthält, dass sich unsere Erfahrung an makroskopischen Körpern nicht mehr auf die feineren Beobachtungen und Versuche anwenden lassen, von welchen nur wenige Moleküle betroffen sind[17]. Planck konnte damals keine Beschränkung des Gültigkeitsbereichs des Entropieprinzips dulden. Für ihn waren die Hauptsätze, wie schon erwähnt, Axiome, Wahrheiten, erhärtet durch jahrhundertlange Erfahrung. Auch teilte er die menschliche Schwäche, jede erfolgreiche Anwendung der Thermodynamik als zusätzliche Stütze der Hauptsätze aufzufassen. Daher die häufigen Beteuerungen, in zutreffenden aber auch in unzutreffenden Fällen, die Gültigkeit eines speziellen Resultates stehe und falle mit der Gültigkeit des

---

[15]Verdampfen, Schmelzen und Sublimieren, [PAV] Bd. I, 134-163, p. 162 f.   Es ist dies diejenige Arbeit, die Hermann v. Helmholtz in seinem Wahlvorschlag in die Akademie ausdrücklich von seiner Laudatio ausnimmt.
[16]Die Stellung der neueren Physik zur mechanischen Naturanschauung (1910), [PAV] Bd. III, 30-46, p. 32 f, aber auch schon Allgemeines zur neueren Entwicklung der Wärmetheorie (1891) [PAV] Bd. I, 372-381, p. 373.
[17][5] p. 373 ff.

Entropiesatzes. Man ist versucht, dem Entropiesatz im Denken von Max Planck die Rolle einer autonomen Instanz zuzuschreiben.

Es ist der absolute Glaube an die *beiden* Hauptsätze, der Planck von Mach trennte und ihn zu den Energetikern (wie Georg Helm und Wilhelm Ostwald) in Gegensatz brachte. Mit *Boltzmann* war er natürlich verfeindet.

Denn so wie Planck ein "Entropiker" war, für den die Welt einem Ziel zustrebte – dem Wärmetod, so war Ludwig Boltzmann ein Atomist, für den die Richtung des Zeitablaufs, ähnlich wie die Richtung der Schwerkraft, nur lokal – und dazu in weit auseinanderliegenden Inseln – definiert war[18].

Diese unklaren Andeutungen lassen sich nicht durch die bekannten Klebezettel "fortschrittlich" und "reaktionär" verdeutlichen. Zum Lebenslauf der beiden Großen passen eher die Adjektive "optimistisch" und "fatalistisch" oder "pessimistisch". Der Optimist ist offenbar auf ein Fortschreiten, auf ein Ziel angewiesen; wer grundsätzlich an keine Entwicklung glaubt, wird auf das Leben gern verzichten, wenn er genug hat.

Wir verlassen an dieser Stelle unser gegensätzliches Paar, um uns für kurze Zeit mit einem ungemein liebenswerten Mann aus der untergegangenen Stadt der Vernunft zu unterhalten.

Der Atomismus in der Elektrizität

Uns ist heute selbstverständlich, dass das Faradaysche Grundgesetz der Elektrolyse zusammen mit dem Atomismus der Materie notwendig zur Existenz einer elektrischen Elementarladung führt. Es ist daher erstaunlich, dass dieser Sachverhalt erst seit H. v. Helmholtz' Faraday Lecture vom 5. April 1881 allgemein anerkannt wird[19]. Vor allem verwunderlich ist Clerk Maxwells ambivalente *Ablehnung* des Atomismus der Elektrizität, wie sie im § 260 des "Treatise on Electricity and Magnetism" zum Ausdruck kommt[20]. Nachdem er dort den Begriff der elektrischen Elementarladung ("one molecule of electricity") eingeführt hat, schreibt er:

"This phrase, gross as it is, and out of harmony with the rest of this treatise, will enable us at least to state clearly what is known about electrolysis, and to appreciate the outstanding difficulties[21]."

Und später:

"This theory of molecular charges may serve as a method by which we may remember a good many facts about electrolysis. It is extremely improbable how-

---

[18]z.B.: Zu Hrn. Zermelos Abhandlung "Über die mechanische Erklärung irreversibler Vorgänge", [BWA] Bd. III, 579-586, § 4.

[19]On the Modern Development of Faraday's Conception of Electricity (1881), [HWA] Bd. III, 52-87.

[20][6] vol. I, p. 379 ff.

[21]l.c. 20. p. 380.

ever that when we come to understand the true nature of electrolysis we shall retain in any form the theory of molecular charges, for then we shall have obtained a secure basis on which to form a true theory of electric currents, and so become independent of these provisional theories[22]."

Es verbergen sich hinter diesen Vorbehalten alte, wertlose Berzeliussche Ideen und wohl auch das, noch bei Einstein nachwirkende, Unbehagen über das Eindringen eines fremden, atomistischen Elementes in die Feldtheorie des Elektromagnetismus: das Elektron als Fremdling in der Maxwellschen Theorie.

Noch bei Helmholtz lesen wir den Satz:

"Now the most startling result of *Faraday*'s law is perhaps this. If we accept the hypothesis that the elementary substances are composed of atoms, we cannot avoid concluding that electricity also, positive as well as negative, is divided into definite elementary portions, which behave as atoms of electricity[23]."

"Startling" (überraschend, bestürzend) nennt Helmholtz dieses Resultat.

"Willkommen" heisst es *Emil Wiechert* in Königsberg; freilich erst ein gutes Dutzend Jahre später. Damit bin ich bei dem Mann angekommen, dessen theoretische und experimentelle Verdienste um die Elektronentheorie ich für einen Augenblick der Vergessenheit entreissen möchte. Seine Verdienste in der Geophysik sind ja aus Göttingen bekannt. Ihm gebührt, soweit ich sehe, vor *J.J. Thomson* die Priorität für die Entdeckung des Elektrons. Vor allem aber hat er unabhängig von *H.A. Lorentz* in den Jahren 1894 - 96 eine Elektronentheorie skizziert. Ich zitiere aus seiner Abhandlung "Die Theorie der Elektrodynamik und die Röntgen'sche Entdeckung" [13]:

"Da über die Realität der naturwissenschaftlichen molekularen Hypothese heute nicht der mindeste Zweifel mehr herrschen kann, bleiben wir auf sicherem Boden, wenn wir sie auch für die Elektrodynamik unumwunden anerkennen. Es ist eine hohe Freude zu sehen, wie schön sich dann die *Maxwell*'schen Ideen den älteren Theorien einfügen, wie leicht und klar sich alles gestaltet[24]."

"Das, was uns als *Materie* den eigentlichen Inhalt der Welt auszumachen scheint, ist zusammengesetzt aus sehr kleinen, selbständigen Bausteinen, den chemischen *Atomen*. – Es kann nicht oft genug betont werden, daß man heutzutage bei dem Wort *Atom* durchaus nicht an irgendwelche der alten philosophischen Spekulationen denkt: Wir wissen ganz genau, daß die Atome, um die es sich für uns handelt, keineswegs die denkbar einfachsten Urelemente der Welt sind; ja, eine Reihe von Erscheinungen, vor allem die der Spektralanalyse, führen zu dem Schluß, daß die Atome sehr kompliziert gebaute Dinge sind. Angesichts der heutigen Naturwissenschaft müssen wir wohl überhaupt den Gedanken aufgeben, ins Kleine gehend irgend einmal auf die letzten Fundamente der Welt zu stoßen, und ich glaube, wir können es leichten Herzens thun. Die Welt ist eben nach allen

---

[22] l.c. 20. p. 381.
[23] l.c. 19. p. 69.
[24] [13] p. 2.

Richtungen *unendlich*, nicht nur nach oben, ins Große, sondern auch nach unten, ins Kleine hinein. Verfolgen wir von unserem menschlichen Standpunkt ausgehend den Inhalt der Welt weiter und weiter, so gelangen wir in beiden Richtungen schließlich zu nebelhaften Fernen, in welchen uns erst die Sinne, und dann auch die Gedanken im Stich lassen[25]."

Natürlich bildet für *Wiechert* der Satz "Die Elektricität erscheint atomistisch gebaut, gerade so wie die Materie[26]" einen Angelpunkt seiner Theorie.

Max Planck gegen Ludwig Boltzmann

Nach diesem Abstecher in ein Märchenland der Vernunft, zurück zur Haupthandlung. Das Verhältnis zwischen Boltzmann und Planck blieb belastet. Seitdem Boltzmann 1888 als Nachfolger des verstorbenen G. Kirchhoff nach Berlin berufen worden war, fühlte der Österreicher bis an sein Lebensende eine gewisse Verpflichtung, Berlin gegenüber kritisch zu sein, wozu er aus seiner Mitgliedschaft in der Preussischen Akademie der Wissenschaften weitere Veranlassung zog. Das war für Planck, der unterdessen Nachfolger von Kirchhoff geworden war, gewiss unbequem aber kein Grund, von seinen Überzeugungen abzustehen. Hören wir aus seinem Vortrag an der 64. Versammlung der Naturforscher und Ärzte am 24. September 1891 in Halle:

"Indessen scheinen nach den ersten glänzenden Resultaten der kinetischen Gastheorie ihre neueren Fortschritte den daran geknüpften Erwartungen nicht zu entsprechen; bei jedem Versuch, diese Theorie sorgfältiger auszubauen, haben sich die Schwierigkeiten in bedenklicher Weise gehäuft. Jeder, der die Arbeiten derjenigen beiden Forscher studiert, die wohl am tiefsten in die Analyse der Molekularbewegungen eingedrungen sind: *Maxwell* und *Boltzmann*, wird sich des Eindrucks nicht erwehren können, daß der bei der Bewältigung dieser Probleme zu Tage getretene bewunderungswürdige Aufwand von physikalischem Scharfsinn und mathematischer Geschicklichkeit nicht im wünschenswerten Verhältnis steht zu der Fruchtbarkeit der gewonnenen Resultate[27]."

Diese Worte erinnern an das, was Ernst Mach 20 Jahre früher in Prag gesagt hatte. Der Mut jedoch zu dieser Kritik fliesst Planck aus seiner Theorie der verdünnten Lösungen, die allerdings neben den Hauptsätzen noch allerlei "Zaubermittel" (W. Pauli) verwendet, wie etwa das reversible Überführen der verdünnten Lösung durch Temperaturerhöhung allein und ohne Änderung der Chemie in eine Mischung idealer Gase.

Die Kritik traf Boltzmann wohl besonders empfindlich, weil er sie auf seine

---

[25][13] p. 3.
[26][13] p. 17.
[27]Allgemeines zur neueren Entwicklung der Wärmetheorie (1891), [PAV] Bd. I, 372-381, p. 372 f.

monumentalen Rechnungen "Zur Theorie der Gasreibung[28]" beziehen musste. Nun kämpfte vielleicht die kinetische Theorie der verdünnten Lösungen mit gewissen Anfangsschwierigkeiten, aber der Plancksche Purismus der Hauptsätze war der Transporttheorie, etwa der Gasreibung, gegenüber im Quantitativen völlig ohnmächtig: alles was er zu liefern hatte war ein Vorzeichen + oder − ; und das wusste auch Planck.

Es kann nun nicht unsere Aufgabe sein, die Scharmützel der folgenden Jahre zwischen Planck und Boltzmann einzeln aufzuzählen. Wir konzentrieren uns auf die letzten 6 Jahre des vergangenen Jahrhunderts, die Zeit, während welcher Planck fast ausschliesslich mit dem Problem der Hohlraumstrahlung gerungen hat – und wir bleiben auch dann noch oberflächlich.

Irreversibilität und Hohlraumstrahlung

Am 11. Juni 1894 wird Max Planck Mitglied der Preussischen Akademie der Wissenschaften. Mit der Erreichung dieses höchsten äusseren Ziels scheinen sein Mut und seine Kräfte zu wachsen. Am 28. Juni hält er seine Antrittsrede. Als das für alle Zeiten unverrückbar feststehende Ziel der Forschung bezeichnet er (sehr modern scheint uns) die "Herstellung des einen grossen Zusammenhangs aller Naturkräfte[29]". Als einen Schritt in dieser Richtung muss ihm die Aufklärung des Ursprungs der Irreversibilität erschienen sein. Dass hier die Mechanik wegen ihrer Zeitumkehr-Invarianz machtlos ist, wusste er seit mehr als 13 Jahren. Das war ja der Grund, weshalb er die "endlichen" Atome der kinetischen Theorie abgelehnt hatte[30]. Aber es gab die Elektrodynamik, eine Kontinuumstheorie, und es gab die Hohlraumstrahlung als Kreuzungspunkt zwischen Thermodynamik und Elektrodynamik. War von hier aus vielleicht eine "elektromagnetische Theorie der Wärme" zu gewinnen, " – nicht mit Hülfe besonderer neuer Hypothesen, sondern einfach in consequenter Fortbildung der Maxwell'schen Ideen von dem Zusammenhang zwischen Licht und Electricität[31]."

Das ist das Problem, welchem Planck nun rund ein Dutzend Arbeiten widmet. Es war von vornherein klar, dass in einem Hohlraum mit ideal spiegelnden Wänden von einer Annäherung an ein universelles Strahlungsgleichgewicht nicht die Rede sein kann. Die Wechselwirkung des elektromagnetischen Feldes mit der Materie in anderen Worten: Emissions- und Absorptionsprozesse müssen eine wesentliche Rolle spielen. Planck wählt, wie das damals und auch noch viel später nahe lag, als *Strahlungsumwandler* einen Hertz'schen Dipol, einen gelade-

---

[28]Zur Theorie der Gasreibung I, II, III (1880/1881), [BWA] Bd. II, 388-556.

[29]l.c. 13. p. 4.

[30]l.c. 15.

[31]Die Maxwell'sche Theorie der Electricität von der mathematischen Seite betrachtet (1899), [PAV] Bd. I, 601-613, p. 613. Es ist bemerkenswert, dass diese Arbeit aus dem Jahr 1899 die einzige bedingungslose Anerkennung für Mach und sein "Princip der Ökonomie" enthält (l.c. 1.).

nen Oszillator also, dessen Ausdehnung gegenüber der Wellenlänge vernachlässigt werden kann.

Fällt ein Wellenzug endlicher Ausdehnung und geeigneter Frequenz auf einen zunächst ruhenden Hertz'schen Oszillator, so beginnt dieser zu schwingen, indem er dem Wellenzug Energie entzieht. Der schwingende Oszillator strahlt und strahlt weiter, nachdem der Wellenzug vorbeigezogen ist. Der Oszillator verändert also den Wellenzug im Sinne eines Ausgleichs der räumlichen und zeitlichen Inhomogenität. Das ist das Bild, welches Planck in seinen Vorarbeiten entwickelt. Dabei entdeckt er, ein Jahr vor *J. Larmor*, dem diese Erfindung allgemein zugeschrieben wird, die Strahlungsdämpfungskraft[32]. Sie wird zu einer Quelle der Inspiration; denn hier hat man es mit einer neuen Art der Dämpfung zu tun, bei der nicht Arbeit in Wärme verwandelt wird, die also nicht "verzehrend" (konsumptiv) sondern "arbeitserhaltend" (konservativ) ist. Daher Plancks Worte:

"Das Studium der conservativen Dämpfung scheint mir deshalb von hoher Wichtigkeit zu sein, weil sich durch sie ein Ausblick eröffnet auf die Möglichkeit einer allgemeinen Erklärung irreversibler Prozesse durch conservative Wirkungen – ein Problem, welches sich der theoretisch-physikalischen Forschung täglich drängender entgegenstellt[33]."

Nun fühlt sich Planck gerüstet, die irreversiblen Strahlungsvorgänge im Strahlungshohlraum zu untersuchen. Man hat sich dabei einen durch ideale Leiter begrenzten Hohlraum vorzustellen, in welchem sich Hertz'sche Oszillatoren befinden. Über die Natur dieser Oszillatoren wird nichts vorausgesetzt. Planck legt manchmal nahe, dass sie molekulare Systeme sein können, insistiert aber, dass man dabei durchaus *auch* an verlustlose (ideale) makroskopische Oszillatoren denken kann. Solche makroskopische Oszillatoren besitzen dann natürlich auch eine Entropie.

Es ist wissenschafts-psychologisch interessant, für die Entwicklung der Physik allentscheidend, dass Planck an seinem Programm, an der absoluten Gültigkeit des Entropiesatzes, so überaus zäh festhält. Aber die Boltzmannsche Auffassung des Entropiesatzes als eine Wahrscheinlichkeitsaussage war ihm und seiner Umgebung so zuwider, dass mit seiner Billigung, sein Assistent *Ernst Zermelo*, der sich später als Mathematiker einen sehr bedeutenden Namen gemacht hat, gegen Boltzmann mit jugendlicher Unverschämtheit und grosser mathematischer Strenge zu Felde zog [14,15]. Grossartig und viel zuwenig bekannt ist Zermelos Beweis von Poincarés Wiederkehrsatz[34]. Physikalisch aber geht sein Angriff völlig daneben. Aber Planck ist auf *seiner* Seite, wie u.a. aus einem Brief an seinen Freund und Münchner Kollegen *Leo Graetz* vom 23. März 1897 hervorgeht, dessen Kenntnis wir dem verstorbenen Hans Kangro verdanken. Planck schreibt:

---

[32]Über electrische Schwingungen, welche durch Resonanz erregt und durch Strahlung gedämpft werden (1896), [PAV] Bd. I, 466-488, p. 480 Gleichung (25).

[33]l.c. (32) p. 469 f.

[34][14] p. 486-488.

"In dem Hauptpunkt der Frage stehe ich auf *Zermelo*'s Seite, indem auch ich der Ansicht bin, daß es principiell ganz aussichtslos ist, die Geschwindigkeit irreversibler Prozesse, z.B. der Reibung oder Wärmeleitung, in Gasen, auf wirklich strengem Wege aus der gegenwärtigen Gastheorie abzuleiten. Denn da Boltzmann selber zugibt, daß sogar die *Richtung*, in der die Reibung und Wärmeleitung wirkt, nur aus Wahrscheinlichkeitsbetrachtungen zu folgern ist, so wäre völlig unverständlich, woher es denn kommt, daß unter allen Umständen auch die *Größe* dieser Wirkungen einen ganz bestimmten Betrag darstellt[35]."

Das also liegt hinter der Kritik, die Planck 1891 gegen den "bewundernswürdigen Aufwand von physikalischem Scharfsinn und mathematischer Geschicklichkeit, der nicht im wünschenswerten Verhältnis zu der Fruchtbarkeit der gewonnenen Resultate steht[36]", vorgebracht hatte.

Boltzmann verteidigte sich souverän gegen Zermelo, was die Physik angeht[37], seine Attacke auf Zermelos Mathematik schiesst allerdings mit plumper Artillerie neben dem eleganten, schlanken Zermeloschen Beweis des Wiederkehrsatzes vorbei[38]. Dann nimmt er den Meister selbst an und schlägt ihn, scheinbar vernichtend, mit dem expliziten Beweis der Zeitumkehrinvarianz der Elektrodynamik[39]. Aber er ist müde und seine Verzweiflung geht aus dem Vorwort des zweiten Teils seiner *Vorlesungen über Gastheorie* (1898) hervor:

"Es wäre daher meines Erachtens ein Schaden für die Wissenschaft, wenn die Gastheorie durch die augenblicklich herrschende ihr feindseligen Stimmung zeitweilig in Vergessenheit geriethe, (...)"

schreibt er, und

"Wie ohnmächtig der Einzelne gegen Zeitströmungen bleibt, ist mir bewußt. Um aber doch, was in meinen Kräften steht, dazu beizutragen, daß, wenn man wieder zur Gastheorie zurückgreift, nicht allzuviel noch einmal entdeckt werden muß, nahm ich in das vorliegende Buch nun auch die schwierigsten dem Mißverständnisse am meisten ausgesetzten Theile der Gastheorie auf (...)[40]."

Nicht so Planck. Scheinbar wenig beirrt setzt er seine Mitteilungen über irreversible Strahlungsvorgänge fort[41]. Durch die Beschränkung auf "natürliche Strahlung" (d.h. passende Mittelung über Phasen) entzieht er sich der Boltzmannschen Kritik und gelangt schliesslich zwar methodisch aber undurchsichtig zu einem ihn vorläufig befriedigenden Beweis der Irreversibilität. (Es ist inter-

---

[35] [2] p. 131.

[36] l.c. 27.

[37] Entgegnung auf die wärmetheoretischen Betrachtungen des Hrn. E. Zermelo (1896), [BWA] Bd. III, 567-578 und l.c. 18.

[38] Über einen mechanischen Satz Poincaré's (1897), [BWA] Bd. III, 587-595.

[39] Über irreversible Strahlungsvorgänge I (1897), [BWA] Bd. III, 615-617; Über irreversible Strahlungsvorgänge II (1897), [BWA] Bd. III, 618-621; Über vermeintlich irreversible Strahlungsvorgänge (1898), [BWA] Bd. III, 622-628.

[40] [1] p. VI Vorwort.

[41] Über irreversible Strahlungsvorgänge, 5 Mitteilungen (1897-1899), [PAV] Bd. I, 493-600.

essant, worauf vor allem Hans Kangro hinweist, dass in der vierten Mitteilung, wenn auch nur als Beispiel, für die Entropie eines Oszillators (in Abhängigkeit von der Energie U) der Ausdruck $S(U) = \log U$ auftritt. Dieser Ausdruck führt zur Äquipartition – also zum Rayleigh-Jeanschen Gesetz, dem klassischen Strahlungsgesetz.) Wenn in der fünften Mitteilung Planck schliesslich im Abschnitt über "Thermodynamische Folgerungen" sein eigentliches Gebiet der Meisterschaft betritt, dann lichten sich die Wolken: er erkennt als erster klar, dass das Wiensche Strahlungsgesetz zwei neue *universelle Konstanten* (er nennt sie a und b) enthält, die zusammen mit der Lichtgeschwindigkeit c und der Gravitationskonstanten f natürliche Einheiten der Zeit, der Länge, der Masse und der Temperatur ergeben. Er schliesst triumphierend-rätselhaft mit der Periode:

"Diese Größen behalten ihre natürliche Bedeutung so lange bei, als die Gesetze der Gravitation, der Lichtfortpflanzung im Vacuum und die beiden Hauptsätze der Wärmetheorie in Gültigkeit bleiben, sie müssen also, von den verschiedensten Intelligenzen nach den verschiedensten Methoden gemessen, sich immer wieder als die nämlichen ergeben[42]."

Hier ist das Neuland in Sicht, das Planck ein Jahr später, dank seiner Standhaftigkeit betreten sollte. Im übrigen lesen wir erneut die Beschwörungsformel:

"Ich glaube hieraus schließen zu müssen, daß (...) das Wien'sche Energievertheilungsgesetz eine nothwendige Folge der Anwendung des Princips der Vermehrung der Entropie auf die elektromagnetische Strahlungstheorie ist und daß daher die Grenzen der Gültigkeit dieses Gesetzes, falls solche überhaupt existieren, mit denen des zweiten Hauptsatzes der Wärmetheorie zusammenfallen[43]." Diese Ausführungen vom 1. Juni 1899 finden eine Bestätigung und Amplifikation am 7. November desselben Jahres[44]. Neu und bedeutungsvoll ist die, allerdings nur unter Vorbehalten durchgeführte, Analogie zwischen der Hypothese der *natürlichen Strahlung* und der Boltzmannschen Hypothese der molekularen Unordnung – als eines Hilfsmittels zur Herleitung des H-Theorems, das Planck ja ständig als Beispiel vor Augen hat[45].

Das dramatische Finale ist wohlbekannt. Zunächst zeigen sich experimentelle Diskrepanzen zum Wienschen Strahlungsgesetz, die Planck zu einem erneuten Überdenken seines Ansatzes für die Entropie eines Oszillators führen. Die alten Argumente werden verworfen, ein neues wird zur Rettung der alten Formel beigebracht[46]. Frische Messungen von O. Lummer und E. Pringsheim einerseits, H. Rubens und F. Kurlbaum andererseits, beide Gruppen an der Physikalisch-Technischen Reichsanstalt, beweisen endgültig die Unhaltbarkeit des Wienschen Strahlungsgesetzes. Nur als Grenzgesetz für kurze Wellenlängen bzw. tiefe Tem-

---

[42]l.c. 41. p. 600.
[43]l.c. 41. p. 597.
[44]Über irreversible Strahlungsvorgänge (1899), [PAV] Bd. I, 614-667.
[45]l.c. 44. p. 619-621.
[46]Entropie und Temperatur strahlender Wärme (1900), [PAV] Bd. I, 668-686, p. 679-682.

peraturen hat es Gültigkeit. Plötzlich ist man herausgetreten aus den akademisch-philosophischen Betrachtungen über die Irreversibilität der natürlichen Prozesse *in die Zwänge der Praxis.* Aber die gesammelte Erfahrung ist jetzt unbezahlbar. Aus dem Meer von zweifelhaften Ausdrücken und Aussagen greift Planck die entscheidende zuverlässige Formel heraus, welche die spektrale Energiedichte mit der Thermodynamik eines linearen Oszillators verbindet. Immernoch ist es von Vorteil, dass dieser Oszillator durchaus als ideale makroskopische Maschine betrachtet werden kann, auf die man die Thermodynamik anwenden *muss.* Gesucht ist die Abhängigkeit der Entropie von der Energie des Oszillators. Besonders einfach ist die zweite Ableitung dieser Funktion. Hier ergibt sich eine naheliegende Modifikation des alten Ausdrucks, und das Glück ist mit dem Tüchtigen! Die neue Strahlungsformel hält der Prüfung durch das Experiment stand[47]!

Die geheimnisvolle Parenthese in der Note vom 19. November 1900 im Zusammenhang mit der logarithmischen Abhängigkeit der Entropie von der Energie "(was anzunehmen die Wahrscheinlichkeitsrechnung nahe legt)[48]" kann nur bedeuten, dass Planck den Boltzmannschen Zusammenhang zwischen Entropie und Wahrscheinlichkeit übernommen hat.

Acht Wochen später, am 14. Dezember, beginnt der zweite Abschnitt des Vortrages von Planck in der Deutschen Physikalischen Gesellschaft mit dem lapidaren Titel: "Entropie bedingt Unordnung (...)[49]". Planck hat vor Boltzmann kapituliert. Jetzt triumphiert er durch die erste Präzisionsbestimmung der Loschmidtschen Zahl und der elektrischen Elementarladung. Die *eine* Strahlungskonstante *k* von Planck trägt heute Boltzmanns Name, das Plancksche Wirkungsquantum *h* beherrscht seit 1905 unsere Physik.

Blicken wir zurück: Planck suchte den Grund für die absolute Irreversibilität der natürlichen Prozesse. Diese erwies sich als Trugbild. Statt ihrer fand er das Wirkungsquantum.

Die älteren unter uns kennen wohl noch aus dem 1. Buch Samuel Kap. 9 die Geschichte von Saul, dem Sohn von Kis, der auszog, seines Vaters Eselinnen zu suchen, der Samuel, den Mann Gottes, traf und ein Königreich fand.

Ähnlich ging es Planck. Die Irreversibilität fand er nicht, dafür gewann er die Einsicht, dass die natürlichen Vorgänge mit zeitumkehrinvarianten fundamentalen Naturgesetzen sich vertragen: er erkannte eine *verborgene Symmetrie* der Naturgesetze.

Sie erinnern sich: Planck bezeichnete in seiner Preisschrift das Kausalitätsprinzip als eigentliche Existenzbedingung der Naturwissenschaften. Heute wissen wir aus Quantenmechanik und Relativitätstheorie, dass eine Theorie nur dann

---

[47] Über eine Verbesserung der Wien'schen Spectralgleichung (1900), [PAV] Bd. I, 687-689.
[48] l.c. 47. p. 689.
[49] Zur Theorie des Gesetzes der Energieverteilung im Normalspektrum (1900), [PAV] Bd. I, 698-706, p. 698.

kausal sein kann, wenn sie eine Symmetrie besitzt, welche auch den Zeitsinn umkehrt. Die handgreiflichste Konsequenz dieses Faktums ist die Existenz des Antiteilchens zu jedem Teilchen.

Bezüglich Zukunft und Vergangenheit zeigen sich die Naturgesetze merkwürdig indifferent. Boltzmann hat wohl recht: die beobachtete Irreversibilität beruht auf einem singulären Zustand in der Vergangenheit.

Einstein widerlegt den Entropiesatz

Wir erinnern uns an Plancks äusserstes Widerstreben, eine Beschränkung der Gültigkeit des Entropiesatzes für möglich zu halten; wir erinnern uns an die Warnung Clerk Maxwells im Anschluss an die Beschreibung "seines" Dämons:

"This is only one of the instances in which conclusions which we have drawn from our experience of bodies consisting of an immense number of molecules may be found not to be applicable to the more delicate observations and experiments which we may suppose made by one who can perceive and handle the individual molecules which we deal with only in large masses[50]."

Wir erinnern uns an die eigentümliche Auffassung Boltzmanns über die Richtung der Zeit und seine fundamentale Einsicht, dass allem gesunden Menschenverstand zum Trotz, die grundlegenden Naturgesetze zeitumkehrinvariant seien. Aber diese Einsicht konnte nur sehr indirekt und mit kühnem Vorgriff in die qualitative Dynamik unserer Tage begründet werden.

Nun kommt der 26jährige Albert Einstein, ein kleiner Beamter aus Bern, und zeigt, dass Abweichungen vom zweiten Hauptsatz von jedem (angefangen bei Antoon von Leeuwenhoek), der schon einmal durch ein Mikroskop geschaut hat, beobachtet worden sind. Nur, das Gesehene muss man auch erkennen, muss es auch quantitativ beschreiben können – dann lernt man die absolute Grösse der Atome messen.

Doch hören wir Einstein selbst:

"In dieser Arbeit soll gezeigt werden, daß nach der molekularkinetischen Theorie der Wärme in Flüssigkeiten suspendierte Körper von mikroskopisch sichtbarer Größe infolge der Molekularbewegung der Wärme Bewegungen von solcher Größe ausführen müssen, daß diese Bewegungen leicht mit dem Mikroskop nachgewiesen werden können. (...)"

"Wenn sich die hier zu behandelnde Bewegung samt den für sie zu erwartenden Gesetzmäßigkeiten wirklich beobachten läßt, so ist die klassische Thermodynamik schon für mikroskopisch unterscheidbare Räume nicht mehr als genau gültig anzusehen und es ist dann eine exakte Bestimmung der wahren Atomgröße möglich. Erwiese sich umgekehrt die Voraussage dieser Bewegung als unzutreffend, so wäre damit ein schwerwiegendes Argument gegen die molekularkinetische

---

[50][4] p. 309.

Auffassung der Wärme gegeben[51]."

Mit anderen Worten, Einstein proponiert in diesem heiklen Gebiet, wo Entscheidungen bisher nach Geschmack und Neigung gefällt worden waren, ein "experimentum crucis" direktester und einfachster Art. Ausgangspunkt und wohl Keimzelle der Untersuchung ist der Satz:

"Nach dieser (molekularkinetischen Wärme-) Theorie unterscheidet sich ein gelöstes Molekül von einem suspendierten Körper *lediglich* durch die Größe, und man sieht nicht ein, warum einer Anzahl suspendierter Körper nicht derselbe osmotische Druck entsprechen sollte, wie der nämlichen Anzahl gelöster Moleküle[52]."

Aber was soll man an einem solchen Riesenmolekül, das wir uns der Einfachheit halber kugelförmig vorstellen, beobachten? Natürlich folgt aus der kinetischen Wärmetheorie für dessen mittlere Translationsenergie der Wert $3/2 \cdot (R/L)T$ (R die Universulle Gaskonstante, L die Loschmidtsche Zahl, T die absolute Temperatur). Aber die Bewegung des Schwerpunktes ist derart erratisch, dass eine Geschwindigkeit unmöglich gemessen werden kann. Einstein gibt uns die Lösung: sei $\triangle x$ die Verrückung des Teilchens in der x-Richtung im Zeitintervall t, mittelt man $(\triangle x)^2$ über viele solche Zeitintervalle so ist dieses Mittel proportional zu t und die Proportionalitätskonstante ist das doppelte der Diffusionskonstante D der suspendierten Teilchen: in Formeln angedeutet

$$\langle (\triangle x)^2 \rangle_t = 2Dt \ .$$

Das Wahrscheinlichkeitsgesetz für $\triangle x$ ist eine Gausssche Normalverteilung "was" nach Einstein "zu vermuten war"[53]. In der angegebenen Formel steckt der eigentliche probabilistische Aspekt der Einsteinschen Theorie.

Wie aber berechnet man D? Behandelt man das suspendierte Kügelchen als makroskopischen Körper, so kann man leicht die stationäre Geschwindigkeit angeben, die ihm eine konstante Kraft K erteilt. Sie beträgt $K/6\pi \cdot \eta \cdot \rho$, wobei η die Zähigkeit der Flüssigkeit und ρ der Radius des Kügelchens ist. Unter der Wirkung der äusseren Kraft K stellt sich aber eine solche Dichteverteilung der suspendierten Körper ein, dass der von der äusseren Kraft erzeugte Teilchenstrom (der nach der strikt thermodynamischen Auffassung allein vorhanden wäre) durch den Diffusionsstrom ausgeglichen wird. In diesem Zustand werden die Kräfte aus dem inhomogenen osmotischen Druck durch die äusseren Kräfte gerade aufgehoben. Eliminiert man aus den angedeuteten Beziehungen die äussere Kraft, so erhält man den Ausdruck

$$D = \frac{RT}{L} \cdot \frac{1}{6\pi\eta\rho}$$

[51] [10] p. 549.
[52] [10] p. 550.
[53] [10] p. 558/559.

für die Diffusionskonstante. Kombiniert man dieses Resultat mit dem mittleren Verschiebungsquadrat $\langle(\triangle x)^2\rangle_t$, so findet man die Einsteinsche Formel

$$\langle(\triangle x)^2\rangle_t \;=\; \frac{RT}{L}\cdot\frac{t}{3\pi\eta\rho}\;.$$

In dieser Formel sind alle Grössen ausser L *direkt messbar*[54]. L, die Zahl der Moleküle im Mol gibt aber die absolute Masse der Moleküle und Atome.

Ein eindrückliches qualitatives Merkmal der von Einstein 1905 theoretisch entdeckten, von Robert Brown schon 1828 eingehend beschriebenen "Brownschen Bewegung" ist ihre zeitliche Persistenz. Man hat hier ein echtes sich ewig Bewegendes, ein *mobile perpetuum* vor sich. Noch merkwürdiger ist ihre Zeitumkehrinvarianz. Hören wir Einstein ein Menschenalter nach seiner Entdeckung in einem Brief an seinen Freund *Michele Besso* vom 29. Juli 1953:

"Denke Dir die Brown'sche Bewegung eines Teilchens kinematographisch aufgenommen und die Bilder genau in der zeitlichen Folge konserviert, was die Benachbartheit der Bilder anlangt; nur ist nicht notiert worden ob die richtige zeitliche Folge von A bis Z oder von Z bis A ist. Der pfiffigste Mann wird aus dem ganzen Material den Zeit-Pfeil nicht ermitteln können[55]."

Am grossartigsten aber ist, dass Einstein dieselbe Methode der Brownschen Bewegung später auf die Untersuchung der Hohlraumstrahlung ausgedehnt hat: sie wird ihm zum Zauberstab, mit welchem er das Rätsel von Welle und Korpuskel für Strahlung und Materie aufdeckt und einer Lösung nahebringt. Doch davon handeln andere Vorträge.

Literatur

[BWA] Ludwig Boltzmann, Wissenschaftliche Abhandlungen, 3 Bde., J.A. Barth, Leipzig 1909

[HWA] Hermann von Helmholtz, Wissenschaftliche Abhandlungen, 3 Bde., J.A. Barth, Leipzig 1895

[PAV] Max Planck, Physikalische Abhandlungen und Vorträge, 3 Bde., F. Vieweg & Sohn, Braunschweig 1958

[1] Ludwig Boltzmann, Vorlesungen über Gastheorie, II. Theil, J.A. Barth, Leipzig 1898

[2] Hans Kangro, Vorgeschichte des Planckschen Strahlungsgesetzes, Steiner, Wiesbaden 1970

---

[54]Die Formel steht so nicht bei Einstein. Einstein schreibt x, N, k, P für $\triangle x, L, \eta, \rho$ respektive. Man gewinnt die angegebene Formel aus der letzten Formel § 5 und der letzten Formel § 6 l.c. 53.

[55][8] p. 499.

[3] Ernst Mach, Die Geschichte und die Wurzel des Satzes von der Erhaltung der Arbeit, Calve, Prag 1872

[4] J. Clerk Maxwell, Theory of Heat, 2nd ed., Longmans, Green and Co., London 1872

[5] J. Clerk Maxwell, Theorie der Wärme, übersetzt von F. Neesen, F. Vieweg, Braunschweig 1878

[6] J. Clerk Maxwell, A Treatise on Electricity and Magnetism, 2 volumes, 3rd edition republished by Dover Publications, Inc., New York

[7] Max Planck, Das Prinzip der Erhaltung der Energie, 2 Aufl., B.G. Teubner, Leipzig und Berlin 1908

[8] Albert Einstein, Michele Besso, Correspondence 1903-1955, Pierre Speziali ed., Hermann, Paris 1972

[9] Robert Brown, A Brief Account of Microscopic Observartions (...), Phil. Mag. N.S. 4 (1828) 161-173

[10] Albert Einstein, Über die von der molekularkinetischen Theorie der Wärme geforderte Bewegung von in ruhenden Flüssigkeiten suspendierten Teilchen, Ann. d. Phys. (4) 17 (1905) 549-560

[11] Ernst Mach, Leitgedanken meiner naturwissenschaftlichen Erkenntnislehre und ihre Aufnahme durch die Zeitgenossen, Phys. Z. S. 11 (1910) 599-606

[12] Max Planck, Zur *Mach*'schen Theorie der physikalischen Erkenntnis. Eine Erwiderung, Phys. Z. S. 11 (1910) 1186-1190

[13] Emil Wiechert, Die Theorie der Elektrodynamik und die Röntgen'sche Entdeckung. Schriften der Physikalisch-ökonomischen Gesellschaft zu Königsberg in Pr., 37 (1896) 1-48

[14] Ernst Zermelo, Über einen Satz der Dynamik und die mechanische Wärmetheorie, Wied. Ann. 57 (1896) 485-494.

[15] Ernst Zermelo, Über mechanische Erklärungen irreversibler Vorgänge. Eine Antwort auf Hrn. Boltzmann's "Entgegnung", Wied. Ann. 59 (1896), 793-801

[16] Erwin N. Hiebert, The Conception of Thermodynamics in the Scientific Thought of Mach and Planck. Wissenschaftlicher Bericht Nr. 5/68, Ernst-Mach-Institut, Freiburg i.Br.

Ernst Mach und Max Planck*

Meine Damen und Herren,

Ich möchte in diesem Vortrag die These vertreten, dass Ernst Machs Wissenschaftsphilosophie in Plancks Entwicklung wohl eine grössere Rolle gespielt hat, als dies aus den *Physikalischen Abhandlungen und Vorträgen*, den gesammelten Werken des Entdeckers des elementaren Wirkungsquantums, hervorgeht. Sehr originell ist diese Behauptung keineswegs und eigentlich steht alles schon in *Erwin Hieberts* Vortrag "The Conception of Thermodynamics in the Scientific Thought of Mach and Planck" (Ernst Mach Institut Bericht 5/68). Allein, dieser Vortrag ist vielleicht nicht so bekannt als er bekannt zu sein verdiente, und deshalb mag ich doch manchem von Ihnen etwas Neues erzählen. Und dann macht es in der Regel Vergnügen, aus den Originalpublikationen sich selbst, wenn auch oft mit einiger Mühe, ein Bild von vergangene Zeiten zu machen.

Gar keiner Erklärung bedarf die Beschäftigung mit Planck. Er hat die universelle Konstante h entdeckt und benannt, und dieser arme Buchstabe wäre lange schon an Ermüdung eingegangen, hätte man das Wirkungsquantum – ganz übrigens im Sinn von Planck – nicht schon längst durch die robuste 1 ersetzt: so sehr ist die Physik unseres Jahrhunderts Quantentheorie geworden. Aber der Weg, der Planck zu seiner Strahlungsformel, und damit zu den 2 Konstanten h und k geführt hat, ist so klar unstimmig, dass der Erfinder selbst (für mich jedenfalls) zu einer der rätselhaftesten grossen Gestaltern der Naturwissenschaften geworden ist.

Und begeisternd rätselhaft erschien mir der alte Mann, als ich ihn vor etwa 45 Jahren (ich war damals Gymnasiast) hier in der Aula dieser Universität zum ersten Mal vortragen hörte. Er sprach über Kausalität und Willensfreiheit. Ich zweifle nicht, dass der Vortrag wörtlich mit demjenigen in der Preussischen Akademie der Wissenschaften vom 17. Februar 1923 übereingestimmt hat. Mein Vater verglich später Plancks Gedankengang, der den Determinismus mit der Willensfreiheit unter einen Hut brachte, mit einem Telemark-Schwung: die langen Bretter scheinen eine gerade Bahn zu erzwingen und trotzdem schaut man

---

*Vortrag in Bern, 15. Juni 1979.

am Schluss in eine ganz andere Richtung – wenn's gelingt.

Mir scheint das Bild treffend auch für Plancks epochale Leistung. Denn da zieht einer aus, um den Atomismus zu widerlegen und berechnet am Schluss mit, für damalige Verhältnisse, unerhörter Präzision die Loschmidtsche Zahl, also die wahre Masse der Atome. Und die Erfahrung, auf welche er sich stützt, hat wiederum mit der Materie nichts zu tun, sondern mit dem Strahlungsfeld im Vakuum. Freilich, die Zeitgenossen nahmen die Entdeckung und wohl auch den Entdecker wenig ernst, bis auf *eine* Ausnahme – bis auf den einsamen Denker im Patentamt, dessen Jubiläum Sie besonders vor wenigen Monaten gefeiert haben. Man kann mit einigem Recht den Beginn der Quantentheorie von der Einsteinschen Arbeit aus dem Jahr 1905 datieren, aber das mindert Plancks Leistung nicht.

Nun war der Anti-Atomismus vor der Jahrhundertwende im deutschen Sprachgebiet nicht selten. Ich erinnere an Wilhelm Ostwald und Georg Helm. Und die Anti-Atomisten konnten sich nicht nur auf Rankine sondern auch auf James Clerk Maxwell berufen, aus dessen Werk man den Eindruck gewinnen mag, als wäre er jeweilen drei Tage die Woche Atomist, drei Tage Anti-Atomist und am Sonntag Christ gewesen. Auch stellte man sich als Anti-Atomist gegen die grossen Bonzen der Physik von damals, gegen Boltzmann, Clausius, Helmholtz und Kirchhoff, konnte sich also als Avantgardist fühlen. Aber der überlegendste Gegner der kinetischen Wärmetheorie war eben doch Ernst Mach, und so liegt es umso näher, einem Einfluss von Mach auf Planck nachzuspüren, als letzterer für die Energetiker vom Typus eines Ostwald und Helm nie eine Zuneigung gezeigt hat.

Inwieweit Plancks Ablehnung der Atome autochthon war, ist vielleicht nur unvollkommen zu beantworten und mag eine sinnlose Frage sein: mir scheint aber doch, dass Planck durchaus auch seinen ihm eigensten Grund hatte, und dieser lag im festen Glauben an die absolute Irreversibilität des natürlichen Geschehens. Er glaubte felsenfest an die absolute Gültigkeit des zweiten Hauptsatzes. Die *beiden* Hauptsätze waren für ihn Axiome, denen sich jede neue, zu entdeckende, Erscheinung und Theorie zu unterwerfen hatte, weshalb denn schon der 23jährige den Atomen den Krieg erklärt und sie durch das Kontinuum austreiben will. Nur dass ihn (Gott sei Dank) der fatale Irrtum verführt, als garantiere eine Kontinuumtheorie (etwa die Maxwellsche Elektrodynamik) schon die Irreversibilität: ein Irrtum, der auch heute noch seine Anhänger haben dürften.

Sucht man nun in Plancks Frühschriften nach dem Namen Machs, so ist die Ausbeute bescheiden. Ich finde ihn zuerst erwähnt in der Preisschrift "Das Prinzip der Erhaltung der Energie" aus dem Jahr 1887, und zwar steht dort als allererstes Zitat *E.Mach:* Die Mechanik in ihrer Entwicklung historisch-kritisch dargestellt, Leipzig 1883 p. 24. *E. Dühring*: Kritische Geschichte der allgemeinen Mechanik, Berlin 1873 p. 61. Es sind dies Hinweise auf Stevin und dessen Ableitung des Gesetzes des Gleichgewichts auf der schiefen Ebene. Man kann dieser Fussnote wohl entnehmen, dass Planck durch Mach oder durch Dühring oder eben durch beide auf *Stevinus* und dessen "hypomnemata mathematica", wo die bekannte Figur als Titelvignette erscheint, aufmerksam gemacht worden ist. Die Anmerkung ist ein Ausdruck der gelehrten Höflichkeit, zu schliessen ist daraus nichts. Dasselbe gilt von einer weiteren Anmerkung, die auf eine Notiz Machs in den Wiener Berichten[1] hinweist. Anders steht es mit den zwei restlichen Anmerkungen, die beide Male von einer lebhaften und kritischen Auseinandersetzung zeugen mit Machs Frühwerk, dessen voller Titel lautet: *Die Geschichte und die Wurzel des Satzes von der Erhaltung der Arbeit*, Vortrag, gehalten in der Königlichen Böhmischen Gesellschaft der Wissenschaften am 15. November 1871 von Ernst Mach, Professor an der Universität Prag, Prag 1872, J.G. Calve'sche K und K Universitäts-Buchhandlung.

Von welcher Art Plancks Kritik ist, werden wir bald sehen. Zunächst aber brauchen wir dringend ein Koordinatensystem, in welchem wir die Fakten aufhängen. Ich gebe ein solches in Gestalt einiger Lebensdaten der beiden Physiker und Philosophen.

Ernst Mach	Max Planck
1838, 18.2. * in Turas (Mähren)	1858, 23.4. * in Kiel
1855 Abitur in Kremsier (Mähren)	(Schleswig-Holstein)
1860 Promotion in Wien	1874 Abitur in München
1861 Habilitation in Wien	1879 Promotion in München
1866 Professur in Graz (Mathematik)	1880 Habilitation in München
1867-95 Professur in Prag (Physik)	1885 Professur in Kiel (math. Physik)
1895-1901 Professur in Wien (Philos.)	1889-1926 Professur in Berlin
1916 † in Vaterstetten	(theor. Physik)
bei München	1947 † in Göttingen

Wie nicht anders zu erwarten, widerspiegeln beide Tabellen den normalen Lebenslauf eines akademischen Lehrers mit Reifeprüfung, Promotion und Habilitation. Sie beide mussten auf ihre erste Professur nach der Habilitation fünf Jahre warten. Fünf Jugendjahre sind eine lange Zeit und sie wurden besonders für Planck fast unerträglich, denn ohne sichere Stelle wollte er keinen Hausstand gründen. Es ist nicht übertrieben, in diesen fünf Jahren zwischen 1880 und 1885 eine Hauptquelle der Bitterkeit zu erkennen, die bei Planck bis an sein Lebensende immer wieder hervorbricht. Eine andere Quelle hat mit der Schuld an Mach zu tun. Davon steht nichts in der Wissenschaftlichen Selbstbiographie aus den letzten Lebensjahren, die doch mit Lebhaftigkeit die Stimmung des Doktors und jungen Privatdozenten widergibt. Wir lesen über die Dissertation und das folgende:[2]

"Der Eindruck dieser Schrift in der damaligen physikalischen Öffentlichkeit war gleich Null. Von meinen Universitätslehrern hatte, wie ich aus Gesprächen mit ihnen genau weiß, keiner ein Verständnis für ihren Inhalt. Sie ließen sie

---

[1] E. Mach: Zur Geschichte des Arbeitsbegriffes, Wien. Ber. (2) *68* (1873), p. 479.

[2] M. Planck, Physikalische Abhandlungen und Vorträge (im folgenden: PAV) Bd. III, p. 378–379.

wohl nur deshalb als Dissertation passieren, weil sie mich von meinen sonstigen Arbeiten im physikalischen Praktikum und im mathematischen Seminar her kannten. Aber auch bei den Physikern, welche dem Thema an sich näher standen, fand ich kein Interesse, geschweige denn Beifall. *Helmholtz* hat diese Schrift wohl überhaupt nicht gelesen, Kirchhoff lehnte ihren Inhalt ausdrücklich ab mit der Bemerkung, daß der Begriff der Entropie, deren Größe nur durch einen reversiblen Prozeß meßbar und daher auch definierbar sei, nicht auf irreversible Prozesse angewendet werden dürfe. An Clausius gelang es mir nicht heranzukommen, auf Briefe antwortete er nicht, und ein Versuch, mich ihm in Bonn persönlich vorzustellen, führte zu keinem Ergebnis, weil ich ihn nicht zu Hause antraf. Mit *Carl Neumann* in Leipzig führte ich eine Korrespondenz, die völlig ergebnislos verlief. [...]

Als Privatdozent in München wartete ich jahrelang vergeblich auf eine Berufung in eine Professur, worauf freilich wenig Aussicht bestand, da die theoretische Physik damals noch nicht als besonderes Fach galt. Um so dringender war mein Bedürfnis, mich irgendwie in der wissenschaftlichen Welt vorteilhaft bekanntzumachen.

Von diesem Wunsch geleitet, entschloß ich mich zur Bearbeitung der für das Jahr 1887 von der Göttinger philosophischen Fakultät gestellten Preisaufgabe über das Wesen der Energie. Noch vor Vollendung dieser Arbeit, im Frühjahr 1885, erging an mich der Ruf als Extraordinarius für theoretische Physik an der Universität Kiel. Er kam mir vor wie eine Erlösung: den Augenblick, da mich der Ministerialdirektor *Althoff* zu sich in das Hotel Marienbad bestellte und mir die näheren Bedingungen mitteilte, zähle ich zu den glücklichsten meines Lebens."

Für Mach war das Warten leichter als für den vielseitig begabten Musterschüler Planck. Er kannte den Misserfolg schon aus der Mittelschule. Die Benediktiner im niederösterreichischen Seitenstetten hielten ihn für bildungsunfähig, vielleicht, weil er Weisheiten wie "am Anfang jeder Einsicht steht die Gottesfurcht" ("initium sapientiæ est timor domini") nicht als hinreichende Entschädigung fürs Latein-Büffeln hinnehmen konnte.[3] Auch war er, zum Unterschied von Planck, von Hause aus nicht vermöglich (sein Vater war Privatlehrer, Philantrop und Weltverbesserer) und er musste seinen Unterhalt mit allen Arten von Unterricht verdienen. Trotzdem leistete er sich in dieser Zeit Klavierstunden.

Des Lebens Schattenseiten haben beide Heroen später gründlich erfahren, *Planck* durch den Tod der ersten Frau und den Verlust aller vier Kinder aus erster

---

[3]Als Parenthese: noch in den Dreissiger-Jahren ging in österreichischen Elementarschulen der Reim

> "Wir Kleinen aus der ersten Klass
> Sind weiser als Pythagoras
> Als Plato und als Sokrates
> Ja selbst als Aristoteles.
> Was diesen einstmal dunkel war ..."

Ehe: zwei Söhne und zwei Töchter. Am fürchterlichsten der Tod von Erwin, der am 23. Januar 1945 gehenkt wurde – er gehörte dem Widerstand gegen Hitler an. *Mach* durch den Selbstmord seines hochbegabten Sohnes Heinrich im Jahr 1894; durch einen Schlaganfall mit rechtsseitiger Lähmung 1897 und durch darauffolgendes schweres körperliches Leiden.

Auch Ruhm und Anerkennung hat sie aufgesucht. Öffentliche Ehrungen freilich gingen vorwiegend an Planck. Mach eignete sich weniger dazu. Den Österreichischen Adelstitel, der ihm 1901 angeboten wurde, lehnte er als mit seiner politischen Überzeugung unvereinbar ab. Als lebenslängliches Mitglied des Herrenhauses bezeugte er darauf seine politische Meinung, indem er sich im Krankenwagen zu ihm wichtig vorkommenden Abstimmungen bringen liess: etwa über die Einführung des 9-Stunden Tages im Jahr 1901 oder die liberale Wahlreform 1907. Er neigte der Sozialdemokratie zu, die er auch durch eine letztwillige Vergebung bedachte, was für Planck undenkbar scheint.

Doch nun zurück zur Preisaufgabe der Göttinger philosophischen Fakultät aus dem Jahr 1884. Zunächst ihr Wortlaut: "Seit Thomas Young[4] wird den Körpern von vielen Physikern *Energie* zugeschrieben, und seit William Thomson[5] wird häufig das Prinzip der Erhaltung der Energie als ein für alle Körper gültiges ausgesprochen, worunter dasselbe Prinzip verstanden zu werden scheint, was schon früher von Helmholtz unter dem Namen des *Prinzips der Erhaltung der Kraft* ausgesprochen war.

Es wird nun zunächst eine genaue *historische* Entwicklung der Bedeutung und des Gebrauchs des Wortes *Energie in der Physik* verlangt; sodann eine gründliche physikalische Untersuchung, *ob verschiedene Arten* der Energie zu unterscheiden und wie jede derselben zu definieren sei; endlich in *welcher Weise das Prinzip der Erhaltung der Energie als allgemein gültiges Naturgesetz aufgestellt und bewiesen werden könne.*"

Das also war die Frage, in welcher die philosophische Fakultät der Universität Göttingen grössere Klarheit wünschte. Sie fand diese offenbar in der Bearbeitung Plancks, die als einzige unter den drei eingereichten einen Preis, und zwar den zweiten Preis, davontrug. Auch dies ein lebenslanges Ärgernis für den Preisträger.

Man müsste nun glauben, dass Machs Meisterwerk, seine *Mechanik* von 1883, von Planck ganz besonders hätte beachtet werden müssen. Dies ist, worauf ich schon hingewiesen habe, nicht der Fall. Die Auseinandersetzung mit Mach findet gegen das Frühwerk: "Die Geschichte und die Wurzel des Satzes von der Erhaltung der Arbeit" von 1872, statt. Ich möchte daraus den Schluss ziehen, dass Planck dieses Werklein schon um 1880 studiert hatte, und dass es so wesentlich zur Ausbildung der Planckschen Wissenschaftseinstellung beigetragen hat, dass er schliesslich "mein" und "dein" kaum mehr unterscheiden konnte. Was ihm am

---

[4]Lectures on Natural Philosophy 1807, Lecture VIII.
[5]Philosophical Magazine ... London 1855.

Inhalt *sympathisch* war (Schopenhauer setzte hier das Wort "homogen"), braucht keine Namensnennung, dort wo er *abgestossen* wurde, war die Namensnennung notwendig.

Ich möchte gleich hier betonen, dass meine moralische Entrüstung hinsichtlich dieser Aneignung "fremden Gedankengutes" gering ist; denn wohldurchdachte fremde Ideen werden assimiliert und *eigen* nach den Versen "Was Du ererbt von Deinen Vätern hast/ erwirb es, um es zu *besitzen*", und erst eine tiefere Analyse könnte die fremde Anregung erneut ins Bewusstsein bringen. Zu einer solchen ist aber ein junger Mann, der ehrgeizig auf eine Karriere hinarbeitet, kaum bereit, besonders wenn der Benachteiligte ein vergleichsweise Unbekannter ist. Aber es wird die höchste Zeit, Ihnen das Werklein von Ernst Mach etwas näher vorzustellen. Einige Ausschnitte aus dem Vorwort mögen Ihnen einen Begriff von der Munterkeit des Büchleins geben.

"Zur Einleitung: Wer noch der Zeit gedenkt, da er aus den Belehrungen der Mutter die erste Weltanschauung geschöpft, der wird sich wohl noch erinnern, wie verkehrt und sonderbar ihm damals die Dinge erschienen sind. Ich entsinne mich z.B., daß mir vorzüglich zwei Phänomene große Schwierigkeiten bereitet haben. Erstens verstand ich nicht, wie die Welt Lust haben könne, sich auch nur eine Minute lang von einem König regieren zu lassen. Eine zweite Schwierigkeit war die, welche Lessing so köstlich in ein Epigramm zu fassen wußte:

> *"Es ist doch sonderbar bestellt,*
> *Sprach Hänschen Schlau zu Vetter Fritzen,*
> *Daß nur die Reichen in der Welt*
> *Das meiste Geld besitzen."*

Die vielen fruchtlosen Versuche meiner Mutter, mir über diese beiden Räthsel hinwegzuhelfen, mochten ihr wohl einen recht schlechten Begriff von meiner Fassungskraft beigebracht haben.

Jeder wird sich an ähnliche Gedankenerlebnisse aus der Jugend erinnern. Von da an gibt es aber zwei Wege, sich mit der Wirklichkeit auszusöhnen. Man gewöhnt sich an die Räthsel und sie belästigen uns nicht weiter. Oder man lernt sie an der Hand der Geschichte verstehen, um sie von da an ohne Haß zu betrachten.

Ganz gleiche Schwierigkeiten erwarten uns nun, wenn wir in die Schule und in die höhern Studien eintreten, wo uns Sätze als selbstverständlich hingestellt werden, die oft eine mehrtausendjährige Gedankenarbeit gekostet haben. Auch hier gibt es nur einen Weg zur Aufklärung: Historische Studien!

[...]

Vielleicht sind die folgenden Zeilen auch geeignet, den Werth des historischen Ganges beim Unterricht erkennen zu lassen. In der That, wenn man aus der Geschichte nichts lernen würde, als die Veränderlichkeit der Ansichten, so wäre sie schon unbezahlbar. Von der Wissenschaft gilt mehr als von irgend einem andern Ding das *Heraklit*'sche Wort: "Man kann nicht zweimal in denselben Fluß steigen". Die Versuche den schönen Augenblick durch Lehrbücher festzuhalten, sind stets vergeblich gewesen. Man gewöhne sich also bei Zeiten daran, daß die Wissenschaft unfertig, veränderlich sei.

[...]

Lassen wir die leitende Hand der Geschichte nicht los. Die Geschichte hat alles gemacht, die Geschichte kann alles ändern. Erwarten wir von der Geschichte alles, vor allem aber, was ich auch von meiner Geschichte hoffen will, daß sie nicht zu langweilig sei."

Eine solche Vorrede, denken Sie nur an die ersten Perioden, war nun allerdings nur in Kakanien, will sagen Österreich-Ungarn möglich. In Preussen konnte man sich vielleicht sehr frei über Gott und den Teufel auslassen, aber nur bei patriotischer Achtungsstellung, und für respektable wissenschaftliche Journale wie Poggendorffs Annalen der Physik und Chemie musste man den strengen wissenschaftlichen Jargon schreiben. Hören wir darüber Mach in der 2. Fussnote. Sie beschreibt die Erfahrung mit seiner späterhin berühmten Analyse des Massebegriffs mit Hilfe des Impulssatzes.

"[...]

2) Ich darf vielleicht bei dieser Gelegenheit erwähnen, daß ich versucht habe, mich mit Hilfe des Princip's vom ausgeschlossenen perpetuum mobile über den Begriff der Maße zu orientieren. Meine darauf bezügliche Notiz wurde von Herrn *Poggendorff*, nachdem sie etwa ein Jahr bei ihm gelegen hatte, als unbrauchbar zurückgesendet und erschien später in Carl's Repertorium im 4. Band. Diese Zurückweisung ist auch der Grund, warum ich meine Untersuchungen über das Trägheitsgesetz nicht publiziert habe. Wenn ich mit einer so einfachen und klaren Sache schon anstieß, was hatte ich erst in einer schwierigeren Frage zu erwarten. Die Annalen enthalten oft bogenlange Fehlschlußreihen über das *Torricelli*'sche Theorem und die Morgenröthe, freilich in der "Sprache der Physik" geschrieben. Es würde aber die Annalen offenbar sehr in der Achtung des Publicums herabsetzen, wenn sie einmal eine kurze Notiz enthielten, die nur etwas vom Jargon abweicht."

Überhaupt enthält das Buch die Keimzellen der späteren Hauptwerke, etwa die wunderbar lebendig geschriebene Diskussion über das Trägheitsgesetz von Newton als Vorstufe dessen, was man heute vage das Machsche Prinzip nennt, die Kritik an Archimedes' Beweis des Hebelgesetzes, vieles über Wärmelehre und besonders aber die Überzeugung, dass die Grundlage der Naturwissenschaft die Gedanken-Ökonomie sei, dass eine ökonomische *Beschreibung* der physikalischen Vorgänge durch einfache Naturgesetze erstrebenswert und notwending, eine *Naturerklärung* aber unmöglich sei.

Und dadurch, dass die Molekulartheorie eine Erklärung für das Verhalten der Materie durch eine prinzipiell (so schien es damals) unbeobachtbare Konstruktion geben wollte, schoss sie über das Ziel hinaus und war abzulehnen. Bekanntlich soll Mach im letzten Lebensjahr durch den Anblick der Szintillation von α-Teilchen ohne weiteres von der Existenz der Atome überzeugt worden sein. Er kämpfte gegen *Vorurteile*, gegen sinnlich wahrnehmbare Tatsachen kämpft nur ein Narr. Doch hören wir erneut Mach selbst zunächst in seiner Beurteilung der Lage:

"Auf dieses Verschwinden der Wärme bei Leistung von Arbeit und die Bildung von Wärme bei Verbrauch von mechanischer Arbeit, welche Vorgänge auch durch die Betrachtung von *J.R. Mayer, Helmholtz, W. Thomson*, sowie durch die Experimente von *Rumford, Joule, Favre* und *Silbermann* und viele andere bestätigt wurden, hat man nun ein besonderes Gewicht gelegt. Man schloß daraus: Wenn Wärme sich in mechanische Arbeit verwandeln kann, so wird die Wärme in mechanischen Vorgängen in Bewegung bestehn. Dieser Schluß der sich wie ein Lauffeuer über die ganze cultivierte Erde verbreitete, rief nun eine Masse von Schriften über diesen Gegenstand hervor und man ist nun aller Orten bemüht, die Wärme durch Bewegung zu erklären; man bestimmt die Geschwindigkeiten, die mittleren Wege und die Bahnen der Molecüle und es gibt fast kein Räthsel mehr, das nicht auf diesem Wege mit Hilfe hinreichend langer Rechnungen und verschiedener Annahmen vollständig erledigt würde. Kein Wunder, wenn unter diesen vielen Stimmen eine der *bedeutendsten*, jene des großen Schöpfers der mechanischen Wärmetheorie *J.R. Mayer* ungehört verhallt, der es klar ausspricht: "So wenig indessen aus dem zwischen Fallkraft und Bewegung bestehenden Zusammenhange geschlossen werden kann: das Wesen der Fallkraft sei Bewegung, so wenig gilt dieser Schluß für die Wärme. Wir möchten vielmehr das Gegentheil folgern, daß um zu Wärme werden zu können, die Bewegung, – sei sie eine einfache, oder eine vibrierende, wie das Licht, die strahlende Wärme etc. – aufhören müsse, Bewegung zu sein.""

Und weiter zusammenfassend:

"Ich glaube hiermit gezeigt zu haben, daß man die Resultate der modernen Naturwissenschaft festhalten, hochschätzen und auch verwerthen kann, ohne gerade ein Anhänger der mechanischen Naturauffassung zu sein, daß die mechanische Anschauung nicht nothwendig ist zur Erkenntniß der Erscheinungen und ebensogut durch eine andere Theorie vertreten werden könnte, daß endlich die mechanische Auffassung der Erkenntniß der Erscheinungen sogar hinderlich werden kann.

Es sei mir erlaubt, eine Ansicht über wissenschaftliche Theorien überhaupt hinzuzufügen. Wenn uns alle einzelnen Thatsachen, alle einzelnen Erscheinungen unmittelbar zugänglich wären, so wie wir nach der Kenntniß derselben verlangen; so wäre nie eine Wissenschaft entstanden.

Weil die Fassungskraft des Einzelnen, sein Gedächtniß ein begrenztes ist, so muß das Material geordnet werden. Wenn wir z.B. zu jeder Fallzeit den zugehörigen Fallraum wüßten, so könnten wir damit zufrieden sein. Allein, welches riesige Gedächtniß würde dazu gehören, die zugehörige Tabelle von s

und t im Kopfe zu tragen. Statt dessen merken wir uns die Formel $s = \frac{gt^2}{2}$ d.h. die Ableitungsregel, nach welcher wir aus einem, gegebenen t das zugehörige s finden und diese bietet für jene Tabelle einen sehr vollständigen, sehr bequemen und compendiösen Ersatz.

Diese Ableitungsregeln, diese Formel, dieses "Gesetz" hat nun nicht im mindesten mehr sachlichen Werth als die einzelnen Thatsachen zusammen. Der Werth desselben liegt bloß in der Bequemlichkeit des Gebrauchs. Es hat einen ökonomischen Werth.

Außer dieser Zusammenfassung möglichst vieler Thatsachen in eine übersichtliche Form hat die Naturwissenschaft noch eine andere Aufgabe, die ebenfalls ökonomischer Natur ist. Sie hat die complicierteren Thatsachen in möglichst wenige und möglichst einfache zu zerlegen. Dies nennen wir erklären. Diese einfachsten Thatsachen, auf die wir die complicierteren zurückführen, sind an sich immer unverständlich, d.h. nicht weiter zerlegbar, z.B. die, daß eine Masse der andern eine Acceleration ertheilt.

Es ist nun wieder nur eine ökonomische Frage einerseits und eine Frage des Geschmackes anderseits, bei welchen Unverständlichkeiten man stehen bleiben will. Man täuscht sich gewöhnlich darin, daß man meint, Unverständliches auf Verständliches zurückzuführen. Allein das Verstehn besteht eben im Zerlegen. Man führt ungewöhnliche Unverständlichkeiten auf gewöhnliche Unverständlichkeiten zurück. Man gelangt schließlich immer zu Sätzen von der Form, wenn A ist, ist B, also Sätzen, die aus der Anschauung folgen müssen, die also nicht weiter verständlich sind.

Welche Thatsachen man als Grundthatsachen gelten lassen will, bei welchen man sich beruhigt, das hängt von der Gewohnheit und von der Geschichte ab."

Was auf Planck, wie auf jeden, offenbaren Eindruck machte, war die Vorurteilslosigkeit des Wahlpragers, wie auch dessen Verheissung, die Wissenschaft von der Metaphysik zu befreien. Zu einer Zeit, da man sich unter dem Einfluss von Heinrich Hertz eben von Äthermodellen befreite, wirkte ein solches Versprechen unwiderstehlich. Es wäre nun notwendig, meine ursprüglich vorgebrachte These zu beweisen, was wohl eine sorgfältige Analyse der Planckschen Preisschrift vielleicht auch mit textkritischen Methoden notwendig machte. Dazu bin ich schon ausbildungsmässig nicht in der Lage. Ich begnüge mich mit der Gegenüberstellung einiger Stellen.

E.Mach

p. 50 (Geschichte & Wurzel)

Als a priori einleuchtend läßt sich bei wissenschaftlichen Untersuchungen bloß das Causalgesetz betrachten oder der Satz vom zureichenden Grunde, der lediglich eine andere Form des Causalgesetzes ist. ....
Es kann dahingestellt bleiben, ob das Causalgesetz auf einer mächtigen Induction ruht, oder in der psychischen Organisation seinen Grund hat ...

p. 4 (Geschichte und Wurzel)

Der Satz von der Erhaltung der Arbeit pflegt in zweierlei Weise ausgedrückt zu werden:

(1) $\frac{1}{2}\sum mv^2 - \frac{1}{2}\sum mv_0^2 = \int \sum(X\,dx + X\,dy + Z\,dz)$

oder

(2) Arbeit aus nichts zu schaffen oder ein sogenanntes perpetuum mobile ist unmöglich.

Diesen Satz pflegt man gewöhnlich als die Blüthe und Spitze der mechanischen Weltanschauung zu betrachten, als den höchsten und allgemeinsten Satz der Naturwissenschaft, zu dem erst eine mehrtausendjährige Gedankenarbeit geführt hat.

Ich will nun versuchen zu zeigen

(1) Daß dieser Satz namentlich in der 2. Fassung keineswegs so neu ist, als man geneigt wäre zu glauben, ...

(2) Daß dieser Satz keineswegs mit der mechanischen Weltanschauung steht und fällt, sondern daß seine logische Wurzel vielmehr ungleich tiefer in unserm Geiste festgewachsen ist, als jene Weltanschauung.

M. Planck

p. 155 (Preisschrift)

Die Naturwissenschaft kennt überhaupt nur ein Postulat: das Kausalitätsprinzip; denn dasselbe ist ihr Existenzbedingung. Ob dies Prinzip selbst aus der Erfahrung geschöpft ist, oder ob es eine notwendige Form unseres Denkens bildet, brauchen wir hier nicht zu untersuchen.

p. 156 f (Preisschrift)

Da wir nach den gemachten Ausführungen uns nicht entschließen können, dem mechanischen Beweis des Prinzips der Erhaltung der Energie diejenige Bedeutung beizumessen, die er gemeiniglich zu genießen pflegt, so übernehmen wir damit die Verpflichtung, uns nach einem andern Satze umzusehen, der durch festere Begründung besser geeignet ist, der Deduktion als Ausgangspunkt zu dienen. Nun gibt es in der Tat noch einen solchen Satz, der die erforderlichen Eigenschaften in genügender Weise zu besitzen scheint, es ist der Erfahrungssatz, welcher die Unmöglichkeit des perpetuum mobile und seiner Umkehrung ausspricht, und zwar ganz unabhängig von jeder besonderen Naturauffassung. ...

Was nun zunächst die Begründung dieses Satzes anbelangt, so ist zu erwägen, daß an ihr Jahrhunderte gearbeitet haben; gab es doch Menschen, die sich nicht scheuten, Gut und Leben daran zu setzen, um durch Erschaffung von Arbeitswert aus dem Nichts die Behauptungen des Satzes zu widerlegen. ...

Mir scheint, man könnte hier füglich ein Zitat von Ernst Machs Frühwerk erwarten. Ein solches findet sich auch, aber es enthält einen Tadel und eine Distanzierung von Machs Spekulation, dass unter Umständen die Beschreibung des Atomaren in einem dreidimensionalen Raum sich als unmöglich erweisen könnte, eine Spekulation, die uns heute im subnuklearen Bereich nicht mehr so ganz merkwürdig erscheint.

Wie überzeugend man die angegebenen Indizien für eine Abhängigkeit von Planck von Mach nehmen soll, mag jeder für sich entscheiden. Mir jedenfalls ist Machs Bemerkung im Vorwort zur zweiten Auflage seiner "Geschichte und Wurzel des Satzes von der Erhaltung der Arbeit" von 1909 verständlich, die lautet: "Als M. Planck 15 Jahre nach mir über die "Erhaltung der Energie" schrieb, hatte er nur eine abweisende Bemerkung gegen eine meiner Einzelausführungen vorzubringen, ohne welche man hätte annehmen müssen, daß er meine Schrift gar nicht gesehen hat." Aber wir greifen vor. Im Jahr 1899 hielt Planck von der Jahresversammlung der Deutschen Mathematischen Vereinigung einen Vortrag über: "Die Maxwell'sche Theorie der Electricität von der mathematischen Seite betrachtet".

Sie enthält die einzige mir bekannte rückhaltlose Anerkennung Machs, die lautet: "Alles zusammengefaßt möchte ich also sagen die Maxwell'sche Theorie zeichnet sich vor den älteren Theorien aus, nicht durch größere Richtigkeit, sondern durch größere Einfachheit, oder mit anderen Worten: es ist im letzten Grunde nichts anderes als das Prinzip der Ökonomie im Sinne von *Mach* gesprochen, welches in der Durchführung der *Maxwell'*schen Electrizitätstheorie einen seiner schönsten Triumphe gefeiert hat."

Im Licht der Vorgeschichte ist ein so plötzlich auftretendes Lob ein schlechtes Zeichen. Ungefähr ein Jahr danach steckt Planck in der tiefsten Krise seines Lebens, muss vor Boltzmann kapitulieren und erfindet seine Strahlungsformel. So unmittelbar nebeneinander stehen bei ihm Niederlage und Triumph. Es ist durchaus zu erwarten, dass die erschütternden Erlebnisse vom November und Dezember 1900 Plancks Bewusstseinslage tief veränderten und nun steht Mach plötzlich in einem anderen Licht da, nämlich als Verführer, der durch seine verheissungsvolle geistreiche Philosophie – und durch mangelhafte physikalische Kenntnisse – den Forscher auf scheinbar sicherem Pfad ins Verhängnis lockt. Der direkte Angriff auf den emeritierten Professor in Wien erfolgte allerdings erst 8 Jahre später. Seine Heftigkeit beweist mir, dass Planck zuvor wirklich seine Schuldigkeit Mach gegenüber verdrängt hatte. Nun hatte sich der Schwindel gerächt, was man sich angeeignet hatte, war wertlos, ja ärger als wertlos: schädlich!

Am 9. Dezember 1908 stand Planck vor den Leidener Studenten und legte ihnen *seine* Wissenschaftsphilosophie vor, die sich weit ins Romantische von der Machschen biederen ökonomischen Betrachtung abhob. Die Physik wird jetzt im Prinzip aus aller menschlichen Tätigkeit herausgehoben in eine Angelegenheit "überhaupt aller in unserer Natur vorhandenen Intelligenzen, z.B. auch der Marsbewohner". Das Wort von der Physik als einer Wissenschaft für Engel (d.h. höhere geistige Wesen deren Existenz impliziert wird) kommt zwar im Planckschen Vortrag nicht vor, drängt sich aber auf. Physik wird zur begeisterten Schau. Es ist leicht, das Erlebnis, welches Anlass gab zu dieser Exaltation in Plancks Leben genau zu lokalisieren, es fand vermutlich im April oder

Mai 1899 statt. In der 5. Mitteilung über irreversible Strahlungsvorgänge ist zum ersten Mal die Rede von den "verschiedensten Intelligenzen, die nach den verschiedensten Methoden messend immer wieder die nämlichen Meßwerte erhalten", eben im Planckschen System von dimensionslosen Einheiten, aufgebaut aus seinen Grössen a, b, c, f, Grössen, die er später umfunktionierte in die heute gebräuchlichen c, f (die Gravitationskonstante) h und k. Wir merken 1899 ist das Jahr, in welchem er Ernst Mach zum ersten Mal hat Gerechtigkeit widerfahren lassen. Wir verstehen jetzt auch, weshalb. (Es wäre gegen eine solche Begeisterung auch nichts einzuwenden, wenn sie zum Seelenfrieden führte. Aber sie führt zum Kampf und zur Unzufriedenheit.)

Natürlich ist es unmöglich, den weitläufigen Vortrag Plancks hier auch nur in Umrissen wiederzugeben. Zwei Ausschnitte müssen genügen:[6]

"Gerade auf der Berechtigung dieser hohen an das physikalische Weltbild zu stellenden Anforderungen beruht nun offenbar die werbende Kraft, mit der sich dasselbe schließlich die allgemeine Anerkennung erzwingt, unabhängig vom guten Willen des einzelnen Forschers, unabhängig von den Nationalitäten und von den Jahrhunderten, ja unabhängig vom Menschengeschlecht überhaupt. Die letzte Behauptung will allerdings auf den ersten Blick sehr gewagt, wenn nicht absurd erscheinen. Aber erinnern wir uns z.B. unserer früheren gelegentlichen Schlußfolgerungen bezüglich der Physik der Marsbewohner, so wird man mindestens zugeben müssen, daß die behauptete Verallgemeinerung nur eine derjenigen ist, wie man sie in der Physik täglich übt, wenn man über das direkt Beobachtete hinaus Schlüsse macht, die nie und nimmer durch menschliche Beobachtungen geprüft werden können, und daß daher jedenfalls jemand, der ihnen Sinn und Beweiskraft aberkennt, sich selber damit von der physikalischen Denkweise lossagt."

Und, nach einer Polemik gegen Ernst Mach der Schluss:

"Sicherlich wird über diese prinzipiellen Fragen noch vieles gedacht und geschrieben werden; denn der Theoretiker sind viele, und das Papier ist geduldig. Deshalb wollen wir umso einstimmiger und rückhaltloser dasjenige betonen, was von uns allen ohne Ausnahme jederzeit anerkannt und beherzigt werden muß: das ist in erster Linie die Gewissenhaftigkeit in der Selbstkritik, verbunden mit der Ausdauer im Kampfe für das einmal richtig Erkannte, in zweiter Linie die ehrliche, auch durch Mißverständnisse nicht zu erschütternde Achtung vor der Persönlichkeit wissenschaftlicher Gegner, und im übrigen das ruhige Vertrauen auf die Kraft desjenigen Wortes, welches seit nunmehr neunzehnhundert Jahren als letztes, untrügliches Kennzeichen die falschen Propheten von den wahren scheiden lehrt: An ihren Früchten sollt ihr sie erkennen!"

Das Wort, welchem hier Kraft zugesprochen wird, steht in Matthäus 7 Verse 15–20, die lauten "Hütet euch aber vor den falschen Propheten, die in Schafskleidern zu euch kommen, inwendig aber sind sie reissende Wölfe. An ihren Früchten werdet ihr sie erkennen. Liest man etwa von Dornen eine Traube oder von Disteln Feigen? Also bringt jeder gute Baum gute Früchte, aber der faule Baum bringt

---

[6]PAV III p. 24 f.

schlechte Früchte. Ein guter Baum kann nicht schlechte Früchte bringen, noch ein fauler Baum gute Früchte bringen. Jeder Baum, der nicht gute Frucht bringt wird abgehauen und ins Feuer geworfen. Deshalb, an ihren Früchten werdet ihr sie erkennen."

Das Wort gehört zum rabiateren Teil der Bergpredigt und machte begreiflicherweise Ernst Mach – er war damals schon schwer leidend – keine Freude. Seine Entgegnung: "Die Leitgedanken meiner naturwissenschaftlichen Erkenntnislehre und ihre Aufnahme durch die Zeitgenossen" ist in erster Linie ein Lebensrückblick und erst an zweiter Stelle eine Auseinandersetzung mit Plancks Vortrag. Hier der Schluss der Ausführungen, der dem Schluss von Plancks Vortrag entspricht:

"Was Plancks Angriff gegen meine Erkenntnislehre veranlaßt hat und welches Ziel er hierbei verfolgt, habe ich nicht zu untersuchen. Andere mögen beurteilen, ob er im Recht war, ob meine Ansichten wirklich in so schreiendem Gegensatz zur gangbaren Physik stehen. Planck findet die Stellung, die ich der Denkökonomie gebe, unbescheiden. War es aber nicht auch recht ... mutwillig, auf den ersten unangenehmen oder befremdenden Eindruck hin eine Sache von oben her zu bekämpfen, die er gar nicht kannte, die seiner Denkrichtung und Denkübung gänzlich fern lag? Ich halte es nicht für ein Unglück wenn die an Thatsachen anknüpfenden Gedanken sich ungleich in verschiedenen Köpfen abspielen, im Gegenteil. Auch Widerspruch nehme ich nicht tragisch, er leuchtet ja oft wie eine Fackel in die fremde und auch in die eigene Gedankenwelt hinein. Aber ein Versuch, den Gegner zu verstehen, sollte doch vorausgehen."

Besonders der letzte Satz wollte nun *Planck* nicht passen, er verteidigte sich, dadurch verriet er sich, und alles, was bisher von uns vermutet wurde, wird nun ausgesprochen und bewiesen in seiner *Erwiderung*:

"Zur *Mach*'schen Theorie der physikalischen Erkenntnis", Phys. ZS 11 (1910) 1186-1190. Das Dokument hat zurecht und zu unrecht keine Aufnahme in den *Physikalischen Abhandlungen und Vorträgen* gefunden. Zurecht, denn es handelt sich um eine der übelsten Entgleisungen in der ernst zu nehmenden mir bekannten polemischen Literatur. Zu unrecht, denn die Erwiderung enthält die folgende Passage: "Die Berechtigung zu einer Meinungsäußerung über die *Mach*'sche Theorie der physikalischen Erkenntnis glaube ich aus dem Umstand ableiten zu dürfen, daß ich mich mit dieser Theorie seit Jahren eingehend beschäftigt habe. Zählte ich mich doch in meiner Kieler Zeit (1885 – 1889) zu den entschiedenen Anhängern der *Mach*'schen Philosophie, die, wie ich gerne anerkenne, eine starke Wirkung auf mein physikalisches Denken ausgeübt hat."

In dieser Aussage dürfte einzig unzuverlässig sein die Einschränkung auf die Kieler Zeit. Alle Anzeichen deuten darauf hin, dass schon Plancks Münchner Zeit und über Kiel hinaus, das erste Berliner Jahrzehnt unter dem positiven Einfluss Machschen Ideenguts gestanden haben.

Viel später ist Planck noch einmal auf die Periode seines "Machismus" (der Terminus stammt bekanntlich von Lenin) zurückgekommen. Im 28. Band der Naturwissenschaften vom Jahr 1940 finden wir unter dem Titel "Naturwissenschaft und reale Außenwelt" eine Erwiderung Plancks, gegen wen tut hier nichts zur Sache, wichtig für uns ist einzig der rückblickende letzte Paragraph, der lautet: "Ich selber habe mich noch vor fünfzig Jahren zu den überzeugten Positivisten gerechnet .... Unter dem Einfluß von *Ernst Mach* war ich damals zur Ablehnung der Atomistik geneigt und zog mir dadurch zu meinem Bedauern die Gegnerschaft von *Ludwig Boltzmann* zu, der um jene Zeit, fast als einziger in Deutschland, seine Hauptarbeitskraft dem Ausbau der kinetischen Gastheorie widmete, und mit dem ich mich in dem Kampf für den *Clausius*'schen zweiten Hauptsatz der Wärmetheorie gegen die flache Energetik *Ostwalds* gern verbunden gefühlt hätte."

Das Verhältnis von Planck zu Boltzmann steht heute nicht zur Diskussion, und wir können Plancks Aussage stehen lassen.

Was aber tun wir mit Ernst Mach? Trost kommt uns von dem Mann, zu dem heuer alles hinstrebt. Am 9. August 1909 schrieb Albert Einstein von Bern aus an Ernst Mach:

"Hochgeehrter Herr Professor!

Ich danke Ihnen bestens für den mir übersandten Vortrag über das Gesetz der Erhaltung der Arbeit, den ich bereits mit Sorgfalt durchgelesen habe. Im übrigen kenne ich natürlich Ihre Hauptwerke recht gut, von denen ich dasjenige über die Mechanik am meisten bewundere. Sie haben auf die erkenntnistheoretischen Auffassungen der jüngeren Physiker-Generation einen solchen Einfluß gehabt, daß sogar Ihre heutigen Gegner, wie z.B. Herr Planck, von einem der Physiker, wie sie vor einigen Jahrzehnten im Ganzen waren, ohne Zweifel für "Machianer" erklärt würden.

Weil ich nicht weiß wie ich mich Ihnen sonst dankbar zeigen soll, schicke ich Ihnen einige meiner Abhandlungen. Besonders möchte ich Sie bitten, sich das über die Brown'sche Bewegung kurz anzusehen, weil hier eine Bewegung vorliegt, die man als "Wärmebewegung" deuten zu müssen glaubt.

> Mit aller Hochachtung
> Ihr ganz ergebener
> A. Einstein"

Derselbe Gedanke über Machianer wird dann 1916 in Einsteins schönem Nachruf auf Ernst Mach wieder aufgenommen und weiter ausgeführt.

Neunzehnhundertsechzehn, mitten in der Massenpsychose des ersten Weltkrieges, der nur Auserwählte nicht anheimgefallen sind. Ein Monat nach Einsteins Nachruf fällt Plancks Sohn Karl vor Verdun.

Planck-Kritik des T. Kuhn*

Meine Damen und Herren,

vor etwas mehr als einem Jahr erschien in der Oxford University Press das lang erwartete Buch von Thomas S. Kuhn über die Frühgeschichte der Quantentheorie.

Wer ist Thomas S. Kuhn? Er ist wohl der berühmteste amerikanische Wissenschaftshistoriker, der sich mit der Entwicklung der Quantenmechanik beschäftigt. Das Quellen-Archiv zur Geschichte der Quantentheorie ist sein Werk. Er hat die grossen Schöpfer der Quantenmechanik alle befragt. Eines seiner Hauptquartiere befand sich bis zu dessen Tod bei Niels Bohr in Kopenhangen. Wie jeder Mächtige hat er Freunde und Feinde. Sein Buch über "The Structure of Scientific Revolutions", durch welches er dem Wort *Paradigma* Flügel verliehen hat, ist ein "bestseller" geworden: von Laien gelobt, von Fachleuten kritisch anerkannt. *Ich kann darüber aber keine Auskunft geben, denn ich werde das Werk nie gelesen haben werden.* Mir hat das neue Buch genügt, dessen Titel lautet: "Black-Body Theory and the Quantum Discontinuity."

Was *darin* mit durch Jahre gesammelter Kraft versucht wird, ist eine fast totale Umwertung unserer Anschauungen über die Entwicklung der theoretischen Physik in den letzten Jahrzehnten des vergangenen und dem ersten Jahrzehnt unseres Jahrhunderts. Hier einige Beispiele:

Galt bisher der 14. Dezember 1900, der Tag, als Planck über *seine* Herleitung *seines* neuen Strahlungsgesetzes vom 19. Oktober in der Deutschen Physikalischen Gesellschaft in Berlin vortrug, als Geburtstag der Quantentheorie, so wird dieser jetzt in den März 1906 verschoben.

Glaubte man bisher, dass Planck sich, unter dem Zwang der Bedingungen, im Herbst des Jahres 1900 zu Boltzmanns statistischer Auffassung des Entropiesatzes durchgerungen hat, so wird diese Bekehrung jetzt um 1 bis 3 Jahre vorverlegt.

Betrachtete man bisher Ludwig Boltzmann als einen Mitbegründer der Allgemeinen Statistischen Mechanik, so erklärt uns Thomas Kuhn, dass es vor Gibbs und Einstein 1902 keine statistische Mechanik sondern nur eine spezielle kinetische Gastheorie gegeben habe.

---

*Vortrag Heidelberg, 8.2.1980.

Das sind nur einige, nicht alle, revolutionäre Behauptungen des ehemaligen Princeton- und gegenwärtigen MIT-Professors. Nicht nur das Gewicht seiner Autorität, auch die Masse seiner Zitate, sein Eifer und seine Belesenheit zwingen uns, sie ernst zu nehmen und zu untersuchen. Wir werden dabei immer ein *Korn* Wahrheit, ein *Quantum* Missverständnis und ein *Schwinden* der Sensation erfahren.

Beginnen wir mit den *Glaubensdingen*: wann hat Planck sich zum richtigen, statistischen Glauben über den Entropiesatz bekehrt? Hören wir ihn selbst aus seiner "Geschichte der Auffindung des physikalischen Wirkungsquantums"[1]: "Am Morgen des nächsten Tages" (am 20. Oktober 1900) "suchte mich der Kollege *Rubens* auf und erzählte, daß er nach Schluß der Sitzung noch in der nämlichen Nacht meine Formel mit seinen Messungsdaten genau verglichen und überall eine befriedigende Übereinstimmung gefunden habe ...."

So durfte die Frage nach dem Gesetz der spektralen Energieverteilung in der Strahlung des schwarzen Körpers als endgültig erledigt betrachtet werden. Aber nun blieb das theoretisch wichtigste Problem zurück: eine sachgemässe Begründung dieses Gesetzes zu geben, und das war eine ungleich schwierigere Aufgabe; denn es handelte sich dabei um eine theoretische Ableitung des Ausdrucks der Entropie eines Oszillators

$$S = \frac{a'}{a}\left[\left(\frac{U}{a'\nu}+1\right)\log\left(\frac{U}{a'\nu}+1\right) - \frac{U}{a'\nu}\ \log\frac{U}{a'\nu}\right].$$

Um diesem Ausdruck einen physikalischen Sinn geben zu können, w aren ganz neue Betrachtungen über das Wesen der Entropie notwendig, die über das Gebiet der Elektrodynamik hinausführen.

Unter allen Physikern der damaligen Zeit war Ludwig *Boltzmann* derjenige, der den Sinn der Entropie am tiefsten erfasst hatte. Er deutete die Entropie eines, in einem bestimmten Zustand befindlichen, physikalischen Gebildes als ein Mass für die Wahrscheinlichkeit dieses Zustandes ....

"Ich selber hatte mich bis dahin um den Zusammenhang zwischen Entropie und Wahrscheinlichkeit nicht gekümmert, er hatte für mich deshalb nichts Verlockendes, weil jedes Wahrscheinlichkeitsgesetz auch Ausnahmen zuläßt, und weil ich damals dem zweiten Wärmesatz ausnahmslose Gültigkeit zuschrieb. Daß der Beweis der Irreversibilität der von mir betrachteten Strahlungsvorgänge auch nur unter der Voraussetzung der Hypothese der "natürlichen Strahlung" gelingen konnte, daß also eine solche einschränkende Hypothese in der Theorie der Strahlung ebenso notwendig ist und dort ganz die nämliche Rolle spielt, wie die molekulare Unordnung in der Gastheorie, ist mir erst mit der Zeit vollkommen klar geworden.

---

[1]M. Planck, Physikalische Abhandlungen und Vorträge, (im folgenden: PAV) Bd. III, p. 255-267.

Da sich mir aber nun kein anderer Ausweg öffnete, so versuchte ich es mit der Methode *Boltzmann* und setzte ganz allgemein für einen beliebigen Zustand eines beliebigen physikalischen Gebildes:

$$S = k \log W,$$

wo W die zugehörige berechnete Wahrscheinlichkeit des Zustandes bezeichnet."
Es scheint mir in Sachen der Bekehrung müsste man dem persönlichen Bekenntnis eigentlich den Vorrang lassen, auch wenn es, wie hier, von einem 84jährigen Mann stammt. Es sei denn, sein Zeugnis sei widersprüchlich, was ich aber durchaus nicht sehen kann.

Vielleicht lernen wir aber mehr aus Plancks wissenschaftlichem Werk. Der Begriff der "natürlichen Strahlung" erscheint zuerst in den Berliner Berichten vom 14. Juli 1898. Es handelt sich dabei um eine statistische Annahme über die Regellosigkeit der Phasen der einzelnen Lichtwellen in der Hohlraumstrahlung. Mit dieser Annahme entzieht sich Planck einer Kritik von Boltzmann vom 3. März desselben Jahres. Es ging um "irreversible Strahlungsvorgänge" und um den Ursprung der Irreversibilität allgemein, den Planck im Elektromagnetismus zu finden hoffte. Es ging um den *Zeitpfeil* und den Entropiesatz, dem Planck absolute Gültigkeit zuschrieb, im Gegensatz zu Boltzmann, für den er das Resultat von speziellen Anfangsbedingungen war, kraft welcher unsere Ecke des Weltalls sich in einem sehr unwahrscheinlichen Zustand, weit weg vom Gleichgewicht, befindet.

Nun trifft es zu, dass Planck sich im Nachweis irreversibler Strahlungsvorgänge des öftern getäuscht hatte und dass er von Boltzmann, solange dessen Interesse anhielt und durch Angriffe aus Berlin wachgehalten wurde, korrigiert worden war. Auch trifft es zu, dass Planck, widerstrebend zwar, von der Boltzmannschen Kritik Kenntnis nahm und sein Programm änderte, z.B. eben durch die Beschränkung auf "natürliche Strahlung". Darin nun aber mit Dr. Kuhn eine Konversion zu den Anschauungen Boltzmanns zu sehen, scheint mir unklug und nachweisbar falsch. Denn ungefähr am 20. September desselben Jahres 1898 erklärte Max Planck in einem Vortrag in Düsseldorf mit Hinblick auf die Maxwellsche Theorie der Elektrizität: "Eine Anwendung dieser Betrachtungen, die mir von Wichtigkeit zu sein scheint, betrifft die Wärmestrahlung. Seitdem die elektromagnetische Natur der Wärme- und Lichtstrahlen nachgewiesen wurde, ist die Bestimmung der Gesetze der Wärmestrahlung ein elektrisches Problem geworden. ... Es ist daher zu hoffen, daß die *Maxwell*'sche Theorie ... auch in der Anwendung auf die genannten Erscheinungen neue Aufschlüße liefern wird. Vielleicht können wir auf dieser Grundlage einmal noch zu einer elektromagnetischen Theorie der Wärme gelangen, – nicht mit Hilfe besonderer neuer Hypothesen, sondern einfach in consequenter Fortbildung der *Maxwell*'schen Ideen von dem Zusammenhang zwischen Licht und Elektricität."

Für mich besteht kein Zweifel, dass die "besonderen neuen Hypothesen" sich auf Boltzmannsche Vorstellungen vom Ursprung des zweiten Hauptsatzes beziehen. Diese meine Meinung liesse sich notfalls begründen.

Interessanter als solche Wortklaubereien ist die Frage: Wann hat Planck die statistische Deutung des zweiten Hauptsatzes verstanden, wann hat er aufgehört ein "Entropiker" zu sein? Die Antwort ist überraschend: nicht vor dem 9. Dezember 1908 und vermutlich vor dem 23. September 1910; denn noch im Leidener Vortrag von 1908, in welchem seine Abkehr von *Ernst Mach* und dessen Gedankenökonomie zum Durchbruch kommt, tadelt er Ludwig Boltzmann mit den Worten: "Ein zweiter bedenklicher Nachteil scheint zu liegen in der Einführung zweier verschiedener Arten der ursächlichen Verknüpfung physikalischer Zustände: einerseits der absoluten Notwendigkeit, andererseits der großen Wahrscheinlichkeit ihres Zusammenhangs. Wenn eine ruhende schwere Flüssigkeit einem tieferen Niveau zustrebt, so ist das nach dem Satz der Erhaltung der Energie eine *notwendige* Folge des Umstandes, daß sie nur dann in Bewegung geraten ...kann ...wenn der Schwerpunkt tiefer rückt. Wenn aber ein wärmerer Körper an einen ihn berührenden kälteren Körper Wärme abgibt, so ist das nur enorm *wahrscheinlich*, keineswegs absolut notwendig .... *Boltzmann* hat hieraus die Konsequenz gezogen, daß solche eigentümliche Vorgänge, die dem zweiten Hauptsatz der Wärmetheorie zuwiderlaufen, in der Natur wohl vorkommen können .... Das ist nun allerdings ein Punkt, in welchem man nach meiner Meinung ihm nicht zu folgen braucht. Denn eine Natur, in welcher solche Dinge passieren, wie das Zurückströmen der Wärme in den wärmeren Körper ...wäre eben nicht mehr unsere Natur. Solange wir es nur mit letzterer zu tun haben, werden wir wohl besser fahren, wenn wir solche seltsamen Vorgänge nicht zulassen, sondern umgekehrt diejenige allgemeine Bedingung aufsuchen und als in der Natur realisiert annehmen, welche jene allen Erfahrungen zuwiderlaufenden Phänomene von vorneherein ausschließt. *Boltzmann* selber hat jene Bedingung für die Gastheorie formuliert; es ist, ganz allgemein gesprochen, die "Hypothese der elementaren Unordnung" .... Mit der Einführung dieser Bedingung ist die Notwendigkeit allen Naturgeschehens wiederhergestellt ..., so daß man das Wesen des zweiten Hauptsatzes der Wärmetheorie auch geradezu als das *Prinzip der elementaren Unordnung* bezeichnen kann." Am 23. September 1910 auf der 82. Versammlung Deutscher Naturforscher und Ärzte kann man dann vielleicht den Wandel feststellen.

In summa können wir Dr. Kuhn wenigstens insofern beistimmen, dass Plancks Bekehrung von Weihnachten 1900 eine Vorgeschichte hat. Den halbwegs belesenen Dilettanten in Plancks Werk wird das schwerlich verwundern. Die Bekehrung hat aber auch eine Nachgeschichte, die von Dr. Kuhn nicht berührt wird.

Kommen wir nun zur Haupt-Sensation in Thomas Kuhns Werk, zu dem, was er seine "Ketzerei der Historiographie" nennt. Diese nagelneue Lehre muss enthalten sein im folgenden Passus: "Both in his original derivation papers[2] and, far more clearly, in his Lectures[3] Planck's radiation theory is compatible with the quantization of resonator energy. That theory does require fixing the size of the small intervals into which the energy continuum is subdivided for purposes of combinatorial computation, and the restriction to a fixed size does isolate the main respect in which Planck's theory diverges from Boltzmann's. But the divergence does not, as developed by Planck, make radiation theory less classical than gas theory, for it does not of itself demand that the values of resonator energy be limited to a discrete set. On the contrary, ..., any such restriction would conflict both with the global structure and multiple details of Planck's argument."

Zunächst ist das einzig Positive an diesen verwirrten Kuhnschen Perioden, dass wir erneut zu Plancks Schriften greifen, um nachzuschauen, ob wir etwas übersehen hätten. Und wer möchte an solch klassischem Ort nicht gern zugeben, dass ihm, bei erneuter Begegnung, manches in einem andern Licht erscheint. Durchgehen wir daher zusammen die erste grundlegende Arbeit von Planck vom 14. Dezember 1900. Als richtig und fundamental übernimmt Planck aus seiner fünften Mitteilung "Über irreversible Strahlungsvorgänge" vom 1. Juni 1899 den Zusammenhang

$$u(\nu, T) = \frac{8\pi\nu^2}{c^3} \, U(\nu, T)$$

zwischen der spektralen Energiedichte u und der mittleren Energie U eines mit dem Strahlungsfeld gekoppelten Resonators der Frequenz ν. Diese Formel ist, was die Kritiker Plancks nicht müde wurden, zu betonen, bei Planck eine Folgerung aus der *klassischen* Elektrodynamik. Die Berechnung von U sprengt die klassische Theorie. Durch diese Spannung gerät das ganze Gebäude der Theorie der Hohlraumstrahlung in die Gefahr innerer Widersprüche. Jeder vernünftige Physiker hat den Takt, die Einsicht, meinetwegen das Glück Plancks gepriesen, als Ausgangspunkt seiner Entdeckung eine *klassische* Formel gewählt zu haben, welche der heraufziehenden Umwälzung standhalten konnte. Bezöge sich Kuhns Kritik auf diese Formel, fürwahr, seine Feststellung wäre so wenig ketzerisch, als irgend ein Sprüchlein aus der Sonntagsschule.

Das ernste Problem ist die Herleitung von U (denn Planck kennt ja das richtige Resultat) oder von

$$S(\nu, U) = k\left[\left(1 + \frac{U}{h\nu}\right) \log\left(1 + \frac{U}{h\nu}\right) - \frac{U}{h\nu} \log\frac{U}{h\nu}\right],$$

dem Ausdruck für die Entropie des Resonators. *Hier* hat Planck auf die Boltzmannschen Ideen zurückgegriffen. Er beginnt seine Ausführung mit den Sätzen:

---

[2] PAV I, p. 698-706 vom 14. Dezember 1900 und PAV I, p. 717-727 vom 7. Januar 1901.
[3] Vorlesungen über die Theorie der Wärmestrahlung, 1906.

"Entropie bedingt Unordnung, und diese Unordnung glaube ich erblicken zu müssen in der Unregelmäßigkeit mit der auch im stationären Strahlungsfeld die Schwingungen des Resonators ihre Amplituden und ihre Phasen wechseln, sofern man Zeitepochen betrachtet, die groß sind gegen die Zeit einer Schwingung, aber klein gegen die Zeit einer Messung. Die constante Energie eines stationär schwingenden Resonators ist danach als ein zeitlicher Mittelwert aufzufassen, oder, was auf dasselbe hinauskommt, als der augenblickliche Mittelwert der Energie einer großen Zahl von gleichbeschaffenen Resonatoren, die sich im nämlichen stationären Strahlungsfelde weit genug entfernt voneinander befinden, um sich nicht gegenseitig direct zu beeinflussen. Da somit die Entropie eines Resonators durch die Art der gleichzeitigen Energieverteilung auf viele Resonatoren bedingt ist, so vermutete ich, daß sich diese Größe durch Einführung von Wahrscheinlichkeitsbetrachtungen, deren Bedeutung für den zweiten Hauptsatz der Thermodynamik Hr. L. *Boltzmann*[4] zuerst aufgedeckt hat, in die elektromagnetische Theorie der Strahlung, würde berechnen lassen müssen. Diese Vermutung hat sich bestätigt; es ist mir möglich geworden, einen Ausdruck für die Entropie eines monochromatisch schwingenden Resonators, und somit auch für die Verteilung der Energie im stationären Strahlungszustand ... auf deductivem Wege zu ermitteln, wobei es nur nötig wird, der von mir in die elektromagnetische Theorie eingeführten Hypothese der "natürlichen Strahlung" eine etwas weitergehende Fassung zu geben als bisher ...."

Daraufhin entwirft Planck ein Programm zur Herleitung des Gleichgewichtes von beliebig vielen Resonatoren beliebiger Frequenz im stationären Strahlungsfeld, beschränkt sich dann aber auf N Resonatoren einer festen Frequenz ν, welche die Energie E tragen. Nun ist die Verteilung der Energie E auf die N Resonatoren mit der Schwingungszahl ν vorzunehmen.

"Wenn E als unbeschränkt teilbare Größe angesehen wird, ist die Verteilung auf unendlich viele Arten möglich. Wir betrachten aber – und dies ist der wesentlichste Punkt der ganzen Berechnung – E als zusammengesetzt aus einer ganz bestimmten Anzahl endlicher gleicher Teile und bedienen uns dazu der Naturconstanten $h = 6,55 \cdot 10^{-27}$ (erg × sec). Diese Constante mit der gemeinsamen Schwingungszahl ν der Resonatoren multipliziert ergibt das Energieelement ε in *erg*, und durch Divison von E durch ε erhalten wir die Anzahl P der Energieelemente, welche unter die N Resonatoren zu verteilen sind. Wenn der so berechnete Quotient keine ganze Zahl ist, so nehme man für P eine in der Nähe gelegene ganze Zahl."

Mit diesem Zitat scheint das Verdikt gegen T. Kuhn gefallen zu sein. Die Resonatoren der Frequenz ν können Energie nur in Elementen $\varepsilon = h\nu$ aufnehmen. So wurde die Plancksche Vorschrift auch von H.A. Lorentz und Paul Ehrenfest

---

[4]L. Boltzmann, namentlich Sitzungsber. d. k. Akad. d. Wissenschaften zu Wien (II) *76*, p. 373, 1877.

verstanden und T.S. Kuhn muss, um einigermassen plausibel zu bleiben, (a) ein Missverständnis bei H.A. Lorentz und (b) eine kritiklose Übernahme desselben Missverständnisses durch Paul Ehrenfest annehmen.

Die weitere Rechnung von Planck ist bekannt: es gibt

$$\frac{(N + P - 1)!}{(N - 1)!\,P!}$$

Verteilung oder Complexionen der Energie E auf die N Resonatoren. Dies liefert mit dem Boltzmann-Planckschen Prinzip unmittelbar die richtige Entropie.

Bekanntlich lässt sich die Sache umkehren. Man kann aus dem bekannten Wert von $U(\nu, T)$ oder von $S(\nu, T)$ mit den rudimentärsten Elementen der statistischen Mechanik auf das Spektrum des Resonators zurückschliessen. Die dafür notwendigen Kenntnisse elementarer Natur konnte man allerdings um 1900 nicht voraussetzen. Aber es kann kaum bezweifelt werden, dass Planck durch rechnerische Versuche von der Notwendigkeit der Energiequantisierung des Resonators überzeugt war. Wie er sich mit dieser Unausweichlichkeit abgefunden hat, ist eine andere Frage. Im Lichte dieser Feststellung aber bewundere ich Herrn Kuhns Ungehemmtheit, uns seinen Unsinn aufzutischen.

Doch kehren wir wieder zu Planck zurück, der weiterfährt: "Ich wende mich noch mit einigen kurzen Bemerkungen zu der Frage nach der Notwendigkeit der angegebenen Deduction. Daß das für eine Resonatorenergie angenommene Energieelement ε proportional sein muß zur Schwingungszahl ν, läßt sich unmittelbar aus dem höchst wichtigen *Wien* schen sogenannten Verschiebungsgesetz folgern. Die Beziehung zwischen u und U ist eine Grundgleichung der elektromagnetischen Strahlungstheorie. Im übrigen basiert die ganze Deduction auf dem einen Satz, daß die Entropie eines Systems von Resonatoren mit gegebener Energie proportional ist dem Logarithmus der Gesamtzahl der bei dieser Energie möglichen Complexionen, und dieser Satz läßt sich seinerseits zerlegen in zwei andere: 1. daß die Entropie des Systems in einem bestimmten Zustand proportional ist dem Logarithmus der Wahrscheinlichkeit dieses Zustandes, und 2. daß die Wahrscheinlichkeit eines jeden Zustandes proportional ist der Anzahl der ihm entsprechenden Complexionen, oder mit andern Worten, daß irgend eine bestimmte Complexion ebenso wahrscheinlich ist als irgendeine andere bestimmte Complexion. Der 1. Satz kommt, auf Strahlungsvorgänge angewandt, wohl nur auf eine Definition der Wahrscheinlichkeit eines Zustandes hinaus, insofern man bei der Energiestrahlung von vornherein gar kein anderes Mittel besitzt, um die Wahrscheinlichkeit zu definieren, als eben die Bestimmung der Entropie. Hier liegt einer der Unterschiede gegenüber den entsprechenden Verhältnissen in der kinetischen Gastheorie. Der 2. Satz bildet den Kernpunkt der ganzen vorliegenden Theorie; sein Beweis kann in letzter Linie nur durch die Erfahrung geliefert werden. Er läßt sich auch als eine nähere Präcisierung der von mir eingeführten Hypothese der natürlichen Strahlung auffassen, die ich bisher nur in der Form ausgesprochen habe, daß die Energie der Strahlung sich vollkommen "unregelmäßig" auf die einzelnen in ihr enthaltenen Partialschwingungen verteilt.[5] Ich beabsichtige die hier angedeuteten Überlegungen nächstens an anderer Stelle ausführlich mit allen Rechnungen mitzuteilen, zugleich mit einem Rückblick auf die bisherige Entwicklung der Theorie."

Eine solche Darstellung erfolgte erst 1906 in Plancks "Vorlesungen über die Theorie der Wärmestrahlung".

Im übrigen sind die eben zitierten Ausführungen sehr geeignet, Physiker vom Schlage Henri Poincarés oder Lord Rayleighs zur Verzweiflung zu treiben. Da wird das Strahlungsproblem (übrigens gänzlich korrekt) auf lineare harmonische Oszillatoren reduziert, dann wird einem erklärt, dass für dieses einfache mechanische System der ganze Apparat der statistischen Mechanik machtlos sei. Hernach greift man auf das Boltzmann-Plancksche Prinzip $S = k \log W + \text{const}$ zurück, erklärt dies aber für eine Definition von W. Dann macht man trotzdem für W eine Theorie, erklärt aber, dass W tatsächlich aus der Erfahrung zu bestimmen sei. Als Fussnote steht eine polemische Bemerkung gegen Wilhelm Wien, in der die Hypothese der "natürlichen Strahlung" nicht wie früher zur sogenannten Hypothese der "molekularen Unordnung" in Parallele gesetzt wird, sondern zur Atomtheorie, ja sogar zu irgendeiner "auf inductivem Wege gewonnenen Theorie". Überall sichtbar ist Plancks Überzeugung, dass durch seine Theorie der Wärmestrahlung etwas wesentlich Neues in der Physik entstanden sei, nirgends jedoch steht eine Andeutung, dass diese Neuerung die Fundamente erschüttern könnte. Aber vielleicht kann einen dieser Text mit Dr. Kuhns "Haeresie" versöhnen.

Möglich wär's, wenn man Planck nicht etwas besser kennte. Zunächst war Planck ein theoretischer Physiker, der viel mehr als etwa Boltzmann aus dem Experiment und für das Experiment arbeitete. Dies, wiewohl Planck kaum jemals experimentiert hat und Boltzmann sogar Professor für Experimentalphysik gewesen war. Planck ist vielleicht der erste Vertreter einer neuen Art von Theoretikern, die Sinn aus den überkommenen Theorien pressen, die aber kein Verständnis für interessanten Unsinn wie etwa für das Rayleigh-Jeanssche Gesetz haben. Auch wenn sie die vorhandenen Theorien vergewaltigen müssen, tun sie es in der Zuversicht, dadurch die Wissenschaft vor dem Stillstand zu bewahren. Sie sind in ihrer Forschung Dialektiker, die dem Hegelschen Dreischritt vertrauen und durch

---

[5]M. Planck, Ann. d. Phys. *1*, p. 73, 1900. Wenn Hr *W. Wien* in seinem Pariser Rapport (II, p. 38, 1900) über die theoretischen Gesetze der Strahlung meine Theorie der irreversiblen Strahlungsvorgänge deshalb nicht befriedigend findet, weil sie nicht den Nachweis erbringe, daß die Hypothese der natürlichen Strahlung die einzige ist, welche zur Irreversibilität führt, so verlangt er nach meiner Meinung von dieser Hypothese doch etwas zu viel. Denn wenn man eine Hypothese beweisen könnte, so wäre es eben keine Hypothese mehr, und man brauchte eine solche gar nicht erst aufzustellen. Dann würde man aber auch nichts wesentlich Neues aus ihr ableiten können. Von diesem Standpunkt aus müßte doch wohl auch die kinetische Gastheorie als unbefriedigend erklärt werden, weil der Nachweis noch nicht erbracht ist, daß die atomistische Hypothese die einzige ist, welche die Irreversibilität erklärt, und ein entsprechender Vorwurf dürfte mehr oder minder alle nur auf inductivem Wege gewonnenen Theorien treffen.

den Widerspruch zum Fortschritt drängen. Für diese Einstellung gibt es ein beredtes Zeugnis von Planck selbst aus dem Vortrag vor der 64. Naturforscher-Versammlung vom 24. September 1891 in Halle an der Saale. Es lautet:

"Eine lebens- und entwicklungsfähige Theorie geht ja den Widersprüchen nicht aus dem Wege, sondern sucht sie im Gegenteil auf, denn nur aus Widersprüchen, nicht aus Bestätigungen, kann sie den Trieb zur weiteren Fortentwicklung schöpfen."

Planck war bei seinen Schülern für die zwingende Logik seiner Darlegungen berühmt, zu Unrecht finde ich, denn Widersprüche belasten ihn nicht, wenn nur die Physik gut und richtig ist, d.h. mit dem Experiment im Einklang steht. In *diesem* Geist baut Planck die neue Formel für die Entropie eines Oszillators in seine alte klassische Theorie der irreversiblen Strahlungsvorgänge ein in Gestalt eines *Nachtrags* zu seiner Hauptabhandlung: wissentlich füllt er neuen Wein in alte Schläuche. Die weitreichenden Folgerungen, die Dr. Kuhn aus diesem Sachverhalt zugunsten seiner These zieht, sind sicher ungerechtfertigt.

Nun zieht Dr. Kuhn auch Plancks Buch "Über die Theorie der Wärmestrahlung" von 1906 als Glaubenszeugnis für sein spezielles Bekenntnis an. Wir möchten uns gern mit diesem Werk beschäftigen und es könnte reizvoll erscheinen, den für uns wesentlichen 4. Abschnitt mit seinen 3 Kapiteln Zeile um Zeile zu durchgehen. Das würde uns stunden- und tagelang beschäftigen. So begnüge ich mich mit Andeutungen. Zunächst betont Planck erneut, dass "mit der Einführung von Wahrscheinlichkeitsbetrachtungen in die elektromagnetische Strahlungstheorie ein vollkommen neues, den Grundlagen der Elektrodynamik gänzlich fremdes Element in den Bereich der Untersuchung eintritt." Wahrscheinlichkeitsbetrachtungen in einer deterministischen Theorie bedürfen einer Rechtfertigung. Diese findet Planck in der Unterscheidung von Makrozuständen und Mikrozuständen. Ein Makrozustand entspricht einer groben, makroskopischen Beschreibung wie ihn eine Messung liefert, ein Mikrozustand der vollständigen deterministischen Festlegung des Zustandes eines beliebigen Systems. (Planck verwendet diese Termini übrigens in der 1. Auflage seines Werkes nicht.) Ein Makrozustand ist mit vielen Mikrozuständen verträglich, auch mit solchen, deren zeitliches Verhalten paradox ist, etwa dem Entropiesatz widerspricht. Diese bilden aber eine verschwindende Minderheit, welche durch die sattsam zitierte Hypothese der "elementaren Unordnung" ausgeschlossen wird. Die Entropie eines Makrozustandes ist proportional zum Logarithmus der Zahl der Mikrozustände, die mit ihm verträglich sind. Diese Zahl heisst die Wahrscheinlichkeit des Makrozustandes. Die makroskopische Beschreibung beruht nun nach Planck auf einer Zelleneinteilung des Raumes der Mikrozustände in "Elementargebiete". Mikrozustände aus *einem* Elementargebiet sind makroskopisch unterscheidbar. Die Verteilung im Elementargebiet wird durch den makroskopischen Zustand nicht bestimmt. Hier tritt die Hypothese der elementaren Unordnung in Kraft. Denken Sie, um diese schwankenden Ideen zu fixieren, an eine Einteilung des Phasenraums eines

Punktatoms in Zellen der Grösse h^3 und Sie haben eine Anschauung, die bei Planck zwar in der 1. Auflage noch nicht vorkommt, mit seinen Vorstellungen aber nicht unverträglich ist.

Von besonderer Bedeutung ist die richtige Bestimmung der Elementargebiete für den elektrischen Resonator, dessen Hamiltonfunktion lautet

$$H \ = \ \frac{1}{2} \, K f^2 \ + \ \frac{1}{2} \, \frac{g^2}{L}, \quad \nu \ = \ \frac{1}{2\pi} \, \frac{K}{L}$$

wobei f das elektrische Moment und g der zugehörige kanonische Impuls ist. Die Grössen f und g bestimmen den "elektromagnetischen Zustand" des Oszillators, der ein Mikrozustand ist. H ist die Energie des elektromagnetischen Zustandes. Die Elementargebiete aber sind durch Ellipsen begrenzte Ringgebiete

$$B_n \ = \ \{(f,g) \mid nh\nu \ \leq \ H(f,g) \ < \ (n+1)h\nu\}.$$

Das Volumen eines Elementargebietes ist h. Die elektromagnetische Energie variiert in einem Elementargebiet um $\varepsilon = h\nu$. Ein Zustand im Sinne der statistischen Mechanik ist durch die Wahrscheinlichkeiten w_n gegeben, den elektromagnetischen Zustand in B_n zu finden. Die Entropie eines Zustandes ist

$$S(w) \ = \ -k\Sigma w_n \log w_n.$$

Für die Energie muss angesetzt werden

$$E(w) \ = \ \Sigma w_n n h\nu,$$

will man das richtige Resultat erhalten.

So könnte die Rechnung in der 1. Auflage durchgeführt sein, ist es aber nicht. Aber so interpretiert Planck in den späteren Auflagen seine eigenen Ausführungen. Und da wir auf eine Interpretation des §150 angewiesen sind, ziehe ich Plancks entschieden der von Thomas Kuhn vor.

In einer späteren, der zweiten Auflage, setzt Planck übrigens

$$E(w) \ = \ \Sigma \, w_n(n + 1/2) \, h\nu \ .$$

Der Grundzustand eines harmonischen Oszillators hätte dann die Energie $\frac{1}{2} \, h\nu$ und Impuls und Koordinate könnten "durch Messung" nur innerhalb der Ellipse B_0 von der Fläche h festgelegt werden.

Es ist schwer, innerhalb der klassischen Physik eine bessere Approximation an die Wirklichkeit, wie sie uns von Schrödinger und Heisenberg gezeigt worden ist, zu finden.

Bemerkenswert bleibt allerdings Plancks Skepsis den Bohrschen Bahnen und Sommerfeldschen Ellipsen gegenüber. Es widerstrebte ihm, alle Punkte der Phasenebene mit Ausnahme der Punkte auf einer diskreten Schar analytischer Kurven, als unphysikalisch und verboten zu betrachten. Wer möchte ihn heute dafür tadeln; etwa Thomas Kuhn? Anschauungen Plancks, die ihn zu Zeiten haben altväterisch und unmodern erscheinen lassen, sie finden ihren Sinn in der Weiterentwicklung der Theorie. In seiner zögernd-umgestaltenden Art, in seiner Dialektik ist ihm in der nächsten Generation nur Niels Bohr vergleichbar – und in der Bedeutung auch.

Ich komme zum Abgesang: zur Widerlegung der Behauptung, dass die allgemeine statistische Mechanik von W. Gibbs und A. Einstein allein stamme. Dem Kenner von Boltzmanns Werk muss es leicht sein, diese abstruse Proposition zu widerlegen. Ich, der ich Boltzmann für im wesentlichen unlesbar halte, folge einem Weg, den mir Giovanni Gallavotti anlässlich von Vorträgen in Zürich gewiesen hat. Das Substantiv "die Ergode" stammt von Ludwig Boltzmann. Aus ihm ist das Adjektiv "ergodisch" abgeleitet. Dieses Adjektiv findet sich in der ersten Auflage der Theorie der Wärmestrahlung, und zwar bei der Erklärung dafür, dass die sattsam bekannte Methode der Eigenschwingungen von Rayleigh zum falschen, nämlich dem klassischen, Strahlungsgesetz führe. Planck schreibt in §166 im Anschluss an diese Herleitung:

"Ich bin daher der Meinung, daß die besprochene Schwierigkeit nur durch eine unberechtigte Anwendung des Satzes von der Gleichmäßigkeit der Energieverteilung auf alle unabhängigen Zustandsvariablen hervorgerufen ist. In der Tat ist für die Gültigkeit dieses Satzes die Voraussetzung wesentlich, dass die Zustandsverteilung unter allen bei gegebener Gesamtenergie von vornherein möglichen Systemen eine "ergodische" ist[6], oder kurz ausgedrückt, daß die Wahrscheinlichkeit dafür, daß der Zustand des Systems in einem bestimmten kleinen "Elementargebiet" (§150) liegt, einfach proportional ist der Größe dieses Gebiets, wenn dasselbe auch noch so klein genommen wird. Diese Voraussetzung ist aber bei der stationären Energiestrahlung nicht erfüllt; denn die Elementargebiete dürfen nicht beliebig klein genommen werden, sondern ihre Größe ist eine endliche, durch den Wert des elementaren Wirkungsquantums h bestimmte. ...

Natürlich muß dem Wirkungselement h auch eine direkte elektrodynamische Bedeutung zukommen; aber welcher Art diese ist, bleibt zunächst eine offene Frage."

Was aber bedeutet bei Boltzmann "Ergode"? Die Antwort, die Giovanni Gallavotti gibt ist überraschend. Eine *Ergode* ist das, was man seit Gibbs das mikrokanonische Ensemble nennt, also ein Zustand, der durch die singuläre Dichte

$$\rho_E(p,q) = \frac{\delta(E - H(p,q))}{\omega(E)}$$

$$\omega(E) = \int \delta(E - H(p,q))\, d^f p\, d^f q$$

beschrieben ist. So liest man es in *Ludwig Boltzmann*: Über die Eigenschaften

---

[6]L. Boltzmann, Gastheorie II, p. 92, 101, 1898.

monozyklischer und anderer damit verwandter Systeme, Crelles Journal *98* (1884/5) 68-94.

So muss wohl Boltzmann als der Erfinder des mikrokanonischen Ensembles betrachtet werden, aber nicht nur das. Boltzmann führt in dieser Arbeit weitere Ensembles ein. Er nennt

- eine *Monode* ein Ensemble mit stationärer Wahrscheinlichkeitsdichte;

- eine *Holode* das kanonische Ensemble mit der Dichte

$$\rho_H(p,q) = \frac{\exp(-\beta H(p,q))}{\int \exp(-\beta H(p',q'))d^f p' \, d^f q'}$$

- eine *Ergode* wie gesagt das mikrokanonische Ensemble,

- eine *Orthode* ist eine Monode, für welche die mittlere kinetische Energie integrierender Nenner der Differentialform der Wärmemenge ist.

Weiter betrachtet Boltzmann

- *Subergoden,* das sind Teilmonoden von Ergoden, die verwendet werden würden, wenn es neben der Energie zusätzliche makroskopische Integrale gibt.

- Eine *Planode* z.B. ist ein rotationsinvariantes System, bei welchem neben der Energie noch der Drehimpuls festgelegt ist.

Das Adjektiv *ergodisch* kommt, soweit ich sehe, bei Boltzmann nirgends im modernen Sinn von *metrisch-transitiv* vor. Der Sache nach erörtert Boltzmann allerdings die *Metrische Transitivität*, z.B. in seiner Arbeit "Über die mechanischen Analogien des zweiten Hauptsatzes der Thermodynamik" (Crelles Journal *100* (1887) 201-212), wo er *auch* beweist, dass eine Ergode (für ein klassisches System) eine Orthode ist. Diese Zeugnisse – und weitere könnten von den viris eruditissimis leicht beigebracht werden – beweisen hinlänglich wie verfehlt Dr. Kuhns Behauptung ist – aber – sie zeigen ebenso klar, dass die auf Boltzmann folgende Generation nicht an die eben erwähnten Arbeiten angeschlossen hat, sondern eben an das leicht lesbare Buch von Willard Gibbs. Nur so kann verstanden werden, dass die ganze systematische Boltzmannsche Terminologie untergegangen ist, bis auf das eine Adjektiv "ergodisch", welches aber seinen Sinn völlig verändert hat. Das skurrilste an dieser Veränderung ist, dass sie bei Boltzmanns Schüler und Interpret Paul Ehrenfest in seinem und Tatjanas geistreichem Enzyklopädieartikel zu finden ist, verbunden sogar mit einer Worterklärung aus dem Griechischen, nämlich $\varepsilon\rho\gamma o\nu$ = Energie, $o\delta o\varsigma$ = Weg (P. u. T. Ehrenfest. "Begriffliche Grundlagen der statistischen Auffassungen in der Mechanik", p. 30, Fussnote 88).

Und so hätte denn Dr. Kuhn in seiner Weise doch wieder recht, wenn er nur behauptete, dass die neuere Entwicklung der allgemeinen statistischen Mechanik nicht an die Boltzmannschen Arbeiten – oder nur indirekt an die Boltzmannschen Arbeiten – anschliesst.

Kommentar zu A. Pais' Vortrag "Einstein on Particles, Fields and the Quantum Theory"*

"...man konnte es einfach nicht. Das einzige, was man über Quantentheorie wirklich wußte, war die Planck'sche Formel. Schluß!"

Otto Stern, Erinnerungen aus Zürich 1913.

"So verschweige ich auch nicht, daß ein amerikanischer Kollege überhaupt von einem Rückgang Berlins sprach. ... Jener Kollege behauptete auch, es wäre manches besser geworden, wenn ich den Ruf nach Berlin nicht abgelehnt hätte."

Ludwig Boltzmann 1905.

1. Einsteins historische Grösse

Die Überschrift ist ein verzweifelter Versuch, das englische *apartness* zu übersetzen. Es ist daraus ein Gemeinplatz geworden. Allerdings ist der Begriff *historische Grösse* hier im Sinn von Jacob Burckhardt zu verstehen. Zur Rechtfertigung mag seine Aussage dienen: "Nicht eine Erklärung, sondern eine weitere Umschreibung von Grösse ergibt sich von diesem Punkt aus mit den Worten: *Einzigkeit, Unersetzlichkeit.*"

Einzig und *unersetzlich* war in der Tat das Wirken von Einstein auch in seinen Arbeiten zur Quantentheorie oder, noch einschränkender, über *Lichtquanten;* genauer: Ohne die Abhandlung "Über einen die Erzeugung und Verwandlung des Lichtes betreffenden heuristischen Gesichtspunkt" vom 17. März 1905 ist uns die Entwicklung der Physik unseres Jahrhunderts undenkbar.

Dieser Satz wäre streng zu begründen, wozu ich nicht in der Lage bin. Ich kann ihn nur verdeutlichen. Zunächst soll und kann er das Verdienst Plancks nicht schmälern. Jeder, der sich die Mühe macht, Plancks mehr als fünfjähriges Ringen um die richtige Strahlungsformel etwas zu verfolgen, kann für diesen Mann

*Einstein Centennial Symposium, Institute for Advanced Study, Princeton, 1979. In englischer Übersetzung erschienen in "Some strangeness in the proportion" p. 197, H. Woolf, Ed., Addison Wesley, Reading, Mass. 1980.

nur Ehrfurcht empfinden. Und Planck erfasste durchaus die epochale Bedeutung seiner Leistung, insbesondere der Entdeckung seiner Konstanten k und h: Er hat sie wortgewaltig dargestellt. Seine Worte blieben ungehört. Ein Blick in die Literatur bestätigt dies. Die Entdeckung des Wirkungsquantums im Dezember 1900 war zwar registriert worden, aber eine Sensation war sie nicht. Selbst Boltzmann, der anfangs an Plancks Bestrebungen polemisch noch Anteil nahm, hatte das Interesse verloren und seine schlechte Meinung über Planck beibehalten wie aus dem Zitat über diesen Abschnitt hervorgeht[1].

Wenn zwei Jahrzehnte später die Szene völlig verändert ist, dann liegt die Ursache einzig in Einstein. Hören wir *Walter Nernst* 1919[2]:

"Daß die Aufstellung der *Planck'schen* Strahlungsformel ein gewaltiger Fortschritt war, der in fast einzigartiger Weise in seinen Konsequenzen die theoretische Physik der letzten beiden Dezennien befruchtet hat, kann nirgends mehr bezweifelt werden; aber eine andere Frage ist es, ob für die Gesetze der Strahlung schwarzer Körper damit das letzte Wort gesprochen ist.

Für die Fortentwicklung sowohl unserer experimentellen Methoden [. . .] wie unserer theoretischen Auffassungen (besonders der Quantenhypothese) beansprucht die Frage, ob *Planck*'s Formel ein strenges Naturgesetz [. . .] ist, das allerhöchste Interesse.

[. . .] aber die messende Physik hat seitdem leider so gut wie gar nichts auf diesem Gebiet geleistet, während umgekehrt die theoretische Physik unsere Literatur mit einer großen Zahl von Abhandlungen erfüllt hat, die streng genommen ihren Sinn verlieren, wenn *Planck*'s Formel kein exaktes Naturgesetz ist."

Jeder Leser wird sich seine eigenen Gedanken über Nernsts Versuch, die Plancksche Formel zu verbessern, machen. Verfehlt ist er im Prinzip nicht; denn allerdings ist das Photonengas in Strenge kein ideales Quantengas. Wir aber halten fest, dass erst durch Einsteins Werk Planck zum verdienten Ruhm gelangt ist.

Einsteins umstürzende Folgerungen aus der Planckschen Formel stiessen allerdings vorwiegend auf Widerspruch, und zwar durch über zwei Jahrzehnte. Aber es ist ein Kennzeichen des grossen Individuums, dass man sich mit seinen Leistungen auseinanderzusetzen hat, dass es ihm gegenüber eine Indifferenz nicht gibt. Man mag darüber streiten, ob es der Erfolg der speziellen Relativitätstheorie war, der das staunende Interesse an der Lichtquantenarbeit hervorgerufen hat: Wesentlich ist doch nur, dass *beide* von Einstein sind.

Hingegen bedürfte der Widerstand gegen die Lichtenquanten wohl einer Erklärung; denn die experimentelle Evidenz zugunsten dieser Hypothese, wenn auch qualitativer Art, war überwältigend. Zu Einsteins eigenen Argumenten hier ein Zeugnis von J.J. Thomson[3]:

---

[1]Aus Reise eines deutschen Professors ins Eldorado [3], p. 404 ff, bes. p. 408.
[2][26] Einleitung von Walter Nernst.
[3][31] p. 422-424.

"These results" (über die Ionisierung von Gasen durch ultraviolettes Licht) "can however be reconciled by the view stated above that a wave of light is not a continuous structure, but that its energy is concentrated in units (the places where the lines of force are disturbed) and that the energy in each of these units does not diminish as it travels along its line of force." Und später: "We should know at once the coarseness of the structure corresponding to light of any intensity if we knew the amount of energy in each unit of light", und weiter: "The greater the frequency of the light the greater is the energy in each unit [...]", und schliesslich: "The coarseness of structure of light even of feeble intensity is probably almost as nothing in comparison with that of γ rays [···]. Thus the units in the γ rays will, unless the intensity is exceedingly great, be very widely separated; as these units possess momentum as well as energy they will have all the properties of material particles, except that they cannot move at any other speed than of light."

Das sind noch interessante Feststellungen, die sich bis zu Thomsons Silliman-Lectures an der Yale University, 1902, zurückverfolgen lassen, aber man vergleiche sie mit Einsteins präzisen und unerbittlichen Folgerungen aus dem Wienschen Grenzgesetz, und man wird auch in diesem Fall mit E.T. Whittakers[4] Darstellung der Rolle Einsteins für die Entwicklung der Physik unzufrieden sein. In der Tat hat Einsteins *Analyse* dieser *einen* Planckschen Gleichung für die spektrale Verteilung der Hohlraumstrahlung, die sich über 20 Jahre erstreckt, und mit der er schliesslich *alle* Eigenschaften des Photons (abgesehen vom ziemlich trivialen Spin) hergeleitet hat, meines Wissens in der Geschichte der Naturwissenschaften nicht ihresgleichen. Die Grundlagen dieser Analyse – die vielleicht oft, wie das Zitat von Otto Stern zu Eingang des Abschnittes nahelegt, an der Grenze zur Verzweiflung geführt wurde – stehen in aller wünschenswerten Klarheit und Kürze in den Verhandlungen des Conseil Solvay 1911 im Diskussionsbeitrag Einsteins[5]:

Einstein: "Wir sind wohl alle darüber einig, daß die sogen. Quantentheorie von heute ein brauchbares Hilfsmittel ist, aber keine Theorie im gewöhnlichen Sinn des Wortes, [...].

Da erhebt sich die Frage, für welche allgemeinen Sätze der Physik wir auf dem uns beschäftigenden Gebiete noch Gültigkeit erhoffen dürfen. Zunächst werden wir alle darin einig sein, daß an dem Energieprinzip festzuhalten sei.

Ein zweites Prinzip, an dessen Gültigkeit wir nach meiner Meinung unbedingt festhalten müssen, ist Boltzmann's Definition der Entropie durch die Wahrscheinlichkeit. Der schwache Schimmer theoretischen Lichtes, den wir heute über die statistischen Gleichgewichtszustände bei Vorgängen oszillatorischen Charakters gebreitet sehen, ist diesem Prinzip zu verdanken."

Aber wir weichen der Frage aus, weshalb die Lichtquantenhypothese auf so allgemeine Ablehnung stiess. Ein Grund könnte im Umstand liegen, dass *Jo-*

---

[4][33] Bd. II, 78 ff.
[5][35] p. 353.

hannes Stark als erster seinen Profit mit der fremden Lehre glaubte machen zu können. Wir wollen uns mit diesem wahrhaft entsetzlichen Menschen nicht weiter beschäftigen als durchaus notwendig ist und verweisen auf die Literatur [21] [22]. Soviel leuchtet ein, dass ein Mann dieser Art jedem Gegenstand Schaden zufügt und jeden Menschen in Gefahr bringt, den er zu seinen Zwecken gebraucht. Als ein Zeugnis dafür stehe hier der Schlusssatz eines polemischen Artikels von Arnold Sommerfeld gegen Stark:

"Zugleich kann hierdurch, wie mir scheint, unser Vertrauen in die Gültigkeit der elektromagnetischen Theorie auch für die Elementarprozesse des elektrischen Feldes, das durch die neuesten Lichtquanten-Spekulationen zum Teil wohl   erschüttert schien, wieder neu gestärkt werden"[6].

Im Grunde ist aber solches Getöse wieder nur eine Umschreibung der historischen Grösse, die eben darin besteht, gegen grösste Widerstände (und unter Gefahren) die Entwicklung in neue Richtungen zu weisen. *Er*, der Aussenseiter, der Einsichtige, der alle menschlichen Schwächen kannte und, wenn sie nicht dem baren Bösen entsprangen, verzieh, er leistete diese Arbeit mit Sorgfalt und *ohne Opfer an Menschlichkeit.*

Darin liegt eine Eigenschaft, die über die historische Grösse – die so oft Attribut von Gewalttätern ist – hinausreicht: Er wusste sich im Dienste der Wahrheit. Die Analyse der Planckschen Formel ist selbstlose Wahrheitssuche.

Bevor ich weiterschreibe ein Wort der Relativierung. Einstein war *dauernd* mit dem Quanten-Rätsel beschäftigt, deshalb können seine schriftlichen Äusserungen dazu nur Erhellungen von augenblicklichen Situationen sein. Das Kontinuum der Entwicklung bleibt uns verborgen, es hinterlässt keine Spur für die Nachwelt. Die von Pais zitierte Stelle aus dem Brief an Paul Ehrenfest vom 31. Mai 1924 wirft ein Schlaglicht auf diese Situation: Einstein sagt darin, dass für ihn der Grundgedanke der Theorie von Bohr, Kramers und Slater ein alter Bekannter sei, "den er aber für keinen reellen Kerl halte."

> "Aber eine andere Sache war, daß Einstein sich immer den Kopf zerbrach über das radioaktive Zerfallsgesetz. Er machte solche Modelle ..."
>
> Otto Stern, Erinnerungen aus Zürich 1913.

2. Der Impuls des Photons

Ich schliesse mich dem Sprachgebrauch meines Freundes Pais an und verwende den Terminus *Photon* als Abkürzung für *Lichtquant mit Energie $h\nu$ und Impuls $h\nu/c$ in der Strahlungsrichtung.*

---

[6] [29] p. 976.

Allgemein gelten mit Recht die Einsteinischen Abhandlungen zur Quantentheorie der Strahlung aus den Jahren 1916/17 [12] "zu den wichtigsten und
tiefgründigsten, welche in die Entwicklung der modernen Physik eingegriffen
haben"[7]. Trotzdem ist aus ihren Gedanken nichts in Einsteins Summe seines
Lebens vom Jahre 1949 eingegangen[8]. Einstein erinnert sich in diesen "Autobiographical Notes" mit offenbarem Vergnügen an ein *früheres* Argument zugunsten des Photonimpulses: Der Brownschen Bewegung eines selektiv reflek-
tierenden Spiegels im Strahlungsfeld[9]. Hinderte ihn Unbehagen darüber, dass
Zeit und Richtung des Elementarprozesses (der spontanen Lichtemission) dem
Zufall überlassen bleiben, dem Unheimlichen, der Einstein schon 1912 in Prag
beschäftigt hatte?

Die entscheidende Umwälzung zugunsten des Photons bringt dann die grosse
Arbeit von H.A. Compton [6] über die Streuung von Röntgenstrahlen an (nahezu
freien) Elektronen, deren Bedeutung meines Erachtens vor allem im Experimentellen liegt. Verglichen mit der souveränen Meisterschaft im Experiment ist die
kinematische Rechnung des Stosses zwischen einem Elektron und einem Photon
elementar, und es ist nicht unwahrscheinlich, dass sie ausser von Debye auch noch
von anderer Seite (aus Äusserungen von W. Pauli mir gegenüber vermutlich durch
H.A. Kramers in Kopenhagen) gemacht worden ist. So klärend die Comptonsche
Arbeit[10] hinsichtlich der Kinematik des Photons war, so sehr rief sie in anderer
Hinsicht eine Verwirrung hervor. Sie enthält nämlich eine Formel für den differen-
tiellen Wirkungsquerschnitt, die, aus widersprüchlichen Annahmen theoretisch
hergeleitet, experimentell scheinbar glänzend bestätigt wird.*

Man kann nun die in unserer Vorlage ausführlich besprochene Theorie von
Bohr, Kramers und Slaters ungezwungen als Versuch auffassen, einen logischen
Zusammenhang in das merkwürdige, klassische und quantentheoretische Gesichts-
punkte mischende, Comptonsche Rechenverfahren zu bringen.

Beim Durchblättern der Bohrschen Arbeit [1] [2] erfasst mich ein Gefühl der
Bedrückung und Ausweglosigkeit, das sich erst in der *Nachschrift* der zweiten
zitierten Arbeit, geschrieben nach den Versuchen von W. Bothe und H. Geiger [5],
legt. Die Entscheidung war gefallen, gegen Bohr, Kramers und Slater; zugunsten
Einsteins. Bohr schreibt[11]:

"Der Verzicht auf raumzeitliche Bilder ist charakteristisch für die formale

---

[7][23] p. 319.

[8]A. Einstein, Autobiographical Notes in [34], p. 2 ff, bes. p. 48 ff.

[9]l.c. [8] und [10] p. 823 f.

[10][6] p. 491, Streuquerschnitt Formel (27) p. 493. Dazu [27] Vol. I, p. 288 ff, bes. p. 291 f
und [1], p. 84.

*H.A. Compton bemerkt, dass im Schwerpunktsystem keine Frequenzverschiebung stattfin-
det. Daraus möchte er aufgrund des Korrespondenzprinzips schliessen, dass der Thomsonsche
Wirkungsquerschnitt gilt. Die Streuung lieferte also eine Kugelwelle, die vom *Schwerpunkt*
ausgeht. S. Figur.

[11][2] p. 157.

Behandlung von Problemen der Strahlungstheorie sowie der mechanischen Wärmetheorie, die in neuerdings erschienen Arbeiten von *de Broglie* und *Einstein* versucht ist. Besonders in Anbetracht der Perspektive, die diese Arbeiten eröffnen, habe ich [···] mich entschlossen, die Arbeit unverändert zu veröffentlichen, obgleich das derselben zugrunde liegende Bestreben wohl jetzt aussichtslos erscheinen dürfte."

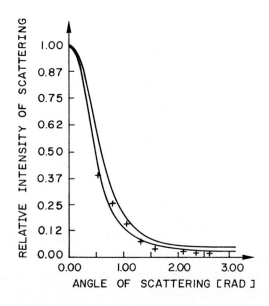

Figur:
Untere Kurve: Comptonscher Wirkungsquerschnitt
Obere Kurve: Wirkungsquerschnitt nach Klein und Nishina

Die Wirkungsquerschnitte sind bei $\odot = 0$ auf 1 normiert.
Kreuze: Messwerte von Compton.

Die Arbeiten Einsteins über die Theorie der idealen Quantengase werden uns im übernächsten Abschnitt beschäftigen.

"Sie können sich kaum vorstellen, wieviel Mühe ich mir gegeben habe, eine befriedigende mathematische Durchführung der Quantentheorie zu ersinnen. Bisher hatte ich aber keinen Erfolg dabei."

Albert Einstein an J. Stark am 31. Juli 1909.

3. Einstein vor dem Quantenrätsel

Einsteins Vortrag an der 81. Versammlung der deutschen Naturforscher und Ärzte vom Herbst 1909 in Salzburg schliesst mit den Sätzen[12]:

"Immerhin erscheint mir vorderhand die Auffassung die natürlichste, daß das Auftreten der elektromagnetischen Felder des Lichtes ebenso an singuläre Punkte gebunden sei wie das Auftreten elektrostatischer Felder nach der Elektronentheorie. Es ist nicht ausgeschlosssen, daß in einer solchen Theorie die ganze Energie des elektromagnetischen Feldes als in diesen Singularitäten lokalisiert angesehen werden könnte, ganz wie bei der alten Fernwirkungstheorie. Ich denke mir etwa jeden solchen singulären Punkt von einem Kraftfeld umgeben, das im wesentlichen den Charakter einer ebenen Welle besitzt, und dessen Amplitude mit der Entfernung vom singulären Punkte abnimmt. Sind solche Singularitäten viele in Abständen vorhanden, die klein sind gegenüber den Abmessungen des Kraftfeldes eines singulären Punktes, so werden die Kraftfelder sich übereinanderlagern und in ihrer Gesamtheit ein undulatorisches Kraftfeld ergeben, das sich von einem undulatorischen Felde im Sinne der gegenwärtigen elektromagnetischen Lichttheorie vielleicht nur wenig unterscheidet. Daß einem derartigen Bilde, solange dasselbe nicht zu einer exakten Theorie führt, kein Wert beizumessen ist, braucht wohl nicht besonders hervorgehoben zu werden."

Wenn diesem Bild auch kein wissenschaftlicher Wert beizumessen ist, so übt es doch eine eigentümliche Faszination aus. Seine Wirkung scheint mir noch viele Jahre später bei Louis de Broglie nachweisbar. Am Conseil Solvay 1927 erklärt dieser etwa hinsichtlich seiner Materiewellen: "D'abord l'auteur de ce rapport a toujours admis que le point matériel occupait une position bien définie dans l'espace. Par suite, l'amplitude f devrait comporter une singularité ou tout au moins présenter des valeurs anormalement élevées dans une région très petite"[13]. Einstein bestärkt ihn in der "discussion générale"[14]: "[...], mais qu'en même temps on localise la particule pendant la propagation. Je pense que M. de Broglie a raison de chercher dans cette direction."

Aber auch bei Max Borns entscheidendem Durchbruch zur Wahrscheinlichkeits-Interpretation der Schrödingerschen Wellenfunktion muss Einstein noch Pate stehen, denn es wird ihm dort, allerdings ohne Zitat, die folgende Meinung oder Aussage zugeschrieben[15]:

---

[12][10] p. 824 f.
[13]L. de Broglie, La nouvelle dynamique des quanta, in [36], p. 105-132, bes. p. 108 f.
[14][36] p. 256.
[15][4] p. 803 f.

"[...] Ich möchte versuchen, hier eine dritte Interpretation zu geben und ihre Brauchbarkeit an den Stoßvorgängen zu erproben. Dabei knüpfe ich an eine Bemerkung *Einstein's* über das Verhältnis von Wellenfeld und Lichtquanten an; er sagte etwa, daß die Wellen nur dazu da seien, um den korpuskularen Lichtquanten den Weg zu weisen, und er sprach in diesem Sinne von einem *Gespensterfeld*. Dieses bestimmt die Wahrscheinlichkeit dafür, daß ein Lichtquant, der Träger von Energie und Impuls, einen bestimmten Weg einschlägt: Dem Felde selbst aber gehört keine Energie und kein Impuls zu."

Ob und wo Einstein sich so geäussert hat, ist mir unbekannt,* und er dürfte, wie die weitere Entwicklung zeigt, die Deszendenz der Bornschen Lehre aus der seinen nicht anerkannt haben. Aber man berief sich in dieser Zeit immer gern auf das unerreichbare Vorbild.

Von allen Physikern scheint sich Einstein am stärksten vom erwähnten Bild losgelöst zu haben. Der offensichtliche Grund dafür ist sein unerhörtes und schliesslich erfolgreiches Ringen um die allgemeine Relativitätstheorie. Etwas verborgener wirkt die Auseinandersetzung mit dem Gedankengut Bohrs[16].

Im Jahr 1923 erschien in den Berliner Berichten eine Arbeit Einsteins, deren Titel die rhetorische Frage stellt: "Bietet die Feldtheorie Möglichkeiten für die Lösung des Quantenproblems?" [13]

Sie enthält "Einsteins Vision", der wir uns nun zuwenden.

Die Abhandlung besteht aus zwei Paragraphen. Der erste "Allgemeines" überschrieben, gibt den Rahmen, innerhalb dessen eine Lösung des Quantenproblems erwartet werden kann. Der zweite beschreibt innerhalb dieses Rahmens ein spezielles Modell.

Der erste Paragraph versucht nicht weniger als eine Haupttendenz der Entwicklung der moderenen exakten Naturwissenschaften umzukehren.

"Das Wesentliche an der bisherigen theoretischen Entwicklung [...]", so lesen wir, "liegt darin, daß sie mit Differentialgleichungen arbeitet, welche in einem raumzeitlichen vierdimensionalen Kontinuum das Geschehen eindeutig bestimmen, wenn es für einen raumartigen Schnitt bekannt ist. In der eindeutigen Bestimmung der zeitlichen Fortsetzung des Geschehens durch partielle Diffentialgleichungen liegt die Methode, durch welche wir dem Kausalgesetz gerecht werden"[17]. Und später:

"Nach den bisherigen Theorien kann der Anfangszustand eines Systems frei gewählt werden; Differentialgleichungen liefern dann die zeitliche Fortsetzung"[18].

Wir ändern am Sachlichen der Aussage nichts, sondern verschieben nur den Akzent, wenn wir "in der bisherigen Entwicklung" (also seit Newton) einen merk-

---

*Vergleiche dazu aber die hochinteressanten Ausführungen von Dr. *Eugene Wigner* in diesem Band, speziell den Abschnitt "The Extension of Einstein's Interest in Physics".

[16][11], wo der Name Niels Bohrs noch nicht erscheint.

[17][13] p. 359.

[18][13] p. 360.

würdigen *Verzicht an Aussagekraft* der mathematischen Naturbeschreibung zu sehen glauben. Neben das Gesetzmässige, welches die Zeitentwicklung beschreibt, tritt ein *Zufälliges* in Gestalt der beliebig wählbaren Anfangsbedingungen. Unsere Theorien vermögen das *Tatsächliche* überhaupt nicht zu erklären, sondern reduzieren es nur auf die Anfangsbedingungen auf einem raumartigen Schnitt. Als Beispiel eines offenbar relevanten, von der klassischen Himmelsmechanik aber ignorierten Sachverhaltes erwähne ich die Titius-Bodesche Regel[19] über die Planetenabstände* deren prädiktive Kraft zur Entdeckung der Planetoiden geführt hat. Ich weiss nicht, wieweit dieser Verzicht seinerzeit empfunden worden ist. Vermutlich wurden Bedenken durch die *Freude am Rechnen* (also aus Opportunismus) überschwemmt; denn als Lohn für den Verzicht auf eine Erklärung der Realität empfing man eine (verglichen mit Früherem) wunderbar einfache (wenn auch abstrakte) Mathematik. Ausserdem widerspiegeln die frei wählbaren Anfangsbedingungen genau den Hang zur experimentellen Forschung.

In dieses durch Alter und Erfolg verehrungswürdige Schema greift Einstein nun höchst originell ein, indem er die *möglichen Anfangszustände* durch Differentialgleichungen einschränken möchte. Er beruft sich dabei ausdrücklich auf die *Bohr*sche Theorie der stationären Zustände, die durch Quantenbedingungen ausgezeichnet sind. Einstein sucht also nach einer Theorie, in der die Rolle des Zufälligen (wegen der Einschränkung der Anfangsbedingungen) zurückgedrängt wird. Es ist wohlbekannt, dass die heute akzeptierte Quantenmechanik, sofern sie überhaupt zum Vergleich herangezogen werden darf, den gerade entgegengesetzten Weg eingeschlagen hat.

Natürlich fasst Einstein nur realistische Modelle, welche die Graviationstheorie umfassen, ins Auge. Das führt zu untraktablen analytischen Problemen und wir hören zum ersten Mal die Klage und Hoffnung in den folgenden Sätzen:

"Wie stets in der allgemeinen Relativitätstheorie ist es auch in diesem Falle schwierig, aus den Gleichungen Aufschlüsse über ihre Lösungen zu erhalten, die mit den gesicherten Ergebnissen der Erfahrung, hier speziell der Quantentheorie, verglichen werden können. [...] Meine Ausführungen haben ihren Zweck schon dann erreicht, wenn sie Mathematiker zur Mitarbeit veranlassen und sie überzeugen, daß der hier eingeschlagene Weg verfolgbar ist und unbedingt zu Ende gedacht werden muß"[20].

Von der zuletzt geäusserten Überzeugung ist Einstein nie mehr sichtbar abgewichen.

---

[19]Etwa in [30] p. 174 f.

*Es entgeht mir nicht, dass dieses Beispiel anfechtbar ist im Lichte des *historischen* Alters des Planetensystems und der modernen Kenntnisse und Erwartungen aus der *qualitativen* Himmelsmechanik.

[20]13] p. 361.

"Daß in Galileo's Lebenswerk dieser entscheidende Fortschritt (Keplers) keine Spuren hinterlassen hat, ist ein groteskes Beispiel dafür, daß schöpferische Menschen oft nicht rezeptiv orientiert sind."

A. Einstein, Vorwort zu Galileo.

4. Ein erratischer Block: Die Arbeiten über das ideale Quantengas

Die zwei Abhandlungen über die Quantentheorie des einatomigen idealen Gases aus den Jahren 1924 und 1925 [14] nehmen in Einsteins Werk eine Sonderstellung ein. Der Analyse mehr angehörend als der Synthese und Spekulation nähern sie sich doch am meisten der heute akzeptierten Quantenmechanik. Ja sie erreichen diese vollkommen für ein spezielles, sehr nichttriviales Modell. Dann sind sie, was bei Einstein eine grosse Seltenheit ist, direkt auf äussere Anregung hin entstanden. Allerdings bedurfte es eines unfehlbaren Sinnes für das Richtige und Wesentliche, um die Bedeutung von *S.N. Boses* Manuskript zu erkennen. Die Arbeiten enthalten die Wellen-Korpuskel-Dualität für (materielle) Atome und den Hinweis auf die These von Louis de Broglie.

Ohne diese Arbeiten, speziell ohne die "unendlich weitblickenden Bemerkungen" auf den Seiten 9-11 von Einsteins zweiter Abhandlung, wäre Schrödingers Wellenmechanik nicht entstanden. Der Inhalt jener Seiten aber beweist, dass Einstein (um erneut Worte Schrödingers zu verwenden) "mit der de Broglie-Einstein'schen Undulationstheorie (mehr) Ernst gemacht hat"[21] als dies aus dem Text unmittelbar ersichtlich ist. Er hat nämlich die Interferenzschwankungen für das Quantengas ausgerechnet, wozu er doch wohl die Wellengleichung für einen nichtrelativistischen kräftefreien Massenpunkt, oder wenigstens deren Lösungen benutzen musste.

So stellt sich von daher die Hauptfrage: Weshalb hat nicht Einstein selbst die Wellenmechanik entdeckt? Hierauf eine Antwort zu versuchen, steht dem Nicht-Fachmann kaum zu. Er sieht staunend, mit welcher scheinbaren Leichtigkeit die grundsätzlichen und technischen Probleme gestellt und gelöst werden – und ist enttäuscht, wenn der Autor, nachdem das Ziel erreichbar scheint, plötzlich innehält, um das Gewonnene in einer dritten Arbeit "Zur Quantentheorie des idealen Gases" [15] durch allgemeine Betrachtungen abzusichern. Der Brief von Einstein an M. Besso vom 5.VI.25[22] enthält die Sätze: "Das Quanten-Problem scheint mir etwas wie einen besonderen Skalar zu verlangen, für dessen Einführung ich einen plausiblen Weg gefunden habe. Außerdem habe ich eine Quanten-Theorie des idealen Gases ausgearbeitet [...] ." Sie könnten darauf hinweisen, dass der Wunsch nach einer Verschmelzung der Quantentheorie und der allgemeinen Relativitätstheorie ein Hemmnis war, aber wahrscheinlich ist das nicht. Bekanntlich verbindet die Brücke von der klassischen Physik zur Wellenmechanik

---

[21] [28] Paragraph 1 Ende.
[22] [19] p. 204.

die nichtrelativistische Mechanik mit der nichtrelativistischen Quantenmechanik. Eine Verbindung zwischen der relativistischen Feldtheorie und der relativistischen Quantenmechanik gibt es im eigentlichen Sinn nicht: Die Widerlager fehlen.

"Wenn Gott in seiner Rechten alle Wahrheit, und in seiner Linken den einzigen immer regen Trieb nach Wahrheit, obschon mit dem Zusatz, mich immer und ewig zu irren, verschlossen hielte, und spräche zu mir: wähle! Ich fiele mit Demut in seine Linke · · ·."

(Nathan der Weise)
Gotthold Ephraim Lessing, 1778.

5. Die Trennung

Im selben Jahr 1925 entwarfen Werner Heisenberg, Max Born und Pascual Jordan die Matrixmechanik. Das offenherzigste Urteil Einsteins über diese Entwicklung steht wohl im Brief an M. Besso vom 25. Dezember 1925[23] und lautet: "Das Interessanteste, was die Theorie in letzter Zeit geliefert hat, ist die Heisenberg-Born-Jordan'sche Theorie der Quantenzustände. Ein wahres Hexeneinmaleins in dem unendliche Determinanten (Matrizen) an die Stelle der kartesischen Koordinaten treten. Höchst geistreich und durch große Kompliziertheit gegen den Beweis der Unrichtigkeit hinreichend geschützt."

Der letzte Satz ist verständlicher, wenn man weiss, dass im Januar desselben Jahres Einstein eine Widerlegung seiner berühmten Arbeit "Zur Quantentheorie der Strahlung" von 1916/7 [12] durch Pascual Jordan[24] auf 2 Seiten spielend zurückgewiesen hatte.

Konnte man bei der unübersichtlichen Matrixmechanik noch an der Richtigkeit zweifeln, so war das bei Schrödingers Wellenmechanik nur möglich, wenn man sich etwa an die Schrödingergleichung falsch erinnerte. Genau das ist Einstein passiert wie seine Briefe vom 16. und 22. April 1926 an Erwin Schrödinger zeigen[25]. Dass Einstein aufgrund der Forderung der Additivität der Energie bei der Zusammensetzung ungekoppelter Systeme die *richtige* Schrödingergleichung errät, ist das eindrücklichste Zeugnis seiner Einsicht in die Struktur und Widerspruchslosigkeit der Schrödingerschen Theorie. Als im März desselben Jahres 1926 schliesslich Erwin Schrödinger die Aequivalenz zwischen seiner und der Heisenberg-Born-Jordanschen Quantenmechanik bewiesen hatte, war auch gegen *diese* von Seiten der Logik nichts mehr einzuwenden. Und als die empirischen Bestätigungen der nichtrelativistischen Quantenmechanik (und nur von dieser ist

---

[23][19] p. 215.
[24][16] Es handelt sich um eine Entgegnung gegen [23].
[25]Briefe von Einstein an Schrödinger v. 16. April 1926 und v. 22. April 1926 [37], p. 21 ff.

hier einstweilen die Rede) sich häuften, konnte auch am praktischen Erfolg der Theorie nicht mehr gezweifelt werden.

Trotzdem trennten sich die Wege *Einsteins, de Broglies, Plancks, von Laues, Schrödingers* einerseits und *Bohrs, Borns* und fast der ganzen damals jungen Generation andererseits.

Der Verzicht an Aussagekraft, welcher die neue Dynamik auszeichnet, war für Einstein ein viel zu hoher Preis für die unbestreitbaren Erfolge der modisch-modernen Theorie. Die wohl manchmal über das Ziel hinausschiessenden erkenntnistheoretischen Spekulationen und Philosophismen, zu denen die Quantenmechanik der Anlass war, schienen ihm ungerechtfertigt. Die Paradoxien der neuen Mechanik beunruhigten ihn und nicht nur ihn.*

Für die Gegenseite war die Ablehnung, je nach der betroffenen Person, ein Grund des Bedauerns, ja der Trauer bis hin zum kaum verhüllten Triumph (etwa Schrödinger gegenüber). Für Bohr bildete nach der *Grossen Debatte* (über die wir allerdings sehr einseitig informiert sind) der Sieg über Einstein eine höchste Auszeichnung, an die er sich in vorgerückten Jahren gern erinnerte.

Einstein blieb sich selber treu, unwandelbar in seinem Suchen; in seinen letzten Jahren vielleicht resignierend. Sein persönliches Verhältnis zu Bohr scheint eher das eines ratlosen Nicht-Verstehens gewesen zu sein. Hermann Weyl gegenüber äusserte er:

"Es ist merkwürdig mit Bohr. Wenn man ihn hören kann, kann der Verstand nicht folgen; glaubt man ihn verstehen zu können, versagt das Gehör."

Und doch hat er im Alter sein eigenes Bild in Bohr erkannt. Dass die Worte:

"Daß diese schwankende und widerspruchsvolle Grundlage" (der alten Quantenmechanik) "hinreiche, um einen Mann mit dem einzigartigen Instinkt und Feingefühl Bohr's in den Stand zu setzen, die hauptsächlichsten Gesetze der Spektrallinien und der Elektronenhüllen der Atome nebst deren Bedeutung für die Chemie aufzufinden, erschien mir wie ein Wunder – und erscheint mir auch heute noch als ein Wunder. Dies ist die höchste Musikalität auf dem Gebiete des Gedankens[26]."

mutatis mutandis in verstärktem Mass auf Einstein zutreffen, weiss jeder Verstehende.

Es kann nun kaum die Rede davon sein, dass ich die historischen Ereignisse auf *meine* Weise aufgrund derselben Quellen nochmals beschreibe. Der ausgezeichneten Darstellung meines Freundes A. Pais habe ich nichts Wesentliches beizufügen. Die Erinnerung an meinen sehr bescheidenen Kontakt mit Einstein

---

*Auch *Paul Ehrenfest*, siehe dessen "Die Quantenmechanik betreffende Erkundigungsfragen" [8], wo direkt auf Einstein Bezug genommen wird. Im übrigen drückt der erste Paragraph lebhaft den *Gesinnungsdruck* der Neophyten und Propheten der neuen Lehre aus – und vielleicht das Bedauern darüber, dass Einstein nicht mehr *über* den Parteien, sondern *in* einer *Partei* zu finden war. S. Goudsmits Erinnerung (A. Pais p. 74/75) trägt das Siegel der Wahrheit.

[26] A. Einstein, Autobiographical Notes in [34] p. 2-495, p. 44 ff.

ist mir lieb, für die Öffentlichkeit ist sie von keinem Interesse; der Blick in eine zusammenfassende Darstellung der Philosophie der Quantenmechanik verwirrt mich; nicht einmal die Namen der verschiedenen quantenmechanischen Kirchen und Konventikel kann ich mir merken. So beschränke ich mich auf einige Bemerkungen über Gegenstände, die mit dem Gedenken Einsteins in losem Zusammenhang stehen.

A. Zur nichtrelativistischen Quantenmechanik

(a) Manche Paradoxie der Quantenmechanik beruht auf der Anwendung der Quantengesetze auf makroskopische Systeme. Beispiele hiezu sind das Schrödingersche Katzenexperiment (in Einsteins Abbreviation: "Radioaktives Atom + Geigerzähler + Verstärker + Pulverladung + Katze in einer Kiste, indem die ψ-Funktion des Systems die Katze sowohl lebend als auch in ihre Bestandteile aufgelöst enthält"[27], Diskussion der Bahnen von Himmelskörpern, die Theorie des Messprozesses. Hier scheint mir vielfach in unerlaubter Weise vom Aufbau makroskopischer Körper aus, für jeden Zweck ausserhalb der Mathematik, unendlich vielen Atomen abgesehen zu werden. Ohne diesen Boltzmannschen Limes* zu unendlich vielen Freiheitsgraden wird man nie zur Klarheit gelangen. Freilich ist meines Wissens dieser Boltzmann Limes[28] nur für *ein* realistisches (und klassisches) System von Oscar Lanford streng durchgeführt[29]. Eine Diskussion des Messprozesses von diesem Standpunkt aus steht bei Klaus Hepp [20].

Allen gelehrten Einschränkungen zum Trotz kann man mit Sicherheit behaupten, dass eine kohärente Superposition eines Zustandes der lebenden Katze und eines Zustandes des der toten Katze in keiner vernünftigen Weise vom entsprechenden (inkohärenten) Gemisch unterschieden werden kann. Dadurch entfällt die Paradoxie, dass ein neugieriger Blick in die Kiste *das Wellenpaket reduziert* und die Katze aus einem Schwebezustand zwischen Leben und Tod in die Wirklichkeit befreit. Der thermodynamische Limes dürfte ziemlich genau dem *Verstärker* in Einsteins Abkürzung entsprechen.

(b) Als nächstes eine Bemerkung zur Frage, ob die Quantenmechanik ohne wesentliche Änderung ihrer Aussagen in eine vollständige Theorie eingebettet werden könne. Wir folgen dabei einer schönen Arbeit von S. Kochen und E.P. Specker [25].

---

[27] Brief von Einstein an Schrödinger vom 22.XII.1950 [37], p. 36.

*Ludwig Boltzmann: "Über statistische Mechanik", Vortrag gehalten in St. Louis 1904. "Die Frage, ob die Materie atomistisch zusammengesetzt oder kontinuierlich ist, reduziert sich daher darauf, ob jene Eigenschaften bei Annahme einer ausserordentlich grossen endlichen oder ihre Limite bei stets wachsender Teilchenzahl die beobachteten Eigenschaften der Materie [...] darstellen [...]."

[28] [3] p. 345, insbes. p. 358 f.

[29] O. Lanford, Time Evolution of Large Classical Systems in [38], p. 1-111.

Von Helen Dukas erfuhr ich vor Jahren, dass *P.A.M. Diracs* Buch "Quantum Mechanics" Einsteins ständiger Begleiter auch bei Ferienaufenthalten war. Diracs Begriffsystem von Observablen und Zuständen ist vorbildlich geworden. Wir schliessen uns ihm an. Ist A eine Observable und α ein Zustand, dann soll aus der Theorie eindeutig eine Wahrscheinlichkeitsverteilung $w(A, \alpha; \triangle)$ folgen, die für jedes Intervall $\triangle$ die Wahrscheinlichkeit angibt, bei der Messung von A im Zustand α einen Wert in $\triangle$ zu finden. Ein Unterschied zwischen klassischer Physik und Quantenphysik besteht nun darin, dass es in der ersten Zustände α_0 gibt, in welchen alle *Observablen* genaue Werte annehmen, in denen also alle Wahrscheinlichkeitsverteilungen $w(A, \alpha_0, \cdot)$ in *einem* Punkt $a_0(A)$ konzentriert sind. Aus diesen *klassisch-extremalen* Zuständen lassen sich *alle* Zustände durch *Schwerpunktsbildung* etwa gleich erzeugen, wie die Punkte eines Dreiecks sich als Schwerpunkte von Gewichten in den Ecken darstellen lassen: Das Verhältnis der Gewichte ist durch den Dreieckspunkt eindeutig bestimmt. In der Quantenmechanik gibt es keinen einzigen Zustand, in welchem alle Observablen genaue Werte annehmen. Der Raum der Zustände gleicht auch eher einer Kreisscheibe als einem Dreieck: Zwar kann jeder Punkt als Schwerpunkt von Gewichten auf dem Rand aufgefasst werden, aber das Verhältnis der Gewichte ist nicht eindeutig.

Die Frage der Vervollständigung der Quantenmechanik läuft grob gesagt darauf hinaus, die Zustände der Quantenmechanik durch klassisch-extremale Zustände so zu erweitern, dass man die klassische Situation des *Dreiecks* erreicht. Das ist immer möglich, aber nur unter einem völlig unannehmbaren Opfer (sofern die Dimension des *Hilbertraumes* drei übersteigt), das ich nun erläutern möchte. Ich beginne mit einem *Beispiel*: Gesetzt ich kenne die Wahrscheinlichkeitsverteilung von A im Zustand α, dann kenne ich gewiss auch die Wahrscheinlichkeitsverteilung von A^2 im Zustand α, denn die Wahrscheinlichkeit etwa, für A^2 einen Wert im Intervall $[0,4]$ zu finden, muss doch gleich sein der Wahrscheinlichkeit, für A einen Wert im Intervall $[-2,2]$ zu finden. *Allgemein:* Es muss möglich sein (und ist es in der Quantenmechanik) von der Funktion $f(A)$ einer Observablen zu sprechen und diese durch

$$ w\big(f(A), \alpha; \triangle\big) \; := \; w\big(A, \alpha, f^{-1}(\triangle)\big) $$

(gültig für alle A und α) zu *definieren*.

Mit dieser Definition kommt man beim Versuch der Erweiterung mit klassisch extremalen Zuständen in Konflikt. Bei einer Erweiterung der quantenmechanischen Zustände durch einen klassisch-extremalen Zustand α_0 kann man also nicht verlangen, dass $f(A)$ den genauen Wert $f\big(\alpha_0(A)\big)$ besitzt, wenn A den Wert $\alpha_0(A)$ hat. Dabei braucht man keine exotischen Funktionen f: quadratische Funktionen genügen. Noch braucht man die herausgestellte Formel für sehr viele Observable A zu prüfen, 39 (und wahrscheinlich weniger) genügen[30].

---

[30]Für diese Abzählung R. Jost, Measures on the Finite Dimensional Subspaces ... in [39], p. 209-228.

Der Wunsch nach einer klassisch vollständigen Theorie dürfte also auf dem Niveau der nichtrelativistischen Quantenmechanik nicht leicht zu befriedigen sein.

Die Erfahrung mit der Quantentheorie hat bei den meisten Physikern einer mittleren Generation mehr oder weniger bewusst die Überzeugung gebildet, dass eine *Ausdehnung der mathematischen Naturbeschreibung auf ein qualitativ neues Gebiet uns zu einem prinzipiellen Verzicht an Aussagekraft zwingt.* Verbunden ist diese Überzeugung mit der Hoffnung auf eine einfachere (wenn auch abstraktere) mathematische Struktur. In der Tat sind die qualitativen Probleme der nichtrelativistischen Quantenmechanik viel leichter zu lösen als die entsprechenden Probleme der klassischen Mechanik.

(c) Die Frage der Existenz verborgener Parameter, welche etwa den genauen Zeitpunkt eines radioaktiven Zerfalls festlegen, kann bekanntlich der Natur selbst gestellt werden. Die Ausschlussprinzipien sind nur auf wirklich ununterscheidbare Systeme anwendbar, was wiederum Albert Einstein als erster erkannt hat[31]. Das Bandenspektrum des Tritiummoleküls T_2 zeigt aber, dass die radioaktiven Kerne dem Ausschlussprinzip gehorchen[32], also kann nicht einmal die Natur die Zerfallszeit eines radioaktiven Kerns aus verborgenen Qualitäten voraussagen.

Es herrscht wohl eine bedeutende Einigkeit darüber, dass die nichtrelativistische Quantenmechanik in ihrem Rahmen eine kaum zu verbessernde Theorie ist. Die Frage, ob eine Diskussion ihrer Grundlagen sinnvoll sei, ist nicht eindeutig zu beantworten. Einstein hätte sie vermutlich verneint. Die riesige Literatur über diesen Gegenstand macht den Nichtfachmann wenig froh. Dem Schreibenden fällt dazu immer "das Mach'sche Rößlein" ein, von dem Einstein schreibt: "Aber es kann nicht Lebendiges gebären, sondern nur schädliches Gewürm ausrotten"[33].

B. Relativistische Quantenmechanik

Einstein scheint die relativistische Quantenmechanik vor allem abgelehnt zu haben. Wir haben immer noch kein Argument, das wir ihm entgegensetzen könnten. Zwar, und das zeigen die Zahlen im Abschnitt VII unserer Vorlage, ist die Quantenelektrodynamik innerhalb eines klar umschriebenen Geltungsbereichs, eine kaum zu verbessernde – *Rechnungsmethode.* Sie eine Theorie zu nennen, vermag ich an dieser Stelle nicht, denn es ist immer noch unbekannt, ob diese Rechnungsmethode überhaupt etwas streng berechnet. Ungewiss ist immer noch die Widerspruchsfreiheit der Vereinigung von Relativitätstheorie und Quantentheorie innerhalb der Elektrodynamik.

---

[31]Letzter Abschnitt aus [14] (1924), (Paradoxon) und [14] (1925), p. 10 (Lösung des Paradoxon).

[32][7] Es ist sehr zu bedauern, dass die Analyse des T_2-Spektrums nicht weitergeführt wurde (Mitteilung K. Dressler).

[33]Brief A. Einstein an M. Besso vom 13.V.17 [19], p. 114. Zur Literatur über die Philosophie der Quantenmechanik [24].

Wenn "ein fertiges System der theoretischen Physik aus Begriffen, Grundge-setzen [···] und aus durch logische Deduktionen abzuleitenden Folgesätzen"[34] besteht, dann muss doch gewiss die Widerspruchsfreiheit der Grundgesetze gesi-chert sein. Die Situation entbehrt nicht einer gewissen bitteren Ironie. Einsteins Versuche der zweiten Lebenshälfte stiessen oft gegen das *qualitative Problem der Existenz* von (singularitätenfreien) Lösungen von partiellen Differentialgleichun-gen. Unsere heutigen renormierbaren Quantenfeldtheorien stossen gegen dasselbe qualitative Problem der Existenz.

Was aber die Eichtheorien selbst betrifft, so ist nur allzu bekannt, dass diese sich aus Hermanns Weyls (erfolgslosem) Versuch, die Gravitation und das elek-tromagnetische Feld gemeinsam zu geometrisieren, entwickelt haben. Über diese Theorie schreibt Weyl an Carl Seelig am 19. Mai 1952:

"Ich habe diese Theorie selber längst aufgegeben, nachdem ihr richtiger Kern, die Eichinvarianz, in die Quantentheorie herübergerettet ist als ein Prinzip, das [...] das Wellenfeld des Elektrons mit dem elektromagnetischen Feld verknüpft."

Die Rettung des richtigen Kerns geschah in der Arbeit "Elektron und Gravita-tion" [32] die, verliefe die historische Entwicklung nicht in Mäandern, unmittelbar den Ausgangspunkt für die modernen *nicht-abelschen Eichtheorien* hätte bilden können.

Als Antwort auf den Glückwunsch zum 70. Geburtstag schrieb Einstein an Maurice Solovine am 28.III.49.

"Sie stellen es sich so vor, daß ich mit stiller Befriedigung auf ein Lebenswerk zurückschaue. Aber es ist ganz anders von der Nähe gesehen. Da ist kein einziger Begriff, von dem ich überzeugt wäre, daß er standhalten wird und ich fühle mich unsicher, ob ich überhaupt auf dem rechten Wege bin. Die Zeitgenossen aber sehen in mir zugleich einen Ketzer und Reaktionär, der sich selber sozusagen überlebt hat. Das hat allerdings mit Mode und Kurzsichtigkeit zu schaffen, aber das Gefühl der Unzulänglichkeit kommt von innen. Nun – es kann wohl nicht anders sein, wenn man kritisch und ehrlich ist, und Humor und Bescheidung halten einen im Gleichgewicht, den äußeren Einwirkungen zum Trotz"[35].

Das sind tapfere und menschliche Worte des grossen Wahrheitssuchers. Sie sind aber auch eine Ermahnung an den Physiker, kritisch und ehrlich und tätig zu bleiben.

Nie in den vergangenen 50 Jahren ist die Differentialgeometrie eine so enge Verbindung mit der Theorie der elementaren Wechselwirkungen eingegangen wie in den letzten Jahren. Die Entwicklung, so kann man sagen, hat zwar nicht von der Quantentheorie weg, wohl aber auf Einstein hin stattgefunden. Wir wollen dabei aber Einsteins Warnung nicht vergessen, die ein Komplement zum Zitat aus Lessings theologischen Streitschriften ist, und in einem Brief an Hermann

---

[34]A. Einstein, Spencer lecture; deutsches Original in [17] p. 113 ff.
[35][18] p. 94.

Weyl vom 26.V.1923 steht:

> Aber darüber steht das marmorene Lächeln
> der unerbittlichen Natur, die uns mehr Sehnsucht
> als Geist verliehen hat.

Literatur

[1] N. Bohr, H.A. Kramers und J.C. Slater, Über die Quantentheorie der Strahlung, ZS. f. Phys. 24 (1924) 69-87

[2] N. Bohr, Über die Wirkung von Atomen bei Stössen, ZS. f. Phys. *34* (1925) 142-157

[3] L. Boltzmann, Populäre Schriften 1905

[4] M. Born, Quantenmechanik der Stossvorgänge, ZS. f. Phys. *38* (1926) 803-827

[5] W. Bothe und H. Geiger, Über das Wesen des Comptoneffekts, ein experimenteller Beitrag zur Theorie der Strahlung, ZS. f. Phys. *32* (1925) 639-663

[6] H.A. Compton, A Quantum Theorie of Scattering of X-Rays by Light Elements, Phys. Rev. *21* (1923) 483-502

[7] G.H. Dieke and F.S. Tomkins, The Molecular Spectrum of Hydrogen, Phys. Rev. *76* (1949) 283-289

[8] P. Ehrenfest, Einige die Quantenmechanik betreffende Erkundigungsfragen, ZS. f. Phys. *78* (1932) 555-559

[9] A. Einstein, Über einen die Erzeugung und Verwandlung des Lichtes betreffenden heuristischen Gesichtspunkt, Ann. d. Phys. (4) *17* (1905) 132-148

[10] A. Einstein, Über die Entwicklung unserer Anschauungen über das Wesen und die Konstitution der Strahlung, Phys. ZS. *10* (1909) 817-825

[11] A. Einstein, Zum Quantensatz von Sommerfeld und Epstein, Deutsche Phys. Ges. Verh. *19* (1917) 82-92

[12] A. Einstein, Zur Quantentheorie der Strahlung, Phys. ZS. *18* (1917) 121-128

[13] A. Einstein, Bietet die Feldtheorie Möglichkeiten für die Lösung des Quantenproblems?, Berliner Berichte (1923), 359-364

[14] A. Einstein, Quantentheorie des einatomigen idealen Gases, Berliner Berichte (1924), 261-267, Berliner Berichte (1925), 3-14

[15] A. Einstein, Zur Quantentheorie des idealen Gases, Berliner Berichte (1925), 18-25

[16] A. Einstein, Bemerkungen zu P. Jordans Abhandlung "Zur Theorie der Quantenstrahlung", ZS. f. Phys. *31* (1925) 784-785

[17] A. Einstein, Mein Weltbild. (Herausgeber Carl Seelig), Europa Verlag

[18] A. Einstein, Lettres a Maurice Solovine. (Herausgeber M. Solovine), Gauthier-Villars, Paris 1956

[19] A. Einstein, M. Besso, Correspondance 1903-1955 (Herausgeber P. Speziali) Hermann, Paris 1972

[20] K. Hepp, Quantum Theorie of Measurement and Macroscopic Observables, Helv. Phys. Acta *45* (1972) 237-248

[21] A. Hermann, A. Einstein und J. Stark, Sudhoffs Archiv *50* (1966) 267-285

[22] A. Hermann, Die frühe Diskussion zwischen Stark und Sommerfeld über die Quantenhypothese (1), Centaurus *12* (1968) 38-59

[23] P. Jordan, Zur Theorie der Quantenstrahlung, ZS. f. Phys. *33* (1924) 297-319

[24] M. Jammer, The Philosophy of Quantum Mechanics, John Wiley + Sons, New York 1974

[25] S. Kochen and E.P. Specker, The Problem of Hidden Variables in Quantum Mechanics, Journ. of Math. and Mech. *17* (1967) 59-87

[26] W. Nernst und Th. Wulf, Über eine Modifikation der Planckschen Strahlungsformel auf experimenteller Grundlage; Deutsche Phys. Ges. Verh. *21* (1919) 294-337

[27] W. Pauli, Collected Scientific Papers, Interscience Publishers, New York 1964

[28] E. Schrödinger, Zur Einsteinschen Gastheorie, Phys. ZS. *27* (1926) 95-101

[29] A. Sommerfeld, Über die Verteilung der Intensität bei der Emission von Röntgenstrahlen, Phys. ZS. 10 (1909) 969-976

[30] O. Struve, Astronomie, W. de Gruyter, Berlin 1963

[31] J.J. Thomson, On the ionization of Gases by Ultra-Violett Light and on the evidence as to the structure of light afforded by its Electrical Effects, Proc. Cambr. Phys. Soc. *14* (1907) 417-424

[32] H. Weyl, Elektron und Gravitation, ZS. f. Phys. *56* (1929) 330-352

[33] E.T. Whittaker, A History of the Theories of Aether and Electricity, London 1953

[34] A. Einstein, Philosopher Scientist, P. A. Schilpp ed., Evanston, III. 1949

[35] Theorie der Strahlung und der Quanten, Abhandlungen der Deutschen Bunsen Gesellschaft, No. 7, Halle a.S. 1914

[36] Electrons et Photons, 5^{em} Conseil de Physique Solvay, Paris, Gauthiers-Villars 1928

[37] Briefe zur Wellenmechanik. Herausgeber K. Przibram, Wien, Springer 1963

[38] Dynamical Systems, Theory and Applications, J. Moser ed., Lecture Notes in Physics *38* (1975)

[39] Studies in Mathematical Physics (Festschrift V. Bargmann), E.H. Lieb, B. Simon and A. Wightman ed., Princeton University Press 1976

– Die Zitate von Otto Stern über dem ersten und dem zweiten Abschnitt sind einem an der ETH deponierten Tonband vom 25. November und 2. Dezember 1961 entnommen.

– Die im 5. Abschnitt erwähnte Äusserung Einsteins Hermann Weyl gegenüber verdanke ich einer mündlichen Mitteilung von Hermann Weyl.

Einstein und Zürich – Zürich und Einstein*

Im Herbst 1895 stellte sich der 16jährige Albert Einstein[1] zum Eintrittsexamen an das Eidgenössische Polytechnikum in Zürich. Ein Jahr zuvor hatte er das Luitpoldgymnasium in München verlassen, hatte sich entschlossen, so bald als möglich die deutsche Staatsbürgerschaft aufzugeben, und war seinen Eltern auf Umwegen durch Oberitalien nachgezogen.

Wie dreissig Jahre vor ihm Wilhelm Conrad Röntgen versuchte er sich nun am Poly einen Studienplatz zu sichern; denn unsere Schule, von Liberalen in liberalem Geist gegründet, *erlaubte* solchen Aussenseitern den Zugang zur höheren Ausbildung. Einstein fiel durch. Aber da gab es die Kantonsschule Aarau, entstanden aus ähnlich liberalem Geist wie unser Poly, und dort fand Einstein endlich eine ihm zusagende Umgebung. Nach einem Jahr bestand er mit ausgezeichneten Noten in Geschichte, Mathematik und den Naturwissenschaften das Maturitätsexamen. Im Herbst 1896 begann er das Fachlehrer-Studium an unserer Hochschule.

Es hat sich im Aargauischen Staatsarchiv ein Französisch-Aufsatz des Kantonsschülers Einstein erhalten[2], der vor allem deswegen merkwürdig ist, weil er den künftigen Lebensweg des jungen Einstein genau vorzeichnet. "Wenn", so sagt er (in freier Übersetzung), "ich das Maturitätsexamen glücklich hinter mir habe, werde ich am Polytechnikum in Zürich vier Jahre Mathematik und Physik studieren, um dann Professor für theoretische Physik zu werden; denn mein Talent liegt im abstrakten mathematischen Denken. Für die Experimentalphysik mangeln mir die praktische Begabung und die Phantasie. Mein Plan entspricht auch meinen Wünschen, was natürlich ist; denn man soll sich nur einen Beruf wünschen, zu dem man begabt ist. Schließlich ist mit der wissenschaftlichen Tätigkeit eine Unabhängigkeit verbunden, die mir sehr gefällt."

Die sicher gerechte Note für den kurzen Aufsatz beträgt 3 1/2. Wir haben Anlass anzunehmen, dass diese erstaunliche Divination auf sehr soliden Grund-

---

*Naturforschende Gesellschaft in Zürich, Vierteljahresschrift, 1979.

[1]Zur Biographie von Einstein [13] und [14].

[2]Ich danke Frl. Helen Dukas, dass sie mich auf die Existenz dieses Dokumentes aufmerksam gemacht hat.

lagen ruhte, dass der junge Einstein in seinem anscheinend so ungezwungenen, rebellischen Knabenleben sich tiefer und ausdauernder mit den Grundlagen der Physik beschäftigt hatte, als dies irgendeinem Lehrer bekannt war.[3]

Wer waren nun die Lehrer, die Einstein am Poly erwarteten?

Vor allem glänzend besetzt war die Mathematik mit Adolf Hurwitz und dem unvergleichlichen Hermann Minkowski. Einstein war aber vielleicht tiefer beeindruckt vom Langenthaler Carl Friedrich Geiser, einem Schüler von Jacob Steiner.[4] Die Physiker waren Heinrich Friedrich Weber, wissenschaftlich bekannt durch seine Messungen der spezifischen Wärme von Diamant, Bor und Silizium, Messungen, die Einstein als erster theoretisch deuten sollte, und Jean Pernet, bekannt dadurch, dass er Einstein hat verwarnen lassen.

Einstein hat sich am Poly offenbar nur beschränkt wohl gefühlt. Zum Unterschied von Aarau sind seine Leistungen nicht bemerkenswert. Die glänzenden Mathematikvorlesungen nahmen ihn nicht gefangen, die Mathematik schien ihm "in viele Spezialgebiete gespalten, deren jedes diese kurze uns vergönnte Lebenszeit wegnehmen konnte". Auf dem Gebiet der Physik war aber damals schon seine Intuition eine unfehlbare, "um das Fundamental-Wichtige, Grundlegende sicher von dem Rest der mehr oder weniger entbehrlichen Gelehrsamkeit zu unterscheiden".[5] Einzig eine Vorlesung, berichtet uns Louis Kollros,[6] hatte ihn aufhorchen lassen. Es war die Vorlesung von Hermann Minkowski über "Anwendungen der analytischen Mechanik". Sie fiel ins letzte Semester. "Das ist die erste Vorlesung über mathematische Physik, die wir am Poly hören!" habe Einstein damals aufgeseufzt.

Seinen Lehrern ist er nicht oder nur im negativen Sinn aufgefallen. Eine gewisse Abwesenheit in Gedanken mag ihn Minkowski unbeteiligt erscheinen lassen haben. Andere Eigenschaften, etwa die klare Einsicht in die Bedingtheit einer Persönlichkeit und wo ihr wunder Punkt sei, machten ihn Herrn Weber unbeliebt.[7] Das Zeugnis, dass er fleissig im Laboratorium gearbeitet habe, ist bekannt, man muss es aber zusammenhalten mit der "Verwarnung des Studierenden Einstein wegen mangelhaften Besuchs des Praktikums".[8] Statt die Kurse zu

---

[3]Dazu A. Einstein in [12], Autobiographisches, S. 2-95. A. Einstein in [23], Erinnerungen, S. 145-152 (wiederabgedruckt in [15], S. 9-17), besonders S. 146: "Während dieses Jahres in Aarau kam mir die Frage: Wenn man einer Lichtwelle mit Lichtgeschwindigkeit nachläuft, so würde man ein zeitunabhängiges Wellenfeld vor sich haben. So etwas scheint es aber doch nicht zu geben!..."

[4]A. Einstein [23], S. 146: "Auch faszinierten mich Professor Geisers Vorlesungen über Infinitesimalgeometrie, die wahre Meisterstücke pädagogischer Kunst waren und mir später beim Ringen um die allgemeine Relativitätstheorie sehr halfen."

[5]A. Einstein [12], S. 14.

[6]L. Kollros in [22], Albert Einstein en Suisse, Souvenirs, S. 271-281 (übersetzt in [15], S. 17-31), S. 274.

[7][14], S. 35.

[8]Protokoll der Abteilung für Fachlehrer im Depot ETH Hauptbibliothek. Sitzung vom 15. März 1899. Einstein erhält auf brieflichen Antrag des Herrn Pernet wegen Vernachlässigung

besuchen, lernte er von den Klassikern und aus den Originalarbeiten.

Das Poly hatte ihm im Wesentlichen nichts (oder fast nichts), im Praktischen alles zu bieten. Dies "alles" war ein Diplom und Zertifikat, das eine halbwegs passende Anstellung verbürgte – und Einstein war, wie wir wissen, mit wenig zufrieden.

Und dann erblühte ihm jetzt eine Fähigkeit, die ihn weit ins Mannesalter hinein getragen hat: die Fähigkeit zur dauerhaften Freundschaft mit Gleichaltrigen, diese wahre Kompensation für die (gewöhnlich in diesem Lebensalter vorhandene) Begeisterung für einen Lehrer oder geistigen Führer. Dem Andenken des Freundes Marcel Grossmann hat er noch im eigenen Todesjahr einen Artikel gewidmet,[9] mit dem Freund und späteren Kollegen Michele Besso verbindet ihn eine lebenslange Korrespondenz.[10] An die Berner "Academie Olympia" (bestehend aus den Mitgliedern C. Habicht, M. Solovine und A. Einstein), mit deren Gründung man sich über die "großen, alten und aufgeblasenen Schwestern lustig" machte,[11] und an den Freundeskreis, in dem die umwälzenden Arbeiten der Berner Zeit "in statu nascendi" diskutiert worden sind, hat sich Einstein sein Leben lang gern erinnert. In Zürich gesellte sich der geniale Heinrich Zangger zum Kreis der Freunde.

Es scheint mir hier ein konstitutives Element aus Einsteins Persönlichkeit an den Tag zu treten, das manches erklärt, was sonst schwerverständlich bleibt: Einstein war schon damals ein geborener Lehrer, dessen Unterrichtsform vielleicht unorthodox war. Sein Schülerkreis waren damals seine Freunde, später die ganze Gemeinde der Physiker, der er seine unerhörten Einsichten mit unbedingter Ehrlichkeit und offenbarem Vergnügen mitteilte. Man stellt sich gerne vor, wie er die Meisterschaft des kurzen, klaren Stils jetzt im kleinen Kreis allmählich entwickelt.

Lassen Sie uns die Physik der Jahre 1895/96 flüchtig betrachten. Das Spektakulärste war zweifellos die Entdeckung der X-Strahlen durch Röntgen im Oktober 1895. Seine Publikation vom 28. Dezember 1895 hallte durch die Weltpresse. Auf allerhöchsten Befehl wurde beim deutschen Kaiser schon im Januar geröntgt, ohne Befund. Das Strahlenzeitalter war angebrochen. Im März 1896 entdeckte Henri Becquerel die Radioaktivität der Uransalze und legte damit den Weg für die Curies, für Ernest Rutherford, für Otto Hahn und Lise Meitner frei. Und als dann 1899 das Dioskurenpaar (Max v. Laue[12]) Julius Elster und Hans Friedrich Geitel das exponentielle Zerfallsgesetz wohldefinierter radioaktiver Körper bewiesen, war dies der Beginn einer erkenntnistheoretischen Krise,

---

des physikalischen Praktikums einen Verweis durch die Direktion.

[9]A. Einstein [23], S. 152.

[10][10] Es ist zu einem bedeutenden Teil auch das Verdienst von Helen Dukas, Einsteins Sekretärin und Bewahrerin seines schriftlichen Nachlasses, dass uns diese Quelle erster Ordnung zugänglich ist.

[11][11], Brief vom 3. April 1953, zitiert in [13], S. 286.

[12][24], S. 109.

die auch heute nicht ausgetragen ist: Hier zuerst hatte man es mit nicht deterministisch ablaufenden Naturvorgängen zu tun; völlig gleiche Atome zerfallen zu unterschiedlichen Zeiten.

In unordentlichster Weise drängte sich gewissermassen die Kernphysik vor die Atomphysik, denn im Jahr 1895 begann ein fünfjähriger Kampf zwischen Max Planck in Berlin und Ludwig Boltzmann in Wien um die Frage der Existenz der Atome. Der Kampf endete mit dem Sieg Boltzmanns und dem Triumph Plancks, der, indem er sich den Boltzmannschen Standpunkt zu eigen machte, das nach ihm benannte universelle Wirkungsquantum entdeckte. Das war der Beginn der Quantentheorie. Was diesen Kampf aber so faszinierend macht, ist das Aufeinanderprallen zweier Naturbetrachtungen oder Einstellungen, der phänomenologischen und der atomistischen. Die Phänomenologie gipfelt in den beiden Hauptsätzen der Thermodynamik und lehrt die Irreversibilität aller natürlichen Vorgänge, die strikte Zunahme der Entropie in einem abgeschlossenen System. Der Atomismus führte zur statistischen Physik und lehrt, dass die Unmöglichkeit der Zeitumkehr im Grunde eine Täuschung ist. Planck war, bis zu seiner Bekehrung, ein orthodoxer *Entropiker*, Boltzmann ein barocker Atomist.

Und immer noch im Jahre 1895 erscheint in Holland der "Versuch einer Theorie der electrischen und optischen Erscheinungen in bewegten Körpern" des grossen H.A. Lorentz. Die ersten Sätze der Einleitung lauten:[13]

"Die Frage, ob der Äther an der Bewegung ponderabler Körper theilnehme oder nicht, hat noch immer keine alle Physiker befriedigende Beantwortung gefunden. Für die Entscheidung können in erster Linie die Aberration des Lichtes und die damit zusammenhängenden Erscheinugen herangezogen werden, doch hat sich bis jetzt keine der beiden streitigen Theorien, weder die von Fresnel" (eines ruhenden Äthers) "noch die von Stokes" (eines von der Materie mitgeführten Äthers) "allen Beobachtungen gegenüber voll und ganz bewährt, und so kann man bei der Wahl zwischen beiden Ansichten nur davon ausgehen, daß man die hüben und drüben noch verbleibenden Schwierigkeiten gegeneinander abwägt. Auf diese Weise wurde ich schon vor längerer Zeit zu der Meinung geführt, daß man mit der Auffassung Fresnels, also mit der Annahme eines unbeweglichen Äthers, auf dem richtigen Wege sei. ... Der Fresnel'schen Theorie erwachsen Schwierigkeiten durch den bekannten Interferenzversuch des Hrn. Michelson." Diese Schrift des grossen Lorentz erklärt aufgrund eines von ihm ersonnenen Materiemodells, der Elektronentheorie der Materie, weshalb, trotz der Annahme eines ruhenden Äthers, die Bewegung der Erde (deren Geschwindigkeitsrichtung sich ja im Jahr dreht, die gewiss also nicht immer im Äther ruhen kann) durch Versuche im Laboratorium bisher unbeobachtbar geblieben war – jedenfalls näherungsweise. Um den (negativen) Ausgang des Experiments von A.A. Michelson und E.W. Morley aus dem Jahre 1887 zu erklären, musste er allerdings auf die künstliche Hy-

---

[13][16], S. 1.

pothese der Fitzgerald-Kontraktion zurückgreifen, gemäss welcher sich ein starrer, translatorisch zum ruhenden Äther bewegter Körper in der Richtung seiner Geschwindigkeit in wohlbestimmter Weise verkürzt. Das war alles ziemlich mysteriös, verwirrt ausserdem durch zum Teil zweifelhafte Experimente. Von *einer* Vorstellung vermochte man sich eben nicht zu trennen, nämlich von der Existenz eines Mediums, eben des Äthers, welcher Träger der elektromagnetischen Erscheinungen (etwa des Lichts) sei. Es schien undenkbar, dass der physikalische Raum selbst der Träger dieser Schwingungen sei. Beim Atomisten Boltzmann war der Äther sogar aus komplizierten Atomen aufgebaut.

Erst durch Einstein wird der physikalische Raum von seiner Statistenrolle erlöst, erst bei Einstein wird der Raum ein dynamisches Element, erst Einstein mutet dem Raum noch weit mehr zu als nur Träger der elektromagnetischen Felder zu sein.

Fassen wir zusammen und ergänzen wir. Die Hauptthemen, welche die Physik 1895 beschäftigen, lauten

a) Existenz der Atome,

b) Existenz des Äthers,

c) Hohlraumstrahlung,

d) Radioaktivität und Röntgenstrahlen.

Während Planck und Boltzmann 1896-1900 über Reversibilität und Irreversibilität, über Atomismus und *Phänomenologismus* stritten und Planck dabei das Wirkungsquantum entdeckte, studierte Albert Einstein am Poly, das heisst, er verliess sich weitgehend auf die Hefte seines Freundes Marcel Grossmann, und las und diskutierte mit seinen Kommilitonen, wohl auch zu zweit mit der Kommilitonin Mileva Maric, seiner späteren Frau, alte und moderne Klassiker. Er selbst erwähnte Kirchhoff, Helmholtz, Hertz; wir fügen mit einiger Wahrscheinlichkeit Ludwig Boltzmann, H.A. Lorentz und Ernst Mach bei.[14] Als Planck aber im Dezember 1900 sein Strahlungsgesetz gefunden hatte und die Quantentheorie geboren war, befand sich Einstein auf der Stellensuche, denn er allein aus seinem Jahrgang war einer Assistentenstelle nicht für würdig befunden worden.

Es scheint aber, als habe die physikalische Öffentlichkeit Plancks Entdeckung gegenüber etwa gleichviel Interesse gezeigt wie die schweizerische Öffentlichkeit dem neugebackenen Schweizer Bürger und diplomierten Fachlehrer Albert Einstein gegenüber: nämlich keines.

Da geschah das Wunder, von dem heute der Band 17 der 4. Serie der Annalen der Physik aus dem Jahre 1905 zeugt. Dieser Band enthält drei Arbeiten des nun 26jährigen Einstein, die auf 3 völlig verschiedenen Gebieten der Physik Epoche machten. Publiziert wurden sie aus dem Amt für geistiges Eigentum in Bern, wo

---

[14]Boltzmann und Lorentz, siehe L. Kollros, S. 275 in [22]; E. Mach siehe [10], Briefe 151, 153, 182.

der junge Gelehrte seit 2 1/2 Jahren Beamter war. Die Titel der drei Arbeiten lauten:

1. Über einen die Erzeugung und Verwandlung des Lichtes betreffenden heuristischen Gesichtspunkt (S. 132-148),
   Bern, den 17. März 1905.

2. Über die von der molekularkinetischen Theorie der Wärme geforderte Bewegung von in ruhenden Flüssigkeiten suspendierten Teilchen (S. 549-560),
   Eingegangen: 11. Mai 1905.

3. Zur Elektrodynamik bewegter Körper (S. 891-921),
   Eingegangen: 30. Juni 1905.

Freilich, Einstein war 1905 kein Neuling mehr in den Annalen der Physik. Von 1901 an hatte er jedes Jahr ein oder zwei Arbeiten dort publiziert, bedeutende Arbeiten, die bei entsprechender Protektion eine Professur wert gewesen wären. Vor allem erfand er, unabhängig vom grossen Willard Gibbs, die allgemeine statistische Mechanik, von der er nun Gebrauch machte. Im einzigen Jahre 1905 aber waren es fünf, worunter die drei angegebenen Meisterwerke, die wir nun einzeln, wenn auch flüchtig, ihrem Inhalt und ihrer Bedeutung nach durchgehen.

Wir beginnen mit der Arbeit vom 17. März 1905.

Ich erwähnte eben, dass niemand die Plancksche Entdeckung vom Dezember 1900 sehr ernst genommen zu haben scheint – ausser Einstein. Ihn schlug das Rätsel um die Plancksche Konstante in Bann und liess ihn nie mehr los. Als *cantus firmus* wird es ihm durch sein Leben folgen, oft eine andere Stimme begleitend, nie verstummend. Jetzt hören wir das Thema zum ersten Mal. Gleich der erste Paragraph (der auf eine allgemeine Einleitung folgt) weist darauf hin, dass die klassische Elektrodynamik nicht etwa eine falsche spektrale Energieverteilung für die Strahlung eines idealen schwarzen Körpers (sogenannte *schwarze Strahlung*) gibt – sondern überhaupt keine vernünftige. Ein solcher Körper sollte nach der klassischen Theorie bei kurzen Wellenlängen immer stärker strahlen, seine totale Strahlungsleistung sollte unendlich sein, er sollte also ständig am absoluten Nullpunkt verharren und nicht erwärmbar sein. Anders ausgedrückt: Zwischen Materie und Strahlung kann es kein Gleichgewicht geben. Sind Prozesse vorhanden, die beliebig hochfrequentes Licht erzeugen, dann wird schliesslich alle kinetische Energie in Strahlung verwandelt. Dies unsinnige Resultat ist möglich, weil es im leeren Raum beliebig kurze Wellenlängen gibt. Für langwelliges Licht, also kleine Frequenzen, stimmt allerdings das klassische Gesetz, aber bei hohen Frequenzen ist die tatsächliche Strahlung ungeheuer viel dünner als nach der klassischen Theorie berechnet. Die Schwierigkeit, das Abweichende und radikal Neue ist also bei der verdünnten Strahlung, oder bei Frequenzen ν, für welche die bei der Temperatur T mit k, der Boltzmann-Planckschen Konstanten und der

Planckschen Konstanten h gebildete dimensionslose Zahl $x = h\nu/kT$ die Ungleichung

$$x^{-1}(e^x - 1) \gg 1$$

erfüllt. Die angeschriebene Grösse ist das Verhältnis der klassisch berechneten Strahlung zur wirklichen. Für $T = 6000°$ (Temperatur der Sonnenoberfläche) und sichtbares Licht liegt diese Zahl zwischen 6 und 67, um dann im Ultravioletten rasch astronomische Werte zu erreichen. Daher Einsteins *Schluss* aus dem zweiten Paragraphen:[15] "Je größer die Energiedichte und die Wellenlänge einer Strahlung ist, als um so brauchbarer erweisen sich die von uns benutzten theoretischen Grundlagen; für kleine Wellenlängen und kleine Strahlungsdichten aber versagen dieselben vollständig." Und das weitere Programm wird wie folgt beschrieben: "Im folgenden soll die *schwarze Strahlung* im Anschluß an die Erfahrung ohne Zugrundelegung eines Bildes über die Erzeugung und Ausbreitung der Strahlung betrachtet werden."

Was aber heisst bei Einstein Erfahrung? Wer erwartet, dass nun das Experiment angerufen werde, sieht sich völlig in die Irre geleitet. Aus der *Erfahrung* entnommen wird die annähernde Gültigkeit eines von W. Wien 1896 (aufgrund höchst spekulativer Annahmen) gefundenen Grenzgesetzes für die *schwarze Strahlung*, welche das obenerwähnte *verdünnte Licht* zutreffend beschreibt. Aus diesem Grenzgesetz ergibt sich die spektrale Entropiedichte und aus dieser mit der Planck-Boltzmannschen Beziehung

$$S = k \log W$$

zwischen Entropie und (physikalischer) Wahrscheinlichkeit W diese letzte. Man kann damit auf einfachste Weise die folgenden Fragen beantworten: sei v_0 das Volumen eines Strahlungshohlraumes und v ein kleines Teilvolumen. Was ist die Wahrscheinlichkeit dafür, dass alles Licht der Frequenz ν sich im Volumen v befindet? Für diese (kleine) Wahrscheinlichkeit findet man

$$\left(\frac{v}{v_0}\right)^{E/h\nu}$$

wobei E die totale Energie des Lichtes mit Frequenz ν ist. Die Strahlung verhält sich also so, als ob sie aus $E/h\nu$ regellos verteilten, lokalisierten *Quanten* der Energie $h\nu$ bestünde. Zu dieser Anschauung drängt die *Erfahrung* der asymptotischen Gültigkeit des Wienschen Strahlungsgesetzes. Sie steht kraft Herleitung im schärfsten Gegensatz zur klassischen Maxwellschen Theorie. Nachdem so der Planckschen Formel geduldig eine höchst revolutionäre Aussage über die Natur des Lichtes abgelauscht worden ist, macht Einstein die entscheidende Hypothese in der Gestalt:[16]

---

[15][1], S. 137.
[16][1], S. 143.

" Wenn sich nun monochromatische Strahlung (von hinreichend kleiner Dichte) bezüglich der Abhängigkeit der Entropie vom Volumen wie ein diskontinuierliches Medium verhält, welches aus Energiequanten von der Größe $h\nu$ [17] besteht, so liegt es nahe, zu untersuchen, ob auch die Gesetze der Erzeugung und Verwandlung des Lichtes so beschaffen sind, wie wenn das Licht aus derartigen Energiequanten bestünde. Mit dieser Frage wollen wir uns im folgenden beschäftigen."

Dieser *heuristische Gesichtspunkt* wird nun auf die Fluoreszenz, den Photoeffekt und die Ionisierung der Gase durch ultraviolettes Licht angewendet. Die Stokesche Regel der Fluoreszenz ergibt sich, was eine qualitative Bestätigung bedeutet. In den weiteren Anwendungen gelangt man wenigstens zu keinen Widersprüchen mit der Erfahrung.

Hier müssen wir leider die spezielle Diskussion dieser Arbeit beschliessen. Ihre historische Bedeutung und ihre Originalität können gar nicht überschätzt werden. Wie die Rezeption zeigt, lag die Entdeckung ganz und gar nicht "in der Luft". Experimentalphysiker (insbesondere Johannes Stark) stimmen zu, Theoretiker (allen voran Max Planck) sind skeptisch oder ablehnend. Die Arbeit ist in jeder Hinsicht erstaunlich. Man bewundert die Beschränkung der Aussagen auf das streng Begründbare und den Mut, den Schwierigkeiten auf den Grund zu gehen. Aus jeder Zeile spricht der Meister. Die Methoden der Thermodynamik und der physikalischen Statistik sind vollkommen beherrscht. Es scheint unglaublich, dass diese reife Frucht von einem knapp 26jährigen geerntet werden konnte. Auf die Rolle, welche die Schrift für die Weiterentwicklung der Quantenmechanik gespielt hat, kann hier nicht eingegangen werden. Ein Schlagwort muss genügen: Einstein hat den ersten, entscheidenden Schritt zur Entdeckung eines neuen Elementarteilchens, des späteren Photons, gemacht. Dieses Elementarteilchen hat er, was die Entdeckung so ungemein erschwert hat, im Widerspruch zur damals modernsten Theorie, nämlich der elektromagnetischen Theorie des Lichtes gefunden. Bis zur schliesslichen völligen Aufdeckung der Natur des Photons vergingen allerdings noch 20 Jahre angestrengter Forschung durch Einstein. Es ist hübsch, dass die wichtigsten Arbeiten zu diesem Thema fast alle einen Bezug zur Schweiz und oft zu Zürich haben. Es ist klar, dass mit der Lichtquanten-Hypothese auch die verwirrenden Eigenschaften der Röntgenstrahlen in einem neuen Licht erscheinen. Das ist nur ein und nicht einmal ein besonders einleuchtendes Beispiel für die Fruchtbarkeit der Hypothese in der praktischen Physik.

Der Titel der zweiten Arbeit (vom 11. Mai 1905) lautet:

"Über die von der molekularkinetischen Theorie der Wärme geforderte Bewegung von in ruhenden Flüssigkeiten suspendierten Teilchen."

Wir erinnern uns an den 1895 verzweifelt geführten Kampf Boltzmanns um die Existenz der Atome. Trotz Plancks Bekehrung war dieser Krieg noch nicht entschieden. Nun greift Einstein klärend ein. Sein Programm ist in der Einleitung

---

[17]Bei Einstein steht "$R\beta\nu/N$", $\beta = \frac{h}{k}$, $k = \frac{R}{N}$.

dargestellt. Sie lautet (mit Auslassung):[18]

"In dieser Arbeit soll gezeigt werden, daß nach der molekularkinetischen Theorie der Wärme in Flüssigkeiten suspendierte Körper von mikroskopisch sichtbarer Größe infolge der Molekularbewegung der Wärme Bewegungen von solcher Größe ausführen müssen, daß diese Bewegungen leicht mit dem Mikroskop nachgewiesen werden können.

Wenn sich die hier zu behandelnde Bewegung samt den für sie zu erwartenden Gesetzmäßigkeiten wirklich beobachten läßt, so ist die klassische Thermodynamik schon für mikroskopisch unterscheidbare Räume nicht mehr als genau gültig anzusehen, und es ist dann eine exakte Bestimmung der wahren Atomgröße möglich. Erwiese sich umgekehrt die Voraussage dieser Bewegung als unzutreffend, so wäre damit ein schwerwiegendes Argument gegen die molekularkinetische Auffassung der Wärme gegeben."

Überspitzt formuliert wird man sich die folgende hypothetische Frage stellen: Gesetzt, es gibt Moleküle, welches ist dann ihre maximale Grösse? Auf diese Frage gibt es nur eine ausweichende Antwort: Zwischen einem makroskopischen Körper und einem Molekül gibt es keinen qualitativen Unterschied. Also müssen sich (immer unter der Voraussetzung, dass Moleküle existieren) makroskopische, etwa in Wasser suspendierte Teilchen (vielleicht Pollenkörner) qualitativ gleich verhalten wie gelöste Moleküle (vielleicht von Rohrzucker): Sie erzeugen einen osmotischen Druck, sie diffundieren usw. Der osmotische Druck folgt bei hinreichender Verdünnung dem idealen Gasgesetz. Er gleicht Konzentrationsunterschiede aus, es sei denn äussere Kräfte wirken auf die Pollenkörper. Ist das der Fall, so stellt sich ein Gleichgewicht zwischen dem Teilchenstrom durch die äussere Kraft und demjenigen durch den osmotischen Druck, also dem Diffusionsstrom, ein. Die Wirkung einer äusseren Kraft auf ein makroskopisches Teilchen kennt man aber; sie wird durch die Reibung beschrieben. Die Diffusion, ein molekularer Prozess, wird durch die Diffusionskonstante beschrieben. Das erwähnte Gleichgewicht liefert also eine Beziehung zwischen der Reibung und der Diffusionskonstanten. In diese Beziehung gehen ein die absolute Temperatur, die Zähigkeit der Flüssigkeit, der Radius des Kügelchens und die Boltzmannsche Konstante k, welche ein Mass für die absolute Grösse der Moleküle ist.

Nachdem so *eine* Brücke vom Molekularen zum Makroskopischen geschlagen ist, untersucht Einstein die *ungeordnete Bewegung* der suspendierten Kügelchen *und deren Beziehung zur Diffusion*. Unter den unvorstellbar vielen Molekülstössen, die auf unser Kügelchen von allen Seiten her prasseln, wird dessen Mittelpunkt einen höchst unregelmässigen Irrweg durchlaufen. Es ist also völlig sinnlos, seine Bahn oder seine Geschwindigkeit voraussagen zu wollen. Alles, was sich angeben lässt, ist eine Wahrscheinlichkeitsverteilung, den Mittelpunkt nach der Zeit t in einem bestimmten Abstand vom Ausgangspunkt zu finden. Diese

---

[18][2], S. 549.

Wahrscheinlichkeitsverteilung ist *was zu vermuten war*[19] eine Gaussische, und zwar ist deren Breite wieder durch die Diffusionskonstante gegeben. Nun ist es auch klar, was vernünftigerweise gemessen werden muss, nämlich das Mittel der Quadrate der Mittelpunktsverschiebungen pro Zeiteinheit. Diese Grösse hängt nicht mehr von der Zeit ab und gibt (bei bekannten Kugelradius, Viskosität und absoluter Temperatur) die Boltzmannkonstante und damit die Zahl der Moleküle pro Mol, das heisst die absolute Grösse der Moleküle.

Wie steht es nun aber mit der Einschränkung des Gültigkeitsbereiches der klassischen Thermodynamik? Diese lehrt wie schon erwähnt die Irreversibilität der natürlichen Vorgänge. Die Einsteinsche Zitterbewegung makroskopischer Teilchen ist ein Beispiel eines Vorgangs, an dem sich die Zeitrichtung nicht absehen lässt: Rückwärts durchlaufen sieht er gleich aus.

Mit dieser Arbeit hat Einstein im eigentlichen Sinn die Moleküle sichtbar gemacht, indem er sichtbare Körper als Moleküle auffasst. Jeder, der Augen hatte zu sehen und einen Kopf zum Denken, konnte sich von der Richtigkeit der kinetischen Gastheorie überzeugen. Wer Einsteins Arbeit über die Brownsche Bewegung liest, muss sich in sie verlieben. Die lange Kette von zwingenden elementaren Schlüssen, die immer wieder zwischen dem Molekularen und dem Makroskopischen Brücken schlagen, erzeugen einen einzigartigen Reiz. Die Methode selbst hat ein weites Anwendungsgebiet, und noch im selben Jahr 1905 leitet Einstein das Rayleigh-Jeansche Grenzgesetz für die Hohlraumstrahlung aus einer allgemeinen Theorie der Brownschen Bewegung her (der cantus firmus!) und kommentiert das Resultat mit den Worten: "Die Tatsache, daß man auf dem angedeuteten Wege nicht zu dem wahren Gesetz der Strahlung, sondern zu einem Grenzgesetz gelangt, scheint mir in einer elementaren Unvollkommenheit unserer physikalischen Anschauung ihren Grund zu haben."[20] Er fasst also jetzt schon eine Revision der gesamten physikalischen Anschauungen ins Auge, von Teilrevisionen und Rettungsversuchen hält er offenbar nicht viel.

Wir kommen nun zur dritten Arbeit dieser ausserordentlichen Triologie. Es ist die Arbeit, mit der Einstein bei Laien eigentlich identifiziert wird. Ihr Titel sei wiederholt:

"Zur Elektrodynamik bewegter Körper" (Eingegangen 30. Juni 1905).

Das Problem, welches sie löst, ist uns nicht neu; der Satz von H.A. Lorentz' "Versuch" aus dem Jahre 1895 klingt uns noch in den Ohren:

"Die Frage, ob der Äther an der Bewegung ponderabler Körper theilnehme oder nicht, hat noch immer keine alle Physiker befriedigende Beantwortung gefunden."

Einstein gibt diese Antwort, indem er die Frage als Chimäre entlarvt. Der Gerechtigkeit halber muss zugestanden werden, dass der grosse Henri Poincaré

---

[19][2], S. 558/559.
[20][5], S. 375.

und H.A. Lorentz unterdessen nicht müssig geblieben waren. Aber Einstein ist unabhängig von ihren letzten Arbeiten (H. Poincaré [18] vom 5. Juni 1905, H.A. Lorentz [17] vom 27. Mai 1904) und weit grundsätzlicher. Statt wie die beiden Altmeister von der Elektrodynamik und ihren Symmetrien auszugehen, abstrahiert er aus der ganzen Physik zwei Prinzipien und baut auf sie eine neue Lehre von Raum und Zeit, eine neue Kinematik auf, in welche sich dann Mechanik und Elektrodynamik einfügen. Zu den Ursachen gerade eines solchen Vorgehens gehört wahrscheinlich, dass Einsteins Vertrauen in die Elektrodynamik durch die Entdeckung der Lichtquanten erschüttert war. Daher folgt er Newtons Principia und stellt den physikalischen Theorien eine Lehre von Raum und Zeit von grösserer Dauerhaftigkeit voran. Sicher erkannte Einstein, dass die Geschwindigkeit der Lichtausbreitung im Vakuum weit über dieses spezielle Phänomen hinaus von allgemeiner Bedeutung ist. In der Rückschau kann man Einsteins Intuition nur bewundern. Die Maxwellschen Gleichungen, für sich genommen, haben nämlich eine viel grössere Symmetriegruppe. Erst durch die Existenz von Massstäben (und/oder Uhren) wird sie auf diejenige der allgemeinen Physik eingeschränkt. Es bedeutet daher ein Zeichen grösster Klugheit, gleich zu Anfang die Existenz starrer Körper und streng periodischer Vorgänge (von Uhren) vorauszusetzen.

Die zwei Postulate, von denen die Rede war, sind in den folgenden Worten aus der Einleitung enthalten:[21]

"... die mißlungenen Versuche, eine Bewegung der Erde relativ zum *Lichtmedium* zu konstatieren, führen zu der Vermutung, daß dem Begriff der absoluten Ruhe nicht nur in der Mechanik, sondern auch in der Elektrodynamik keine Eigenschaften der Erscheinungen entsprechen, sondern daß vielmehr für alle Koordinatensysteme, für welche die mechanischen Gleichungen gelten, auch die gleichen elektrodynamischen und optischen Gesetze gelten .... Wir wollen diese Vermutung (deren Inhalt im folgenden *Prinzip der Relativität* genannt wird) zur Voraussetzung erheben und außerdem die mit ihm nur scheinbar unverträgliche Voraussetzung einführen, daß sich das Licht im leeren Raume stets mit einer bestimmten, vom Bewegungszustand des emittierenden Körpers unabhängigen Geschwindigkeit V fortpflanze. Die Einführung eines *Lichtäthers* wird sich ... als überflüssig erweisen."

Nun folgt in grossartig-genialer Einfachheit der kinematische Teil I mit dem Nachweis, dass die Gleichzeitigkeit ein relativer Begriff ist, das heisst ein Begriff, der durch relativ zueinander bewegte Beobachter verschieden gehandhabt wird. Er enthält das Zwillingsparadox und schliesst mit dem berühmten Additionsgesetz der Geschwindigkeit. Dann erst wendet sich Einstein dem II. elektrodynamischen Teil zu, der mit der sogenannten Geschwindigkeitsabhängigkeit der Masse endet.

---

[21][3], S. 891.

Über die mit dieser Arbeit begründete *spezielle Relativitätstheorie* ist soviel Gescheites und anderes gesagt und geschrieben worden, sie ist in den vergangenen 74 Jahren so sehr zum selbstverständlichen Gedankengut des Physikers geworden, dass ich mich kurz fassen kann. Die Arbeit ist in jeder, auch in sprachlicher Hinsicht meisterhaft, schwierig und allgemeinverständlich, überzeugend und revolutionär. Sie ist bar jedes wissenschaftlichen Apparates der Gelehrsamkeit. Sie schliesst mit den Worten:[22] "Zum Schluß bemerke ich, daß mir beim Arbeiten an dem hier behandelten Probleme mein Freund und Kollege M. Besso treu zur Seite stand und daß ich demselben manche wertvolle Anregung verdanke."

Mit diesen drei Arbeiten aus dem einen Band der Annalen der Physik überragt Einstein als Physiker die Jahrhunderte. Mit der letzten Arbeit verbreitet er ein helles Licht dort, wo die grössten seiner Zeitgenossen im Halbdunkel verweilen.

Wie steht es nun um die Rezeption dieser Arbeit? Es mutet wie der Vorbote einer künftigen Freundschaft an, dass Planck der erste war, der die Genialität des jungen Mannes in Bern erkannte. Seine Abhandlung über "Das Prinzip der Relativität und die Grundgleichungen der Mechanik" steht in den Verhandlungen der Deutschen Physikalischen Gesellschaft vom 23. März 1906. Lassen Sie mich aus dem Anfang dieser Arbeit zitieren:[23]

"Das vor kurzem von H.A. Lorentz und in noch allgemeinerer Fassung von A. Einstein eingeführte *Prinzip der Relativität* ... bedingt, wenn es sich allgemein bewähren sollte, eine so großartige Vereinfachung aller Probleme der Elektrodynamik bewegter Körper, daß die Frage seiner Zulässigkeit in den Vordergrund jeglicher theoretischer Forschung auf diesem Gebiet gestellt zu werden verdient. Freilich scheint diese Frage durch die neuesten wichtigen Messungen von W. Kaufmann bereits erledigt zu sein, und zwar im negativen Sinne ....

Wie dem übrigens auch sein mag: ein physikalischer Gedanke von der Einfachheit und Allgemeinheit, wie der in dem Relativitätsprinzipe enthaltene, verdient es, auf mehr als eine einzige Art geprüft, und, wenn er unrichtig ist, ad absurdum geführt zu werden ...."

Was war geschehen? Noch im selben Jahre 1905 hatte W. Kaufmann die Geschwindigkeitsabhängigkeit der Elektronenmasse gemessen und mit der Relativitätstheorie im Widerspruch gefunden. Besser stimmte zu den Messungen ein Modell von Max Abraham. Einstein liess sich durch dieses Missgeschick nicht aus der Ruhe bringen, denn ein Modell wie das Abrahamsche, welches auf keinen allgemeinen Prinzipien beruhte, konnte ja kaum in eine vernünftige Naturbeschreibung passen. Anders Planck, dem es um eine tätige Rettung des "allgemeinen und einfachen Gedankens" ging und der der Kritik der Kaufmannschen Messungen eine besondere Arbeit widmete.[24] Jetzt aber steht die Frage im Vordergrund, wie sich die Dynamik eines relativistischen Elektrons in die allgemeine analyti-

---

[22] [3], S. 921.
[23] [21], Bd. II, S. 115f.
[24] [21], Bd. II, S. 121-135.

sche Mechanik einfüge. Und wie durch ein Wunder zeigt sich der hundertjährige Formalismus zur Aufnahme der neuen Mechanik bereit. Wie ungemein wichtig dieses Faktum für die Weiterentwicklung der Theorie werden sollte, brauche ich Ihnen nicht zu erklären.

Es mag in jenen Monaten sich ein Band zwischen Einstein und Planck geknüpft haben, das ein knappes Jahrzehnt später stark genug war, Einstein in die Hauptstadt Preussens zu ziehen.

Allgemach war es nun so, dass man, zunächst in Deutschland, später sogar in der Schweiz, am Schluss in Bern, das Genie Einstein nicht mehr übersehen konnte. Eine erste allgemeine Anerkennung bedeutete die Einladung zu einem Hauptreferat an der 81. Versammlung der deutschen Naturforscher und Ärzte zu Salzburg im Herbst 1909. Liest man wie ich als mittelmässiger Professor Einsteins Vortrag "Über die Entwicklung unserer Anschauungen über das Wesen und die Konstitution der Strahlung" im 10. Band der Physikalischen Zeitschrift [6], so möchte man, angesichts der vollkommenen Klarheit und Tiefe der Darstellung heulen ob der eigenen Unfähigkeit.

Aber schon vorher hatte sich der unvergleichliche Hermann Minkowski, nachdem er seine letzte, abschliessende Arbeit über die arithmetische Klassifikation der positiv definiten quadratischen Formen geschrieben hatte, unter dem Einfluss seines ehemaligen Schülers der Physik zugewendet. An der 80. Versammlung der deutschen Naturforscher und Ärzte in Köln im September 1908 hielt er seinen berühmten Vortrag über "Raum und Zeit", der im gleichen 10. Band der Physikalischen Zeitschrift steht und mit den klingenden Worten beginnt:[25]

"M.H.! Die Anschauungen über Raum und Zeit, die ich Ihnen entwickeln möchte, sind auf experimentell-physikalischem Boden erwachsen. Darin liegt ihre Stärke. Ihre Tendenz ist eine radikale. Von Stund an sollen Raum für sich und Zeit für sich völlig zu Schatten herabsinken, und nur noch eine Union der beiden soll Selbständigkeit bewahren."

Als weitere Anerkennung traf ein Ehrendoktorat von der Universität Genf ein, wofür sich Einstein auf das nobelste mit vier z.T. sehr umfangreichen Arbeiten in den Archives des sciences physiques et naturelles bedankte.

Und als längst fällige Korrektur seiner beruflichen Stellung erfolgte schliesslich 1909 sein Ruf an die Universität Zürich.

Es begann nun für Einstein ein unstetes Wanderleben mit Stationen in Prag, Zürich (diesmal als Ordinarius an der ETH), bis ihn schliesslich der Magnet Berlin in einer reinen Forschungsstelle festhielt. All das ist sattsam bekannt. Etwas weniger bekannt dürfte sein, dass wir über Einsteins Prager und zweiten Zürcher Aufenthalt durch Otto Stern besser Bescheid wissen. Hier ein Auszug aus einem Tonband von 1961, in dem Otto Stern erzählt:[26]

---

[25][19], S. 104.
[26]Tonband deponiert an der ETH-Bibliothek.

"Einstein war in Prag (1912) völlig vereinsamt, obwohl es vier Hochschulen gab: eine deutsche Universität, eine tschechische Universität, eine deutsche technische Hochschule, eine tschechische technische Hochschule. An keiner war ein Mensch, mit dem Einstein über die Sachen sprechen konnte, die ihn wirklich interessierten. Er tat es also nolens volens mit mir .... Der einzige wirklich intelligente Mann dort, das war ein Mathematiker namens Pick. Der war mal Assistent bei Mach gewesen und hatte von da her die Überzeugung, dass Moleküle einfach Aberglaube wären. Also, wenn Einstein und ich über die Moleküle sprachen, da lachte er uns einfach aus .... Bei Ende des Semesters ging dann Einstein nach Zürich und ich ...folgte ihm .... In Zürich war's natürlich sehr schön ...(und) besonders deswegen interessant, weil Laue an der Universität war. Ausserdem war(en) Ehrenfest und Tatjana ...mindestens ein Vierteljahr, vielleicht auch länger, zu Besuch .... Das gab natürlich immer herrliche Diskussionen im Kolloquium .... Wir waren auch ein paar jüngere Leute, die ganz eifrig waren. Ehrenfest nannte uns immer den "Dreistern". Das waren der Herzfeld und der Kern (und ich). (Kern hatte den Doktor bei Debye gemacht). Debye war ja der Vorgänger von Laue an der Universität .... Nur der Weiss ..., Pierre Weiss war damals Experimentalphysiker und Institutsdirektor, der kam nie ins Kolloquium. Er verbot auch das Rauchen, das war furchtbar .... Dem Einstein konnte man das (aber) nicht verbieten. Infolgedessen, wenn es eben zu schlimm war, dann bin ich einfach ins Einsteinsche Zimmer gegangen ...und konnte mich mit ihm unterhalten .... (Das gab dann immer) lebhafte Diskussionen ...über damals völlig ungelöste Rätsel der Quantentheorie. Das einzige, was man über Quantentheorie wirklich wusste, war die Plancksche Formel, Schluss .... Ich bin auch ins Kolleg zu Einstein gegangen ..., das war ...auch sehr schön, aber nicht für Anfänger. Einstein hat sich ja nie richtig vorbereitet auf die Vorlesung, aber er war eben doch Einstein ..., wenn er da so herumgemorkst hat, war es doch sehr interessant ..., immer sehr raffiniert gemacht und sehr physikalisch vor allen Dingen .... Über die Rolle der Mathematik in der Physik da hat er mir erzählt: "Wissen Sie, kurz nachdem ich meinen Doktor gemacht habe, da dachte ich: jede physikalische Theorie, in der mehr Mathematik vorkommt wie Sinus und Cosinus, die ist von vornherein Unsinn". Er hat sich später geändert .... Im Winter kamen Haber[27] und Nernst, um Einstein die Stellung in Berlin anzubieten .... Einstein sagte mir: "Wissen Sie, die beiden, die kommen mir vor ...wie Leute, die eine seltene Briefmarke erwerben wollen.""

Fasse ich den Eindruck aus dem Gespräch mit Otto Stern zusammen, dann macht es den Anschein, als ob Einstein sich ausschliesslich mit dem Quantenproblem befasst hätte. Trotzdem war das die Zeit der intensivsten Beschäftigung mit der Gravitationstheorie. Der *cantus firmus* des Quantenrätsels verstummte eben nie, auch der Fluss der wichtigen Publikationen darüber versiegte nicht.

---

[27]tatsächlich Planck

Das Äusserste, was sich aus dem Wienschen Grenzgesetz erschliessen liess, steht zuerst in der Nr. 18 der Mitteilungen der Physikalischen Gesellschaft Zürich aus dem Jahre 1916 [7]. Die Arbeit ist dem Andenken Alfred Kleiners gewidmet, Einsteins Doktorvater und ehemaligem Kollegen an der Universität Zürich. Einstein stellt sich ein Molekül mit nur 2 diskreten Energieniveaus in Wechselwirkung mit der Hohlraumstrahlung vor. Diese Wechselwirkung geschieht durch Emission und Absorption von Quanten, und zwar gemäss einem Ansatz, der den Gesetzen des radioaktiven Zerfalls entspricht. Ist ein solches Molekül in Ruhe, so erfährt es im Mittel im homogenen, isotropen Strahlungsfeld keine Kraft. Bewegt es sich aber langsam, dann wird es gebremst durch eine Kraft, die proportional zur Geschwindigkeit ist. Die Reibungskonstante lässt sich aus der spektralen Verteilung $\varrho(v, T)$ ausrechnen. Diese Reibung brächte das Molekül zur Ruhe, aber natürlich muss es eine Brownsche Bewegung machen. Also muss beim unregelmässigen Emissions- und Absorptionsprozess ein Impuls übertragen werden, den man bestimmen kann. Sein Betrag ist $h\, v/c$. Das Lichtquant besitzt also nicht nur Energie, es hat auch einen Impuls, und zwar ist seine Ruhmasse 0; es verhält sich wie ein Teilchen, es ist ein Photon, wie wir heute sagen. Bekanntlich liegt diese Auffassung der Compton-Debye-Kramersschen Theorie der Streuung von Röntgenstrahlen an Elektronen zugrunde und erklärt den Compton-Effekt.

Einsteins Arbeit in unserer Zeitschrift schliesst mit einer Warnung:[28] "Die Schwäche der Theorie liegt einerseits darin, daß sie uns dem Anschluß an die Undulationstheorie nicht näherbringt, andererseits darin, daß sie Zeit und Richtung der Elementarprozesse dem *Zufall* überläßt; trotzdem hege ich das volle Vertrauen in die Zuverlässigkeit des eingeschlagenen Weges."

Hier regt sich das Rätsel von Elster und Geitel.

Acht Jahre später, im Juli 1924, erhält Einstein ein Manuskript von einem Professor an der Dacca University, einem Inder, Satyendranath Bose. Er erkennt unmittelbar die Bedeutung der Überlegungen über "Plancks Gesetz und Lichtquantenhypothese", übersetzt die Arbeit aus dem Englischen ins Deutsche. Am 2. Juli ist sie bei der Zeitschrift für Physik eingegangen, im August liegt sie im Druck vor [20].

Bose hatte die Statistik der Photonen gefunden, so wie Pauli einige Monate später die Statistik der Elektronen entdecken sollte. Photonen haben Bose-Einstein-Statistik, so sagen wir heute. Diese Bezeichnung ist gerechtfertigt. Es brauchte einen Einstein, um die Bedeutung von Boses Arbeit zu erkennen. Das Philosophical Magazine hatte sie im Herbst 1923 zurückgewiesen. Wie ungewohnt aber war diese Statistik! Sie beruhte auf der prinzipiellen Ununterscheidbarkeit von Photonen gleichen Impulses und gleicher Polarisation. Der klassische Teilchenbegriff erschien hier verfremdet.

Und nun nimmt Einstein (ein ganz seltener Fall) die fremde Anregung sogleich

---

[28][7], Phys. ZS *18* (1917), S. 127/128.

auf und wendet *dieselbe* Statistik auf materielle einatomige Gase an. Es entstehen in kurzer Folge drei Abhandlungen in den Berliner Berichten zur Quantentheorie idealer Gase [9]. Das Programm wird wie folgt umschrieben:[29]

"Eine von willkürlichen Ansätzen freie Quantentheorie der einatomigen idealen Gase existiert bis heute noch nicht. Diese Lücke soll im folgenden ausgefüllt werden auf Grund einer neuen, von Hrn. D." (sic) "Bose erdachten Betrachtungsweise, auf welche dieser Autor eine höchst beachtenswerte Ableitung der Planck'schen Strahlungsformel gegründet hat."

Einsteins Behandlung des idealen Bose-Einstein-Gases hat auch heute noch die neue Quantenmechanik nichts beizufügen; sie ist perfekt, einschliesslich der schwierigen Diskussion der Kondensationserscheinungen, einschliesslich der Feststellung, dass der Nernstsche Wärmesatz erfüllt sei, dass nun endlich die Sackur-Tetrode-Formel hergeleitet, ja, dass schliesslich die Entropie proportional zur Molenzahl ist.

Aber nicht genug damit: Für das Schwankungsquadrat der Besetzungszahl der einzelnen Phasenzelle erhält man die Summe zweier Terme, wovon der eine auf den Teilchen-Charakter, der zweite aber auf einen Wellencharakter der Atome hinweist. Daraus schliesst Einstein:[30] "So müßte ein Strahl von Gasmolekülen, der durch eine Öffnung hindurchgeht, eine Beugung erfahren, die der eines Lichtstrahles analog ist." Ein Beugungsexperiment von Atomen an einem Kristallgitter hat dann bekanntlich Otto Stern in Hamburg ausgeführt. Schliesslich macht Einstein auf die heute berühmte, damals unbekannte These von Louis de Broglie aufmerksam.

Es ist bekannt, dass genau diese Arbeiten Einsteins Ausgangspunkt für Schrödingers Entdeckung der Wellenmechanik waren. Sie sind das letzte ganz grosse Geschenk an seinen schweizerischen Heimatort.

Darf nun dieser Heimatort, dieses Zürich, darf die Schweiz mit der Dankbarkeit für den Wahlbürger Einstein auch eine gewisse Genugtuung oder gar einen Stolz verbinden? Ich sehe wenig Grund; mir scheint, dass schon für Zufriedenheit wenig Grund vorhanden ist. Als Einstein sich 1952 von seinem Arzt Rudolf Nissen, der einem Ruf nach Basel folgte, verabschiedete, sagte er ihm:[31] "Sie gehen nun zum schönsten Stück Erde, das ich kenne. Ich habe dieses Land im gleichen Maß gern, als es mich nicht gern hat." Er hatte mehr recht, als uns lieb ist. Im Jahre 1933, als er von den Nazis bedroht und bestohlen wurde, hat sich sein Heimatland kaum sehr für seinen berühmten Mitbürger angestrengt. Opportunismus war damals zumeist unsere Landesfarbe.

Am Poly liess man den studierenden Einstein wenigstens gewähren und diplomieren. Man: Das sind in erster Linie die damals wirkenden deutschen Profes-

---

[29] [9], 1924, S. 261.
[30] [9], 1925, S. 10.
[31] [14], S. 180.

soren. Das ist wenigstens etwas. Man hätte Einstein auch eliminieren können. Ich bin überzeugt, dass dies sein geistiger Tod gewesen wäre. Seine innere Entwicklung, sein geistiges Leben wäre, mit Gottfried Keller zu reden, geköpft worden.[32] Es ist eine alte Erfahrung, dass sich das eigentliche Genie nicht durch besondere Robustheit, sondern durch Gefährdet-Sein, durch Verletzlichkeit, auszeichnet. Und wenn man ein werdendes Genie zertritt, dann kann man es in Ruhe tun: Niemand ahnt, welche Wunder es uns gebracht hätte.

Literatur

[1] A. Einstein: Über einen die Erzeugung und Verwandlung des Lichtes betreffenden heuristischen Gesichtspunkt. Annalen der Physik (4) *17* (1905), 132-148.

[2] A. Einstein: über die von der molekularkinetischen Theorie der Wärme geforderte Bewegung von in ruhenden Flüssigkeiten suspendierten Teilchen. Annalen der Physik (4) *17* (1905), 549-560.

[3] A. Einstein: Zur Elektrodynamik bewegter Körper. Annalen der Physik (4) *17* (1905), 891-921.

[4] A. Einstein: Ist die Trägheit eines Körpers von seinem Energieinhalt abhängig? Annalen der Physik (4) *18* (1905), 639-641.

[5] A. Einstein: Zur Theorie der Brownschen Bewegung. Annalen der Physik (4) *19* (1906), 371-381.

[6] A. Einstein: Über die Entwicklung unserer Anschauungen über das Wesen und die Konstitution der Strahlung. Physikalische Zeitschrift *10* (1909), 817-825.

[7] A. Einstein: Zur Quantentheorie der Strahlung. Mitteilungen der Physikalischen Gesellschaft Zürich; Nr. 18 (1916), 47-62; Physikalische Zeitschrift *18* (1917), 121-128.

[8] A. Einstein: Das Compton'sche Experiment. Berliner Tagblatt, 20. April 1924.

[9] A. Einstein: Quantentheorie des einatomigen idealen Gases, Preussische Akademie der Wissenschaften, Physikalisch-mathematische Klasse, Sitzungsberichte 1924, 261-267; 1925, 3-14; Zur Quantentheorie des idealen Gases; ibid. 1925, 18-25.

---

[32]G. Keller, Der grüne Heinrich, 2. Fassung, 16. Kapitel, Schluss.

[10] A. Einstein - M. Besso: Correspondance 1903-1955. P. Speziali ed.; Hermann, Paris 1972.

[11] A. Einstein: Lettres à Maurice Solovine, Paris, Gauthier-Villars 1956.

[12] A. Einstein: Philosopher - Scientist, P. A. Schilpp ed.; Evanston, Ill. 1949.

[13] H. Dukas und B. Hoffmann: Albert Einstein, Verlag Stocker-Schmid, Dietikon-Zürich 1976.

[14] C. Seelig: Albert Einstein und die Schweiz. Europa-Verlag, Zürich 1952.

[15] C. Seelig: Helle Zeit - dunkle Zeit, in memoriam Albert Einstein. Europa-Verlag, Zürich 1956.

[16] H.A. Lorentz: Versuch einer Theorie der electrischen und optischen Erscheinungen in bewegten Körpern: Leiden, E.J. Brill, 1895.

[17] H.A. Lorentz: Electromagnetic phenomena in a system with velocity smaller than light. Amsterdam proceedings *6* (1904), 809.

[18] H. Poincaré: Sur la dynamique de l'éléctron. C.R. Academie des Sciences *140* (1905), 1504.

[19] H. Minkowski: Raum und Zeit. Physikalische Zeitschrift *10* (1909), 104-111.

[20] S.N. Bose: Plancks Gesetz und Lichtquantenhypothese. Zeitschrift für Physik *26* (1924), 178-181.

[21] M. Planck: Physikalische Abhandlung und Vorträge. Friedr. Vieweg & Sohn, Braunschweig 1956; 3 Bde.

[22] Fünfzig Jahre Relativitätstheorie, Supplementum IV (1956); Helvetica Physica Acta.

[23] Schweizerische Hochschulzeitung *28* (1955); Sonderheft ETH 1855-1955.

[24] M. von Laue: Geschichte der Physik. Universitätsverlag Bonn 1947.

Michael Faraday – 150 years after the discovery of electromagnetic induction*

On August 29th, 1831 *Michael Faraday* discovered electromagnetic induction. He realized for the first time that a variable current in one circuit could induce a current in a second and isolated circuit. Since this discovery fills only a few lines in Faraday's Laboratory Note Book (his Diary, as he named it), and since this Diary has been published, under the patronage of *Sir William H. Bragg*, by the Royal Institution of Great Britain, it may be appropriate to quote the relevant passages verbatim: "Have had an iron ring made (soft iron), iron round and 7/8 inches thick and ring 6 inches in external diameter. Wound many coils of copper wire around one half, the coils being separated by twine and calico ..., will call this side of ring A. On the other side but separated by an interval was wound wire in two pieces together amounting to about 60 feet in length, the direction being as in former coils; this side call B."

"Made coils on B side one coil and connected its extremities by a copper wire passing to a distance and just over a magnetic needle. Then connected the ends of one of the pieces on A side with battery, immediately a sensible effect on needle. It oscillated and settled at last in original position. On breaking connection on A side with battery, again a disturbance of needle."

I rather doubt, whether I could convey to you my impression of the sophisticated simplicity of the experimental arrangement and of the precision of the observation and the leisure of the written report. Faraday built himself – what we now call – an electromagnetic transformer, consisting of an iron core, a primary coil A (in fact several) and a secondary coil B (in fact two). When he sends a current through the coil A a secondary current is induced in the coil B. But this secondary current lasts only for a moment. When the primary current is interrupted a secondary current of reversed direction is again induced in the coil B. This current too lasts only for a moment. The result was not exactly expected by Faraday. This I conclude from the care he takes to make sure that the magnetic needle after the first deflection settles in the original position. But the discovery

---

*Lecture in Geneva, February 22, 1982.

is perfect, the description – up to an overall sign, to which we shall return – complete. An official announcement seems indicated, a letter to the editor of the Philosophical Magazine due.

Nothing like this happens. The next entries in the Diary are from September 12th, two weeks later, and from September 24th, almost four weeks after the discovery. The explanation for this delay in the persuit of his research seems, in this case at least, trivial. We know from other sources that Faraday and his wife spent a good deal of the month of September in Hastings, at the coast to the south of London. However, judging from the Diary, Faraday worked very irregularly in his laboratory. There is not a single entry for the whole month of January 1831, there is one entry for March, April, May and November each, there are entries on three days in August and September each, on four days in July, on six days in February and October, on seven days in June, and on nine days in December. That adds up to a total of 42 days for the whole year, which Faraday spent (at least in part) experimenting. Of these 42 days 20 days went into the investigation of electromagnetic induction.

We better realize that Faraday worked at most parttime in research – or, as he would call it, in philosophy or as I will say: in natural philosophy. The Royal Institution of Great Britain, where Faraday was employed (with 18 months interruption between 1813 and 1815) from 1813 till 1862 was, despite its impressive and official name, a private enterprise, which survived by selling science to the upper class. It was founded by the legendary *Count Rumford* around the turn of the century, who certainly did have something else in mind; some kind of university or place of higher learning for intelligent people from the middle class, who had no access to Oxford or Cambridge. But his foundation quickly became a place for snobs, where they, the rich and the noble, could learn the most recent scientific gossip or discovery, provided they were willing to pay handsomly for it. A professor at the Royal Institution had to be an excellent lecturer, able to attract a crowd. *Thomas Young*, the inventor of wave-optics and the first decipherer of hieroglyphic writing, though unsurpassed as a scientist, did not fill a lecture room and had to resign. *Humphry Davy*, a man of great brilliance as a chemist (he discovered the alkali and earth-alkali metals, he recognized the elementary nature of chlorine) proved to be irresistible, especially to high-class ladies (as least as long as he stayed a bachelor). The financial basis of the Royal Institution was constantly shaky (the coal bill for the year 1816 could only be paid in 1818) until Faraday invented the *Friday Evening Discourses* in 1825. This was an affair for members, and every Friday evening (in winter and spring) at 9 p.m. they and their guests were informed, by lectures and demonstrations, about the most recent developments in science and technology. Faraday became the unsurpassed master of such demonstration lectures. One wonders whether his language still had a tinge of the proletarian accent of his childhood. It is clear that he regularly reported on his own discoveries, and this immediately after their publication in print. But he also reported on the discoveries of other philosophers. We are particularly interested to know that on January 26th, 1827 he gave a discourse on Arago's wheel, a subject which belongs to electromagnetism. He certainly prepared his own experiments for this lecture. We find, however, no trace of it in the Diary. But Faraday also covered such diverse subjects as Dr. Brown's discovery of what is now called Brownian motion, as the regeneration of planaria, recent mine explosions, the problem of how to build a tunnel under the river Thames etc. etc. Faraday was by far the most prominent lecturer in natural sciences of the whole Victorian era. Even members of the Court would flock to his lectures.

Besides the Friday Evening Discourses Faraday had introduced Lectures for a Juvenile Audience, which were attended by the Prince of Wales and the French pretender to the throne: le Comte de Paris. Faraday gave a total of 19 such Christmas lecture series.

There were of course also more professional courses going on at the Royal Institution, e.g. on Chemical Manipulations. Faraday condensed them into a book of considerable size, which appeared in 1827 in England and 1828 in a German translation, in Weimar.

Other ways for the Royal Institution to earn money were analytical chemistry (the analysis of salpeter, used for the production of gun powder, must have been especially profitable), scientific consulting in technological but also in forensic matters. Faraday was active in all of these domains.

All this may explain the relative infrequency of his entries into his laboratory note book.

I have referred to Faradays proletarian origin. He was born on September 22nd, 1791 in what was then Newington, Surrey and now is part of South-wark London, as the son of a blacksmith *James Faraday*. James, a victim of an economic recession in the wake of the French revolution, had sold his smithy somewhere in Yorkshire and had moved his family to the City, into dependence, poverty, illness and despair. He died, still a young man of 48, in 1809. His son Michael never had any formal eduction to speak of, with the exception of learning how to read and write. Judging from his later work, he never was taught geometry or mathematics nor did he ever have the desire to learn them.

The Faradays were a deeply religious family. They belonged to the *Sandemanian Church*, "a small and despised set of Christians" as Michael addressed them in later years. He remained an active, influential and honoured member of this congregation. The Sandemanians firmly believed in the Word of the Bible and in their Redeemer, and they objected to any interference of the State in Church matters. Since they knew that they were saved by Christ, they were joyful and left little room for pessimism. There can be no doubt that the Bible was the first and foremost book which the young Michael Faraday read. It stayed with him for all his life. His favorite part seems to have been the Book of Job. I am convinced that Faraday's philosophy in general, but also his philosophy of nature, was decidedly shaped by the Scripture. Of course the times were long past when a compendium on physics could appear in the form of a commentary of the book of Job. I refer to *Johann Jakob Scheuchzer's Jobi Physica Sacra* which appeared in 1721 in Zürich, seventy years before Faraday's birth. Of course, the conviction that the seemingly different forces of Nature were only different manifestations of one single supreme cause, was shared by many, also by uncritical thinkers at the time of Faraday. I have in mind philosophers like *Schelling*, physicists like *Ritter*, chemists like *Winterl*, whose system rested on two archetypal substances – Andronia and Thelyche – but I am referring also to *Kant* and to *H.C. Oersted*. This conviction was also shared by Faraday and was the main driving force of his research. With him it could hardly be the result of the influence of German "Naturphilosophie", because he never read German. It was, however, in consonance with the words, which Jehova is supposed to have said to Job. Faraday may have been the last philosopher of natural science for whom research was still a way to worship a personal God in his creation. Isaac Newton had been one of the first. A note by Faraday's Successor as Director of the Laboratory of the Royal Institution, *John Tyndall*, may to some extent corroborate my statement. Tyndall writes in his diary: "I think that a good deal of Faraday's weekday strength and persistency might be referred to his Sunday Exercises. He drinks from a fount on Sunday which refreshes his soul for the week."

John Tyndall was an agnostic, a product of the upper class, without much imagination, and probably more typical of the average physicist of the 19th century than Faraday.

At the age of 13 Michael entered into the service of the bookbinder and bookseller *George Riebau*, first as an errand boy, later as a bookbinder's apprentice. With George Riebau we meet the first of a series of French emigrés, refugees of the Great Revolution, who played a significant role in Faraday's development – and in the cultural life of the host-country. Other names which come to mind are the *Marcet*'s. Mrs *Jane Marcet*'s book "Conversations sur la chimie" (or its English translation) introduced Faraday to the revolutionary ideas of *Sir Humphry Davy*, her husband *Alexandre Marcet* was a friend of Faraday's of *Gaspard de la Rive*'s, and of his son *Auguste* to whom the *Bibliothèque Publique et Universitaire de Genève* owes its treasure of letters by Faraday. Faraday took drawing lessons from a *Mr. Masquerier*, yet an other emigrant from France.

The story of how the journeyman-bookbinder Michael Faraday became Sir Humphry Davy's assistant in the Laboratory of the Royal Institution has been so often told that I can pass it over. But I cannot refrain from mentioning the "Grand Tour of the Continent" on which Sir Humphry and his newly wed Lady Jane, embarked in 1813, in the middle of the Napoleonic wars, because Faraday joined them as Sir Humphry's scientific assistant and as his personal servant. The trip to France, Italy, Switzerland and Geneva was disappointing but educational from the human side: Mrs Davy was disappointed by Mr Davy's male servant

Michael, and made life miserable for him. The trip was, however, a wonderful education in natural philosophy. Faraday gained access to all the big laboratories on the itinerary. He met here in Geneva Gaspard de la Rive, who accepted him as his equal and invited him to have his meals at the masters table. But to this Lady Jane objected and Faraday had to get his food with the servants.

After this "excursion" into the historical and cultural background, let me now return to the 24th of September 1831, the first day of laboratory work after the vacations in Hastings. Faraday worked hard, without success. His principal aim was to find an induced current without the need of an iron core. His galvanometric device was, as we know today, simply not sensitive enough. Finally, as it seems, in dispair he repeats the experiments of August 29th. They still work, and electromagnetic induction certainly exists. Faraday closes the day triumphantly by the discovery of a novel kind of induction: the "conversion of (permanent) Magnetism into Electricity". This is a copy of his marginal sketch: L is one of

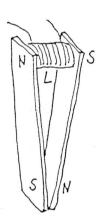

the coils with an iron core. The leads go to the galvanometric arrangement. The long bars are permanent magnets. "Every time the magnetic contact at N or S was made or broken there was a magnetic motion at the indicating helix, the effect being as in former cases not permanent, but a mere momentary push or pull." The indicating helix was a flat helix which acted on a magnetic needle. Faraday's final entry of the day reads: "34. Perhaps might heat a wire red hot here – try with Marshes magnet."

John Marsh was a chemist at the Royal Academy of Woolwich and evidently in possession of a large permanent magnet.

The logic of this last remark is evident. An electric current produces many different effects: magnetic action, heat, light, chemical action, sparks, physiological action on the skin, on the tongue, in the eye etc. etc. All Faraday had seen of his new kind of current was the magnetic action. In order to prove that electromagnetically induced electricity was identical with e.g. galvanic electricity, all the other effects had to be verified; and they were verified by Faraday in due course.

We have no time to go in detail through the many experiments of the months of October and November 1831. On the 24th of November, finally Faraday was ready to announce his discovery at the meeting of the Royal Society. The corresponding paper appeared in the *Philosophical Transactions* sometime in April 1832. It carries the date November 1831 and has the title "Experimental Researches in Electricity. First Series".

Thus started the famous *Experimental Researches in Electricity*, which occupied Faraday for the rest of his life. He was almost exactly 40 years of age. In December 1851, at the age of 60 he published the 29th and last Series. The experimental researches in electricity are divided into 37 chapters and the chapters into 3242 paragraphs. The numbering of the paragraphs is continued until December 1854 when it closes with paragraph 3362. The final sentence reads: "I profess rather to point out the difficulties in the way of the views, which are at present somewhat too easily accepted, and to shake men's minds from their habitual trust in them; for, next to developing and expounding, that appears to me the most useful and effectual way of really advancing the subject: – it is better to be aware, or even suspect, we are wrong, than to be unconsciously or easily led to accept an error as right." To this we may add Faradays maxim: "Truth is much rather to arise from error than from confusion."

There is something disturbing about this First Series of the Experimental Researches in Electricity. Let me try to explain my misgivings. The paper has four chapters (denoted by the sign §), which carry the titles

§ 1. Induction of electric currents
§ 2. Evolution of electricity from magnetism
§ 3. New electric state or condition of matter
§ 4. Explication of Arago's magnetic phenomena

Chapter 3 has a footnote evidently written after November 24th 1831 and possibly as late as April of the next year. It reads: "This section having been read at the Royal Society and reported upon, and having also, in consequence of a letter from myself to M. Hachette, been noticed at the French Institute, I feel bound to let it stand as part of the paper; but later investigations (...) of the laws governing these phenomena induce me to think that the latter can be fully explained without admitting the electro-tonic state. My views on this point will appear in the second series of these researches. – M.F."

It is evident that Faraday, in April 1832, was no more satisfied with his theoretical views which he had expressed in November. What is less evident and possibly can be disputed and may even be wrong, is my claim that a significant rewriting of the paper must have occurred between December 26th 1831 and April 1832. What indication do I have for such a suspicion? There is a sign error in Faradays observations of August 29th. You remember Faraday's transformer with its A side and its B side. The observation Nr. 9 of August 29th claims: "The direction of the pole (of the magnetic needle) was, when the contact was first made, as if the helix round B was part of that at A; i.e. the electric currents in both were in the same direction; but when the contact with the battery was broken the motion of the needle was as if a current in the opposite direction existed for a moment."

As every theoretician knows signs are a matter of luck and chance. A persistent error in sign however – and this one lasted for several months – must indicate some preconceived notion, and this notion finds its expression in the "electrotonic state" of Chapter 3, as I will try to show.

When, in 1820, the news of H.C. Oersted's fundamental discovery of the deflection of the magnetic needle by the wire connecting the poles of a galvanic battery the "filum conjungens" became known at the Académie Royale in Paris, it met with general disbelief. Had'nt the great *Charles Augustin Coulomb* declared that there was no connection between the strong magnetic forces and the weak electric interactions. In addition: Oersted's effect would have been the first manifestation of a non central force, and its existence would distroy the accepted dogma that all of physics could be reduced to the action of central forces. But the resistance against Oersted could not be upheld; his experiment was within reach of anybody: voltaic cells were common and magnetic needles ubiquitous. Only one week after *François Arago*'s announcement, *Ampère* had repeated Oersted's experiment and even discovered that the galvanic battery itself, provided its poles were connected by a wire, would deflect the magnetic needle, as if it was part of the connecting wire. In addition he discovered that parallel connecting wires attracted, antiparallel wires repelled each other. He also advanced the idea that magnetism as a separate force of nature did not exist: that the magnetic phenomena were all caused by electrical currents. This was in a way a unification of two forces of nature, an unification by brutal *reduction*. It went very strongly against the philosophy of Faraday who aimed at a unification by *amplification* (if you allow me this ambiguous term). Unnecessary to expound that the French, following their great tradition in mathematical physics, successfully determined the quantitative laws of attraction and repulsion between current-elements and magnetic poles.

Faraday learnt about this new field of Electromagnetism (a word coined by A.M. Ampère) from Humphry Davy and his frequent visitor at the Royal Institution, *William Hyde Wollaston*. These two gentlemen made their own little experiments in the wake of Oersted's, and, as far as I can tell, very dilettantically at that. More important, *Richard Phillips*, a friend of Faraday's from the City Philosophical Society, who had just become the editor of the "Annals of Philosophy or Magazine of chemistry, mineralogy etc. etc." asked Faraday for a review article on this new and fashionable subject. Faraday accepted and wrote his "Historical Sketch of Electro-magnetism", which appeared anonymously in the Annals of Philosophy during the later part of the year 1821 and the spring 1822 in three instalments. In order to be up to his task Faraday went through the complete literature and reviewed those parts critically, which were accessible to his understanding. And we can be sure that he repeated and amplified every relevant experiment.

Above all, he read Oersted's own account, or rather the translation, which had appeared in the Annals previously. Already its original latin title is strange and provoking: "Experimenta circa effectum conflictus electrici in acum magneticam."

The *electrical conflict* is a specific state which builds up in and around a conducting wire which connects the poles of a galvanic battery. The connecting wire allows the conflict between the two poles to occur. Faraday, in his Historical Sketch interprets Oersted's view as follows: "When the two poles of such a battery or apparatus are connected by conductors of electricity, the battery is discharged; that is the tension of electricity at the poles is lessened, and that according as the conducting power of the substance is more or less. Good conductors, as the metals, discharge it entirely and instantly; bad conductors, with more or less difficulty; but as the instrument has within itself the power of renewing the first state of tension on the removal of the conducting medium, and that in a very short space of time, it is evident that the connecting substance is continually performing the same office during the whole time of its contact that it did at the first moment, and this whether it be a good or a bad conductor; ...." According to this view the connecting wire was in an oscillatory state of a highly dynamical conflict and it was the conflict which brought about the different effects as the production of heat, or of radiant energy, or (most visibly) the electrical arc, or the magnetic action etc. etc.

We find it difficult today to sympathize with a time which refused the elementary notion of electric current as simple transport of electricity. But we better get used to the fact, that Faraday always remained sceptical. He prided himself with the following statement:[1]

"517. *Judging from the facts only*, there is not as yet the slightest reason for considering the influence which is present in what we call the electric current ...as a compound or complicated influence. It has never been resolved into simpler or elementary influences, and may perhaps best be conceived as *an axis of power having contrary forces, exactly equal in amount, in contrary directions.*"

This strange concept or definition, which comes from the same man, who discovered the quantitative laws of electrolysis is even *part* of a paper on electrochemical decompositions.

It might seem astonishing that Faraday never (to my knowledge) applied Ohm's law. Ohm's law was formulated and experimentally verified in 1826. It was assimilated without resistance by such antiphilosophical, clearheaded people like *Carl Friedrich Gauss* and *Wilhelm Weber*, it was, however violently combatted by the "Naturphilosophen" followers of *Schelling*, who judged it much too

---

[1](ERE Nr 517, June 1833)

mathematical to be of any relevance in physics, and it was completely ignored outside Germany until about 1840, when *Georg Simon Ohm* suddenly rose from obscurity to fame. He received the Royal Society Copley Medal in 1841.

In his *Historical Sketch* Faraday had to come to terms with *André Marie Ampère*, whom he knew of course personally from his Tour of Europe. The man, his way of thinking and of experimenting, disturbed him deeply. He was in almost every respect his opposite: he had grown up in a well-to-do family – until the Great Revolution had sowed disaster – he was educated, he knew his Euclid and his Euler, he made use of his mathematics, his experimental arrangements "...appear from the plates and description published to be very delicate, ingenious and effectual" (Historical Sketch, p. 276), and his conclusions did not inspire confidence. Faraday distrusted him deeply.

You have here in Geneva a letter from Faraday to Gaspard de la Rive, who was also a friend of Ampère's, dated Royal Institution September 12th, 1821, which contains the following revealing passage:

"You partly reproach us here with not sufficiently esteeming Ampère's expts. on Electro-magnetism. I hope and trust that due weight is allowed to them. But these, you know, are few and theory makes up the great part of what M. Ampère has published, and theory in a great many points unsupported by experiments, when they ought to have been adduced. At the same time M. Ampère's experiments are excellent & his theory ingenious and for myself I had thought very little about it before your letter came, simply because being naturally sceptical on philosophical theories, I thought there was a great want of experimental evidence."

And to A.-M. Ampère he writes on September 3rd 1822: "I am unfortunate in want of mathematical knowledge and the power of entering with facility into abstract reasoning. I am obliged to feel my way by facts closely placed together, so that it often happens (that) I am left behind in the progress of a branch of science, not merely from the want of attention, but from the incapability I lay under of following it, notwithstanding all my exertions."

You see, Faraday at the age of 31 had excellent insight into his situation and was in no need of psychoanalysis.

Faraday objected primarily to Ampère's brutal reduction of magnetism to electricity. If in fact the magnetic properties of a loadstone were produced by electric currents, these currents had the singular property of manifesting themselves exclusively by their magnetic action. They didn't produce heat, or radiant energy, or chemical action, let alone physiological effects. In other words, Ampère's hypothesis was "theory in a great many points unsupported by experiments", when these experiments would have been most welcome. Still Faraday was sufficiently impressed by the similarity between a cylindrical helix connecting the poles of a galvanic battery and a bar magnet that he made, in September 1821, careful observations on the subtle differences between the two.

One conclusion from Ampère's theory, however, seemed rather inevitable: either there were permanent currents in the iron molecules and these were *oriented* by a magnetizing external current, or the external currents would *induce* currents in the body of iron, currents which for some reason or other do not decay. It seems that Faraday was inclined towards the second possibility. But then the induced current must have the *same* direction as the inducing current.

The Diary reports on experiments from November 28th 1825: "Experiments on induction by connecting wire of voltaic battery ...

Expt. I. The poles connected by a wire about 4 feet long, parallel to which was another similar wire separated from it only by 2 thicknesses of paper. The ends of the latter wire attached to galvanometer exhibited no action.

Expt. II. The battery poles connected by a silked helix – a straight wire passed through it and its ends connected to the galvanometer – no effect.

Expt. III. The battery poles connected by a straight wire over which was a helix, its ends being connected with the galvanometer – no effect.

... could not in any way render any induction evident from the connecting wire."

Note that the connection with the galvanometer was made *after* the connection of the primary conductor with the battery had been established. A constant current in the secondary wire was expected – and such a constant current would have the direction of the primary current.

How does the *electrotonic state* fit into this expectation? We read in § 60 of the Experimental Researches in Electricity.

"60: Whilst the wire is subject to either volta-electric or magneto-electric induction, it appears to be in a peculiar state; for it resists the formation of an electric current in it, whereas if in common condition, such a current would be produced, and when left uninfluenced it has the power of originating a current, a power which the wire does not possess under common circumstances. ... I have, after advising with several learned friends, ventured to designate (this state) as the *electro-tonic state*."

The following vague picture thus emerges: if the primary wire is connected to the battery, immediately a secondary current of the same direction is induced. Quasi simultaneously the secondary wire is subjected to the electrotonic state, which suppresses the induced current. If the connection of the primary wire with the pole of the battery is interrupted, the electrotonic state decays and a pulselike electric current of opposite direction to the first is induced. The existence of an electrotonic state makes sense only in connection with the erroneous sign in the law of induction. If the correct law is recognized, the necessity of this new state of matter fades. Our interpretation is confirmed by a letter of Faraday to Richard Phillips, written in Brighton on November 29th 1831, where we read:

"I. When an electric current is passed through one of two parallel wires, it causes at first a current in the same direction through the other, but this induced current does not last a moment, notwithstanding the inducing current (from the voltaic battery) is continued; all seems unchanged, except that the principal current continues its course. But when the current is stopped, then a return current occurs in the wire under induction, of about the same intensity and momentary duration, but in the opposite direction to the first formed. Electricity in currents therefore exerts an inductive action like ordinary electricity, but subject to peculiar laws. The effects are a current in the same direction when the induction is established; a reverse current when the induction ceases, and a *peculiar state* in the interim." This peculiar state is the electrotonic state.

This letter was written after the paper for the Philosophical Transactions had been finished, because Faraday writes about his stay in Brighton: "We are here to refresh. I have been working and writing a paper, that always knocks me up in health, but now I feel well again."

He finishes the letter with a theory of "Arago's phenomena of the rotating magnet or copper plate" i.e. the torque, which a rotating copper disk exerts on a magnetic needle, suspended on its axis of rotation. He ends in a slightly ironical touch by saying: "It is quite comfortable to me to find that experiment need not

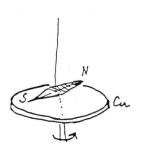

quail before mathematics, but is quite competent to rival it in discovery; and I am amazed to find that what the high mathematicians have announced as the essential condition to the rotation – namely, that time is required, – has so little foundation." I do not know how Faraday felt, when he finally noticed his error. We find for December 8th 1831 the following statement in his Diary:

"190. I have got my apparatus at home to act and have been making precise observations upon the *directions* of the currents, etc., for in former notes there is much confusion from North end and North Pole etc. etc."

"193. ...therefore the electric current induced on making contact is the reverse or contrary in direction to the inducing current ..." and

"194. On breaking the voltaic contact ...the induced current is the same as the inducing current." Things were still not yet definitely settled. The Diary says for the next day, December 9th 1831:

"209. To-day went still more generally to work, for some of former directions only partial, and obtained I think very satisfactory and reconciling results."

Whether settled or not, the observations Nr. 193 and Nr. 194 were confirmed. Finally on December 26th 1831, about one month after the First Series of the Experimental Researches in Electricity had been handed in, we find the experiment in which a current is induced by the relative motion of two wires, of which one carries a current and the other is connected to a galvanometer. The experiment is reported in the printed paper. The conclusion reads:

"219. As the wires approximated, the induced current was in the *contrary* direction to the inducing current. As the wires receded, the induced current was in the *same* direction as the inducing current. When the wires remained stationary, there was no induced current."

The final revision of the printed paper therefore cannot have occurred before December 26th and possibly did occur considerably later. It was probably slightly incorrect, not to mention these changes in the final version; incorrect but excusable. Whether the corrections delayed the publication cannot be decided. In a note, added in April 1832 Faraday complains about the "long period which has intervened between the reading and the printing" of the paper. The delay, however, allowed a disagreable sequence of events to happen. In *March* 1832, Faraday had the pleasure to read an article in " The Literary Gazette; and Journal of Belles Lettres, Arts, Sciences etc." which reported on the work of two gentlemen from Florence one *Vicenzo Antinori* and one *Leopoldo Nobili* who, as claimed by the journal, had anticipated Faradays discovery of electromagnetic induction. Their publication in the "Antologia; giornale di scienze lettere et arti" had appeared in November already. Faraday was very upset. He wrote an angry letter to the Gazette. The letter ends with the statement:
"Excuse my troubling you with this letter, but I never took more pains to be quite independent of other persons than in the present investigation; and I have never been more annoyed about any paper than the present by the variety of circumstances which have arisen seeming to imply that I had been anticipated."
What was "the variety of circumstances"? As we remember, Faraday had written a letter to his friend *Jean Nicolas Pierre Hachette* describing his discovery. This had happened on December 17th, at a time when Faraday already knew *the correct qualitative law of induction*. Hachette read a translation of this letter, without authorization, to the "Académie Royale des Sciences" at its meeting on December 26th 1831. The content found its way to the journal "Le Lycée", where it appeared on the 29th of December. It was this article in the Lycée which put the two gentlemen from Florence on the scent. They set to work and they worked fast. By January 31st their paper was ready. They did mention Faraday. They claimed to have repeated, improved, corrected and greatly amplified his

experiments. The issue of the Antologia appeared in February or March 1832. By a mistake of the printer it carried the date November 1831. By some kind of miracle a French translation of the article appeared in the December issue of the "Annales de Chimie et de Physique", which also carried Hachette's translation of Faraday's letter. Faraday felt strongly that both his honour and his fame were at stake. He wrote an extensive letter to *Gay-Lussac*, the editor of the Annales. He had the Italian article translated into English and published in the Philosophical Magazine, provided, however, with a commentary and footnotes in which he pointed out the errors and mistakes of the authors and rectified their claims to priority.

Faraday, who is often described as kind and soft, proved himself to be of solid stuff. He defended himself so gallantly that henceforth nobody tried to steal from him again.

Dates Michael Faraday

1791	Family moves from Outgill, Yorkshire to Newington, Surrey, 22nd September, Michael born
1796 (ca.)	Family moves to Jacobs Well Mews, London
1804–1812	Michael with George Riebau
1809	Father of Michael Faraday dies
1813–1862	Michael Faraday at Royal Institution, from 1825 on as Director of the Laboratory
1813–1815	Grand Tour of the Continent (assistant of Sir Hamphry Davy)
1814	August – September in Geneva
1821	Michael Faraday marries Sarah Barnard
1862	Michael Faraday moves to Hampton Court
1867	25th August, Michael Faraday dies.

Das Wesen von Materie und Kraft;
Emil du Bois-Reymonds Weltmodell*

Dem Ursprung des Mechanistischen Materialismus von Emil du Bois-Reymond wird bis in dessen Jugendjahre nachgegangen: er entstand aus der Ablehnung der Romantischen Naturphilosophie. Die Ablösung der mechanistischen Physik durch eine Feldtheorie wird, ausgehend von M. Faraday, bis in die Gegenwart verfolgt.

(The Nature of Matter and Force: Emil du Bois-Reymond's World Model.) Emil du Bois-Reymond's materialistic-mechanistic world view and his rejection of the German romantic "Naturphilosophie" are analyzed. A sketch of the development of Field-Theory starting with M. Faraday is given.

1. Einleitung

Der Berliner Physiologe Emil Heinrich du Bois-Reymond (1818–1896), Bruder des heute vielleicht bekannteren Mathematikers Paul David Gustav du Bois-Reymond (1831–1889), war der Sohn des aus dem damals noch preussischen Neuchâtel (Schweiz) nach Berlin ausgewanderten Félix Henri du Bois-Reymond und der Minette geb. Henry, die der französisch-hugenottischen Kolonie der preussischen Hauptstadt angehörte. Im Unterschied zu seinem Lehrer Johannes Müller, der forschend und sammelnd fast alle Gebiete der biologischen Wissenschaft gefördert hat, konzentrierte sich Emil du Bois auf die Untersuchung der elektrischen Muskel- und Nervenströme. Sein Werk über "Thierische Elektrizität" (in Abteilungen erschienen zwischen 1848 und 1884) erwarb ihm bedeutenden Ruhm.

Einer breiteren Öffentlichkeit bekannter wurde er aber durch seine zahlreichen akademischen Reden und öffentlichen Vorträge, in denen er oft mutig zu allgemeinen und aktuellen Fragen Stellung bezog. Zwei dieser Vorträge, die

*Vierteljahresschrift der Naturforschenden Gesellschaft in Zürich; 128/3: 145–165, (1983).

unüberschreitbaren Grenzen der Naturwissenschaften ausforschend, fanden in Zustimmung und Ablehnung besonderen Widerhall. Es sind dies der Vortrag "Über die Grenzen des Naturerkennens", gehalten am 14. August 1872 in der zweiten allgemeinen Sitzung der 45. Versammlung Deutscher Naturforscher und Ärzte zu Leipzig,[1] und derjenige über "Die sieben Welträtsel", gehalten am 8. Juli 1880 in der öffentlichen Sitzung der Königlichen Akademie der Wissenschaften zu Berlin zur Feier des Leibnizschen Jahrestages.[2] Sie dienten einer Ringvorlesung an der Universität Zürich im Wintersemester 1982/83 als Vorlage. Mir fiel es zu, die beiden ersten Welträtsel, über die du Bois schon 1872 sein beschwörendes "ignoramus et ignorabimus" ausgesprochen hatte, nämlich das vom "Wesen der Materie und der Kraft" und das vom "Ursprung der Bewegung" als Ausgangspunkt meiner Vorlesung wählen zu müssen – denn es fiel mir schwer, zu du Bois' gewählten Worten einen klaren Sinn in der modernen Naturwissenschaft zu finden.

Längst haben wir uns abgewöhnt, um bei der ersten Schwierigkeit zu bleiben, nach dem Wesen irgendeines Grundbegriffes zu fragen, zu genau haben wir erfahren, dass unsere ganze reduktive Gelehrsamkeit eine Beschreibung mit abstrakten und damit vieldeutigen Symbolen ist, die, wenn es hoch kommt, durch ein Netz von Axiomen eingeschränkt sind; ist doch schon der ehrwürdigste und einfachste Teil der Naturbeschreibung, nämlich die Euklidische Geometrie, unfähig, einen Punkt oder eine Gerade wesensmässig zu charakterisieren. Unsere Naturwissenschaften bleiben notwendig symbolische Konstruktionen, in denen wir mit im Grunde viel zu scharfem mathematischem Besteck an speziell präparierten Ausschnitten der Wirklichkeit unsere Sektionen durchführen. In diesem Sinn besteht du Bois' Behauptung zurecht: Über das Wesen von Materie und Kraft wissen wir heute nicht *mehr* als vor hundert Jahren. Diese Unkenntnis empfinden wir aber nicht als Beschränkung der Wissenschaft, denn in der Zwischenzeit haben wir ungemein viel Wesentliches über die Bausteine der Materie und ihre Dynamik hinzugelernt.

Kommen wir zum zweiten Rätsel vom Ursprung der Bewegung. Auch hier fällt es uns schwer, innerhalb einer Theorie, welche die Lehre von der Schwerkraft umfasst, statische Lösungen nicht kennt, die Ruhe also nie gestattet, in den Worten einen Sinn zu finden. Doch weist du Bois wohl eher auf eine Beschränktheit unserer Naturerklärung hin – welche in seiner verwirrten Weise schon Hegel bei Newton beanstandet hatte[3] – und die allerdings von grundsätzlicher Bedeutung ist.

---

[1]Emil du Bois-Reymond, Reden, hg. von Estelle du Bois-Reymond, Leipzig 1912, Bd. I (im folgenden zitiert als "Reden I"), S. 441-473.

[2]Emil du Bois-Reymond, Reden, hg. von Estelle du Bois-Reymond, Leipzig 1912, Bd. II (im folgenden zitiert als "Reden II"), S. 65-98.

[3]G.W.F. Hegel, System der Philosophie, Zweiter Teil. Die Naturphilosophie, Stuttgart 1958, S. 125: "Die Bedingungen, welche die Bahn des Körpers" (Planeten) "zu einem bestimmten Kegelschnitte machten, sind in der analytischen Formel *Constanten*, und deren Bestimmung wird auf einen *empirischen* Umstand, nämlich eine besondere Lage des Körpers in einem be-

Die moderne Naturwissenschaft ist nicht imstand, das Tatsächliche zu erklären. Sie kann es nur in eine Mannigfaltigkeit von Möglichkeiten einbetten. In anderen Worten: neben das Gesetzmässige tritt ein Zufälliges etwa in der Gestalt von (frei wählbaren) Anfangsbedingungen zu *einer Zeit*, und erst die beiden zusammen gestatten die Berechnung der Zustände für alle anderen Zeiten. Unsere Begeisterung gilt im allgemeinen den Naturgesetzen. Nur in ihnen, so scheint uns, offenbart sich eine volle Schönheit und Symmetrie der Natur. Die rauhe Wirklichkeit bricht Schönheit und Symmetrie.

Dieser Sachverhalt hat eine sehr ernsthafte Folge. Wenn die Erscheinungen die wahre Symmetrie der Naturgesetze nur verzerrt, oft bis zur Unkenntlichkeit verzerrt widerspiegeln, dann ist die induktive Erschliessung dieser Symmetrie eine äusserst schwierige Aufgabe, deren Lösung aber vordringlich ist: denn ohne ihre Kenntnis ist das Erfinden des richtigen Naturgesetzes nahezu aussichtslos, mit ihrer Kenntnis aber, sowie wir die Sache heute begreifen, mehr nur eine mathematisch-technische Angelegenheit. Ein wesentlicher Teil der modernen Grundlagenforschung kann als die Anstrengung, die wahre Symmetrie der Natur aufzufinden, verstanden werden. Dabei hilft uns die Mathematik des 19. Jahrhunderts entscheidend, denn sie hat, durch das Genie von Evariste Galois (1810-1831), im Gruppenbegriff den eigentlichen algebraischen Kern der Symmetrie erfasst und, 1894, durch Elie Cartan (1869-1951) die vollständige Klassifizierung der (einfachen, kontinuierlichen) Symmetrien erreicht.

Kraft und Ohnmacht der modernen Naturwissenschaften sind trefflich von Pierre Simon Marquis de Laplace (1749-1827) im "Essay philosophique sur les probabilités" in den Worten beschrieben:[4]

"Nous devons donc envisager l'état présent de l'univers, comme l'effet de son état antérieur, et comme la cause de celui qui va suivre. Une intelligence qui pour un instant donné, connaîtrait toutes les forces dont la nature est animée, et la situation respective des êtres qui la composent, si d'ailleur elle était assez vaste pour soumettre ces donnés à l'analyse, embrasserait dans le même formule les mouvements des plus grands corps de l'univers et ceux du plus léger atome: rien ne serait incertain pour elle, et l'avenir comme le passé, serait présent à ses yeux."

Wir haben hier die Beschreibung dessen, was du Bois den Laplaceschen Geist nennt, und diese Intelligenz, die sich von der menschlichen nur durch den Grad und nicht in der Qualität unterscheidet – wie uns du Bois und Laplace glauben machen –, ist das ideale Hilfsmittel, mit dem der Berliner Physiologe die Un-

---

stimmten Zeitpunkte, und die zufällige Stärke eines *Stoßes*" (Impulses) "den er ursprünglich erhalten haben sollte, zurückgeführt; so daß der Umstand, welcher die krumme Linie zu einer Ellipse bestimmt, außerhalb der bewiesen seyn sollenden Formel fällt, und nicht einmal daran gedacht wird, ihn zu beweisen." Im übrigen enthält der §270 viel Unsinniges, worauf auch gelegentlich Otto Neugebauer (unpubliziert) hingewiesen hat.

[4]Le Marquis de Laplace, Essai philosophique sur les probabilités, 5ème éd. Paris 1825, S. 3f.

lösbarkeit seiner Rätsel beweisen will. Uns Modernen kommt er vor wie eine geistlose Rechenmaschine von unvorstellbarer Grösse.[5]

Wir empfinden die von den exakten Naturwissenschaften vollzogene Aufspaltung des Seienden in ein Zufälliges, die Anfangsbedingungen, und ein Gesetzmässiges, die Entwicklungsgleichungen, als einen Verzicht in der Erklärung des Tatsächlichen und als den Preis, den wir für strenge Naturgesetze zu entrichten haben.

Und hier könnte und sollte ich vielleicht meinen Vortrag schliessen, denn alles, was nun folgt, hängt nur mittelbar mit den beiden Rätseln zusammen. Aber Emil du Bois-Reymond hat uns in einem Brief an Eugen Dreher vom 3. Oktober 1889 die Absicht seiner Vorträge wesentlich erläutert:[6]

"Die "Grenzen des Naturerkennens" sowohl wie "Die sieben Welträthsel", und Alles, was ich sonst in diesem Sinne geschrieben habe, gehen aus von dem Grundbestreben, die Welt mechanisch zu begreifen, und sofern das nicht gelingt, den unlösbaren Rest des Exempels bestimmt und klar auszusprechen. Dies glaube ich für meinen Theil befriedigend geleistet zu haben und komme damit zu einem Ruhepunkte des Denkens, ähnlich dem eines Mathematikers, welcher die Unmöglichkeit der Lösung einer Aufgabe bewiesen hat. Um die metaphysischen Konzepte, welche man ersinnen kann, um dem erwähnten Reste dennoch beizukommen, kümmere ich mich nicht, weil das mechanische Verständniß mir als die einzige wahrhaft wissenschaftliche Denkform erscheint."

Diese Erklärung gibt uns das Recht, auch das Weltmodell, mit dem der Laplacesche Geist seine prognostischen und anamnestischen Kunststücke zustande bringt, in unsere Diskussion einzuschliessen.

2. Emil du Bois-Reymonds Weltmodell

Du Bois sagt uns einleitend darüber:[7] "Naturerkennen – genauer gesagt naturwissenschaftliches Erkennen oder Erkennen der Körperwelt mit Hilfe und im Sinne der theoretischen Naturwissenschaft – ist Zurückführen der Veränderungen in

---

[5]Es ist merkwürdig, dass dieser Laplacesche Geist für Berlin eine Vorliebe zeigt: am 17. Februar 1923 erscheint er erneut, beschworen durch Max Planck anlässlich eines öffentlichen Vortrages zum Thema Kausalgesetz und Willensfreiheit, diesmal allerdings als eine Intelligenz, welche die Motive eines Menschen so in alle Einzelheiten kennt, dass er dessen Handlungen genau voraussagen kann. (Max Planck, Wege zur physikalischen Erkenntnis, Leipzig 1933, S. 87-127, besonders S. 118)

Sowohl Emil du Bois-Reymond als auch Max Planck waren "beständige Sekretäre" der Physikalisch-Mathematischen Klasse der Preussischen Akademie der Wissenschaften, du Bois seit 1867 und Planck seit 1912. Beide waren natürlich auch Mitglieder der Berliner Physikalischen Gesellschaft. Unter du Bois' Präsidium hielt Planck dort 1890 seinen ersten Vortrag, der vom Vorsitzenden wenig freundlich kommentiert wurde. (Max Planck, Persönliche Erinnerungen an alte Zeiten, Die Naturwissenschaften [1946], S. 233.)

[6]Eugen Dreher, Die Grundlagen der exakten Naturwissenschaften, Dresden 1901, S. 114f.

[7]Emil du Bois-Reymond, Reden I, S. 441f.

der Körperwelt auf Bewegungen von Atomen, die durch deren von der Zeit unabhängige Zentralkräfte bewirkt werden, oder Auflösen der Naturvorgänge in Mechanik der Atome. Es ist psychologische Erfahrungstatsache, daß, wo solche Auflösung gelingt, unser Kausalbedürfnis vorläufig sich befriedigt fühlt. Die Sätze der Mechanik sind mathematisch darstellbar, und tragen in sich dieselbe apodiktische Gewißheit, wie die Sätze der Mathematik. Indem die Veränderung in der Körperwelt auf eine konstante Summe von Spannkräften und lebendigen Kräften, oder von potentieller und kinetischer Energie zurückgeführt werden, welche einer konstanten Menge von Materie anhaften, bleibt in diesen Veränderungen selber nichts zu erklären übrig.

Kants Behauptung in der Vorrede zu den "Metaphysischen Anfangsgründen der Naturwissenschaft", "daß in jeder besonderen Naturlehre nur soviel *eigentliche* Wissenschaft angetroffen werden könne, als darin *Mathematik* anzutreffen sei" – ist also vielmehr noch dahin zu verschärfen, da ss für Mathematik Mechanik der Atome gesetzt wird."

Man sieht, du Bois hat sich nicht nur einem materialistischen, sondern spezieller einem materialistisch-mechanistischen Weltbild verschrieben: die Welt ist ihm ein mechanisches System aus Massenpunkten, die mit Zwei-Körper-Zentralkräften aufeinander wirken.

Nun war die mechanische Naturauffassung im letzten Viertel des vergangenen Jahrhunderts durchaus nicht unbestritten. Da gab es schon die Feldtheorie, begründet durch Michael Faraday (1791-1867), dessen Lebenswerk 1872 längst abgeschlossen vorlag, und James Clerk Maxwell (1831-1879), der diese Theorie vollendete, war auch schon tot, als du Bois seine sieben Welträtsel erläuterte. Maxwells Theorie wurde in Berlin durchaus ernst genommen, denn in Hermann von Helmholtz' Laboratorium bemühte sich 1871 der 27jährige Ludwig Boltzmann (1844-1906), die aus dieser Theorie begründete Beziehung zwischen dem optischen Brechungsindex und der Dielektrizitätskonstanten durch Messung zu prüfen.[8] Weiter wurde im selben Jahr 1871 die mechanische Naturauffassung generell von gänzlich anderer Seite durch den 33jährigen Ernst Mach (1838-1916) kritisiert. Sein Vortrag vom 15. November 1871 über "Die Geschichte und Wurzel des Satzes von der Erhaltung der Kraft", gehalten in der k. Böhm. Gesellschaft der Wissenschaften in Prag, enthält das Bekenntnis:[9] "Ich glaube hiemit gezeigt zu haben, daß man die Resultate der modernen Naturwissenschaft festhalten, hochschätzen und auch verwerthen kann, ohne gerade ein Anhänger der mechanischen Naturauffassung zu sein, daß die mechanische Anschauung nicht nothwendig ist zur Erkenntniß der Erscheinungen und ebenso gut durch eine andere

---

[8]Ludwig Boltzmann, Wissenschaftliche Abhandlungen, hg. von Fritz Hasenöhrl, Leipzig 1909, Bd. I, S. 403-409, besonders S. 407f., wo auf J. Clerk Maxwell "A dynamical theory of the electromagnetic field", Trans. Roy. Soc. London 1865, Part I, p. 459 hingewiesen wird.

[9]Ernst Mach, Die Geschichte und Wurzel des Satzes von der Erhaltung der Arbeit, Prag 1872, S. 30f.

Theorie vertreten werden könnte, daß endlich die mechanische Auffassung der Erkenntniß der Erscheinungen sogar hinderlich werden kann."

Dem fügt Mach seine Ansicht über wissenschaftliche Theorien überhaupt hinzu. Die Naturwissenschaften haben danach zwei Aufgaben, nämlich erstens die Zusammenfassung möglichst vieler Tatsachen in eine übersichtliche Form (etwa eine mathematische Gleichung) und zweitens die Zerlegung komplizierter Tatsachen in möglichst wenige und möglichst einfache. Diesen letzten Vorgang nennt er "erklären". Die einfachsten Tatsachen aber werden nicht weiter erklärt, sie blieben so unverständlich als wie zuvor.

Das du Boissche mechanistische Weltsystem war, wie wir sehen, in den siebziger Jahren des vorigen Jahrhunderts durchaus nicht unangefochten, und eigentlich war es schon seit H.C. Oersteds (1777-1851) Entdeckung von 1820 nicht mehr recht haltbar.

Nun ist bei Gelegenheit von akademischen Vorträgen das Neueste nicht eben zu erwarten. Aber du Bois äussert sich in diesem Punkt so bestimmt, dass seine Überzeugung aus einem lebhaften Erlebnis entsprungen sein muss. Eine sprachliche Wendung verrät uns den Ursprung: "die konstante Summe von Spannkräften und lebendigen Kräften" weist unmittelbar auf Hermann von Helmholtz' (1821-1894) berühmten Vortrag in der Physikalischen Gesellschaft zu Berlin am 23. Juli 1847 hin.

Sie führt uns richtig in den Kreis von Schülern des grossen Berliner Physiologen Johannes Müller (1801-1858): zu Ernst Wilhelm Ritter von Brücke (1819-1892) und Hermann von Helmholtz, deren Anführer und Ältester eben Emil du Bois-Reymond war. Dieser hatte schon im Winter 1840/1841 einen Naturforscher-Verein der Jungen zusammengebracht,[10] über dessen Fortkommen mir weiter nichts bekannt ist. Im Januar 1845 aber gründete er mit Gleichgesinnten die Physikalische Gesellschaft zu Berlin, welcher allerdings eine grossartige Zukunft beschieden war. Wir sind ihr eben aus Anlass von Helmholtz' Vortrag begegnet.

In dieser Jugend herrschte für Dinge der Wissenschaft ein aufrührerischer Geist, aus dem sich mehr und mehr eine Ablehnung der noch mächtigen Deutschen Naturphilosophie und ein Hinstreben zur mathematischen Physik kristallisierte. So heisst es in einem aus dem Mai 1842 datierten Brief von du Bois an Eduard Hallmann:[11] "Brücke und ich wir haben uns verschworen, die Wahrheit geltend zu machen, daß im Organismus keine andern Kräfte wirksam sind, als die gemeinen physikalisch-chemischen; daß, wo diese bislang nicht zur Erklärung ausreichen, mittels der physikalisch-mathematischen Methode entweder nach ihrer Art und Weise der Wirksamkeit im konkreten Fall gesucht werden muß, oder daß neue Kräfte angenommen werden müssen, welche, von gleicher Dignität mit den physikalisch-chemischen, der Materie inhärent, stets auf nur abstoßende oder

---

[10]Emil du Bois-Reymond, Jugendbriefe an Eduard Hallmann, hg. von Estelle du Bois-Reymond, Berlin 1918 (im folgenden zitiert als "Jugendbriefe"), S. 86.
[11]Emil du Bois-Reymond, Jugendbriefe, S. 108.

anziehende Componenten zurückzuführen sind."

Und am 10. Februar 1843 verteidigt du Bois bei seiner Promotion die These:[12] "In natura neque organica neque anorganica vires exstant quarum ultimae componentes non sint aut attrahentes aut repellentes."

Brücke ist Opponent, und in einem einstudierten Auftritt machte man sich über Lebenskraft[13] lustig.

Endlich tritt im Herbst oder Winter 1845 Helmholtz lebhaft in diesen Kreis, und du Bois schreibt um Weihnachten an Hallmann:[14] "Helmholtz' Bekanntschaft ist mir inzwischen zuteil geworden und hat mir in der Tat viel Freude gemacht. Dies ist (sauf la modestie) zu Brücke und meiner Wenigkeit der dritte organische Physiker im Bunde. Ein Kerl, der Chemie, Physik, Mathematik mit Löffeln gefressen hat, ganz auf unserem Standpunkt der Weltanschauung steht, und reich an Gedanken und neuen Vorstellungsweisen. – "

Eine organische Physik auf der Grundlage der Atommechanik mit Zentralkräften, die Übertragung der Himmelsmechanik auf die Lebensvorgänge, scheint das einstweilige Ziel des Triumvirates gewesen zu sein.[15] Man verzichtete dabei auf die Mithilfe der Chemie, denn dieser sprach man in der Nachfolge von Immanuel Kant den Charakter der Wissenschaft ab.[16] Man stellte sich bewusst gegen die Naturauffassung eines Johannes Müller und Justus Liebig (1803-1873), vor allem aber gegen die der grossen "Dichter und Denker", man bekannte sich zu Newton (1642-1727) und lehnte Goethes (1749-1832) Naturwissenschaft ab. Über dessen Farbenlehre hatte sich der 21jährige du Bois im Herbst 1839 bei Gelegenheit eines Besuches in Weimar schon lustig gemacht.[17] Jetzt bestritt man dem

---

[12]Emil du Bois-Reymond, Jugendbriefe, S. 113.

[13]Emil du Bois-Reymond, Jugendbriefe, S. 115.

[14]Emil du Bois-Reymond, Jugendbriefe, S. 122f.

[15]Dazu auch Emil du Bois-Reymond, Untersuchungen über Thierische Elektrizität, Bd. I, Berlin 1848, Vorrede, z.T. unter der Überschrift "Über die Lebenskraft" erneut abgedruckt und mit Anmerkungen versehen in Emil du Bois-Reymond, Reden I, S. 1-26.

[16]Hiezu als spätes Zeugnis aus der "Antwort auf die in der Leibniz-Sitzung der Akadamie der Wissenschaften am 29. Juni 1882 gehaltene Antrittsrede des Hrn. Hans Landolt" (Emil du Bois-Reymond, Reden II, S. 611): "Sie entwarfen, Hr. Landolt, ein scharf begrenztes, doch aussichtsreiches Bild von dem Gebiet der Chemie, dem Sie Ihre Arbeit widmen. Ja, im Gegensatz zur modernen Chemie kann man die physikalische Chemie die Chemie der Zukunft nennen."

Und später (S. 613): "Und doch gilt von dieser modernen Chemie auf ihrer stolzen Höhe noch, was Kant von der Chemie seiner Zeit sagte. Sie ist eine Wissenschaft, aber nicht Wissenschaft; in dem Sinne nicht, in welchem es überhaupt nur Wissenschaft gibt, nämlich im Sinne des zur mathematischen Mechanik gediehenen Naturerkennens. ··· Wissenschaft in jenem höchsten menschlichen Sinne wäre Chemie erst, wenn wir die Spannkräfte, Geschwindigkeiten, stabilen und labilen Gleichgewichtslagen der Teilchen ursächlich in der Art durchschauten, wie die Bewegungen der Gestirne."

Dieses Ziel ist heute durch die Quantenmechanik erreicht. Schon vor beinahe 60 Jahren hat P.A.M. Dirac erklärt: "quantum mechanics can explain most of the phenomena of physics and all of the phenomena of chemistry" (zitiert nach Philip M. Morse, John Clarke Slater, National Academy of Sciences of the USA, Biographical Memoirs Vol. 53, 1982, p. 310).

[17]Emil du Bois-Reymond, Jugendbriefe, S. 23f.

Naturforscher "das Recht, die Natur in ihren einfachsten geheimsten Ursprüngen, so wie in ihren offenbarsten, am höchsten auffallenden Schöpfungen, auch ohne Mitwirkung der Mathematik, zu betrachten, zu erforschen, zu erfassen."[18]

Der alternde du Bois hat uns in seiner Rektoratsrede von 1882 über "Goethe und kein Ende" die Tyrannei der Naturphilosophen unter dem Einfluss des Goetheschen Anti-Newtonismus lebhaft beschrieben, und er hat damit sein Postulat nach einer mechanistischen Naturbeschreibung als revolutionäre Tat erscheinen lassen.[19] Die Jugendbriefe sprechen eine etwas andere Sprache und berichten eher von einer allmählichen Abkehr von den *falschen Propheten*. Zweifellos aber war die Macht Goethes bedeutend und sein Hass gegen Newtons Geist abgrundtief. Auch hatte er in der Verfolgung seiner fixen Ideen über zwei fürchterliche Waffen verfügt: seine Wehleidigkeit und die Frauen des Grossherzoglichen Hofes. Aber eine ernste Bedrohung für die Newtonsche Physik hatten weder Hegel (1770-1831) noch Goethe dargestellt. Die Farbenlehre und Chromatik ist für uns, soweit sie sich gegen Newton richtet, in erster Linie ein Quell tiefsten Kummers, weil sie ihrem Erfinder unsägliche seelische Qualen verursacht hat. In dieser Hinsicht ist sie ein psycho-pathologischer Gegenstand.[20]

Die Himmelsmechanik im besonderen hatte in diesem Unfug der Naturphilosophie in Deutschland ihren eigenen Schutzgeist in der Gestalt des grossen Carl Friedrich Gauss (1777-1855), der von 1807 bis an sein Lebensende 1855 in Göttingen einen Lehrstuhl für Astronomie innehatte und dessen besondere Liebe der Bahnbestimmung der neuentdeckten Planetoiden galt. Dieses Gestirn erster Grösse aber konnte durch den Jenaischen und Weimarischen Nebel wohl nur undeutlich wahrgenommen werden. Gauss[21] kannte natürlich die "Dichter und

[18]J.W. von Goethe, "Über Mathematik und deren Missbrauch", Weimar, den 12. November 1826 (J.W. von Goethe, Werke II, Abteilung; Naturwissenschaftliche Schriften, Weimar 1890 u. f., Bd. XI, S. 78-95.)

[19]Emil du Bois-Reymond, Reden II, S. 157-183.

[20]Ein Blick auf das Register von J.W. von Goethe, Werke II. Abteilung; Naturwissenschaftliche Schriften, Weimar 1890 u.f., Bd. V² s.v. *Newton* wird jeden überzeugen und wird jeden Physiker den heutigen *Widerlegern der Relativitätstheorie* gegenüber milder stimmen. Sie sind von derselben unwandelbaren Überzeugung, *es besser zu wissen*, an der jeder Aufklärungsversuch abprallt, besessen. Nur das Wunder, zuweilen aus den Irrtümern vollendete Gedichte entstehen zu lassen, fehlt bei ihnen.

[21]Leider scheinen wir, was Gauss' Urteil über Goethes (und Schillers) Dichtung angeht, auf das Wenige bei W. Sartorius von Waltershausen, Gauss zum Gedächtnis, Leipzig 1856, p. 92f., angewiesen zu sein. An Gauss' Belesenheit in den Werken des Weimarers ist kaum zu zweifeln. So erinnert sich der 73jährigen auf der Suche nach dem Promotionsdatum seines Freundes H.C. Schumacher präzis an die Stelle in Goethes Tag- und Jahresheften, wo der Dichter seine Begegnung mit Schumacher in der *Krone* zu Göttingen 1801 beschreibt (Brief von Gauss an Schumacher vom 1. September 1850, Briefwechsel zwischen C.F. Gauss und H.C. Schumacher, herausgegeben von C.A.F. Peters, Bd. 6, Altona 1865, p. 105).

Ob Goethe die Existenz von C.F. Gauss zur Kenntnis genommen hat, ist mir unbekannt. Möglich, dass in frühen Jahren (bis 1806) seine schlechte Meinung über den väterlichen Gönner des Mathematikers, den Herzog Karl Wilhelm Ferdinand von Braunschweig-Lüneburg, wie sie in der "Campagne in Frankreich" zu lesen ist, der Neugierde nicht förderlich war.

Denker" und mag sich schon deswegen gehütet haben, einem Ruf nach Berlin zu folgen. Man kann sich ein kollegiales Verhältnis zu Hegel, dem "Professor der Professoren" (wie er sich selbst nannte), auch nur mit Mühe vorstellen. Das Verharren im Hannoveranischen, nach London orientierten, erzrückständigen Göttingen war ein Akt der Klugheit, der in Berlin nicht verstanden und nie verziehen werden konnte.

Welche Masse an strukturiertem Unsinn über Naturwissenschaften und Mathematik damals von deutschen Kathedern kaskadenartig herabgeströmt ist, liesse sich an Hegels Vorlesungen zur Naturphilosophie leicht illustrieren. Ich wähle als näherliegendes Beispiel Lorenz Okens (1779-1851) Lehrbuch der Naturphilosophie und zitiere nach Willkür aus der zweiten Auflage:[22]

"Geometrie

136. Die Sphäre mit ihren Attributen ist die Totalität der Zahlen, ist also eine rotierende Zahl. Das Universum ist dasselbe. In der Arithmetik wird die Quantität der göttlichen Positionen betrachtet, in der Sphäre aber die Richtung dieser Positionen, oder der Zahlenreihe.

137. Die Lehre von der Sphäre ist die Geometrie. Denn in der Sphäre sind alle Formen enthalten. Alle geometrischen Beweise lassen sich durch die Sphäre führen · · ·."

Ich gestehe, das Bewusstsein, dass Gauss und Oken fast gleichaltrige Zeitgenossen waren und sich zu Beginn des 19. Jahrhunderts in Göttingen vielleicht begegnet sind, erfüllt mich mit tiefer Verzweiflung über mein Unvermögen, die Kultur *eines* Ortes zu *einer* Zeit auch nur entfernt erfassen zu können. Denn unser Lorenz Oken war ein imponierender Mann, nicht nur, weil er der erste Rektor *dieser* Universität gewesen ist.[23] Er "war ein glänzender und ungemein geistig anregender Docent; er erregte in Jena für Naturgeschichte einen solchen Eifer, daß seine Vorlesungen

---

Gauss' Urteil über die Philosophen steht bündig in seinem Brief an Schumacher vom 1. November 1844 (loc. cit. Bd. 4, Altona 1862, p. 337). Es lautet auszugsweise: "Daß Sie einem Philosophen ex professo keine Verworrenheiten in Begriffen und Definitionen zutrauen, wundert mich fast. Nirgends mehr sind solche ja zu Hause, als bei Philosophen, die keine Mathematiker sind, und Wolf war kein Mathematiker, wenn er auch wohlfeile Compendien gemacht hat. Sehen Sie sich doch nur bei den heutigen Philosophen um, bei Schelling, Hegel, Nees von Esenbeck und Consorten, stehen Ihnen nicht die Haare bei ihren Definitionen zu Berge. Lesen Sie in der Geschichte der alten Philosophie, was die damaligen Tagesmänner Plato und andere (Aristoteles will ich ausnehmen) für Erklärungen gegeben haben. Aber selbst mit Kant steht es oft nicht besser; seine Distinction zwischen analytischen und synthetischen Sätzen ist meines Erachtens eine solche, die entweder nur auf eine Trivialität hinausläuft oder falsch ist." (Gemeint ist oben offenbar Christian Freiherr von Wolff [1679-1754], Allgemeine Deutsche Bibliographie, Bd. 44, Leipzig 1898, S. 12-28).

[22]Lorenz Oken, Naturphilosophie, Zweyte umgearbeitete Auflage, Jena 1831, S. 30.

[23]Über Lorenz Oken orientiert vorzüglich Emil Kuhn-Schnyder, Lorenz Oken, Zürich 1980.

bald die besuchtesten an der Universität wurden."[24] Durch seine osteologischen Untersuchungen, genauer dadurch, dass er unabhängig zu einer Wirbeltheorie des Schädels gelangt war, geriet er mit Goethe in Konkurrenz. Dass er eine sehr liberale und politisch gar nicht neutrale bedeutende naturwissenschaftliche Zeitschrift, die Isis, gründete und herausgab, machte ihn bei der Obrigkeit suspekt. Aber ohne ihn hätte Emil du Bois seinen Vortrag über die Grenzen des Naturerkennens im gleichen Rahmen gar nicht halten können, denn auch die "Versammlung der deutschen Naturforscher und Ärzte" ist eine Gründung unseres Lorenz Oken, der am 18. September 1822, fünfzig Jahre vor du Bois' Ignoramus-Ignorabimus-Vortrag, zum ersten Mal in Leipzig 21 Naturforscher und Ärzte zur Versammlung begrüsste. Er schaffte damit für die deutsche Naturwissenschaft ein Organ des freien Kontaktes und des Erfahrungsaustausches nach dem Vorbild der Schweizerischen Naturforschenden Gesellschaft und ein Gegengewicht zu den geschlossenen Zirkeln der Akademien und Universitäten. Er fand Nachahmung durch die Gründung der English Association for the Advancement of Science[25] (1831) und deren amerikanischen Schwester AAAS.

Doch kehren wir zurück zu du Bois' mechanistischem Weltbild, das wir jetzt als Reaktion auf die damals herrschende naturphilosophische Schwärmerei verstehen. Seine höhere Weihe erhielt es erst am 23. Juli 1847 im schon erwähnten Vortrag von Helmholtz[26] "Über die Erhaltung der Kraft, eine physikalische Abhandlung". Mit dem Zusatz, scheint es, habe Helmholtz, damals Militärarzt im königlichen Regiment der Gardes-du-Corps, möglichen Missverständnissen vorbeugen wollen, denn die Generale, seine Vorgesetzten, kannten nur eine erhaltenswürdige Kraft, die ihrer Soldaten.[27] In Wirklichkeit handelt Helmholtz vom Energieprinzip, das er durch alle Erscheinungen hindurch verfolgt, so dass er seine Abhandlung mit den Worten schliessen kann:[28] "Ich glaube durch das Angeführte bewiesen zu haben, daß das besprochene Gesetz keiner der bisher bekannten Thatsachen der Naturwissenschaften widerspricht, von einer großen Zahl derselben aber in einer auffallenden Weise bestätigt wird. Ich habe mich bemüht, die Folgerungen möglichst vollständig aufzustellen, welche aus der Combination desselben mit den bisher bekannten Gesetzen der Naturerscheinungen

---

[24]Allgemeine Deutsche Bibliographie, Bd. 24, Leipzig 1887, S. 216 ff.

[25]Über die Vorgeschichte zur Gründung der British Association for the Advancement of Science und die Rolle, die Faraday dabei gespielt hat, orientiert: L. Pierce Williams, Michael Faraday, London 1965, S. 353-357. Siehe ausserdem Emil du Bois-Reymond, Reden II, S. 184-212. (Die Britische Naturforscherversammlung zu Southampton in Jahre 1882.)

[26]Hermann von Helmholtz, Über die Erhaltung der Kraft, eine physikalische Abhandlung, Berlin 1847.

[27]Emil du Bois-Reymond, Reden II, S. 524f.

[28]Hermann von Helmholtz, loc. cit., S. 72: Die Entschuldigung "wegen der hypothetischen Theile" erinnert daran, dass Poggendorff Helmholtz' Abhandlung weil "theoretisierend" als zur Publikation in den Annalen ungeeignet zurückgewiesen hatte. Durch du Bois' Vermittlung ist sie dann als gesonderte Schrift bei dessen Verleger G. Reimer erschienen. (Leo Koenigsberger, Hermann von Helmholtz, Bd. I, Braunschweig 1902, S. 70ff.)

sich ergeben, und welche ihre Bestätigung durch das Experiment noch erwarten müssen. Der Zweck dieser Untersuchung, der mich zugleich wegen der hypothetischen Theile derselben entschuldigen mag, war, den Physikern in möglichster Vollständigkeit die theoretische, praktische und heuristische Wichtigkeit dieses Gesetzes darzulegen, dessen vollständige Bestätigung wohl als eine der Hauptaufgaben der nächsten Zukunft der Physik betrachtet werden muß."

Diese Voraussage hat sich mehr als erfüllt: das Energieprinzip in allen seinen Aspekten auszuforschen, wurde eine der vornehmsten Aufgaben der Physik der zweiten Hälfte des 19. Jahrhunderts. Man staunt über das sichere Urteil und die umfassenden Kenntnisse des 26jährigen preussischen Militärarztes.

Wie aber steht es um die Begründung des Energiesatzes? Hierüber lesen wir in der Einleitung:[29] "Die Herleitung der aufgestellten Sätze kann von zwei Ausgangspuncten angegriffen werden, entweder vom Satze, daß es nicht möglich sein könne, durch die Wirkung irgend einer Combination von Naturkörpern auf einander in das Unbegrenzte Arbeitskraft zu gewinnen, oder von der Annahme, daß alle Wirkungen in der Natur zurückzuführen seien auf anziehende und abstoßende Kräfte, deren Intensität nur von der Entfernung der aufeinander wirkenden Puncte abhängt. Daß beide Sätze identisch sind, ist im Anfange der Abhandlung selbst gezeigt worden."

Das du Boissche atommechanische Modell ist also durch das Energieprinzip scheinbar vollständig festgelegt und vollkommen gerechtfertigt. Ich sage "scheinbar", weil kein heutiger Physiker die von Helmholtz behauptete Äquivalenz anerkennen könnte. Helmholtz' Scheinbeweis beruht auf zusätzlichen Annahmen, die das Resultat vorwegnehmen.

Vor allem aber ist Helmholtz' Durchführung von einer Seite her für Einwände weit geöffnet, und zwar beim Elektromagnetismus. Das ist auch ihm bekannt, und er erklärt uns:[30]

"Für jetzt ist noch keine Hypothese aufgefunden worden vermöge derer man diese Erscheinungen auf constante Centralkräfte zurückführen könnte." Das sollte auch in Zukunft so bleiben, und dadurch wurde du Bois' mechanistisches Weltmodell schliesslich gesprengt.

3. Die Ablösung des mechanistischen Weltmodells durch die Feldtheorie

Unter den vielen Entwicklungen der Wissenschaften, die das unvergleichliche 19. Jahrhundert auszeichnen, will uns heute die Ablösung des mechanistischen Weltbildes durch eine Feldtheorie als für die Physik am bedeutungsvollsten erscheinen. Wir verdanken sie in erster Linie Michael Faraday (1791-1867). Dieser

---

[29]Hermann von Helmholtz, loc. cit., S. 1. Vergleiche auch ibid. S. 10ff.

[30]Hermann von Helmholtz, loc. cit., S. 63.

grosse, bescheidene Mann, der sich seines eigenen Wertes wohl bewusst war, war auch ein persönlicher Bekannter von Emil du Bois-Reymond.[31] Zu Weihnachten 1851 besucht nämlich Faradays Freund und späterer Biograph Henry Bence-Jones (1814-1873) Berlin mit dem vorzüglichen Zweck, du Bois' Versuche zur tierischen Elektrizität, die auch Faraday aufgefallen waren, sich vorführen zu lassen. Die beiden Männer schlossen Freundschaft. Eine Einladung an die Royal Institution, wo Faraday wirkte, hatte der englische Gast wohl schon mitgebracht, nun forderte er seinen Gastgeber auf, auch in seinem Londoner Haus zu wohnen. In England verlobte sich Emil du Bois-Reymond mit seiner Cousine Jeanette Claude. Das Paar heiratete am 22. August 1853 und verbrachte die Flitterwochen in Bence-Jones' über den Sommer leerstehender Stadtwohnung im Londoner Westend. Bei solcher Intimität mit Faradays Vertrautem gab es genügend Gelegenheit zu Begegnungen mit dem Meister. Eine davon hat ein literarisches Zeugnis hinterlassen in der Gestalt eines anonymen Artikels von du Bois im Philosophical Magazine and Journal of Science.[32] Charakteristischerweise handelt es sich um den nicht ganz geglückten Versuch, Faraday über den Inhalt des Ohmschen Gesetzes aufzuklären.

Von Faradays Geist ist nicht viel auf du Bois übergegangen. Zwar, die offensichtlichen Erfolge des Engländers wurden bewundert und man hätte es ihm gerne nachgetan – oder ihn gar übertroffen.[33] Aber dort, wo er fleissig, gründlich,

---

[31]Zwei grosse Naturforscher des 19. Jahrhunderts. Ein Briefwechsel zwischen Emil du Bois-Reymond und Karl Ludwig, hg. von Estelle du Bois-Reymond, Leipzig 1927. Briefe von Emil du Bois-Reymond vom 17. Februar 1852 (S. 107), 2. August 1852 (S. 111), 26. November 1852 (S. 116), 9. Januar 1853 (S. 119), 15. November 1853 (S. 125), 19. Mai 1854 (S. 126).

[32]On the Intensity and Quantity of Electric Currents, Phil. Mag. (4), 5 (1853), S. 363-367.

[33]Die Wertschätzung von E. du Bois-Reymond für Michael Faraday scheint stark geschwankt zu haben. In frühen Jahren ist er Vorbild für das Hauptwerk über Thierische Elektrizität (Emil du Bois-Reymond, Untersuchungen über Thierische Elektrizität, Bd. I, Berlin 1848), worüber er am 25. Oktober 1845 an Hallmann schreibt (Emil du Bois-Reymond, Jugendbriefe, S. 119f.): "Ich glaube es werden zwei Bände mit 100 Zeichnungen; ich darf dreist sagen, ein Werk, wie es, seit der großen Erfindung der Journalliteratur, keine wissenschaftliche Disciplin aufzuweisen hat. Denn Faraday's berühmte Experimental Researches in Electricity sind nur eine Perlenschnur unzusammenhängender Aufsätze, während in meinem Werke sich Satz an Satz in logischer Notwendigkeit schließen soll." Faradays Entdeckung im November 1845, der Wirkung eines Magnetfeldes auf die Polarisation des Lichtes, wird mit Begeisterung begrüsst (Brief an Hallmann vom 25./26. Dezember 1845, Emil du Bois-Reymond, Jugendbriefe, S. 122): "Sodann sind wir alle (und ich wie es scheint, noch mehr als Andere) erfüllt, hingerissen, betroffen von den ungeheuren neuen Begebnissen in England. Ich meine ··· Faraday's Entdeckung des intimen Zusammenhangs zwischen Magnetismus und Licht."

Der Besuch in London und der Befund, dass Faraday dem Ohmschen Gesetz einigermassen fremd gegenüberstand, mag die Hochachtung und das Verständnis für den grossen Mann vermindert haben. In der Rektoratsrede vom 3. August 1883 (Emil du Bois-Reymond, Reden II, S. 266) liest man mit einigem Staunen über Arago und Faraday: "Arago Astronom und mathematischer Physiker von so scharf umgrenzter Richtung und so strenger Schule, daß er die dämpfende Kraft, welche nach seiner Entdeckung benachbarte Metallmassen auf einen schwingenden Magneten ausüben, wohl nach drei Achsen zerlegte, deren Ursache zu finden jedoch Faraday überließ, der kaum ein Binom zu quadrieren verstand."

(Dominique Francis Jean Arago [1786-1853], der Freund Alexander von Humboldts, hatte 1825 entdeckt, dass eine rotierende Kupferscheibe auf eine in der Axe darüber aufgehängte

aufmerksam, unvoreingenommen und geistreich war, verfuhr man vor allem mit Aufwand und Arbeit. Und wo er mit Mut und Zuversicht ins weite Meer nach neuen Kontinenten steuerte[34], versuchte man sich vorsichtig am Geländer gesicherter Methoden der mathematischen Physik und überkommener Vorstellungen zu halten. Man folgte André Marie Ampère (1775-1836) mehr als Oersted und Faraday – und man hatte Gründe. Hans Christian Oersteds Entdeckung von 1820, dass ein elektrischer Strom die Magnetnadel ablenkt, war nachweislich unter dem Einfluss der verhassten Deutschen Naturphilosophie erfolgt. Faradays Unwille gegen jede höhere Mathematik und seine tiefe Überzeugung, dass die verwirrende Fülle der sich offenbarenden Naturkräfte: die elektrische, die magnetische, die chemische, die kohäsiven der Materie, das Licht – und vielleicht auch die Gravitation – aus einer Ursache zu verstehen seien, deutete aus derselben Richtung. Dann war der grosse Engländer aus der Chemie zur Physik gekommen, allerdings nach intensivster Vorbereitung in der Kunst der physikalischen Beobachtung.[35] Aber die Äusserlichkeiten seines Publikationsstils blieben die eines Chemikers. Kurz, die Anerkennung, die man ihm gezwungenermassen zollte, galt seinen Entdeckungen.[36] Seine Anschauungen deckte ein verschämtes Schweigen.

Es ist lehrreich, Faradays behutsame Bedenken gegen den damaligen Atomismus den kräftigen Einwänden du Bois' gegenüberzustellen.

"Zwei Stellen sind es nun", erklärt uns du Bois,[37] "wo auch der *Laplace*sche Geist vergeblich trachten würde weiter vorzudringen, vollends wir stehen zu bleiben gezwungen sind." Sie betreffen den konsequenten, den philosophischen

---

Magnetnadel ein Drehmoment ausübt. Von da bis zur Entdeckung des Induktionsgesetzes 1831 durch Michael Faraday war aber noch ein weiter Weg.)

Das Urteil schlug 1888, unter dem Eindruck der Hertzschen Versuche, wieder zugunsten von Faraday um, wie etwa die Gedächtnisrede auf Hermann von Helmholtz vom 25. Juni 1894 zeigt (Emil du Bois-Reymond, Reden II, S. 548 f.): "Mittlerweile hatte jenes außerordentliche experimentelle Genie, welches angeblich zwar kein Binom zu quadrieren verstand, aber des tiefsten Einblickes in die Naturgeheimnisse teilhaftig war, Faraday hatte sich, auf Newton selber sich berufend, über die seit einem Jahrhundert herrschende Gravitationslehre abfällig geäußert, und an Stelle der nach deren Vorbild aufgestellten Lehre von der Elektrizität und dem Magnetismus polarisierte Kraftlinien gesetzt und nachgewiesen."

[34] Das Bild ist aus Faradays Brief an A.M. Ampère vom 3. September 1822, Selected Correspondence, L. Pierce Williams ed., Cambridge 1971, Vol. I, S. 134): "··· I cannot help now and then comparing myself to a timid, ignorant navigator who though he might boldly and safely steer across a bay or an ocean by the aid of a compass ··· is afraid to leave sight of the shore because he understands not the power of the instrument that is to guide him."

[35] Zu diesen Vorbereitungen rechne ich die Arbeiten über Klangfiguren von März und Juli 1831 (M. Faraday, Experimental Researches in Chemistry and Physics, London 1858, S. 314-335 und S. 335-358).

[36] Bis zu welchem Grade man unter Umständen auch seine Entdeckungen zu ignorieren bereit war, zeigt die Fussnote[3] auf Seite 131 von Emil du Bois-Reymond, Untersuchungen über Thierische Elektrizität, Bd. I, Berlin 1848, in welcher Faradays entscheidende Untersuchungen gegen die Kontakttheorie der Voltaschen Spannungen (Michael Faraday, Experimental Researches in Electricity, Vol. I, London 1839, S. 259 ff.) verschwiegen werden.

[37] Emil du Bois-Reymond, Reden I, S. 447.

Atomismus und den Ursprung unseres Kosmos. Wir bleiben beim Atomismus. Das Atom als Hilfskonstruktion der praktischen Physik, etwa in der mechanischen Gastheorie oder in der Chemie, billigt du Bois durchaus.

"Ein philosophisches Atom dagegen, d.h. eine angeblich nicht weiter teilbare Masse trägen wirkungslosen Substrates, von welcher durch den leeren Raum in die Ferne wirkende Kräfte ausgehen, ist bei näherer Betrachtung ein Unding. Denn soll das nicht weiter teilbare, träge, an sich wirkungslose Substrat wirklichen Bestand haben, so muß es einen gewissen noch so kleinen Raum erfüllen. Dann ist nicht zu begreifen, warum es nicht weiter teilbar sei." ...

"Denkt man sich umgekehrt mit den Dynamisten als Substrat nur den Mittelpunkt der Zentralkräfte, so erfüllt das Substrat den Raum nicht mehr, denn der Punkt ist die im Raume vorgestellte Negation des Raumes. Dann ist nichts mehr da, wovon die Zentralkräfte ausgehen, und was träg sein könnte, gleich der Materie."[38]

> Mephistopheles
> "Daran erkenn' ich den gelehrten Herrn!
> Was ihr nicht tastet, steht euch meilenfern;
> Was ihr nicht fasst, das fehlt euch ganz und gar;
> Was ihr nicht rechnet, glaubt ihr, sei nicht wahr;
> Was ihr nicht wägt, hat für euch kein Gewicht;
> Was ihr nicht münzt, das, meint ihr, gelte nicht."

Die wunderliche Aussage, dass "der Punkt die im Raume vorgestellte Negation des Raumes" sei, steht nämlich in der Naturphilosophie von Georg Wilhelm Friedrich Hegel (1770-1831).[39]

Achtundzwanzig Jahre vor du Bois, im Jahr 1844, setzt sich Faraday in einem offenen Brief an Richard Taylor mit den atomistischen Vorstellungen der Zeit auseinander.[40] Mit grober Hand werde ich versuchen, einen geringen Teil seiner geistreichen Bemerkungen auszubreiten und werde dabei den bezaubernden Reichtum von Faradays Darstellungen notwendig opfern. Atome von damals waren Klümpchen starrer, unzerstörbarer Substanz, die durch den leeren Raum mit eingeprägten Kräften aufeinander wirkten. Es war daher erlaubt, von den undurchdringlichen materiellen Teilchen und vom Zwischenraum zwischen ihnen als von zwei durchaus verschiedenen Dingen zu sprechen. Diese Auffassung führt

---

[38]Emil du Bois-Reymond, Reden I, S. 448 f.

[39]G.W.F. Hegel, System der Philosophie. Zweiter Teil. Die Naturphilosophie, Stuttgart 1958, S. 71: "Von Raumpunkten" zu sprechen, als ob sie das positive Element des Raumes ausmachten, ist unstatthaft, da er um seiner Unterschiedslosigkeit willen nur die Möglichkeit, nicht das "Gesetztseyn" des Aussereinanderseyns und Negativen, daher schlechthin continuirlich ist; der Punkt, das Fürsichseyn, ist deßwegen vielmehr die und zwar in ihm gesetzte "Negation" des Raumes."

[40]Michael Faraday, Experimental Researches in Electricity, Vol. II, London 1844, S. 284-293.

Faraday zu einem Widerspruch mit der Erfahrung. Zunächst ist auch die kondensierte Materie keine dichteste Atom-Packung, sonst wären die Kompressibilität und die thermische Ausdehnung unbegreiflich. Ja, der leere Raum muss als das einzige zusammenhängende Kontinuum etwa in einem Stück Kalium-Metall oder einer Stange Schwefel aufgefasst werden. Für Kalium-Metall speziell ergibt sich eine sehr geringe atomare Raum-Ausfüllung; denn man füge dem Metall Sauerstoff- und Wasserstoffatome in solcher Zahl bei, dass Kaliumhydroxyd oder Ätzkali entsteht. Entgegen der naiven Erwartung schrumpft dabei das Volumen. Aus den gemessenen Dichten (0,865 für das Metall und 2,0 für das Kaliumhydroxyd) rechnet Faraday leicht aus, dass die Volumeneinheit Ätzkali mehr als anderthalbmal so viele Kaliumatome enthält als das Metall. Da auf jedes Kaliumatom zusätzlich ein Wasserstoffatom und ein Sauerstoffatom kommen, ist die totale atomare Dichte im Ätzkali fünfmal so gross als im Metall, woraus folgt, dass das Metall viel Zwischenraum enthalten muss.

Nun ist der Raum ein elektrischer Isolator, denn wenn er leitete, müsste Schwefel ein Leiter sein, ist doch Schwefel von einem wabenartigen Gebilde von leerem Raum durchzogen.

Aber der Raum muss auch ein elektrischer Leiter sein, denn sonst könnte Kalium-Metall nicht leiten, da seine Atome auf allen Seiten von Raum umgeben sind. Der Raum hat also widersprüchliche Eigenschaften; in Faradays eigenen Worten:[41]

"It would seem, therefore, that in accepting the ordinary atomic theory, space may be proved to be a non-conductor in non-conducting bodies, and a conductor in conducting bodies, but the reasoning ends in this, a subversion of that theory altogether; for if space be an insulator it cannot exist in conducting bodies, and if it be a conductor it cannot exist in insulating bodies. Any ground of reasoning which tends to such conclusions as these must in itself be false."

Das Argument ist zwingend und wurde von niemandem ernst genommen. Ebenso überraschend wie Faradays Schlussweise ist sein Vorschlag zur Auflösung der Paradoxie, die lautet: der leere Raum existiert nicht, die Materie ist überall. Atome sind keine Substanzklümpchen, sondern Konfigurationen von Kraftzentren (centers of force), und wo ihre Kräfte wirken, da befinden sie sich auch. Natürlich können sich die verschiedenen Kraftfelder durchdringen, und Faraday beschreibt in seiner Abhandlung ein Bild, das uns heutigen Physikern in mehr als einer Hinsicht merkwürdig ist:[42] "... the manner in which two or many centers of force may in this way combine, and afterwards, under the dominion of stronger forces, separate again, may in some degree be illustrated by the beautiful case of the conjunction of two sea waves of different velocities into one, their perfect union for a time, and final separation into the constituent waves, considered, I

---

[41] Michael Faraday, loc. cit., S. 287.
[42] Michael Faraday, loc. cit., S. 293.

think, at the meeting of the British Association at Liverpool."

Aber nicht um solcher verführerischer (und in die Zukunft weisender) Analogien willen schreibt Faraday seinen Brief, sondern:[43] "My desire has been rather to bring certain facts from electrical conduction and chemical combination to bear strongly upon our views regarding the nature of atoms and matter, and so to assist in distinguishing in natural philosophy our real knowledge, i.e. the knowledge of facts and laws, from that, which, though it has the form of knowledge, may, from its including so much that is mere assumption, be the very reverse."

Schärfer als mit diesen Worten kann man den Unterschied zwischen Faradays "natural philosophy" und der schrankenlosen Deutschen Naturphilosophie nicht umschreiben.

In Faradays Auffassung wird der Raum wieder ein Plenum, erfüllt von Kräften, qualitativ aber nicht verschieden von den gewöhnlichen materiellen Körpern. Deren Studium eröffnet deshalb den Zugang zu den Eigenschaften des Raumes. Wir haben hier einen Leitfaden der so überaus erfolgreichen Faradayschen Forschung über Elektrizität und Magnetismus. Und dieser Gesichtspunkt lässt sich möglicherweise auch noch bei James Clerk Maxwell (1831-1879), dem grossen Vollender der Faradayschen Ideen, dem die Zusammenfassung von Elektrizität, Magnetismus und Optik in eine mathematische Theorie gelungen ist, nachweisen. In ihr hat sich die Kraft verselbständigt, die Materie ist (um ein Wort Einsteins vielleicht zu missbrauchen) zu einem Fremdling entartet.

Und nun, 47 Jahre nach Hegels Tod, scheint sich der Weltgeist, soweit er der Maxwellschen Theorie zum Durchbruch verhilft, Berlin als Domizil aussuchen zu wollen. Im Oktober 1878 bezieht der 21jährige Heinrich Hertz (1857-1894) die Universität Berlin, erfährt den Text der von Helmholtz am 3. August gestellten Preisaufgabe aus der Elektrodynamik ("seinem Fach" wie der junge Studiosus den Eltern schreibt), entschliesst sich trotz knapper Zeit zu deren Bearbeitung und lässt sich bei Helmholtz melden.[44] Dieser empfängt ihn, ahnt sogleich die geniale Anlage des Jungen, und es bildet sich eine Zuneigung, die für die Entwicklung der Physik entscheidend wird.

In seinem Nachruf[45] auf den früh verstorbenen Freund hat uns Hermann von Helmholtz 1894 anschaulich das Gestrüpp der in Deutschland damals kursierenden, zur Maxwellschen Theorie in Konkurrenz stehenden, elektromagnetischen Hypothesen und Theorien beschrieben. Er spricht von einer "bunten Blumenlese von Annahmen", die "in ihren Folgerungen sehr wenig übersichtlich" waren, so dass "das Gebiet der Elektrodynamik um jene Zeit zu einer unwegsamen Wüste

---

[43]Michael Faraday, loc. cit., S. 293.

[44]Heinrich Hertz, Erinnerungen, Briefe, Tagebücher, zusammengestellt von Johanna Hertz, zweite, erweiterte Auflage, hg. von Mathilde Hertz und Charles Susskind, Weinheim o.J. (im folgenden zitiert als "Briefe"), Briefe an die Eltern vom 31. Oktober, 6. u. 7. November 1878 (S. 92 ff).

[45]Heinrich Hertz, Gesammelte Werke, Bd. III, Leipzig 1894: Vorwort von H. von Helmholtz, besonders S. XI f.

geworden" war. "Beobachtete Thatsachen und Folgerungen aus höchst zweifel-haften Theorien liefen ohne sichere Grenzen durcheinander." Zwar für stationäre und quasi-stationäre Erscheinungen, für das Gebiet der Elektrotechnik also, lieferten alle Theorien das nämliche, was schon Ampère und Faraday erreicht hatten. Aber bei rasch veränderlichen Strömen in offenen Leitern kommt es offenbar sehr darauf an, ob sich die elektromagnetische Wirkung ausschliesslich mit (zwar sehr grosser aber) endlicher Geschwindigkeit oder z.T. auch instantan fortpflanzt, mit anderen Worten: ob Fernkräfte existieren oder nicht.

Hertz brachte genau die zur Auflösung dieses Gewirrs notwendigen Fähigkeiten mit: – ein hoch entwickeltes theoretisches Verständnis – eine an den Klassikern (vor allem an Lagrange) geübte Fähigkeit, auch durch schwierige mathematische Entwicklungen hindurch zu experimentell prüfbaren Resultaten zu gelangen – eine früh erworbene praktisch-handwerkliche Fertigkeit – einen grossen Erfindungsreichtum im Experimentellen – eine äusserst geschärfte Beobachtungsgabe und eine stets wache kritische Urteilskraft.

Was nicht nötig war und worin sich zu bewähren Heinrich Hertz durch seinen unzeitigen Tod keine Gelegenheit hatte, ist die Fähigkeit des Erfindens neuer theoretischer Vorstellungen, wie sie zum abwägenden Durchqueren trügerischer Gebiete zwischen einer alten, unzutreffenden und einer neuen, richtigeren Theorie gefordert sind.

Unterdessen war Heinrich Hertz und mit ihm der besagte Weltgeist, um mit Preussens Universitäts-Gewaltigem, dem Geheimrat Althoff zu sprechen, ins Badische nach Karlsruhe durchgebrannt.[46] Hier, an der Technischen Hochschule, entstanden zwischen Oktober 1886 und April 1889 die experimentellen und die theoretischen Grundlagen für die Physik (und die Technik) der elektromagnetischen Wellen und damit der alle überzeugende Nachweis der Richtigkeit der Maxwellschen Theorie. Es ist in diesem Rahmen unmöglich, einen Begriff von der Direktheit und der Subtilität der Hertzschen Versuche und Beobachtungen zu geben. Sein Nachweismittel für elektromagnetische Wellen waren winzige Funken zwischen benachbarten Leitern, Funken, die man nur im Finstern mit adaptierten Augen klar erkennen konnte. Die Messungen und Versuche erfolgten daher vorzugsweise im verdunkelten ausgeräumten Hörsaal an Wochenenden und in Semesterferien: ein anstrengendes Unternehmen, wenn man bei miserablem Licht das Funkenmikrometer ablesen musste.

Die Resultate der Versuche aber wurden in der Welt, vor allem jedoch in Berlin durch Helmholtz, mit Begeisterung begrüsst, und Emil du Bois-Reymond fühlte sich in die Tage der grossen Entdeckungen Faradays zurückversetzt, als er in einem ausführlichen Brief am 20. Dezember 1888 seinem Schwiegersohn Carl David Tolmé Runge (1856-1927) über die von Hertz erzeugten, reflektierten und gebrochenen elektromagnetischen Strahlen von 30 cm Wellenlänge berichtete.

---

[46]Briefe an die Eltern vom 5. Oktober 1888 (Heinrich Hertz, Briefe, S. 260).

Sein Sohn Wilhelm Runge hat sein Lebenswerk dann völlig der Anwendung und Erforschung der Hertzschen Wellen gewidmet. Ihm verdanke ich die Kenntnis des eben erwähnten Briefes.

Als Theoretiker wurde Hertz der Lehrer der nächsten Generation, zu der wir vor allem auch Max Planck (1858-1947) und Arnold Sommerfeld (1868-1951) rechnen. Bei ihm (und unabhängig von ihm bei Heaviside) erscheinen die Maxwellschen Gleichungen zuerst in moderner Auffassung, ist das Gerüst von Hilfskonstruktionen abgebaut. Vor allem aber erfindet er ein Modell für einen Sender von elektromagnetischer Strahlung, seinen Dipol-Oszillator, der bis in unsere Tage hinein vorbildlich geblieben ist. Mit angehaltenem Atem liest man auch heute noch seine Beschreibung, wie sich im Verlauf einer Schwingungsperiode seines Dipols die elektrische Kraft von ihren Quellen löst und verselbständigt, um sich dann frei im Raum auszubreiten.[47]

Mit Hertz' Untersuchungen hatte sich die verselbständigte Kraft durchgesetzt, die Feldtheorie hatte die klassisch-mechanistische Physik abgelöst.

Aber die Optik brachte in die Verschmelzung mit dem Elektromagnetismus zur modernen Elektrodynamik das Äther-Problem als Mitgift, auf dessen uralte Wurzeln ich unmöglich eingehen kann. Es erschien in der Gestalt der Frage: wie heissen die Maxwellschen Gleichungen für bewegte Körper? In der Tat lautet der Titel von Hertz' letzter Arbeit zur Elektrodynamik[48] – sie erschien im Jahr 1890 – "Über die Grundgleichungen der Elektrodynamik für bewegte Körper". In ihr wurde das Problem nicht gelöst. Eine befriedigende Antwort erfolgte, wie allgemein bekannt, erst im memorablen Jahr 1905 durch Albert Einstein (1879-1955), dessen Arbeit gewiss nicht durch Zufall den Titel: "Elektrodynamik bewegter Körper" trägt, obschon die in ihr enthaltene spezielle Relativitätstheorie weit über das Gebiet der Elektrodynamik hinaus Grundlage der gesamten modernen Physik ist.

Welches aber war die Rückwirkung dieser Emanzipation der Kraft zum selbständigen, von der Materie abgelösten Feld auf den Atomismus? Es ist verständlich, dass da und dort, trotz der überwältigenden Evidenz aus Chemie und Kristallographie, ein mehr oder weniger vehementer Anti-Atomismus aufkam – im Sinn eines Versuches, mit Feldern allein auszukommen. Max Planck, der Nachfolger von Heinrich Hertz in Kiel, der seit 1889 die von Hertz ausgeschlagene Professur Kirchhoffs in Berlin innehatte, neigte eine Zeitlang dieser Richtung zu. Auf jeden Fall erhoffte er sich aus der neuen Maxwell-Hertzschen Theorie die Auflösung eines von ihm als fundamental empfundenen Problems, nämlich die Erklärung der Irreversibilität des natürlichen Geschehens.[49] Um Plancks Anliegen zu begreifen, kehren wir zum Laplaceschen Geist und zu du Bois-Reymond

---

[47]Heinrich Hertz, Gesammelte Werke, Bd. II, Leipzig 1894, S. 154-159.
[48]Heinrich Hertz, Gesammelte Werke, Bd. II, Leipzig 1894, S. 256-285.
[49]Hiezu etwa Res Jost in: Einstein Symposion, Berlin, H. Nelkowski et al. eds., Lecture Notes in Physics Vol. 100, Berlin 1979, S. 128-145.

zurück. Diesem Geist sind, wie wir uns erinnern, Zukunft und Vergangenheit gleich offenbar; für ihn gibt es keinen wesentlichen Unterschied zwischen beiden – weil die mechanischen Gesetze sich unter der Zeitumkehr nicht ändern. Der Demiurg und Erbauer der Laplaceschen Mechanik kann also, wenn es ihm behagt, um mit du Bois zu sprechen,[50] "die Kurbel der Weltmaschine auf *rückwärts*" stellen, ohne im weiteren gegen die ehernen Gesetze der Mechanik zu verstossen. Diese horrible Möglichkeit empfand Planck als einen wesentlichen Defekt in der Naturbeschreibung. Und hier sollte die Maxwell-Hertzsche Theorie helfend eingreifen und eine Zeitrichtung auszeichnen, in der Entstehen und Vergehen, Geburt und Tod vernünftig aufeinander folgen, so dass nicht nur unser Kausalbedürfnis, sondern auch unser Kausalempfinden zufriedengestellt wird. Planck irrte sich, einen solchen Zeitpfeil in den grundlegenden Naturgesetzen gibt es nicht. Aber sein beharrliches Bemühen um die Hohlraumstrahlung, an der er die Irreversibilität nachzuweisen gehofft hatte, führte ihn schliesslich über eine Grenze in ein nirgends geahntes neues Reich der Naturwissenschaften, in die Quantentheorie.

In einem von undurchdringlichen Wänden begrenzten, materiefreien Raum stellt sich ein *Faradaysches Plenum* in der Gestalt von elektromagnetischen Wellen ein; denn da die Wände alle Strahlung absorbieren sollen, emittieren sie aus Notwendigkeit auch jede Art von Wellen. Haben die Wände eine wohlbestimmte Temperatur, so nimmt auch das Strahlungsfeld diese Temperatur an und ist im übrigen, abgesehen von seiner Gestalt und Grösse, durch diese vollständig bestimmt. Das war bekannt und durch Plancks Vorgänger Gustav Kirchhoff (1824-1887) in klassischen Untersuchungen bewiesen. Unbekannt blieb die Art, wie sich die Strahlungsenergie auf die einzelnen Frequenzen oder Farben verteilt. Da nun gelingen Planck im ersten Jahr unseres Jahrhunderts der Durchbruch zu einer richtigen Formel und ihre Begründung aus seiner Quantenhypothese. Hier ist, embryonisch zunächst, die Quantentheorie entstanden, welche die Wissenschaft unseres Jahrhunderts stärker geprägt hat als irgendeine andere theoretische Vorstellung. Planck wusste zu Weihnachten 1900, dass ihm eine epochale Entdeckung gelungen war. Leider war er zunächst ziemlich allein in dieser Überzeugung. Aber das änderte sich, als Einstein 1905 seine Lichtquantenhypothese publizierte. Auch sie brauchte allerdings 20 Jahre, um sich endgültig durchzusetzen, denn nur äusserst widerwillig gab man die klassische Interpretation der Maxwellschen Gleichungen auf. Was schliesslich ans Licht trat, war ein Elementarteilchen, das Photon, mit Energie und Impuls und weitgehend lokalisierter Wechselwirkung, so dass man sagen kann, dass uns die Natur auch durch die Feldtheorie hindurch wieder zu einer Korpuskularauffassung drängt. Aber die Lichtteilchen zeigen weiterhin ihre Abstammung aus der Maxwellschen Theorie:

---

[50]Emil du Bois-Reymond, Reden II, S. 92., E. du Bois-Reymond verneint allerdings diese Möglichkeit aber aus unzureichenden Gründen.

ihre Wellennatur manifestiert sich in Interferenzen. All das ist sattsam bekannt und ins Breite getreten. Und ebenso zerredet ist der Umstand, dass dieser Wellen-Korpuskel-Dualismus sich nicht auf die Strahlung beschränkt, sondern auch die Materie betrifft. Wir halten uns deshalb zurück, die nun folgende rasante Entwicklung der Quantenphysik in den Kreis unserer Betrachtungen zu ziehen, denn uns brennt ein unerledigtes Problem aus du Bois' Vorträgen auf den Nägeln, die Frage nämlich: "Erfüllen die letzten Bausteine unserer Welt einen Raum oder sind sie punktförmig?" Fasst man Raumerfüllung im Sinn von Faraday auf, dann wird die Antwort allgemein-nichtssagend, denn jedes Teilchen, ob Photon, Elektron, Neutrino oder Quark erfüllt durch seine Wechselwirkung den ganzen Raum. Versteht man unter Raumerfüllung aber das undurchdringliche Besetzen eines Raumstückes, dann verneint die Relativitätstheorie diese Möglichkeit unbedingt, wenn anders die Kausalität überhaupt einen Sinn machen soll. Hier aber beginnt eine neue und bisher nicht überwundene Schwierigkeit: das elektromagnetische Feld einer Punktladung, etwa eines Elektrons, hat eine unendliche Energie und erzeugt einen unendlichen Beitrag zur Trägheit. In der Tat sind alle unsere realistischen Theorien von Unendlichkeiten verseucht und für den Mathematiker eigentlich sinnlos. Dem Physiker aber ist besonders die Quantenelektrodynamik einziger Besitz, und er muss versuchen, damit auszukommen. Ein spezielles, kompliziertes Renormierungsprogramm erlaubt es denn auch in der Elektrodynamik, die Unendlichkeiten in einem ins Ungewisse fortschreitenden Näherungsverfahren zugunsten von wenigen beobachtbaren Grössen wie Masse und Ladung des Elektrons zu eliminieren. Im übrigen sind die Resultate endlich und werden, soweit sie gerechnet sind, durch die allerfeinsten Messungen vollkommen bestätigt. Aber die Situation bleibt tief unbefriedigend, und ich wünsche meinen jüngeren Kollegen, die sich auf diesem wichtigen Feld schon bedeutende Verdienste erworben haben, Mut, Zuversicht, Glück und Erfolg!

Ich kann nicht schliessen, ohne das grossartigste Beispiel des Faradayschen Plenums, ohne unsern Kosmos erwähnt zu haben. Dass unser Weltall sich im Zustand gewaltiger Expansion befindet, ist allbekannt. Dass es von einer elektromagnetischen Hohlraumstrahlung von ungefährt 2,7°K erfüllt ist, wurde vor etwa 20 Jahren experimentell nachgewiesen. Sie ist ein in mancher Hinsicht rätselhaftes Fossil aus den gewaltsamen Anfängen unseres Kosmos.[51] Zu ihren Rätseln gehört ihre erstaunliche Gleichmässigkeit in der Richtungsverteilung, und die Tatsache, dass im Inventar des Kosmos auf *ein* Proton oder Neutron *Milliarden von Photonen* kommen. In diesem wohlbestimmten Sinn besteht unser Universum fast ausschliesslich aus verselbständigter Kraft mit nur geringster materieller Verunreinigung. Man hat versucht, diesem merkwürdigen Faktum theoretisch beizukommen. Eine Möglichkeit zum Verständnis scheint eng verbunden mit

---

[51] Hierüber ausgezeichnet: S. Weinberg, The First Three Minutes, a Modern View of the Origin of the Universe, New York 1977.

der Annahme, dass die Materie überhaupt vergänglich sei. Atomkerne würden zerfallen, äusserst langsam zwar, in Zeiten, die das gegenwärtige Alter des Universums um Billionen-Milliardenfaktoren übersteigen. Zurück bleiben schliesslich Neutrini, etwas Elektronen und Positronen, die sich noch nicht zur Annihilation gefunden haben, und, vorwiegend überlange, elektromagnetische Wellen.[52]

4. Nachwort

Soweit mein akademischer Kommentar zu den akademischen Vorträgen von Emil du Bois-Reymond.

Sein Thema "Über die Grenzen des Naturerkennens" hätte mich heute freilich anders verpflichtet. In den vergangenen 110 Jahren haben die Naturwissenschaften die Grenzen der menschlichen Möglichkeiten, auch im Schlimmen, so ins Nicht-Vorausgeahnte verrückt, sie treiben uns in einen derart beängstigend beschleunigten Prozess, dass wir, weiss Gott, allen guten Willen und alle *Vernunft* zusammennehmen sollten, um einem Ende zu entgehen, wie es vielleicht im Angebot an endzeitlichen Bildern aus der Philosophie des 19. Jahrhunderts zu finden sein möchte.

Mir drängt sich das einfachere Gesicht unseres Johann Peter Hebel (1760-1826) auf. Sein Gedicht von 1803 "Die Vergänglichkeit" ist ein Gespräch zwischen Vater und Sohn auf der Heimfahrt in der Nacht:

> ...
> "Der Bueb seit:
> Nei, Aetti, ischs der Ernst, 's cha nit si!
>
> Der Aetti seit:
> Je, 's isch nit anderst, lueg mi a, wie d'witt,
> und mit der Zit verbrennt die ganzi Welt.
> Es goht a Wächter us um d'Mitternacht,
> e fremde Ma, mi weisz nit, wer er isch,
> er funklet, wie ne Stern, und rüeft: "Wacht auf!"
> "Wacht auf, es kommt der Tag!" – Drob röthet si
> der Himmel, und es dundert überal,
> z'erst heimlich, alsg'mach lut, wie sellemol
> wo Anno Sechsenünzgi der Franzos
> so uding geschosse het. Der Bode schwankt,
> asz d'Chilch-Thürn guge; d'Glocke schlagen a,
> und lüte selber Bett-Zit wit und breit,
> und alles bettet. Drüber chunnt der Tag;
> o, b'hüetis Gott, mer brucht ke Sunn derzue,

---

[52] Über die späten Phasen des offenen Universums: F.J. Dyson, Time without end: Physics and biology in an open universe. Revs. Mod. Phys. $\underline{51}$XS (1979), S. 447-460.

der Himmel stoht im Blitz, und d'Welt im Glast,
Druf gschieht no viel, i ha iez nit der Zit;
und endli zündets a, und brennt und brennt,
wo Boden isch, und Niemes löscht. Es glumst
wohl selber ab. Wie meinsch, siehts us derno?

Der Bueb seit:
O Aetti, sag mer nüt meh! Zwor wie gohts
de Lüte denn, wenn Alles brennt und brennt?

Der Aetti seit:
He, d'Lüt sin nümme do, ···"

Foundation of Quantum Field Theory[*]

1. Introduction

P.A.M. Dirac's scientific production in the years 1925-8, beginning with his work
on "Fundamental equations of quantum mechanics" [6] from 7 November 1925, is
hardly equalled in the history of modern physics. The development of quantum
mechanics initiated by Heisenberg's epoch-making paper "Über quantentheoretische Umdeutung kinematischer und mechanischer Beziehungen" [5] seems to be
focused in his mind. Almost all important discoveries were made or indepen-
dently also made by him. There are two notable exceptions, the discovery of the
uncertainty relation by Werner Heisenberg and Erwin Schrödinger's discovery of
wave mechanics. The first does not leave a mark in Dirac's papers of this period,
the second one is of decisive importance already in the masterpiece of 26 August
1926 "On the theory of quantum mechanics" [8].

From an interview in June 1961 with B.L. van der Waerden ([41], p. 41) we
know how this series of papers started. Dirac says:

"The first I heard of Heisenberg's new ideas was in early September, when
R.H. Fowler gave me the proof sheets of Heisenberg's paper [5]. At first I could
not make much of it, but after about two weeks I saw that it provided the key to
the problems of quantum mechanics. I proceeded to work it out myself. I had previously learnt the transformation theory of Hamiltonian mechanics from lectures
by R.H. Fowler and from Sommerfeld's book 'Atombau und Spektrallinien'."

Sommerfeld's wonderful book was of course at that time the bible of quantum
mechanics.[1]

But Sommerfeld's book does not contain the Poisson brackets, so important
for Dirac's development of the fundamental equations of quantum mechanics. He

---

[*]Reprinted from "Aspects of Quantum Theory", (ed. by A. Salam and E.P. Wigner, Cambridge University Press, 1972)

[1]It might be amusing at this point to quote from Karl T. Compton [31] on the impact of
the book in America: "I well remember when the first copy of Sommerfeld's *Atombau und
Spektrallinien* came to America in the possession of Prof. P.W. Bridgman. Until later copies
arrived, he knew no peace and enjoyed no privacy, for he was besieged by friends wanting to
read the book – which he would not allow to go out of his possession."

must have learnt these from R.H. Fowler. I think it is not an accident that Fowler did submit most of the papers of Dirac from this period to the Royal Society.

The reason why we elaborate so much on Hamiltonian transformation theory is that Dirac's deep affinity for analytical dynamics is still noticeable in his papers on quantum electrodynamics. He made still an unrestricted use of classical canonical transformations; a use which we hardly would consider justified in our times. Unlike more puristic thinkers, Dirac lets us participate in his discoveries: old notions which in the long run might become untenable are not immediately discarded but used as stepping stones for better ones.

2. Dirac's paper on "The Quantum Theory of the Emission and Absorption of Radiation"

This paper [10] "By P.A.M. Dirac, St. John's College, Cambridge, and Institute for Theoretical Physics Copenhagen" from 2 February 1927 contains the foundation of quantum electrodynamics and the invention of the second quantization. It is the germ out of which the quantum theory of fields developed. Its impact on Dirac's contemporaries is described by G. Wentzel [39] with the following words:

"Today, the novelty and boldness of Dirac's approach to the radiation problem may be hard to appreciate. During the preceding decade it had become a tradition to think of Bohr's correspondence principle as the supreme guide in such questions, and, indeed, the efforts to formulate this principle in a quantitative fashion had led to the essential ideas preparing the eventual discovery of matrix mechanics by Heisenberg. A new aspect of the problem appeared when it became possible, by quantum-mechanical perturbation theory, to treat atomic transitions induced by given external fields .... The transition so calculated could be interpreted as being caused by absorptive processes, but the *reaction on the field,* namely the disappearance of a photon, was not described by this theory, nor was there any possibility, in this framework, of understanding the process of spontaneous emission. Here, the correspondence principle seemed indispensable, a rather foreign element (a *magic wand* as Sommerfeld called it) in this otherwise very coherent theory. At this point, Dirac's explanation in terms of the q-matrix [i.e. the quantized vector potential] came as a revelation."

It is true that Born, Heisenberg, and Jordan in their paper [7] "Zur Quantenmechanik II" from 15 November 1925, chapter 4, section 3, had applied their matrix mechanics to the eigenvibrations of a string mainly in order to calculate the mean square energy fluctuations. They confirmed Einstein's famous formula [1] for the mean square fluctuation for the black body radiation:

$$\epsilon^2 = h\nu E + \frac{c^3}{8\pi\nu^2 d\nu}\frac{E^2}{V}.$$

In addition Dirac himself had calculated the reaction of an atom to an external field with his time dependent perturbation theory five months earlier. He had verified Einstein's rules [2] $B_{n \to m} = B_{m \to n}$ for the coefficients of absorption and induced emission.

However, the coefficients for spontaneous emission $A_{n \to m}$ had still to be inferred from Einstein's relation

$$A_{n \to m} = \alpha \nu^3 B_{n \to m} ,$$

where α by Bohr's correspondence principle equals $8 \pi h / c^3$. Here, as Wentzel points out, this "Zauberstab" ([3], p. 388 and p. 707) "by which direct use could be made of the results of the classical wave theory in quantum theory", was still necessary. Now Dirac is going to eliminate it.

The main idea appears already in "§ 1. Introduction and summary". The attack is of unsurpassing directness. An atom interacting with the field of radiation (inside a box) is considered. If we disregard the interaction for the moment, the Hamiltonian function is of the form

$$H = \sum_r E_r + H_0 ,$$

H_0 being the Hamiltonian of the atom alone, E_r is the energy of the rth Fourier component of the radiation field. E_r can be considered in the classical theory as the canonical momentum of the rth field oscillator. Conjugate to it is the canonical coordinate θ_r, an "angle" variable which has to be taken modulo $1/\nu_r$ where ν_r is the frequency of the rth oscillator. The vector potential is expressible by $\{E_r, \theta_r\}$. If we replace in this expression E_r and θ_r by q-numbers satisfying the canonical commutation relations, then the vector-potential itself becomes a q-number function. This quantized vector potential is now substituted into the classical interaction of the radiation field with the atom and thus, by the addition of $\sum_r E_r + H_0$, the quantum mechanical Hamiltonian is obtained.

Even today it seems clear that it took a genius of the unfailing formal talent of Dirac to develop the whole formalism of quantum electrodynamics from this starting point. In fact it is even more remarkable that the fundamental notion of an operator-valued field already appears in the paper "On the theory of quantum mechanics" [8]. We read on p. 666: "It would appear to be possible to build up an electromagnetic theory in which the potentials of the field at a specified point x_0, y_0, z_0, t_0 in space-time are represented by matrices of constant elements that are functions of x_0, y_0, z_0, t_0." The misleading remarks on p. 677 on spontaneous emission prove that Dirac was at that time (August 1926) certainly not yet in the possession of quantum electrodynamics.

The quantization of H leads of course to photons satisfying Einstein-Bose statistics. The total Hamiltonian can equally well be interpreted as the quantum mechanical description of photons interacting with the atom. "There is thus a complete harmony between the wave and light-quantum descriptions of the interaction" ([10], p. 245). Dirac's theory is actually built up from the light quantum point of view.

The end of the "Introduction and summary" contains a warning, valid even today, not to confuse the complex wave function of a single photon with the necessarily real classical radiation field.

The method of passing from one system to an ensemble of systems, satisfying Einstein-Bose statistics, has the strange name: second quantization. Dirac describes it in the next two paragraphs and this description explains its name.

Quoting from his paper [8], he begins with the Schrödinger equation for a Hamiltonian $H = H_0 + V$ in matrix notation and in the *interaction representation*. It is well known how important the interaction representation (the name is much younger than the thing itself) was going to be for the later development of field theory. It is astonishing to recognize that, as far as Dirac is concerned, this representation precedes the Schrödinger representation. For the present purpose, however, he changes to the Schrödinger representation and writes

$$i\hbar \dot{b}_r = \sum_s H_{rs} b_s$$

and

$$-i\hbar \dot{b}_r{}^* = \sum_s b_s{}^* H_{sr} .$$

This pair of equations can be interpreted as *classical* canonical equations for the *classical* Hamiltonian function

$$F = \frac{1}{i\hbar} \sum_{r,s} (i\hbar b_r{}^*) H_{rs} b_s ,$$

where b_s is a coordinate and $(i\hbar b_s{}^*)$ the canonically conjugate momentum. These new classical equations are now subjected to a new, a second, quantization. The probability amplitudes $\{b_r\}$ become q-numbers, satisfying the commutation relations

$$b_r b_s{}^* - b_s{}^* b_r = \delta_{rs} ,$$

the bs commute with each other as the b^*s do.

Real (hermitean) momenta $\{N_r\}$ and conjugate coordinates $\{\theta_r\}$ are introduced by

$$b_r = e^{-i\theta_r/\hbar} N_r^{1/2} = (N_r + 1)^{1/2} e^{-i\theta_r/\hbar}$$
$$b_r* = N_r^{1/2} e^{i\theta_r/\hbar} = e^{i\theta_r/\hbar} (N_r + 1)^{1/2} .$$

The interpretation of $b_r, b_r{}^*, N_r$ as absorbtion, emission, and occupation number operators for an assembly of the original systems, satisfying Einstein-Bose statistics, is well known. The verification of the correctness of this interpretation is done by Dirac with utmost care and – using the benefit of Diracs's own transformation theory [9] – a representation is chosen in which all the Ns are diagonal.

With the notation

$$H_{rs} = W_s \delta_{rs} + v_{rs},$$

corresponding to the splitting of H into $H_0 + V$, the following "second quantized" Hamiltonian is obtained:

$$
\begin{aligned}
F &= \sum_r W_r N_r + \sum_{rs} v_{rs} N_r^{1/2} e^{i\theta_r/\hbar} (N_s + 1)^{1/2} e^{-i\theta_s/\hbar} \\
&= \sum_r W_r N_r + \sum_{rs} v_{rs} N_r^{1/2} (N_s + 1 - \delta_{rs})^{1/2} e^{i(\theta_r - \theta_s)/\hbar}.
\end{aligned}
$$

This is the most general Hamiltonian obtainable from a single particle Hamiltonian by second quantization. The Hamiltonian F commutes with the total occupation number $N = \sum_r N_r$ and this will lead to certain complications in the application to the radiation field coupled to an atom. Later we shall see how Dirac resolves these complications by a stroke of genius.

He turns now – and very wisely so – to the derivation of what Fermi later was to call the "Golden Rule No. 2" ([36], p. 142). He obtains in the first order perturbation theory the expression

$$\frac{2\pi}{\hbar} \mid v(W^0, \gamma';) W^0, \gamma^0) \mid^2 \mathcal{J}(W^0, \gamma') d\gamma_1' \, d\gamma_2' \cdots d\gamma_{n-1}'$$

for the transition probability per unit time under the influence of a perturbation V with matrix elements $v(\cdot; \cdot)$. W is the "proper energy" and $\gamma_1, \gamma_2, \cdots \gamma_{n-1}$ are additional variables which determine the state of the system. The essential new feature of this formula is the Jacobian $\mathcal{J}$, which measures the density of final states.

After this interlude the author returns to his main theme, the application of second quantization to the emission and absorbtion of radiation. He starts with the Hamiltonian

$$F = H_p(\mathcal{J}) + \sum_r W_r N_r + \sum_{rs} v_{rs} N_r^{1/2} (N_s + 1 - \delta_{rs})^{1/2} e^{i(\theta_r - \theta_s)/\hbar}$$

H_p being the Hamiltonian for the atom. $\mathcal{J}$ stands for the quantum mechanical analogue of the classical action variables and its generalization. v_{rs} are, for the moment undetermined, "functions of the $\mathcal{J}$s and ws", where w refers somehow to the quantum mechnical analogue of the classical angle variables. The Ns are of course the number-operators of the photons.

A Hamiltonian of this form can never describe the spontaneous emission of photons, since it conserves $\sum_r N_r$. There are, however, unobservable, spurious photons, i.e. the photons of frequency 0. They are supposed to correspond to $r = 0$. We can imagine that in any physical state there is an infinite number of such photons. In other words we take the limit $N_0 \to \infty$ in such a way that $v_{r0}(N_0 + 1)^{1/2} e^{-i\theta_0/\hbar} \to v_r$ and $v_{0r} N_0^{1/2} e^{i\theta_r/\hbar} \to v_r{}^*$. According to the equations of motion, θ_0 will become constant. This limit leads to the new Hamiltonian

$$F = H_p(\mathcal{J}) + \sum_r W_r N_r + \sum_{r\neq 0} \{v_r N_r^{1/2} e^{i\theta_r/\hbar} + v_r{}^*(N_r+1)^{1/2} e^{-i\theta_r/\hbar}\}$$
$$+ \sum_{r\neq 0} \sum_{s\neq 0} v_{rs} N_r^{1/2} (N_s + 1 - \delta_{rs})^{1/2} e^{i(\theta_r - \theta_s)/\hbar} .$$

This astonishing procedure of introducing spurious quanta appears here for the first time and vaguely anticipates much more radical reinterpretations of the vacuum state.

Success with this new Hamiltonian is immediate. The probability for the emission of a photon with the number r is proportional to $\mid v_r \mid^2 (N_r' + 1)$, the probability for its absorbtion $\mid v_r \mid^2 N_r'$, N_r' being the number of photons before the emission. This number is related to the spectral density ρ_r by

$$\rho_r = \frac{4\pi}{c^3} v_r^2 N_r' (2\pi\hbar v_r) .$$

The emission is proportional to $\rho_r + \frac{4\pi\hbar}{c^3} v^3$, the adsorbtion to ρ_r. This leads, up to a factor 2, to the Einstein relation between $A_{n\rightarrow m}$ and $B_{n\rightarrow m} = B_{m\rightarrow n}$. The factor two by which the spontaneous emission is too big compared to Einstein's comes about, as Dirac points out, "because in the present theory either component of the incident radiation can stimulate only radiation polarized in the same way, while Einstein's theory treats the two polarization components together".

The final paragraph contains a beautifully compact and physical derivation of the expression of the vector potential in terms of the Ns and θs together with a recalculation of Einstein's Bs in dipole approximation.

Some uncertainty is expressed concerning the scattering terms involving v_{rs} ($r \neq 0$, $s \neq 0$) in the Hamiltonian. This uncertainty was to be removed in a paper published only two months later [11]. We will come back to it.

However great Dirac's success in this work, he was himself well aware of its shortcomings. The situation in which his ideas developed, the comparision between what had been achieved and what was desirable, is so marvellously described in the "Introduction and summary" that I cannot refrain from a quotation:

"The new quantum theory [Dirac writes] based on the assumption that the dynamical variables do not obey the commutative law of multiplication, has by now been developed sufficiently to form a fairly complete theory of dynamics. One can treat mathematically the problem of any dynamical system composed of a number of particles with instantaneous forces acting between them, provided it is describable by a Hamiltonian function, and one can interpret the mathematics physically by a quite definite general method. On the other hand, hardly anything has been done up to the present on quantum electrodynamics. The questions of the correct treatment of a system in which the forces are propagated with the velocity of light instead of instantaneously, of the production of an electromagnetic field by a moving electron, and of the reaction of this field on the electron have not yet been touched. In addition, there is a serious difficulty in making the theory satisfy all the requirements of the restricted principle of relativity, since a Hamiltonian function can no longer be used. This relativity question is, of course, connected with the previous ones, and it will be impossible to answer any one question completely without at the same time answering them all. However, it appears to be possible to build up a fairly satisfactory theory of the emission of radiation and of the reaction of the radiation field on the emitting system on the basis of kinematics and dynamics which are not strictly relativistic. This is the main object of the present paper."

3. "The Quantum Theory of Dispersion"

This is the title of the paper [11] "By P.A.M. Dirac, St. John's College, Cambridge; Institute for Theoretical Physics, Göttingen." It was received 4 April 1927. It resolves the uncertainty concerning the scattering terms v_{rs} ($r \neq 0$, $s \neq 0$) in the Hamiltonian F of the previous paper. These terms do not contribute (in first approximation) to the emission and absorbtion of radiation. Dirac therefore had been inclined to require them to vanish. Now he will need them in order to obtain agreement with the Kramers and Heisenberg dispersion formula [4].

At the same time he discusses already in the introduction a very mild kind of divergence difficulty, which has nothing to do with the serious troubles of higher order calculations (which Dirac does not perform), but which is connected with the derivation of "Golden Rule No. 2". In this derivation one has to evaluate an integral asymptotically for $t \to \infty$:

$$\int f(u) \frac{1 - \cos ut/\hbar}{u^2}\, du = \frac{t}{\hbar} \int f\left(\frac{x\hbar}{t}\right) \frac{1 - \cos x}{x}\, dx$$
$$\sim \frac{\pi t}{\hbar} f(0) .$$

f is essentially the square of a matrix element. This derivation supposes at least that the original integral exists. This, however, is not the case for radiative transitions in dipole approximation. Here we see why it was so wise to first derive the "Golden Rule No. 2" in a general setting and only afterwards to apply it to dipole transitions: the results so obtained are not only well defined but also *correct*.

How does one obtain "the more accurate expression for the interaction energy"? This seems simple nowadays – because we all have learnt it from Dirac. The procedure is already outlined in the "Introduction and summary" [10] and says: quantize the vector potential (in Coulomb gauge) and substitute it into the classical interaction. Dirac had not done this in the previous paper because, in contrast to the programme of the introduction, he develops the theory by second quantization in the particle (photon) picture. Now, however, he follows exactly the procedure of the introduction. His model is an electron moving in an external electrostatic field with a potential ϕ.

If κ is the vector potential then the classical Hamiltonian is

$$H = c \left\{ m^2 c^2 + (p + \frac{e}{c} \kappa)^2 \right\}^{1/2} - e\phi .$$

(Is it characteristic that Dirac starts with a relativistic Hamiltonian even though he is still unable to construct a truly relativistic theory?) The non-relativistic approximation is

$$H = H_0 + \frac{e}{mc} (p, \kappa) + \frac{e^2}{2mc^2} (\kappa, \kappa) .$$

After quantization of the radiation field the second term describes the transitions discussed in the previous paper. The third term, however, apart from a divergent diagonal term which "may be ignored" ([11], p. 717), accounts for the scattering of a photon and the double emission and absorption of photons. Dirac is very sceptical about these double emission and double absorption processes ([11], p. 718) and is inclined to consider them to be in disagreement with a correct light-quantum theory.

It is always astonishing to realize with how great a reservation Dirac and his contemporaries accepted quantum electrodynamics despite its undisputable successes. In fact there is no theory in modern physics which has been tortured quite as much and simultaneously been so good natured as to constantly yield excellent results as quantum electrodynamics. This attitude can be traced with some physicists (but not with Dirac) to the ominous role of Sommerfeld's fine structure constant $\alpha = e^2/\hbar c$ which is dimensionless, has a value pretty close [43] to $(9/8\pi^4) (\pi^5/2^4 5!)^{1/4}$ and seemed so much in need for theoretical understanding, that a quantum electrodynamics, compatible with an arbitrary value of α, appeared to be doomed (W. Pauli [22], p. 272).

The new Hamiltonian in fact yields the correct Kramers-Heisenberg dispersion formula to second order in e. This formula had been the starting point in Heisenberg's first paper on matrix mechanics. Dirac's work closes the circle and non-relativistic quantum mechanics finds its final form. The riddle of the particle-wave nature of radiation, which had so strongly motivated theoretical physics since 1900, is solved. With just pride, Dirac could write in the "Introduction and summary":

"A theory of radiation has been given by the author which rests on a more definite basis. It appears that one can treat a field of radiation as a dynamical system, whose interaction with an ordinary atomic system may be described by a Hamiltonian function ... One finds then that the Hamiltonian for the interaction of the field with an atom is of the same form as that for the interaction of an assembly of light-quanta with the atom. There is thus a complete formal reconciliation between the wave and the light-quantum points of view."

But he adds, seemingly with some regret, the ominous sentence: "In applying the theory to the practical working out of radiation problems one must use a perturbation method, as one cannot solve the Schrödinger equation directly."

4. Towards a General Theory of Quantized Fields

Wentzel in his contribution to the memorial volume to Wolfgang Pauli [39] has given an excellent account of the history of the quantum theory of fields. It would be ridiculous to try to duplicate it. No attempt will be made here to be systematic, and still less to be complete. The interested reader is referred to Wentzel.

Dirac's method of second quantization of course attracted the full attention of theoretical physicists. The question naturally arose, is such a procedure restricted to Einstein-Bose statistics or can it be modified to yield Fermi-Dirac ([8], pp. 670ff.) statistics? The answer is astonishingly simple [15]: Dirac's commutation relations have to be changed into anti-commutation relations:

$$b_r\, b_s + b_s\, b_r = 0 \qquad b_r\, b_s{}^* + b_s{}^*\, b_r = \delta_{rs}\,.$$

It is true that this Jordan-Wigner quantization was, at the time of its invention, a very interesting but not an unavoidable formal tool ([22], p. 198). The situation, however, changed drastically after the advent of hole theory.

Dirac's papers "The quantum theory of the electron" [12] and the "Quantum theory of the electron II" [13] are discussed elsewhere in this volume as well as the initial difficulties connected with the physical interpretation of the negative energy states of the electron; difficulties which with the discovery of the positron in 1932 turned into an overwhelming success of the theory. Let it be sufficient to state here that the Dirac equation for the electron (and any other particle of spin 1/2) has physical meaning only in conjunction with the Jordan-Wigner (second) quantization.

Long before the discovery of the positron (three years in this period of rapid development are a long time) a decisive step forward had been made by Heisenberg and Pauli in the two papers "Zur Quantendynamik der Wellenfelder" [16] and "Zur Quantenmechanik der Wellenfelder II" [17] from 29 March and 7 September 1929 respectively.

The starting point of Heisenberg and Pauli is an unspecified relativistically invariant classical field theory with a scalar Lagrange density. This is supposed to be a local function of the fields and their first derivatives. By a procedure well known from classical analytical dynamics, conjugate momenta to the fields are introduced. The temporal derivatives of the fields are eliminated by a Legendre transformation. The equations of motion take a canonical form. Subjecting the fields and their conjugate momenta for equal times to the Heisenberg commutation relations yields the quantum theory corresponding to the classical theory. This procedure with its asymmetrical treatment of the time is of course very far from being manifestly relativistically invariant. It amounts to a real "tour de force" to prove that, despite its non relativistic nature, Lorentz-invariance is not destroyed by this canonical quantization. The proof given in the first paper is so complicated that the authors – following ideas by J. von Neumann – replace it by a simpler one in their second paper.

The result is then applied to quantum electrodynamics, more specifically to a system of a finite number of Dirac electrons in interaction with the electromagnetic field. This requires some modifications. Firstly, canonical quantization for the Dirac field leads to Einstein-Bose statistics. It has to be replaced by Jordan-Wigner quantization. Secondly, and this is more annoying, the electromagnetic field does not quite fit canonical quantization, since one of the canonical momenta vanishes identically. This is due to the vanishing rest mass of the photon or, equivalently, due to the presence of the electromagnetic gauge group. Therefore quantum electrodynamics is considered in these papers as the limiting case $\epsilon = 0$ of a family of theories which depend on a parameter $\epsilon > 0$ and which do not suffer from the disease of a vanishing canonical momentum.

Heisenberg and Pauli are of course more than well aware of the shortcomings of their theory: the divergence difficulties and the problem of negative energies for the electron. The importance of the paper can, however, hardly be overestimated. It opened the road to a general theory of quantized fields and thereby prepared the tools, admittedly not perfect tools, for the Pauli-Fermi theory of $\beta-$decay and the meson theories.

The first application to an "academic field" occurs in a paper by Pauli and Weisskopf: "Über die Quantisierung der skalaren relativistischen Wellengleichung" [24] where the old Klein-Gordon equation is quantized and shown to lead to results which are physically as "reasonable" as those of Dirac's hole theory. The question why "Nature apparently did not make use of these particles" ([24], p. 713) why, in other words, there are no stable negatively charged Bosons "in the world as we know it", was answered much later by Dyson and Lenard [42].

The Heisenberg-Pauli theory did not find Dirac's approval. In the paper "Relativistic quantum mechanics" [19] we find the remarks:

"It becomes necessary then to abandon the idea of a given classical field and to have instead a field which is of dynamical significance and acts in accordance with quantum laws.

An attempt at a comprehensive theory on these lines has been made by Heisenberg and Pauli. These authors regard the field itself as a dynamical system amenable to Hamiltonian treatment and its interaction with the particles as describable by an interaction energy, so that the usual methods of Hamiltonian quantum mechanics may be applied. There are serious objections to these views, apart from the purely mathematical difficulties to which they lead. If we wish to make an observation on a system of interacting particles, the only effective method of procedure is to subject it to a field of electromagnetic radiation and see how they react. Thus the rôle of the field is to provide a means of making observations. *The very nature of an observation requires an interplay between the field and the particles.* We cannot therefore suppose the field to be a dynamical system on the same footing as the particles and thus something to be observed in the same way as the particles. The field should appear in the theory as something more elementary and fundamental."

Dirac, motivated by such general arguments, which are of a certain beauty and evoke albeit vague but fascinating associations on an intimate relation between the electromagnetic field and localization, proposes the following equations for a finite number n of charged particles in interaction with the electromagnetic field[2]:

$$\Box \, A = 0$$
$$i\,\frac{\partial \Psi}{\partial t_k} = H_k\left(p_k, q_k, A(t_k, x_k)\right)\Psi \,.$$

A is the free quantized (four) vector potential of the electromagnetic field, $H_k(p_k, q_k, \, A(t_k, x_k))$ the Hamiltonian for the kth particle moving in the field of the vector potential A. (t_k, x_k) is the position of the kth particle in space time. $\Psi(t_1, t_2, \cdots, t_n)$ is an element of the tensor product of the particle Hilbert space with the space of states of the radiation field. In addition the following Fermi-type [18] supplementary condition on Ψ is needed in order to eliminate the unphysical degrees of freedom of the vector potential.

$$A^\nu{}_{,\nu}\,(t, x) + c \sum e_k\, D(t - t_k, x - x_k)\,\Psi = 0 \,,$$

e_k being the charge of the kth particle and D the famous Pauli-Jordan function [14]. The equation for Ψ are of course only compatible as long as $\partial^2 \Psi / \partial t_k \partial t_l = \partial^2 \Psi / \partial t_l \partial t_k$, or as long as

$$[H_k(p_k, q_k, A(t_k, x_k)),\ H_l(p_l, q_l, A(t_l, x_l))] = 0 \,.$$

This, however, will be the case if

$$|\,x_k - x_l\,| > c\,|\,t_k - t_l\,|$$

due to the local commutation relations for A. This is in agreement with Bloch's interpretation of the wave function $\Psi(t_1, x_1, t_2, x_2; \cdots; t_n, x_n)$ in the configuration-space representation. It is the probability amplitude for finding particle k at

---

[2]In [19] he illustrates his ideas with a one-dimensional model. Equations equivalent to ours appear in [20].

the space-time position (t_k, x_n) $(k = 1, 2, 3, \cdots, n)$ [25]. Observations at these positions do not interfere if all the separations between pairs of them are space-like.

The great advantage of Dirac's new theory is its manifest relativistic invariance. However, as was demonstrated most clearly by Dirac, Fock and Podolsky [20] this new formalism is equivalent to the Heisenberg-Pauli theory. In fact the Heisenberg-Pauli Schrödinger wave-function Φ is related to Ψ by

$$\Phi(t) = e^{-itH_0/\hbar} \Psi(t, t, \cdots, t),$$

where H_0 is the Hamiltonian of the free radiation field.

Even if Dirac did not succeed in finding a new and better theory of quantum electrodynamics, his new formalism was a great advance over previous ones. It was essential for S. Tomonaga, J. Schwinger, and F.J. Dyson for the development of renormalization theory some fifteen years later. It is in fact an illustration of the usefulness of representations, which are intermediate between the Schrödinger and the Heisenberg representations. As we have seen, they occur for the first time in Dirac's paper "On the theory of quantum-mechanics" 1926 [8].

But also R. Feynman's space-time approach to quantum field theory has its origin in a paper of Dirac from this period with the title: "The Lagrangian in quantum mechanics" [21]. Since its content does not refer to quantized fields we shall not discuss it here.

5. Troubles

According to Pauli (*"Paul Ehrenfest"* [23]), Paul Ehrenfest may have been the first to suspect a fundamental difficulty in Dirac's paper on the emission and absorption of radiation. Since, in an essential way, this theory makes use of the vector potential at the position of the electron, it corresponds to the classical theory of the point electron. It has therefore, according to Ehrenfest, to lead to an infinite self energy of the electron. And Pauli comments: "Eine Schwierigkeit, die sich beim weiteren Ausbau der Quantenelektrodynamik in der Tat als überaus peinlich und störend erweisen sollte und bis heute ungelöst ist."

It is true that hole theory improves the situation to some extent (and actually very much, as much later developments showed). The electron self energy is "only" logarithmically divergent [26]; instead of quadratically. But hole theory suffered from its own additional problems. If a theory contains divergences or contradictions, anything can be expected: even an infinite self-energy of the photon despite formal gauge invariance [29]. And Dirac announced at the Solvay Conference 1933 [27] a logarithmically divergent charge renormalization. But he also pointed out a fascinating *finite* correction to electrodynamics, to the polarization of the vacuum. This was the beginning of a new development which was to bear its most valuable fruits fifteen years later in renormalization theory. The preparation of finite physically meaningful results from a divergent theory is always tricky business. It was very difficult in the mid-thirties. One reason was the asymmetric treatment of the positive and negative electrons, another one the absence of a suitable adaption of the (manifestly relativistically invariant) many time formalism of Dirac to hole theory – and the lack of corresponding perturbation theory. Dirac and Heisenberg discovered a practicable way to deal with the problem of vacuum polarization and the non-linearities for the electromagnetic field, which are induced by the virtual pairs in the vacuum. We will not try to describe their methods and only remark that a frontal attack on the charge (or energy-momentum) density proved to be impossible. It is well known that the charge density in Dirac's theory of the positron is a local bilinear expression in ψ_α and $\bar\psi_\beta$ and is determined by the local limit of

$$\bar\psi_{\alpha'}(x')\psi_{\alpha''}(x'') \; - \; \psi_{\alpha''}(x'')\,\bar\psi_{\alpha'}(x') \; .$$

This expression is singular along the light cone $(x' - x'', x' - x'') = 0$. It has to be corrected by an additive term independent of ψ and $\bar\psi$ but depending on the external field. This term should not destroy the conservation laws and should be so chosen that for the sum the local limit exists. Heisenberg [29] was able to solve this problem and thereby to find a unique answer for the local limit.

This procedure has its origin in the paper "Discussion of the infinite distributions of electrons in the theory of the positron" by Dirac [28]. As a starting point, Dirac discusses the vacuum expectation value of $\bar\psi_{\alpha'}(x')\psi_{\alpha''}(x'')$ for a vanishing external field and computes for this purpose the explicit expression of the invariant $\triangle$-functions in terms of Bessel functions for the first time. The importance for modern field theory of these functions, of which the Jordan-Pauli D-function is a special (and elementary) case, is well known.

This 1934 paper is for a long time Dirac's last contribution to hole theory and "subtraction physics" (Pauli [30]). He leaves the main stream of quantum physics. He does not show any interest in the applications of quantum field theory to mesons and nuclear forces. He goes his own way. His reasons can be guessed. The formalism had become revoltingly complex, the basic ideas obscured. Simple problems – the vacuum itself – had become unmanageable. His feelings are probably accurately expressed on the last page of the 1947 edition of his great book *The Principles of Quantum Mechanics* [35] (p. 308):

"We have here a fundamental difficulty in quantum electrodynamics, a difficulty which has not yet been solved. It may be that the wave equation (126) has solutions which are not of the form of a power series in e. Such solutions have not yet been found. If they exist they are presumably very complicated. Thus even if they exist the theory would not be satisfactory, as we should require of a satisfactory theory that its equations have a simple solution for any simple physical problem, and the solution of (126) for the trivial problem of the motion of a single charged particle in the absence of any incident field of radiation has not yet been found."

We know of course that the one-particle states are trivial in axiomatic field theory. But we do not know how to specify a simple (non trivial) theory in this general framework. And if we start from a Lagrangian field theory we have the greatest troubles to construct even the vacuum state. Dirac touches here on a problem, on a source of anguish, which everybody has felt at times; what are the truly elementary phenomena which are close to the foundations of a (new and better) theory and simultaneously amenable to the experiment?

Dirac goes his own way. Was it possible that the problem of infinities should first be solved in classical relativistic physics and quantization should come afterwards? He tried this path in "La théorie de l'électron et du champs électromagnétique" [32] and "The physical interpretation of quantum mechanics" [33]. He was prepared to sacrifice much, too much as we know today. He did give up not only Hilbert space but also the vacuum polarization and the Coulomb interaction of charged particles created in pairs (Pauli [34]).

Maybe the notion of an electron should not be part of a classical, pre-quantum, theory at all. Possibly "the troubles of the present quantum electrodynamics should be ascribed primarily ... not to a fault in the general principles of quantization, but to our working from a wrong classical theory." ("A new classical theory of electrons" Dirac [37].) His new theory contains only continuous distributions of charges. The electron and the fine structure constant were expected to be a result of quantization. Dirac devoted two additional papers to his fascinating programme [38]. The theory never reached quantization.

The troubles of quantum electrodynamics are still focal points of Dirac's thinking. In recent years his critical mind turned again to renormalization theory [40]. His criticisms are not always justified. His courage and endurance to launch himself into these complicated and intricate calculations deserves, however, admiration.

6. Epilogue

Three physicists above all are prominent by their contributions to quantum electrodynamics in the first third of our century: Max Planck, Albert Einstein and P.A.M. Dirac. It could be a highly attractive and important contribution to the history of science to analyse and to compare the motives, the methods, and the personalities of these eminent scientists.

Max Planck: His aim was to demonstrate the irreversible nature of the black body radiation. He did not try to discover a new formula for the spectral density of the black body radiation, because he firmly believed in Wien's radiation law. But he also believed firmly in absolute irreversibility and in the deterministic interpretation of Clausius' principle for the entropy increase. He wanted to harmonize this principle with Maxwell's theory and he failed. Instead, under the pressure of experimental evidence against Wien's law, he discovered the quantum of action and his radiation formula.

Albert Einstein: He never got tired of analysing the physical meaning of Planck's formula. With his wonderful honesty and complete freedom from prejudice he penetrated deeper than anybody else into the strange rules which determine the processes of emission and absorbtion of electromagnetic radiation by atomic systems. He deeply distrusted the formalism and in spite of this he prepared the way for the most revolutionary formal development of modern physics, for quantum mechanics.

And *P.A.M. Dirac* who finally found the solution which harmonized the apparent contradictions, mastered the formalism and for this reason never permitted his formulae to drown the essential physical content.

Looking back on the history of quantum electrodynamics, we realise how different and manifold are the talents and personalities of the men who are needed to bring us closer to the solution of the great problems which Nature presents to us.

References

1. A. Einstein, Phys. Z. 10, 185 (1909).

2. A. Einstein, Phys. Z. 18, 121 (1917).

3. A. Sommerfeld, "Atombau und Spektrallinien", 3. Auflage, (Braunschweig: 1922).

4. H.A. Kramers and W. Heisenberg, Z. Phys. 31, 681 (1925).

5. W. Heisenberg, Z. Physik 33, 879 (1925).

6. P.A.M. Dirac, Proc. Roy. Soc. (London) A 109, 642-53 (1925).

7. M. Born, W. Heisenberg and P. Jordan, Z. Physik 35, 557 (1926).

8. P.A.M. Dirac, Proc. Roy. Soc. (London) A 112, 661-77 (1926).

9. P.A.M. Dirac, Proc. Roy. Soc. (London) A 113, 621-41 (1927).

10. P.A.M. Dirac, Proc. Roy. Soc. (London) A 114, 243-65 (1927).

11. P.A.M. Dirac, Proc. Roy. Soc. (London) A 114, 710-18 (1927).

12. P.A.M. Dirac, Proc. Roy. Soc. (London) A 117, 610-24 (1928).

13. P.A.M. Dirac, Proc. Roy. Soc. (London) A 118, 351-61 (1928).

14. P. Jordan and W. Pauli, Z. Physik 47, 151 (1928).

15. P. Jordan and E. Wigner, Z. Physik 47, 631 (1928).

16. W. Heisenberg and W. Pauli, Z. Physik 56, 1 (1929).

17. W. Heisenberg and W. Pauli, Z. Physik 59, 168 (1930).

18. E. Fermi, R.C. Accad. Lincei 9, 881 (1929); 12, 431 (1930).

19. P.A.M. Dirac, Proc. Roy. Soc. (London) A 136, 453-64 (1932).

20. P.A.M. Dirac, V.A. Fock and B. Podolsky, Phys. Z. Sowjet 2, 468-79 (1932).

21. P.A.M. Dirac, Phys. Z. Sowjet 3, 64-72 (1933).

22. W. Pauli, "Die allgemeinen Prinzipien der Wellenmechanik", Handbuch der Physik 2nd ed. vol. 24.1 (Berlin: 1933).

23. W. Pauli, Naturwiss. 21, 841 (1933).

24. W. Pauli and V. Weisskopf, Helv. Phys. Acta 7, 709 (1934).

25. F. Bloch, Phys. Z. Sowjet 5, 301 (1934).

26. V. Weisskopf, Z. Physik 89, 27 (1934); 90, 817 (1934).

27. P.A.M. Dirac, "Théorie du positron" in "noyaux atomiques", 7ième conseil de physique Solvay (Paris: 1934).

28. P.A.M. Dirac, Proc. Cambridge Phil. Soc. 30, 150-63 (1934).

29. W. Heisenberg, Z. Physik 90, 209 (1934).

30. W. Pauli and M.E. Rose, Phys. Rev. 49, 462 (1936).

31. Karl T. Compton, Nature 139, 229 (1937).

32. P.A.M. Dirac, Ann. Inst. H. Poincaré 9 (2), 13-49 (1939).

33. P.A.M. Dirac, Proc. Roy. Soc. (London) A 180, 1-40 (1942).

34. W. Pauli, Rev. Mod. Phys. 15, 175 (1943). Helv. Phys. Acta 19, 234 (1946).

35. P.A.M. Dirac, "The Principles of Quantum Mechanics", 3rd ed. (Clarendon Press, Oxford: 1947).

36. E. Fermi, Nuclear Physics, (University of Chicago Press: 1950).

37. P.A.M. Dirac, Proc. Roy. Soc. (London) A 209, 291-96 (1951).

38. P.A.M. Dirac, Proc. Roy. Soc. (London) A 212, 330-9 (1951); A 223, 438-45 (1954).

39. G. Wentzel, "Quantum theory of fields (until 1947)" in "Theoretical Physics in the Twentieth Century", M. Fierz and V. Weisskopf eds. (Interscience Publishers, New York: 1960).

40. P.A.M. Dirac, "Lectures on Quantum Field Theory" (Yeshiva University, New York: 1966).

41. B.L. v.d. Waerden ed., "Sources of Quantum mechanics" (North-Holland Publishing Co.: 1967).

42. F.J. Dyson and A. Lenard, J. Math. Phys. 7, 423 (1967); 9, 698 (1968).

43. A. Wyler, C.R. Acad. Sci. Paris 269 A, 741 (1969); Phys. Today 24, 17 (1971).

Mathematik und Physik

Einiges über die Lorentzgruppe und das einäugige Sehen*

Einleitung

Im Frühjahr dieses Jahres wurde ich von Herrn Kollege Rüetschi (Winterthur) aufgefordert, an der Arbeitstagung der Schweizerischen Physiklehrer in Bern einen Vortrag über das Verhältnis der Mathematik zur Physik zu halten. Ich bin dieser Aufforderung gerne nachgekommen.

Am Schluss dieses Vortrages wollte ich an einem Beispiel illustrieren, dass die moderneren Begriffe, die gegenwärtig in den Mathematik-Physikunterricht der Mittelschule eingeführt werden, möglicherweise auch im Physikunterricht in bescheidenem Rahmen fruchtbar sein können. Als Beispiel wählte ich die Diskussion der Lorentzgruppe.

Ein zweites Beispiel[†] aber sollte zeigen, dass sehr wesentliche physikalische Einsichten tatsächlich mit einem Minimum an mathematischen Kenntnissen und Fertigkeiten erarbeitet werden können. Hierzu verwendete ich die Carnot-Kelvinsche Definition der absoluten Temperatur. Herr Kollege Hotz (Ascona) bat mich diese beiden Beispiele aufzuschreiben und sie in dieser Zeitschrift zu publizieren. Das ist nun geschehen.

Es ist natürlich klar, dass ich diesen beiden klassischen Gegenständen nichts Neues oder Originelles beizufügen habe. Ich masse mir auch kein Urteil darüber an, ob irgendetwas an den beiden Beispielen für den Mittelschulunterricht brauchbar ist. Allein ich hoffe, dass vielleicht doch ein Teil der Thermodynamik mit der Zeit dort Wurzeln fassen möchte. Die abschliessende Leistung von R. Clausius, der gezeigt hat, wie man den I. Hauptsatz mit dem Carnotschen Prinzip in widerspruchsfreier Weise vereinigt, ist zweifellos eine der grossartigsten Leistungen in unserer Wissenschaft.

Gerne erwähne ich noch das Büchlein, aus dem ich seinerzeit als Gymnasiast die Grundbegriffe der Thermodynamik lernte und sie auch meinen Klassenkameraden (mit wenig Erfolg) beizubringen versuchte:

---

*Verein Schweizerischer Mathematik- und Physiklehrer, Bulletin Nr. 2, Zürich, 1966.
[†]erscheint im Bulletin Nr. 4.

R. Blondelot, "Einführung in die Thermodynamik" (aus dem Französischen übersetzt), Dresden und Leipzig 1913. Meine Ausführungen sind im wesentlichen diesem Werklein entnommen.

1. Grundbegriffe

Unter der "Welt" verstehen wir das *Raum-Zeit-Kontinuum* mit seiner *metrischen Struktur*. Die *Weltpunkte* oder *Ereignisse* werden in einem *Inertialsystem* durch 4 Koordinaten $x^0 = t, x^1, x^2, x^3$ dargestellt. t ist die Zeit, (x^1, x^2, x^3) definieren den *Ort*. Ein Weltpunkt ist also ein "jetzt-hier", die Welt eine Verallgemeinerung des "graphischen Fahrplans" der elementaren Kinematik. So ist das Kursbuch einer Eisenbahn eine Aufzählung von sich periodisch wiederholenden Ereignissen. Wir wählen die Zeiteinheit für unsere Zwecke passend so, dass die Lichtgeschwindigkeit dimensionslos wird und gleich 1 ist. Die *metrische Struktur* ordnet jedem Paar (x, y) von Ereignissen ein "Abstandsquadrat" zu.

$$I(x,y) = (x^0 - y^0)^2 - (x^1 - y^1)^2 - (x^2 - y^2)^2 - (x^3 - y^3)^2. \tag{1}$$

Die Relation $I(x, y) = 0$ hat eine besonders einfache Bedeutung: *x und y können genau dann durch ein Lichtsignal verbunden werden, falls $I(x, y) = 0$ ist.* Alle Ereignisse x, die mit dem festen Ereignis y durch Lichtsignale verbunden werden können, bilden den *Lichtkegel* $N_y = \{x : I(x, y) = 0\}$. Die Punkte von N_y werden offenbar durch das folgende Gleichungspaar

$$x^0 - y^0 = \pm \sqrt{(x^1 - y^1)^2 + (x^2 - y^2)^2 + (x^3 - y^3)^2} \tag{2}$$

beschrieben. N_y zerfällt in natürlicher Weise in 3 Komponenten:

$$N_y = N_y^+ \cup N_y^- \cup \{y\}, \tag{3}$$

wobei

$$\begin{aligned} N_y^+ &= \left\{x; \ x \in N_y, \quad x^0 - y^0 > 0\right\} \\ N_y^- &= \left\{x; \ x \in N_y, \quad x^0 - y^0 < 0\right\}. \end{aligned} \tag{4}$$

N_y^+ heisst der *Vorkegel* und besteht aus allen von y verschiedenen Ereignissen, die von einem Lichtsignal aus dem Ereignis y erreicht werden können.

N_y^- heisst der *Nachkegel* und besteht aus allen von y verschiedenen Ereignissen, von denen aus ein Lichtsignal das Ereignis y erreichen kann.

Plastischer ausgedrückt: in den Ereignissen N_y^+ kann man das Ereignis y sehen; im Ereignis y können die Ereignisse N_y gesehen werden. Die Aufspaltung von N_y entspricht also einer Aufspaltung nach *Ursache* und *Wirkung* oder, was dasselbe ist, nach Zukunft und Vergangenheit. Bei Unterdrückung einer Raumdimension werden die Verhältnisse in *Figur 1* dargestellt.

Es ist (trotz einer gewissen Umständlichkeit) passend, jedem Ereignis y einen Vektorraum $\mathcal{W}_y$, bestehend aus den Vektoren $\xi = x - y$, zuzuordnen. Auch der Vektorraum $\mathcal{W}_y$ trägt eine metrische Struktur, die durch das Skalarprodukt

$$\big(\xi_1, \xi_2\big) \;=\; \xi_1^0\xi_2^0 - \xi_1^1\xi_2^1 - \xi_1^2\xi_2^2 - \xi_1^3\xi_2^3 \tag{5}$$

definiert ist. Das Skalarprodukt (5) entsteht durch Polarisierung aus der quadratischen Form

$$\big(\xi, \xi\big) \;=\; I(x, y), \qquad \xi = x - y. \tag{6}$$

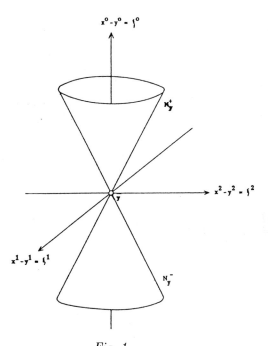

Fig. 1

Lichtkegel $N_y = N_y^+ \cup N_y^- \cup \{y\}$, Vorkegel N_y^+ und Nachkegel N_y^-.

Die Vektoren $\{\xi : (\xi, \xi) = 0\}$ bilden den Lichtkegel im Vektorraum. Wir bezeichnen auch diesen mit N_y.

Unter einer *inhomogenen Lorentztransformation* verstehen wir eine Koordinatentransformation

$$\tilde{x} \;=\; \Lambda\, x + a, \quad \text{ausgeschrieben} \quad x^\nu \;=\; \sum_{\mu=0}^{3} \Lambda_\mu^\nu\, x^\mu + a^\nu \tag{7}$$

mit der Eigenschaft, dass

$$(\tilde{x}, \tilde{y}) \;=\; I(x, y) \tag{8}$$

gilt. Während a willkürlich ist, unterliegt die Matrix Λ Beschränkungen, die sich am einfachsten mit Hilfe der Matrix

$$G \; = \; \begin{pmatrix} 1 & 0 & 0 & 0 \\ 0 & -1 & 0 & 0 \\ 0 & 0 & -1 & 0 \\ 0 & 0 & 0 & -1 \end{pmatrix} \tag{9}$$

schreiben lassen. Sei Λ^t die zu Λ transponierte Matrix, dann lauten die Einschränkungen

$$\Lambda^t \, G \, \Lambda \; = \; G. \tag{10}$$

Da G nicht singulär ist (es gilt ja $G^2 = 1$) ist auch Λ nicht singulär, denn aus (10) folgt

$$\Lambda^{-1} \; = \; G \, \Lambda^t \, G. \tag{11}$$

Eine Lorentztransformation ist durch a und Λ vollständig bestimmt. Wir bezeichnen sie mit (a, Λ). Das folgende Multiplikationsgesetz ist leicht herleitbar

$$\big(a_1, \Lambda_1\big)\big(a_2, \Lambda_2\big) \; = \; \big(a_1 + \Lambda_1 a_2, \Lambda_1 \Lambda_2\big). \tag{12}$$

Speziell folgt aus (12)

$$\big(a, \Lambda\big)^{-1} \; = \; \big(-\Lambda^{-1} a, \Lambda^{-1}\big). \tag{13}$$

Sämtliche inhomogenen Lorentztransformationen bilden eine *Gruppe*, die *inhomogene Lorentzgruppe IL*.

Wie wirkt nun (a, Λ) auf die Vektoren eines Vektorraums $\mathcal{W}_y$? Die Antwort ist einfach:

$$\tilde{\xi} \; = \; \Lambda \xi. \tag{14}$$

Daraus folgt, dass die Abbildung

$$(a, \Lambda) \longrightarrow \Lambda \tag{15}$$

ein Homomorphismus ist, was aus (12) auch evident ist. Dieser Homomorphismus wird durch einen *Normalteiler*, den *Kern* des Homomorphismus,

$$T \; = \; \big\{(a, I)\big\}, \tag{16}$$

wobei I die Identität des Matrixringes ist, vermittelt; in der Tat werden die Transformationen (a, I) durch (15) genau auf die Identität abgebildet. T ist die *Translationsgruppe*. Die Faktorgruppe $IL/T = L$ ist die *homogene Lorentzgruppe*.

L enthält noch weitere Normalteiler. Wir gewinnen diese durch das Aufsuchen weiterer Homomorphismen. Aus (10) schliessen wir

$$\mathrm{Det} \quad \Lambda \; = \; \pm 1. \tag{17}$$

Die Abbildung

$$\Lambda \longrightarrow \text{Det } \Lambda \tag{18}$$

ist wieder homomorph. Sie bildet L auf die zyklische Gruppe der Ordnung 2 ab. Der Kern dieses Homomorphismus ist die Gruppe $L_+ = \{\Lambda;\ \text{Det } \Lambda = +1\}$. L_+ besteht aus den Lorentztransformationen, die die *Orientierung* erhalten. Es gibt Lorentztransformationen, die die Orientierung nicht erhalten, z.B. $\Lambda = G$.

Bis hier verläuft die Diskussion völlig analog zur Diskussion der Bewegungsgruppe der Euklidischen Geometrie. Jetzt aber tritt eine neue, physikalisch bedeutungsvolle, Erscheinung auf: L_+ selbst ist nicht einfach, sondern hat noch einen weiteren Normalteiler. In der Tat bildet Λ kraft (14) den Lichtkegel N auf sich ab. N zerfällt aber in N^+, N^- und $\{\xi = 0\}$. Es ist anschaulich klar, dass Λ entweder N^+ auf N^+, oder N^+ auf N^- abbildet. Der Beweis dieser Tatsache ist einfach; denn die Annahme, dass für $\xi_1 \in N^+$, $\Lambda\xi_1 \in N^+$ und für $\xi_2 \in N^+$, $\Lambda\xi_2 \in N^-$ führt auf einen Widerspruch. N^+ ist zusammenhängend, also gibt es einen Weg $\xi(t), 0 \leq t \leq 1$, so dass $\xi(0) = \xi_1$ und $\xi(1) = \xi_2$ ist. $\Lambda\xi(t)$ ist aber wieder ein Weg, d.h. ein stetiges Bild des Einheitsintervalls $0 \leq t \leq 1$. Dieser Weg verläuft ganz in $N^+ \cup N^-$, denn $\xi(t)$ verschwindet nirgends, da $\xi(t) \in N^+$ für alle t. Da aber N^+ und N^- nicht zusammenhängen, kann $\xi(t)$ nicht einen Punkt von N^+ mit einem Punkt von N^- verbinden. Widerspruch zur Annahme. Jedes Λ induziert also eine Permutation von N^+ und N^-. Λ kann also auf eine Permutationsgruppe von 2 Elementen, nämlich von N^+ und N^- homomorph abgebildet werden. Offenbar permutiert nämlich $\Lambda = -I \in L_+$ die beiden Kegel N^+ und N^-. Der Kern dieses Homomorphismus besteht aus den orientierungserhaltenden Lorentztransformationen, die ausserdem N^+ in sich transformieren. Dieser Normalteiler heisst die eingeschränkte homogene Lorentzgruppe $L_+^\uparrow$. Hier ist noch eine analytische Charakterisierung von $L_+^\uparrow$:

$$L_+^\uparrow = \{\Lambda;\ \Lambda \in L,\ \text{Det } \Lambda = +1,\ \Lambda_0^0 > 0\}. \tag{19}$$

Man kann zeigen, dass $L_+^\uparrow$ eine einfache Gruppe ist. So haben wir auf geometrische Weise Einsicht in die gruppentheoretische Struktur von $I\!L$ erhalten.

Unsere Überlegungen führen uns aber auch zu einer Einsicht in die Geometrie von $I\!L$. Ein Element von $I\!L$ ist durch die Angabe von a und Λ vollständig bestimmt. *Geometrisch* ist $I\!L$ also das kartesische Produkt eines 4-dimensionalen (reellen) Vektorraums aus den Vektoren a und der Gruppe L. L aber zerfällt geometrisch in die 4 Komponenten $L_+^\uparrow$, $L_+^\downarrow = (-I)L_+$, $L_-^\uparrow = G\,L_+$ und $L_-^\downarrow = -G\,L_+$. Demnach zerfällt auch $I\!L$ in 4 Komponenten, die analytisch wie folgt charakterisiert sind:

$$I\,L_+^\uparrow = \{(a,\Lambda);\ \Lambda \in L,\ \text{Det } \Lambda = +1, \Lambda_0^0 > 0\}$$

$$I\,L_+^\downarrow = \{(a,\Lambda);\ \Lambda \in L,\ \text{Det } \Lambda = +1, \Lambda_0^0 < 0\}$$

$$I\,L_-^\uparrow \;=\; \left\{ (a,\Lambda);\; \Lambda \in L,\; \text{Det}\,\Lambda \;=\; -1, \Lambda_0^0 > 0 \right\}$$

$$I\,L_-^\downarrow \;=\; \left\{ (a,\Lambda);\; \Lambda \in L,\; \text{Det}\,\Lambda \;=\; -1, \Lambda_0^0 < 0 \right\}. \tag{20}$$

$IL_+^\uparrow$ ist zusammenhängend und ein Normalteiler von IL. Die Faktorgruppe $IL/IL_+^\uparrow$ ist die *Vierergruppe*, d.i. das direkte Produkt zweier zyklischer Gruppen der Ordnung 2. $IL_+^\uparrow$ hat die Translationen T als Normalteiler. $IL_+^\uparrow/T$ ist wieder unsere einfache Gruppe $L_+^\uparrow$.

Schliesslich bemerken wir, dass die homogenen Gruppen L, L_+, $L_+^\uparrow$ auch als Untergruppen von IL auftreten. L ist die Untergruppe, die das Ursprungsereignis invariant lässt.

2. Wie sehen zwei gegeneinander bewegte einäugige Beobachter vom selben Ereignis aus?

Es mögen sich im Ereignis y die *Weltlinien* (d.h. die graphischen Fahrpläne) zweier einäugiger Beobachter schneiden. Die beiden Beobachter betrachten im Ereignis y die Welt. Wie verhalten sich die beiden Bilder zueinander? Offensichtlich sehen beide Beobachter genau dieselben Ereignisse, nämlich die (sichtbaren) Ereignisse aus dem Nachkegel N_y^-. Da sie aber einäugig vorausgesetzt sind, sehen sie nicht die Ereignisse von N_y^- selbst, sondern sie sehen nur die *Lichtstrahlen* d.h. die *Erzeugenden* von N_y^-. Jeder der Beobachter wird diese Erzeugenden auf seine Richtungskugel beziehen. Diese Richtungskugeln sind für die beiden Beobachter im allgemeinen verschieden, erfahren aber durch die Erzeugenden von N_y^- eine Abbildung aufeinander. Uns interessiert diese Abbildung.

Zunächst wollen wir unser Problem vereinfachen. Jeder Beobachter definiert im Ereignis y eine Familie von *momentanen Ruhesystemen*. Das sind Inertialsysteme, in welchen der Beobacher momentan in Ruhe ist. In diesen momentanen Ruhesystemen sind die Richtungskugeln definiert. Es kommt also für das folgende nur auf die momentanen Ruhesysteme an, und diese hängen ihrerseits nur von der Richtung der Weltlinien der einzelnen Beobachter im Ereignis y ab. Wie die Weltlinien der Beobachter sonst verlaufen, ist gleichgültig. Wir können sie daher als geradlinig voraussetzen. Mit anderen Worten, wir nehmen an, dass sich die beiden Beobachter auf Trägheitsbahnen bewegen, dass also jeder Beobachter eine Familie von absoluten Ruhesystemen definiert.

Als *Ursprungsereignis* für die Ruhesysteme wählen wir das Ereignis y selbst. Nun ist in allen Ruhesystemen der Kegel N_y^- ausgezeichnet als Kegel, auf welchem die sichtbaren Ereignisse liegen. Dieser Kegel legt in allen Ruhesystemen eine *Zeitorientierung* fest. Die Lorentztransformationen, die zwischen den Ruhesystemen vermitteln, sind *homogen* (da das Ursprungsereignis ungeändert bleibt) und erhalten Zeitorientierung. Sie gehören also zur Gruppe $L^\uparrow = L_+^\uparrow \cup L_-^\uparrow$.

Was sind nun die Richtungskugeln, auf welche die Beobachter die Licht-strahlen beziehen? Seien $x^0 = t, x^1, x^2, x^3$ Koordinaten in einem der Ruhesysteme des ersten Beobachters. Falls x ein Ereignis aus N_y^- ist, dann gilt $t < 0$ und $t^2 = (x^1)^2 + (x^2)^2 + (x^3)^2$. Die Richtung des Lichtstrahles ist durch

$$\xi^k = \frac{x^k}{t} \quad k = 1, 2, 3 \tag{21}$$

bestimmt. Es gilt aber $\sum(\xi^k)^2 = 1$. Die Grössen (21) sind also genau die Punkte der Richtungskugel.

Die Formel (21) suggeriert nun eine neue Interpretation: wir fassen $x^0 = t, x^1, x^2, x^3$ als *homogene Koordinaten* eines projektiven 3-dimensionalen Raumes P_3 auf. Die Gleichung des Lichtkegels $(x, x) = (x^0)^2 - (x^1)^2 - (x^2)^2 - (x^3)^2 = 0$ stellt in P_3 die Richtungskugel dar. Die Transformationen aus $L^\uparrow$ induzieren projektive Transformationen des P_3, welche die Richtungskugel invariant lassen. Falls umgekehrt $\tilde{x} = Mx$ eine (homogen geschriebene) projektive Transformation des P_3 ist, die die Richtungskugel invariant lässt, dann ist

$$(\tilde{x}, \tilde{x}) = \lambda^2(x, x) \tag{22}$$

mit *reellem* $\lambda \neq 0$. Dies ist notwendigerweise so, weil nach dem Sylvesterschen Trägheitsgesetz durch eine lineare Transformation der Trägheitsindex einer quadratischen Form nicht geändert wird. Die Transformation

$$\tilde{\tilde{x}} = \lambda Mx \tag{23}$$

ist dabei eine *homogene* Lorentztransformation, denn es gilt:

$$\left(\tilde{\tilde{x}}, \tilde{\tilde{x}}\right) = (x, x). \tag{24}$$

Durch passende Wahl des Vorzeichens von λ in (23) lässt sich $\lambda M^{00} > 0$ machen. λM ist also eine Transformation in $L^\uparrow$. M und λM erzeugen aber *dieselbe* projektive Transformation. So erkennen wir, dass die *Lorentzgruppe zur Gruppe der projektiven Transformationen des P_3, die das absolute Gebilde* $(x^0)^2 - (x^1)^2 - (x^2)^2 - (x^3)^2 = 0$ *invariant lassen, isomorph ist.* Und weiter: *Die durch diese projektiven Transformationen induzierten Abbildungen der Kugel* $(x^0)^2 - (x^1)^2 - (x^2)^2 - (x^3)^2 = 0$ *auf sich sind die gesuchten Korrespondenzen der Richtungskugeln zweier Beobachter im Ereignis y.*

Da unsere projektiven Transformationen ebene Schnitte der Richtungskugel in ebene Schnitte der Richtungskugel transformieren, haben wir weiter das Resultat:

Erscheint einem Beobachter ein Gegenstand kreisförmig, dann erscheint er allen Beobachtern aus dem selben Ereignis kreisförmig.

So erkennen wir, dass die Lorentzkontraktion einer gleichförmig bewegten Kugel von unseren Beobachtern nicht gesehen werden kann; denn die Kugel erscheint einem relativ zu ihr ruhenden Beobachter als Kreis. In diesem Sinn sind die Abbildungen in vielen populären Darstellungen der Relativitätstheorie also falsch.

Allgemein ist zu sagen: *Die durch die Lorentzgruppe $L^\uparrow$ auf den Richtungskugeln $(x, x) = 0$ induzierten Transformationen sind genau die konformen Transformationen der Kugel in sich. Der Untergruppe $L^\uparrow_+$ entsprechen die konformen Transformationen mit Orientierungserhaltung, den Transformationen aus L_- die konformen Transformationen mit Winkelumlegung.*

Aus diesem Satz folgt, dass $L^\uparrow_+$ isomorph ist zur Gruppe der orientierungserhaltenden konformen Transformationen der Kugel auf sich. Da durch die stereographische Abbildung die Kugel konform auf die Gausssche Ebene abgebildet wird und da die orientierungserhaltenden konformen Transformationen der Gaussschen Ebene durch linear gebrochene Transformationen

$$\tilde{w} = \frac{aw + b}{cw + b} \qquad ad - bc \neq 0 \tag{25}$$

dargestellt werden, haben wir den Satz, dass $L^\uparrow_+$ *isomorph ist zur Gruppe der gebrochenen linearen Transformationen.* Diese Tatsache ist entscheidend für die moderne Physik. Auf ihr beruht z.B. die Diracsche Theorie des Elektrons.

Es würde etwas zu weit führen, die ganze (im übrigen wohlbekannte) Theorie hier umständlich darzustellen. Ich begnüge mich daher mit einigen Bemerkungen und Beispielen.

1. Beispiel: Wie wird eine reine Drehung dargestellt?

Unter einer reinen Drehung verstehen wir ein Λ von der Form

$$\Lambda_R = \begin{pmatrix} 1 & 0 & 0 & 0 \\ 0 & & & \\ 0 & & R & \\ 0 & & & \end{pmatrix} \tag{26}$$

wobei R eine eigentlich orthogonale Matrix ist. Wir setzen also

$$\tilde{t} = t \qquad \tilde{x}^k = \sum R^k{}_1 \, x^1 \tag{27}$$

und natürlich $\tilde{\xi}^k = \frac{\tilde{x}^k}{\tilde{t}}$. Ein Blick auf (21) zeigt dann, dass

$$\vec{\tilde{\xi}} = R \, \vec{\xi} . \tag{28}$$

Eine reine Drehung führt also zu einer entsprechenden Drehung der Richtungskugel. Es ist bekannt, dass die den Drehungen entsprechenden Transformationen der Gaussschen Ebene durch die Einschränkung $d = \bar{a}, b = -\bar{c}$ in (25) beschrieben werden können.

2. Beispiel: Wie wird eine spezielle Lorentztransformation dargestellt?

Unter einer speziellen Lorentztransformation verstehen wir ein Λ der Gestalt

$$\Lambda_\chi \;=\; \begin{pmatrix} Ch\chi & 0 & 0 & Sh\chi \\ 0 & 1 & 0 & 0 \\ 0 & 0 & 1 & 0 \\ Sh\chi & 0 & 0 & Ch\chi \end{pmatrix} \tag{29}$$

wir finden

$$\begin{aligned} \tilde{\xi}^{1,2} &= \frac{\xi^{1,2}}{\xi^3 Sh\chi + Ch\chi} \\ \tilde{\xi}^3 &= \frac{\xi^3 Ch\chi + Sh\chi}{\xi^3 Sh\chi + Ch\chi} \, . \end{aligned} \tag{30}$$

Durch die stereographische Transformation

$$w \;=\; \frac{\xi^1 + i\xi^2}{1 - \xi^3} \tag{31}$$

mit der Umkehrung

$$\xi^1 + i\xi^2 \;=\; \frac{2w}{|\,w\,|^2 + 1} \,, \quad \xi^3 \;=\; \frac{|\,w\,|^2 - 1}{|\,w\,|^2 + 1} \tag{32}$$

entsteht aus (30) die einfache Transformation

$$\tilde{w} \;=\; e^\chi\, w. \tag{33}$$

Diese Transformation ist offensichtlich konform.

Bemerkung: Es ist leicht zu zeigen, dass die Transformationen $\Lambda = \Lambda_{R_1}\Lambda_\chi\Lambda_{R_2}$ die ganze Gruppe $L_+^\uparrow$ erschöpfen. Aus unseren Beispielen folgt also, dass $L_+^\uparrow$ auf der Richtungskugel ausschliesslich konforme Transformationen mit Orientierungserhaltung induziert. Weiter ist ebenfalls leicht zu zeigen, dass auf diese Weise die ganze Gruppe der eigentlichen konformen Transformationen erhalten wird. Damit sind unsere Sätze nun doch bewiesen, wenn auch durch Rechnung statt durch Überlegung.

Endlich möchte ich noch eine abschliessende Bemerkung machen. Die linear gebrochenen Transformationen in einer komplexen Variablen bilden die *projektive Gruppe* eines *komplexen eindimensionalen projektiven Raumes*. *Die eingeschränkte Lorentzgruppe $L_+^\uparrow$ ist daher isomorph zur komplexen eindimensionalen projektiven Gruppe.* Den eindimensionalen komplexen projektiven Raum beschreibt man am besten wieder mit homogenen Koordinaten: $w = w_1/w_2$. Dann schreibt sich die linear gebrochene Transformation (25) in der Form

$$\begin{aligned} \tilde{w}_1 &= aw_1 + aw_2 \\ & \hspace{3cm}, \quad ad - bc \neq 0. \\ \tilde{w}_2 &= cw_1 + bw_2 \, . \end{aligned} \tag{34}$$

Sei A die Matrix $\begin{pmatrix} a & b \\ c & d \end{pmatrix}$, dann beschreiben A und λA, $\lambda \neq 0$ dieselbe projektive Transformation. Wir können also ohne Einschränkung $Det\ A = 1$ setzen. Die Gruppe der komplexen 2×2 Matrizen der Determinanten 1 ist die *spezielle lineare Gruppe* in 2 Dimensionen $SL(2,\mathbb{C})$. Jedem Element von $SL(2,\mathbb{C})$ entspricht in homomorpher Weise eine projektive Transformation (25) und damit eine eingeschränkte Lorentztransformation. Dieser Homomorphismus hat aber einen nichttrivialen *Kern*, denn

$$I = \begin{pmatrix} 1 & 0 \\ 0 & 1 \end{pmatrix} \quad \text{und} - I = \begin{pmatrix} -1 & 0 \\ 0 & -1 \end{pmatrix}$$

entsprechen beide der Identität, und dies sind die einzigen Elemente von $SL(2,\mathbb{C})$ mit dieser Eigenschaft. Daher ist $L_+^\uparrow$ isomorph zu $SL(2,\mathbb{C})/\{\mathbb{I}, -\mathbb{I}\}$. Es ist ein merkwürdiges und bedeutungsvolles Faktum, dass für die Quantenmechanik die Gruppe $SL(2,\mathbb{C})$ grundlegender ist als die Gruppe $L_+^\uparrow$. Auf ihm beruht die Existenz von Teilchen mit halbzahligem Spin.

Das Carnotsche Prinzip, die absolute Temperatur und die Entropie*

Die Thermodynamik arbeitet wie jede physikalische Theorie mit idealisierten Anordnungen und Gegenständen. Ihre universelle Brauchbarkeit beruht darauf, dass in der Idealisierung das wesentliche der thermischen Erscheinungen in grosser Allgemeinheit eingefangen ist. Man soll sich an den Idealisierungen nicht stossen, sondern sich darüber freuen, dass sie die Idee der Wärmeerscheinungen in ein Netz von mathematisch fassbaren Begriffen einfangen.[1] Es ist erstaunlich, dass die wesentlichen Grundbegriffe, vor allem von Sadi Carnot, aus der Beschäftigung mit technischen Problemen der Dampfmaschine entwickelt worden sind.

1. Definition: Ein *Wärmereservoir* W ist ein Thermostat, dem eine beliebige Wärmemenge entzogen oder an den eine beliebige Wärmemenge abgegeben werden kann.

2. Definition: Eine *Wärmekraftmaschine* ist eine zyklisch arbeitende Anordnung. Nach einem Zyklus bleiben keine Veränderungen zurück ausser, dass ein Gewicht gehoben und einer gewissen Anzahl von Wärmereservoiren gewisse Wärmemengen entzogen oder an sie abgegeben worden sind. Wärmekraftmaschinen können beliebig vergrössert oder verkleinert werden. Dabei ändern sich die Wärmemengen und die am Gewicht geleistete Arbeit proportional.

Satz (1. Hauptsatz der Thermodynamik): Ist Q_1 die Summe der aufgenommenen und Q_2 die Summe der abgegebenen Wärmemengen und A die am Gewicht geleistete Arbeit, dann gilt

$$A = Q_1 - Q_2 \tag{1}$$

Carnotsches Prinzip: Es gibt keine Wärmekraftmaschine, die nur einem Wärmereservoir Wärme entzieht und diese vollständig in Arbeit verwandelt.

---

*Verein Schweizerischer Mathematik- und Physiklehrer, Bulletin Nr. 4, Zürich, 1967.
[1]Das Bild stammt aus *Hermann Weyl*, Die Idee der Riemann'schen Fläche, Leipzig 1923, (2. Auflage). S. IV.

Aus der Erfahrung wird nun abstrahiert, dass es Wärmekraftmaschinen mit 2 Wärmereservoiren gibt. Dabei wird dem einen Wärmereservoir W_1 die Wärmemenge Q_1 *entnommen*, an das zweite Wärmereservoir W_2 die Wärmemenge Q_2 *abgegeben*. Die geleistete Arbeit bestimmt sich aus (0.1). Natürlich soll $Q_1 > Q_2 > 0$ sein, damit das Carnotsche Prinzip überhaupt sinnvoll ist. Wir bezeichnen W_1 als *Heizung*, W_2 als *Kühler* unserer Wärmekraftmaschine.

Im folgenden beschränken wir uns zunächst auf Wärmekraftmaschinen mit *einer* Heizung und *einem* Kühler.

1. Satz: Gibt es eine Wärmekraftmaschine, die W_1 als Heizung und W_2 als Kühler besitzt, dann gibt es keine Wärmekraftmaschine die W_2 als Heizung und W_1 als Kühler hat.

Beweis: Die Annahme, dass beide Maschinen existieren, führt zu einem Widerspruch zum Carnotschen Prinzip. Entnimmt die erste Maschine pro Zyklus aus W_1 die Wärmemenge Q_1 und gibt Q_2 an W_2 ab, dann vergrössern oder verkleinern wir die zweite Maschine so, dass sie pro Zyklus aus W_2 die Wärmemenge Q_2 aufnimmt und Q_1' an W_1 abgibt. Auf jeden Zyklus der ersten Maschine lassen wir einen Zyklus der zweiten Maschine folgen. Dadurch erhalten wir eine neue Maschine, die an W_2 keine Wärme mehr abgibt und die, wegen $Q_1 > Q_2 > Q_1'$ die positive Arbeit $A = Q_1 - Q_1'$ leistet. Widerspruch zu Carnot.

Durch den 1. Satz erhalten wir eine gewisse *Ordnung* der Wärmereservoire: Wir sagen W_1 hat eine höhere Temperatur als W_2, falls W_1 als Heizung und W_2 als Kühler einer Wärmekraftmaschine dienen kann.

Im übrigen setzen wir die Existenz einer empirischen Temperatur voraus, d.h. einer reellen Grösse derart, dass 2 Wärmereservoire derselben Temperatur bei thermischem Kontakt keine Wärme austauschen. Diese Temperatur sei im Einklang mit der aus Satz 1 definierten Ordnung. Schliesslich entnehmen wir die Tatsache der Erfahrung, dass zwischen Wärmereservoiren verschiedener Temperatur immer eine Wärmekraftmaschine möglich ist.

3. Definition: Eine Wärmekraftmaschine heisst *reversibel*, falls sie umgekehrt betrieben werden kann. Sie entnimmt dann dem Kühler die Wärmemenge Q_2 und gibt der Heizung die Wärmemenge Q_1 ab, wobei die Arbeit A aufgewendet wird (alle Grössen pro Zyklus).

Als ideales Postulat fordern wir nicht nur die Existenz reversibler Maschinen, sondern wir verlangen auch noch, dass reversible Maschinen zwischen Wärmereservoiren verschiedener Temperatur immer möglich sind.

4. Definition: Der Nutzeffekt η einer Wärmekraftmaschine ist durch

$$\eta = \frac{A}{Q_1} = \frac{Q_1 - Q_2}{Q_1} = 1 - \frac{Q_2}{Q_2} \tag{2}$$

definiert.

2. Satz: Unter allen Wärmekraftmaschinen mit derselben Heizung und demselben Kühler haben die reversiblen den grössten Nutzeffekt. Alle reversiblen Maschinen haben unter den genannten Voraussetzungen denselben Nutzeffekt.

Beweis: W_1 sei die Heizung, W_2 der Kühler. Hätte nun eine Maschine M einen grösseren Nutzeffekt als eine reversible Maschine M_{rev}, dann kombinieren wir aus M und M_{rev} eine neue Maschine. M treibt M_{rev} an, M_{rev} übernimmt die Kühlerwärme Q_2 von M und gibt die Wärmemenge Q_1' an die Heizung ab. Falls M (immer pro Zyklus) aus der Heizung die Wärmemenge Q_1 entnimmt, dann ist

$$\eta \;=\; 1 - \frac{Q_2}{Q_1} \;>\; 1 - \frac{Q_2}{Q_1'} \;=\; \eta_{rev}$$

vorausgesetzt. Es ist daher $Q_1 > Q_1'$. Die Maschine leistet also positive Arbeit $A = Q_1 - Q_1'$ ohne Wärmeabgabe an den Kühler. Widerspruch zu Carnot.

3. Satz: Es existiert eine absolute Temperatur T, so dass gilt:

$$\eta_{rev} \;=\; \frac{T_1 - T_2}{T_1}. \tag{3}$$

Diese ist durch einen einzigen Fixpunkt eindeutig bestimmt.

Beweis: Es sei W_0 ein festes Wärmereservoir. $T_0 > 0$ sei eine beliebige Zahl. Wir ordnen W_0 die Temperatur T_0 zu. Falls W eine höhere Temperatur als W_0 hat, fassen wir W als Heizung und W_0 als Kühler einer reversiblen Maschine auf und setzen

$$\frac{T_0}{T} \;=\; 1 - \eta_{rev}. \tag{4}$$

Ist aber die Temperatur von W kleiner als die von W_0, dann sei W_0 Heizung und W' Kühler und wir setzen

$$\frac{T'}{T_0} \;=\; 1 - \eta_{rev}' \;. \tag{5}$$

Die Formel (0.4) lässt sich gemäss (0.2) auch schreiben:

$$\frac{Q_0^{rev}}{T_0} \;=\; \frac{Q^{rev}}{T}, \tag{6}$$

die Formel (0.5) analog

$$\frac{Q'^{\,rev}}{T'} \;=\; \frac{Q_0^{rev}}{T_0}, \tag{7}$$

wobei in (0.6) Q^{rev} die aus W entnommene, Q_0^{rev} die an W_0 durch die reversible Maschine abgegebene, in (0.7) Q_0^{rev} die aus W_0 entnommene und Q'^{rev} die an W' abgegebene Wärmemenge ist. Nun bauen wir uns eine Wärmekraftmaschine zwischen einer Heizung W_1 und einem Kühler W_2, indem wir die zwischen W_0 und W_1 arbeitende Maschine und die zwischen W_0 und W_2 arbeitende Maschine in der aus dem Beweis des 2. Satzes wohlbekannten Weise "zusammenschalten". Es gilt dann

$$\frac{Q_1^{rev}}{T_1} = \frac{Q_2^{rev}}{T_2} = \frac{Q_0^{rev}}{T_0} \tag{8}$$

was zu (0.3) äquivalent ist. Unsere absolute Skala ist durch T_0 eindeutig festgelegt.

4. Definition: Sei $\partial = Q$ falls Q eine dem Wärmereservoir W entnommene Wärmemenge ist; sei $\partial = -Q$, falls Q eine an W abgegebene Wärmemenge ist. Wir sagen in jedem Fall, ∂ sei dem Wärmereservoir W entnommen.

4. Satz: Sind T_1 und T_2 die absoluten Temperaturen von Heizung und Kühler einer Wärmekraftmaschine und ∂_1, ∂_2 die den beiden Reservoiren entnommenen Wärmemengen. Dann gilt

$$\frac{\partial_1}{T_1} + \frac{\partial_2}{T_2} \leqq 0 \, . \tag{9}$$

Für reversible Maschinen gilt das Gleichheitszeichen.

Beweis: (0.9) ist äquivalent zu $\eta \leqq \eta_{rev}$ (2. Satz).

Wir fassen nun Wärmekraftmaschinen mit einer *beliebigen* (endlichen) *Anzahl von Wärmereservoiren* ins Auge und behaupten den

5. Satz: Sind $T_1 > T_2 > T_3 > \cdots > T_k$ die Temperaturen der Wärmereservoire $W_1, W_3, \cdots, W$ einer Wärmekraftmaschine und ist ∂_ν die Wärmemenge, die dem Reservoir W_ν (pro Zyklus) entzogen wird, dann gilt:

$$\sum_{\nu=1}^{k} \frac{\partial_\nu}{T_\nu} \leqq 0 \, . \tag{10}$$

Für eine reversible Maschine gilt das Gleichheitszeichen.

Beweis: durch Induktion nach k. Für $k = 2$ ist der 5. Satz identisch mit dem 4. Satz. Sei der 5. Satz bewiesen für $k = 2, 3, \cdots, K - 1$. Wir zeigen, dass er dann auch für $k = K$ richtig ist. Es seien also $W_\nu, T_\nu, \partial_\nu, \nu = 1, 2, 3, \cdots, K$ Wärmereservoire, Temperaturen und entzogene Wärmemengen einer Wärmekraftmaschine. Dabei sind die Temperaturen geordnet wie im 5. Satz. Falls $\partial_{K-1} > 0$ ist, kombinieren wir unsere Maschine mit einer reversiblen Maschine zwischen W_1 und W_{K-1}, die dem Reservoir W_{K-1} die

Wärmemenge $-\partial_{K-1}$ und dem Wärmereservoir W_1 die Wärmemenge ∂_1' entnimmt. Nach dem 4. Satz ist

$$\frac{\partial_1'}{T_1} - \frac{\partial_{K-1}}{K-1} = 0. \tag{11}$$

Die neue Maschine hat nur noch $K-1$ Wärmereservoire, nämlich W_1, $W_2, \cdots, W_{K-2}$, W_K mit den Temperaturen $T_1, T_2, \cdots, T_{K-2}, T_K$ zu den Wärmemengen

$$\partial_1'' = \partial_1 + \partial_1', \ \partial_2'' = \partial_2, \cdots, \quad \partial_{K-2}'' = \partial_{K-2'}$$
$$\partial_K'' = \partial_K.$$

Wegen (0.11) und der Induktionsvoraussetzung gilt

$$\sum_{\nu \neq K-1} \frac{\partial_\nu''}{T_\nu} = \sum \frac{\partial_\nu}{T_\nu} \leqq 0. \tag{12}$$

Analog verfährt man, falls $\partial_{K-1} < 0$ ist. Man führt dann eine reversible Maschine ein zwischen W_{K-1} und W_K, die dem Reservoir W_{K-1} die Wärmemenge $-\partial_{K-1}$ entzieht und eine durch den 4. Satz bestimmte Wärmemenge an W_k abgibt.

Die letzte Aussage des 5. Satzes ergibt sich daraus, dass eine reversible Maschine mit reversiblen Maschinen kombiniert offenbar wieder eine reversible Maschine ergibt.

5. Definition: Unter einem Kreisprozess verstehen wir einen Prozess, bei dem der Endzustand sich vom Anfangszustand nur dadurch unterscheidet, dass ein Gewicht gehoben oder gesenkt ist und einer Anzahl von Wärmereservoiren $\{W_\nu\}$ gewisse Wärmemengen $\{\partial_\nu\}$ entzogen worden sind. Der Kreisprozess heisst reversibel, falls er im umgekehrten Sinn durchlaufen werden kann, wobei Arbeit und Wärmemengen ihr Vorzeichen umdrehen.

Bemerkung: Der Unterschied zwischen einem Kreisprozess und dem Zyklus einer Wärmekraftmaschine besteht ausschliesslich darin, dass die Arbeit nicht notwendig positiv ist.

6. Satz: Bei einem Kreisprozess gilt

$$\sum_\nu \frac{\partial_\nu}{T_\nu} \leqq 0.$$

Für einen reversiblen Kreisprozess gilt das Gleichheitszeichen.

Beweis: Offenbar kann jeder Kreisprozess durch den Zyklus einer reversiblen Maschine so ergänzt werden, dass die totale Arbeitsleistung positiv wird. Hierauf wendet man den 5. Satz an.

Das kontinuierliche Analogon zum 6. Satz ist der

II. Hauptsatz der Thermodynamik: Für einen Kreisprozess gilt

$$\oint \frac{d\partial}{T} \leqq 0 \, . \tag{13}$$

Für einen reversiblen Kreisprozess gilt

$$\oint \frac{d\partial^{rev}}{T} = 0 \, . \tag{14}$$

Aus (0.14) folgt in wohlbekannter Weise die Existenz der Entropie S für ein materiell abgeschlossenes System im Gleichgewichtszustand, etwa für ein Gas von bestimmter Temperatur und bestimmten Druckes in einem Kasten. Wir wollen unsere Ausführungen an dieser Stelle abbrechen.

Symmetrie in der Physik*

Das Thema ist in jeder Beziehung unerschöpflich. Ich werde mich nach einigen einleitenden historizierenden Bemerkungen vor allem den diskreten Symmetrien von Raum und Zeit zuwenden, um mit der Skizzierung einer neuen Entwicklung aus den vergangenen anderthalb Dezennien zu schliessen.

Nun wissen viele von Ihnen aus dem Unterricht, aus der Lektüre, vielleicht aus Vorträgen oder der Television, dass zu Beginn dieses Jahrhunderts Raum und Zeit in der Einstein-Minkowskischen Geometrie eine so enge Verbindung eingegangen sind, dass sie getrennt eigentlich nicht betrachtet werden können. Im Spezialfall, den wir hauptsächlich betrachten, nämlich dem der Raumspiegelung und der Bewegungsumkehr oder Zeitspiegelung ist eine solche Trennung jedoch im allgemeinen möglich. An einer entscheidenden Stelle allerdings werden wir Raum und Zeit zu einer Einheit zusammenfügen müssen. Damit hat es aber noch Zeit, denn zunächst muss ich mich mit Ihnen verständigen, was eigentlich wir in der folgenden Stunde unter Symmetrie verstehen wollen. In dieser Absicht zeige ich Ihnen das (durch eine Gerade ergänzte) Signet einer bekannten Firma für die Vermittlung von Teilzeitarbeit.

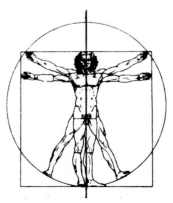

Diese Figur geht auf eine Tuschzeichnung von Leonardo da Vinci zurück und diese Zeichnung wiederum ist eine Illustration zu einer Aussage von Vitrius, dem

*Vortrag bei der Firma Landis & Gyr, Zug (1980).

grossen Architekten und Bauingenieur des Römischen Altertums, dem Zeitgenossen Caesars, dessen "praefectus fabrum" oder Heerzeugmeister er war. Von
Vitrius ist uns ein Lehrbuch der Architektur in 10 Bänden erhalten und wir
lesen im I. Kapitel des III. Bandes unter dem Titel "Woher die symmetrischen
Verhältnisse auf die Tempel übertragen sind?"

> "Die Anlage der Tempel beruht auf den symmetrischen Verhältnis-
> sen, deren Gesetze die Baukünstler auf's sorgfältigste beherrschen
> müssen. Symmetrie geht aus dem Ebenmaß der Teile unter sich und
> zum Ganzen hervor. Ein Tempel kann nur dann symmetrisch sein,
> wenn das Gesetz seiner Gliederung dem eines wohlgebildeten Men-
> schen ähnlich ist."

Und weiter

> "Der Mittelpunkt des menschlichen Körpers ist der Nabel; denn wenn
> ein Mensch mit ausgespannten Händen und Füßen auf dem Rücken
> liegt, dann hat ein Kreis, der die Finger und die Zehen berührt als
> Mittelpunkt den Nabel. Aber ebenso wie die Figur des Kreises am
> menschlichen Körper dargestellt wird, so wird an ihm auch die eines
> Quadrates gefunden. Der Abstand von Scheitel bis Sohle ist gleich
> der Spanne der ausgestreckten Arme."

Sie sehen, damals baute der Architekt auch die Monumentalbauten nach mensch-
lichem Mass. Heute werden die Profanbauten mehr nach Massgabe der struk-
turellen Eigenschaften der Baumaterialien – zur Maximierung der Bodenpreise –
gebaut.

Zweifellos passen tiefsinnige und pseudo-tiefsinnige Deutungen nicht zum
nüchternen Römertum Vitrius'. Aber der hellenistische kulturelle Grund, aus
dem er arbeitet, scheint das folgende doch zu tragen. Die Kreislinie als ideale
Bahn der Himmelskörper mag auf den himmlischen Ursprung, das Quadrat durch
seine Vierzahl auf die vier Elemente und das irdische Verhaftet-sein des Menschen
deuten. Die vollkommene Symmetrie des Kreises wird durch die Gegenwart des
exzentrischen Quadrats *gebrochen*. Kreis und Quadrat zusammen besitzen nur
noch die bilaterale Symmetrie zur farbig ausgezogenen Symmetrie-Achse. Diese
gewaltige Reduktion der unendlichen Symmetrie des Kreises zur Spiegelsymme-
trie an einer Geraden mag man als ein Sinnbild für die Unvollkommenheit der
Dinge in der sublunaren Welt nehmen – auch wenn sich dem Fachmann ob solcher
Äusserungen die Haare sträuben.

Übrigens fügt sich bei Leonardo die menschliche Gestalt keineswegs vollkommen der bilateralen Symmetrie von Kreis und Quadrat, und auch hierüber kann
man sich Gedanken machen – etwa im Anschluss an Polyklet, der die Schönheit
auf kleine Abweichungen von starren Proportionen zurückzuführen scheint.

Aber unvermerkt haben wir uns einen neuen, vom klassischen abweichenden, Symmetriebegriff zugeeignet: Eine Figur heisst bilateral symmetrisch, wenn sie bei der Spiegelung an einer Spiegelungsachse ungeändert bleibt. Und so wollen wir im folgenden Symmetrie verstehen: als Invarianz eines Gebildes unter einer Klasse von Abbildungen. Die Symmetrie wird durch diese Klasse von Abbildungen bestimmt, und sie könnte mit dieser natürlicherweise gleichgesetzt werden. Diese Klasse von Abbildungen hat eine algebraische Struktur, die aus der einfachen Bemerkung fliesst, dass mit zwei Abbildungen welche ein Gebilde unverändert lassen, auch deren Nach-einander-Ausführungen diese Eigenschaft teilt und daher zur Symmetrie gerechnet werden muss. Man sagt, die Klasse von Abbildungen soll mit zwei Abbildungen auch deren *Produkt* enthalten, oder auch: sie soll eine Abbildungs-*Gruppe* sein. Für die bilaterale Symmetrie besteht die Abbildungsgruppe aus der Identität I und der Spiegelung S an der Symmetrieachse. Die Multiplikationstabelle (das $\times$ der Gruppe) lautet denkbar einfach

$$\left(\begin{array}{c|cc} & I & S \\ \hline I & I & S \\ S & S & I \end{array} \right)$$

So schälte sich im Verlauf des 19. Jahrhunderts als wesentlicher Kern des Symmetriebegriffes die algebraische Struktur der *Gruppe* heraus, und Gruppen haben seither wie ein Sauerteig oder eine infektiöse Krankheit die ganze Mathematik und Physik umgestaltet und verändert.

Bisher haben wir ausschliesslich von *räumlicher* Symmetrie gesprochen. Jeder periodische Vorgang, angefangen beim Wechsel von Tag und Nacht bis hin zum Pulsschlag und zu den Vibrationen der Elektronen im Atom, zeigt eine Symmetrie in der Zeit, die sich abstrakt in der Addition der ganzen Zahlen niederschlägt. Im Räumlichen entspricht dieser zeitlichen Symmetrie das unendliche Streifenmuster, das durch die Verschiebung einer Grundfigur um eine Elementardistanz entsteht. In einer Welle vereinigen sich diese beiden Manifestationen derselben Symmetrie. Die Elementardistanz ist die Wellenlänge, ihr zeitliches Analogon ist die Schwingungsdauer oder Periode. Suchen wir in der Kunst nach zeitlicher Symmetrie, dann müssen wir uns dem Tanz und der Musik zuwenden.

Ich zeige ihnen hier 14 Kanons, die im Jahr 1974 in Johann Sebastian Bachs Handexemplar der Goldbergvariationen gefunden worden sind.

Sie stellen eine kleine kontrapunktische Abhandlung zum Bass der Ausgangsarie des riesigen Variationenwerkes dar. Nun ist ein unendlicher Kanon die strengste künstlerische Form einer Übereinander-Lagerung periodischer Tonfolgen. Er fügt sich daher natürlich in unsere Diskussion. Aber ein Blick auf die ersten zwei Kanons offenbart uns eine weit interessantere Symmetrie, nämlich die Bewegungsumkehr. Schlüssel, Vorzeichen und Taktangabe treten am Ende der Kanons in spiegelbildlicher Form erneut auf und deuten an, dass die zweite Stimme aus der ersten eben durch Zeitumkehr entsteht. Es sind Krebs-Kanons oder Krebse.

Zweierlei ist vielleicht merkwürdig; erstens, dass ausschliesslich die zwei einfach-sten und trivialsten Kanons die Zeitumkehr verwenden, und zweitens, dass (so scheint mir wenigstens) Krebse bei Bach überhaupt selten sind. Da dieser grösste Komponist in der Musik alles konnte, was er unternehmen wollte, möchte ich – mit gebührendem Zögern vor dem Wissen der Fachleute – eine Abneigung des Meisters gegen die Zeitumkehr erraten. Die Zeitumkehr ist für einen gläubigen Christen, der an die Erlösung glaubt, in der Tat eine Verhöhnung der Schöpfung.

Die Zeitumkehr ist ja überhaupt lächerlich. Jeder erinnert sich an die unbe-hagliche Belustigung, die von einem rückwärts laufenden Kinofilm ausgeht. Da wird etwa ein Spiegelei "entbacken"; das geronnene Eiweiss verflüssigt sich, sam-melt sich um den Dotter, Dotter und Eiweiss schlüpfen in die Schale zurück, deren aufgebrochene Hälften sich zum vollkommenen Ei schliessen. Die weitere Rückentwicklung des Eis bleibt der Phantasie des Betrachters überlassen. Aber unsere tiefste Erfahrung sagt uns, dass so etwas nicht vorkommen darf.

In der Tat beruht unser ganzes waches Leben darauf, dass der Lohn nach der Arbeit kommt, oder – edler ausgedrückt – dass die Ursache der Wirkung voraus-geht. Ohne dieses Kausalitätsprinzip, so scheint es, gibt es weder Wissenschaft noch Strafjustiz. Das Kausalitätsprinzip zeichnet eine *Zeitrichtung* (oder wie man auch sagt einen *Zeitpfeil*) aus. Natürliches Geschehen kann nicht rückwärts durchlaufen werden. Können wir uns auch eine *gespiegelte* Welt vorstellen, so ist eine *zeitumgekehrte* Welt eine Absurdität.

Dies ist der Lauf der Welt: die gesamte Energie bleibt erhalten, die Qualität der Energie verschlechtert sich dauernd. Aus der hochwertigen chemischen Ener-gie der fossilen Kohlenwasserstoffe erzeugen wir Wärme von etwa 300°K. Wollte man unsere Zivilisation nach ihrem Abfall beurteilen, man müsste als Hauptaus-scheidungsprodukt die Wärmestrahlung von 300°K bezeichnen. Wenn wir am Firmament Ausschau halten nach Zivilisationen unserer Art, dann sollten wir – so schlägt uns Freeman Dyson vor – nach dieser Strahlung suchen.

Diese ständige Degradation der Energie, die man beschleunigen aber nicht umkehren kann, sie findet ihre naturgesetzliche Formulierung im *Entropiesatz*, kraft welchem es eine Grösse, eben die Entropie, gibt, welche in einem abgeschlos-senen System nur zunimmt. Die Energie aber ist unzerstörbar. Eine Energiekrise kann es also nicht geben. Unsere Sorgen gelten einer *Entropiekrise*.

Halten wir fest: eine gespiegelte Welt ist uns vorstellbar, eine Zeitumkehr scheint uns widersinnig. Bezeichnen wir die Spiegelung an einem festen Punkt im Raum mit P, die Zeitumkehr an einem festen Augenblick mit T, dann hält es der gesunde Menschenverstand allenfalls für möglich, dass P zur Symmetrie der Naturgesetze gehört, gegen das T als Element dieser Symmetrie wehrt er sich verzweifelt.

Und trotzdem, die wissenschaftliche Erkenntnis zeigt, dass alle grundlegenden Naturgesetze ausserhalb der Wärmelehre mit hoher Genauigkeit sowohl spiegelungs- (P) als auch zeitumkehr- (T) invariant sind. Daraus scheint zu folgen, dass eine Rückführung der Wärmelehre auf die übrigen physikalischen Gesetze durch eine Atomtheorie unmöglich ist, denn sonst müsste ja die Auszeichnung eines Zeitpfeiles ein Zufall oder eine Täuschung sein.

Es ist hier nicht der Platz die schwierige dadurch aufgeworfene Frage zu beantworten, genug, dass die moderne Physik aus zwei Paradoxien und einer schon Galilei bekannten Tatsache entstanden ist. Diese zwei Paradoxien sind:

– Der scheinbare Widerspruch zwischen dem Atomismus und der Entropiezunahme.

– Die Unabhängigkeit der Lichtausbreitung vom Bewegungszustand der Lichtquelle;

die Tatsache ist:

– Im Vakuum fallen alle Körper gleich.

Aus der ersten Paradoxie erwuchs die Quantentheorie, aus der zweiten die spezielle Relativitätstheorie. Aus der Tatsache leitete Einstein die allgemeine Relativitätstheorie, also die eigentliche Gravitationstheorie her.

Während uns heute die Entwicklung der beiden letzten Theorien zwingend erscheint, verwundert uns der Weg, der Planck zum elementaren Wirkungsquantum geführt hat, sowohl durch den Ausgangspunkt wie durch seine abrupten Richtungswechsel.

Doch genug hievon; denn vor 24 Jahren ist über unsere Anschauungen von den diskreten Symmetrien der Naturgesetze ein Frost gekommen, und zwar fiel als erstes P als Symmetrieelement dahin. Die Natur unterscheidet durch ihre Gesetze zwischen einer Rechtsschraube und ihrem Spiegelbild, einer Linksschraube. Meine Aussage ist undeutlich, ich muss sie erklären. In der menschlichen Gesellschaft setzen wir die Kenntnis von *rechts* und *links* als selbstverständlich voraus, denn unser Körperbau unterscheidet die beiden Schraubungssinne. Als ich vor 42 Jahren am ersten Tag meiner Rekrutenschule dem etwas beschränkten Instruktionschef auf sein Kommando "rechtsumkehrt" statt einer halben Linksschraube eine halbe Rechtsschraube vormachte, hat er das sogleich bemerkt und mit dem Gebrüll eines verwundeten Homerischen Helden quittiert. Nicht nur unser Körperbau, auch die Biochemie unterscheidet *rechts* von *links*. Die meisten chemischen Bausteine der lebenden Substanz – ich denke an die Aminosäuren, die Nukleinsäuren, die Zucker – bestehen aus unsymmetrischen Molekülen. Es gibt sie in "enantiomorphen Formen" analog zu einer Rechtsschraube und einer Linksschraube. In Lebewesen kommt immer nur eine der Formen vor, entweder die d-Form oder die ℓ-Form. Kann man aus dieser Rechts-Links-Asymmetrie der belebten Natur auf eine entsprechende Asymmetrie der Naturgesetze schliessen?

Diese Frage bleibt als bis heute kontrovers unbeantwortet – genug, dass niemand so geschlossen hat. Aber seit C.N Yang und T.D. Lee wissen wir um die Möglichkeit, und aus den Resultaten der von ihnen angegebenen Experimente kennen wir die Asymmetrie der Naturgesetze hinsichtlich *rechts* und *links*. Es gibt in der Natur ein masseloses, neutrales Teilchen, ein Neutrino, das übrigens mit dem Elektron verwandt ist, welches eine Linksschraube ist: sein Drehimpuls von der Grösse $\frac{1}{2}\hbar$ ist seiner Bewegungsrichtung immer entgegengesetzt. Es macht also, wenn man es sich kopfvoran fliegend denkt, dauernd *rechtsumkehr* und hätte meinen Instruktor bis zur Seligkeit entzückt. Aber das war 1938 noch unbekannt. Jedoch: dieses Neutrino hat einen missratenen Bruder, ein Anti-Neutrino, und dieses ist eine Rechtsschraube und hätte meinen Hauptmann sehr betrübt, denn es macht dauernd *linksumkehr*.

Aber hinter dem Praefix "Anti" in Antineutrino und Antiteilchen verbirgt sich eine neue Abbildung oder Operation, die vom Alltäglichen her als durchaus unerwartet angesprochen werden muss. Jedes Teilchen hat sein Anti-Teilchen: das Elektron das Positron, das Proton das Anti-Proton, das Sauerstoffatom das Anti-Sauerstoffatom, das Photon das Anti-Photon, welches allerdings wieder ein Photon ist. Sei C die Operation, welche jedes Teilchen durch sein Anti-Teilchen ersetzt. C ist sicher keine Symmetrieoperation der Naturgesetze, denn C verwandelt ja die Linksschraube des Neutrinos in ein *linksschraubiges* Anti-Neutrino, welches gar nicht existiert. Aber das Produkt PC, welches die Linksschraube des Neutrinos in die Rechtsschraube des Antineutrinos verwandelt, ist wenigstens ein *Kandidat* für ein Symmetrieelement der Naturgesetze; ja es wurde auch, bis vor 16 Jahren als solches hingenommen, bis 1964 Christensen, Cronin, Fitch und Turley eine freilich nur schwache Verletzung der PC-Symmetrie aufgedeckt haben.

Das war für viele von uns eine grosse Erleichterung, wiewohl es bei oberflächlicher Betrachtung (die niemand anstellte, denn die Physiker sind ja so gebildet) eher hätte bedenklich stimmen können: denn wie sollte man nun ohne jede Symmetrie, die C enthält, die *Existenz* der Antiteilchen verstehen können? Die Antwort auf diese Existenzfrage lautet: wir haben noch eine letzte Möglichkeit indem wir das Produkt PC mit dem so verachteten T zusammensetzen und TPC bilden. Das gibt eine ziemliche Operation, die

1. Teilchen durch Antiteilchen ersetzt und umgekehrt,

2. eine Reflexion an einem Punkt vollzieht, und

3. alle Bewegungen umkehrt.

Aber siehe, das Unglaubliche passiert: TPC ist eine Symmetrieoperation der Naturgesetze, oder es gehen Grundvoraussetzungen verloren, ohne die wir uns kaum eine Physik vorstellen können. Etwa die Voraussetzung, dass sich Wirkungen nur mit Unterlichtgeschwindigkeit ausbreiten, oder die, dass der Zeitpfeil so gewählt werden kann, dass die Wirkung *nach* der Ursache eintritt. Im letzten liegt eine besonders pikante Paradoxie: eine *kausale* Beschreibung der physikalischen Erscheinungen ist nur möglich, wenn man den Naturgesetzen eine Symmetrie zugesteht, welche den Zeitpfeil umkehrt.

Ich muss es bei diesen Andeutungen begnügen lassen. Aber nicht zu verschweigen brauche ich die wichtigste Konsequenz der TCP-Invarianz: jedes Teilchen besitzt ein eindeutig definiertes Antiteilchen von genau derselben Masse, von entgegengesetzten Ladungen und von exakt gleicher Überlebenswahrscheinlichkeit, falls das Teilchen instabil sein sollte. In der Zerfallsart allerdings kann sich das Antiteilchen vom Teilchen unterscheiden.

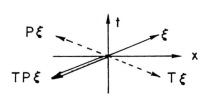

Die Grundlagen der TPC-Symmetrie liegen zum Teil ausserhalb des Rahmens eines sogenannt populären Vortrages. *Ein* Element, man möchte es als das eigentliche vorstellen, ist aber einfach und kann in 2 Dimensionen veranschaulicht werden. Wir tragen horizontal den Raum, vertikal die Zeit ab. Dann ist P eine Spiegelung des Raumes, also eine Reflexion an der Zeitachse.

Ebenso ist T die Reflexion an der Raumachse. TP ist die Reflexion am Ursprung und offenbar eine *Rotation* um den Winkel $180°$. Nun gehören Rotationen um reelle Winkel nicht zu den erlaubten Raum-Zeit-Transformationen: sie sind imaginäre Transformationen. Genau mit diesem imaginären Charakter hat die Ladungskonjugation C in TPC zu tun.

Wir haben bis 1964 einen ständigen Abbau der diskreten Symmetrien festgestellt:

von ursprünglich 8 Symmetrieelementen

$$T\ ,\ P\ ,\ C\ ,\ TP\ ,\ TC\ ,\ PC\ ,\ TPC\ ,\ \text{Identität}$$

blieben nach 1956 noch 4 Symmetrieelemente

$$T\ ,\ PC\ ,\ TPC\ ,\ \text{Identität}$$

und nach 1964 noch 2 Symmetrieelemente

$$TPC\ ,\ \text{Identität}.$$

Bedeutet das nun, dass wir am absoluten Minimum der symmetriemässig–gruppentheoretischen Betrachtungsweise angekommen wären, dass eine verehrungswürdige Tradition, die wir bei Leonardo angedeutet fanden, deren Wurzeln aber ins Unauslotbare reichen, durch die moderne Forschung ans Ende gelangt wäre? Das Gegenteil scheint der Fall zu sein. Nie war die Faszination durch Symmetrie und Gruppen grösser als heute. Die diskreten Symmetrien freilich scheinen auf den absoluten Nullpunkt von TCP reduziert. Aber nun beginnen die kontinuierlichen Symmetriegruppen ihr Wesen – und vielleicht ihr Unwesen – zu treiben. Ich spreche hier nicht von den Symmetrien von Raum und Zeit. Mein Interesse gilt den Symmetrien, die auf *innere Freiheitsgrade* wirken. Ich erkläre meine Worte an einer der ersten solchen Symmetrie, die in den Dreissiger-Jahren in Zürich von Nikolai Kemmer entdeckt worden ist. Sie bezieht sich auf die Kernkräfte, die starken aber kurzreichweitigen Wechselwirkungen also, welche Protonen und Neutronen im Atomkern zusammenhalten. Es erweist sich, dass diese Kräfte im weitesten Sinn gegen den Austausch von Protonen und Neutronen unempfindlich sind. Um mich etwas klarer auszudrücken, stelle ich in der Ebene Proton und Neutron als Abszisse und Ordinate eines Koordinatensystems dar.

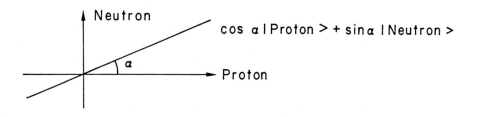

Jede durch den Ursprung gehende Gerade ist dann eine bestimmte Überlagerung von Proton und Neutron, wie sie in der Quantenmechanik definiert werden kann. Die Kemmersche Symmetrie der starken Wechselwirkungen bedeutet nun, dass man – ohne dass dies von den Kernkräften bemerkt würde – das Proton-Neutron-Koordinatensystem beliebig verdrehen kann, unter der einzigen Bedingung, dass es rechtwinklig bleibt:

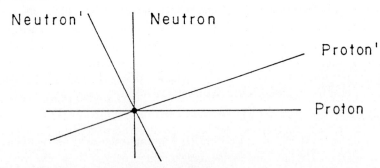

Die Kernkräfte sind unabhängig gegen beliebige Koordinatentransformationen im 2-dimensionalen komplex-orthogonalen Raum.

Nun gibt es eine enge Beziehung zwischen den Geraden durch den Ursprung im zweidimensionalen Raum und dem, durch einen Punkt im Unendlichen ergänzten, eindimensionalen Raum,

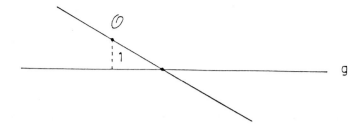

die dadurch hervorgeht, dass man die Geraden mit einer, nicht durch den Ursprung laufenden Geraden g schneidet. Diese Überlegung, im Komplexen durchgeführt, liefert eine Abbildung der Neutron-Proton-Überlagerungszustände auf die, durch einen Punkt im Unendlichen ergänzte, Gausssche Ebene, welche selbst durch die uralte stereographische Projektion auf die Riemannsche Zahlenkugel abgebildet wird.

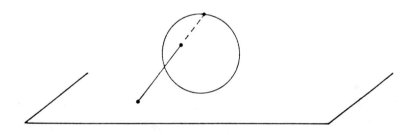

Diametralpunkte auf der Kugel entsprechen orthogonalen Geraden im ursprünglichen Raum, die Drehungen der Kugel entsprechen den Koordinatentransformationen, die wir eben als Symmetriegruppe der Kernkräfte angesprochen haben.

Verweilen wir noch einen Augenblick bei diesen Kräften. Die moderne Physik ist sehr abstrakt und für den Laien schwer verständlich. Aber im Handumdrehen wird sie weit konkreter als die klassische Beschreibung. Die Wechselwirkung zwischen zwei Teilchen, etwa einem Proton und einem Neutron, wird notwendig durch den Austausch eines "Wechselwirkungsteilchens" (in unserem Fall eines *Mesons*) vermittelt. Zu jeder Kraft gibt es Teilchen, darin äussert sich die Wellen-Korpuskel-Dualität, die uns durch Plancks Entdeckung des universellen Wirkungsquantums sichtbar geworden ist. Es erweist sich nun, dass den verschiedenen Meson-Zuständen die Geraden durch den Mittelpunkt der Riemannschen Zahlenkugel zugeordnet sind. So wie der Nukleonenraum zweidimensional war, so ist der Mesonenraum dreidimensional. Man erwartet 3 Mesonenzustände, aus welchen sich die übrigen superponieren lassen, und zwar ein positiv geladenes, ein negativ geladenes und ein neutrales. So schloss Nicholas Kemmer vor über 40 Jahren, und sagte dabei, neben den zwei geladenen Mesonen, die man zu kennen glaubte, ein neues, neutrales voraus. Es wurde, Jahre später, von Steinberger gefunden. Es ist ein etwas elusives Teilchen, das in etwa 10^{-17} sec in zwei Photonen zerfällt. Seine geladenen Begleiter leben etwa eine Milliarde mal länger, nämlich 10^{-8} sec.

Dieser Unterschied in der Lebensdauer zeigt, was auch sonst evident ist: die von uns besprochene Symmetrie ist Symmetrie nur für die Kernkräfte und wird durch die anderen Naturkräfte gebrochen. So *unterscheidet* der Elektromagnetismus *natürlich* zwischen einem (geladenen) Proton und dem (neutralen) Neutron. Und auf der elektrischen Ladung des Protons beruht die Ordnungszahl des Atomkernes und damit die ganze Chemie. Ausserdem wissen wir, dass das Neutron mit einer Halbwertszeit von 900 sec zerfällt

$$n \rightarrow p + e + \nu_e,$$

was erklärt, warum man Neutronen nicht in der Flasche kaufen kann. Dieser Neutronzerfall ist, wie der Zerfall der *geladenen* Mesonen, eine Wirkung einer neuen Naturkraft, der schwachen Wechselwirkung.

So hat man in den späten 50-er und frühen 60-er Jahren eine Hierarchie der Naturkräfte postuliert, bestehend aus

    starken,   *elektromagnetischen,*   *schwachen,*   *gravitativen*

Wechselwirkungen. Denn die weitaus schwächste bekannte Kraft ist das Newtonsche Urbild aller Kraft: die Gravitation. Sie ist nicht nur die schwächste sondern auch die demokratischste aller Kräfte, daher obsiegt sie schliesslich und hält die grosse Weltmaschine in Gang.

Nun hat jede der drei Kräfte ihre Symmetriegruppe und diese Gruppen nehmen mit abnehmender Stärke natürlich an Umfang ab. Wir haben eben gesehen, dass die elektromagnetische Wechselwirkung die Kemmersche Symmetrie der Kernkräfte bricht. Und die schwache Wechselwirkung bricht die Rechts-Links-Symmetrie, die wir anfangs besprochen haben.

Aber bei dieser fraktionierten Betrachtungsweise konnte man natürlich nicht stehen bleiben. Seitdem es eine Wissenschaft gibt, ist sie bestrebt, die Welt aus *einem* Grunde zu verstehen. Dies Bestreben ruft einer Betrachtungsweise, welche die angeführten Manifestationen der einen Urkraft begreift. Dieses allgemeine Bedürfnis *meta*physischer Art erhält Sukkurs aus einer Notlage: es ist der Physik bis heute scheinbar nicht gelungen, die 3 Naturkonstanten

    c die Lichtgeschwindigkeit

    $2\pi\,\hbar$ das Plancksche Wirkungsquantum

    e die elektrische Elementarladung

die sich so verführerisch zur dimensionslosen Konstanten

$$\alpha = e^2/\hbar c = (137,03\cdots)^{-1}$$

verbinden, widerspruchslos in einer Theorie zu vereinigen. Und schlimmer als mit der durch e stellvertretend bezeichneten elektromagnetischen Wechselwirkung steht es mit den übrigen starken und schwachen Kopplungen, die Gravitation eingeschlossen. Die Situation in der Quantenelektrodynamik, dem Formalismus, dessen Strukturdaten c, $\hbar$ und e sind, ist wahrhaft paradox. Wir haben ein Verfahren oder Rezept, mit welchem wir alles (oder fast alles) mit unerhörter Präzision ausrechnen können, was mit Elektronen und Positronen zu tun hat. Das Rezept ergibt Zahlen, die durch die feinsten Messungen bestätigt werden. Ungewiss bleibt nur, ob das Rezept zu einer Theorie gehört, wobei unter Theorie eine mathematische Struktur verstanden wird, die widerspruchslos ist – oder die etwa so widerspruchslos ist wie die elementare Arithmetik der ganzen Zahlen.

Man hat nun folgenden Weg beschritten, und dabei standen zweifellos Machbarkeit und Not Paten: die Quantenelektrodynamik dient als Vorbild. Nach diesem Vorbild sollen zunächst die schwachen und elektromagnetischen Wechselwirkungen – so gut es halt geht – vereinigt werden zur *elektro-schwachen Wechselwirkung*. Und dass das ziemlich gut gegangen ist, davon zeugen die drei Nobelpreise vom vergangenen Winter für Glashow, Salam und Weinberg. Worin aber besteht nun aber das Wesen des Elektromagnetismus? Zunächst ist die Maxwellsche Theorie kompliziert und notwendig kompliziert, denn sie ist selbst schon die Vereinheitlichung so disparater Erscheinungsgebiete als Elektrizität, Magnetismus und Optik in ein geometrisches Gebilde, nämlich das 6-komponentige elektromagnetische Feld, welches im leeren Raum schwingt. Diese Schwingungen des leeren Raumes können mit einem gewissen Recht den Schallschwingungen in einem elastischen Körper verglichen werden. Nur dass die Akustik eines elastischen Körpers 3 Schwingungstypen kennt, nämlich 2 transversale und 1 longitudinale, und beim Licht die longitudinalen Schwingungen fehlen. Darüber hat man sich vor etwa 90 Jahren oft den Kopf zerbrochen und als, 1895, Wilhelm Röntgen seine Strahlen gefunden hatte, glaubte man ziemlich allgemein die fehlenden longitudinalen Ätherschwingungen gefunden zu haben. Man hat sich geirrt: auch die Röntgenstrahlen sind transversale Wellen. Es gibt keine longitudinalen elektromagnetischen Schwingungen. Die Ursache dazu liegt verborgen in einer *Symmetrie* des Elektromagnetismus, einer Symmetrie, die 1929 vom grossen Hermann Weyl in Zürich entdeckt worden ist. Er nannte sie die *Eichsymmetrie* des elektromagnetischen Feldes. Diese Eichsymmetrie kann ich ihnen nun nicht mehr in einem Bildlein vorstellen, und ich muss sie bitten, mir zu vertrauen, wenn ich erkläre, dass hinter ihr als ihr Fundament die Gruppe der Kreisdrehungen steht. So kräftig ist das Eichprinzip von Hermann Weyl, dass es aus den simplen Drehungen des Einheitskreises um den Mittelpunkt die ganze komplizierte elektromagnetische Theorie zu entwickeln vermag. Aber das Eichprinzip ist nicht auf diese Gruppe eingeschränkt. Ausgehend von irgendeiner geschlossenen Gruppe lässt sich eine Eichtheorie aufbauen. Zu qualitativ neuartigen Strukturen führen nicht-abelsche Gruppen, für welche es das Kommutativgesetz der Multiplikation:

$ab = ba$ nicht mehr gibt. Solche nicht-abelsche Eichtheorien sind ohne Kopplung unmöglich. Von besonderem Interesse sind Eichtheorien über einfache, d.h. unzerlegbare Gruppen. Denn für Gruppen gelten Zerlegungsgesetze, die Verallgemeinerungen des Zerlegungsgesetzes einer ganzen Zahl in ein Produkt von Primzahlen sind. Den Primzahlen entsprechen die einfachen Gruppen, die man deshalb auch als Primgruppen bezeichnen könnte. Glaubt man an das Prinzip der Eichung als Grundriss der physikalischen Theorien – und dieser Glaube ist heute ubiquitär – dann hat eine Eichtheorie über einer einfachen geschlossenen Lie-Gruppe die höchste Kraft zur Vereinigung der elementaren Wechselwirkungen. Fragt sich nur, welche von den unendlich vielen einfachen Gruppen man zugrunde legt.

Fragt sich nur, ob das Ganze nicht eine Pythagoräische Zahlenspielerei ist, wobei die Gruppen anstelle der gewöhnlichen Zahlen treten. Fragt sich nur, ob man nicht mit den elementarsten Fakten in Widerspruch steht. Denn eine solche grosse Vereinheitlichung hat zunächst als qualitative Folge eine totale Unstabilität der Materie. Das Proton zerfällt, der Wasserstoff zerstrahlt, die Welt vergeht. Das ist weiter nicht schlimm, wenn nur die Auflösung hinreichend langsam erfolgt. Ist die mittlere Lebensdauer des Protons zehnmilliardenmal länger als das Alter des Universums, dann macht uns seine Instabilität voraussichtlich nicht bange. In dieser Grössenordnung sind denn auch die theoretischen Voraussagen und man wundert sich, ob sie zutreffen. Die Experimentalphysiker sind schon am Werk und unsere Bewunderung gilt ihrem Geschick – und ein wenig vielleicht auch ihrem Zutrauen. Verlieren können sie dabei kaum, zu Schaden kommt allenfalls eine theoretische Idee (sit venia verbo).

Und eine weitere Frage erhebt sich: wenn schon die Naturgesetze die wunderbare Symmetrie einer einfachen Eichgruppe zeigen, wieso erscheint uns die Natur denn so gespalten unsymmetrisch; wieso z.B. erscheint uns nicht das Photon als nur ein Partner in einem ganzen Verein von masselosen Teilchen, wie das die reine Eichtheorie verlangt. Die Antwort auf diese grundlegende Frage lautet eigenartig: jede Realisierung der Theorie *zerstört* oder (so der terminus technicus) *bricht* die Symmetrie. Das bringt uns zurück zu Leonardos Zeichnung, wo das irdische Quadrat die ideale Symmetrie des himmlischen Kreises bricht und nur die bilaterale Symmetrie übrig lässt. Dieses "Brechen von Symmetrien" ist in der Physik eine durchaus nicht ungewohnte Erscheinung. Hier eines der Vorbilder, welches die Physiker geleitet hat. Es handelt sich um einen Magneten. Ein Stück Eisen ist magnetisiert, wenn die in ihm enthaltenen Elementarmagnete vorwiegend in eine Richtung weisen. Die Elementarmagnete sind Elektronen, denn jedes Elektron ist ein kleiner Magnet und ein Kreisel, dessen Drehimpuls der Magnetisierung entgegengesetzt ist. Der Umstand, dass im Eisen die Magnetelektronen sich lieber parallel als antiparallel stellen, hat mit der magnetischen Wechselwirkung nichts zu tun, sondern ist eine indirekte und hier nicht zu erklärende Wirkung der Elektrostatik. Wie dem auch sei, wir stellen uns einen *isotropen* Ferromagneten vor (auch wenn so etwas nur im Kopf des Physikers in Gedanken existiert), bei dem die ausrichtende Kraft zwischen den Elektronen eine endliche Reichweite hat und nur vom Zwischenwinkel der beiden Magnetrichtungen abhängt. Im Grundzustand werden alle Magnetrichtungen übereinstimmen und die Magnetisierungsrichtung des Magneten bestimmen. Natürlich ist jede Magnetisierungsrichtung gleichberechtigt. Ich kann, mit Mühe zwar, aber ohne netto Energieaufwand eine Richtung in die andere drehen, indem ich geduldig Magnetchen um Magnetchen in die neue Richtung drehe und dann festhalte. Das geht, solange der Magnet endlich ist. Füllt er aber (wie das Vakuum) den ganzen Raum aus, dann komme ich nie an ein Ende und in einem streng mathematischen Sinn gehören die verschiedenen Orientierungen zu verschiedenen – Welten. Kurz ausgedrückt: der Grundzustand eines isotropen, unendlichen Ferromagneten zeichnet eine Richtung, nämlich die Richtung seiner Magnetisierung aus. Diese Bildung ist zwar willkürlich (insofern besteht kein Bruch der Symmetrie), aber sie bricht im konkreten Fall die Isotropie. Der Grundzustand (und mit ihm jeder Zustand) reduziert die volle Drehsymmetrie auf die Drehung um eine feste Achse. Ähnliches stellt man sich bei den vereinheitlichten Theorien vor. Der Grundzustand, das Vakuum, bricht die *"Grosse Symmetrie"* in kleinere und lässt von der ganzen Sippe von ursprünglich masselosen Teilchen nur noch das Photon als rein transversal und masselos übrig. Zu ihm gehört dann die manifeste abelsche Eichsymmetrie des elektromagnetischen Feldes.

Wir sind unvermerkt an eine spekulative Grenze der neueren Physik gekommen. Gleichzeitig haben wir uns dem Beginn der Ausführungen genähert. Die alte Vorstellung, dass die volle Schönheit und Symmetrie in der translunaren Welt zu finden sei, diese Überzeugung, welche uns die Wissenschaft im Altertum und in der Renaissance vom Himmel herunter gebracht hat, sie ist heute, im Zeitalter der Erforschung der ungastlichen Welträume mit all ihren Explosionen und Katastrophen nicht mehr zu halten. Irgendwo, so will es unsere Sehnsucht, muss die volle Symmetrie, die makellose Schönheit zu finden sein – nämlich in den Naturgesetzen; mit der Einschränkung allerdings, dass *jede* Realisierung diese Vollkommenheit zerstört.

So erkennen wir urtümliche Menschheitsträume, die unbewusst im Forscher ihr Wesen treiben.

Physik ohne Mathematik; aus
Johann Wolfgang Goethe und Michael Faraday*

Lieber Otto, verehrte Anwesende,

Dein Wunsch, Otto, ist es gewesen, einen Vortrag über die Entwicklung der Physik im letzten halben Jahrhundert von mir zu hören. Mit diesem Wunsch hast Du meine Fähigkeiten weit überfordert, denn seine Erfüllung setzte Kenntnisse und ein Urteilsvermögen voraus, die mir nie zu Gebote gestanden haben. Auch war ich eigentlich immer ein Aussenseiter und habe mich wenig um die Richtung der Hauptströmung gekümmert – es sei denn, um ihr entgegen zu steuern.

Zwei Entwicklungen von heute scheinen mir aber mit Händen greifbar. Zum ersten hat die Feldtheorie einstweilen über ihre Konkurrenten (etwa über die "analytische S-Matrix-Theorie") gesiegt, zum andern erleben wir zunehmend ein Eindringen moderner mathematischer Methoden und Begriffe aus der Gruppentheorie, der Differentialgeometrie, der Topologie und der algebraischen Geometrie in die theoretische Physik. Man kann in diesem Sinn von einer zunehmenden Mathematisierug der Physik sprechen. Gleichzeitig wendet sich die Mathematik vermehrt der Physik zu und lässt sich von der Schwesterwissenschaft zu neuen Problemen und Fragestellungen anregen. Dem Ideal der reinen Mathematik wird nicht mehr unbedingt der Vorrang zuerkannt. Physik ohne Mathematik gibt es heute im Ernst nicht mehr, Mathematik ohne Physik ist nicht mehr absolutes Ziel. Die heutige Zeit erinnert in dieser Hinsicht an das 18. Jahrhundert zwischen Newton und Alessandro Volta, als eine Trennung zwischen Mathematik und Physik undenkbar war. Nur dass uns die Wissenschaftsbegeisterung und der Fortschrittsglaube von damals fehlen – nur dass sich heute die irrationalen Kräfte weniger gegen den Staat, wie damals, und mehr gegen die Technik richten und morgen möglicherweise die Wissenschaft selbst im Visier haben könnten. Eine Physik ohne Mathematik gab es aber im 19. Jahrhundert. Sie entwickelte sich um 1800 aus der Entdeckung der Volta-Säule und der merkwürdigen Verbindung, welche die Elektrizität mit der Chemie der Elektrolyse einging. Ihr Hauptexponent ist Michael Faraday (1791-1867), ohne dessen Wirken die heutige

*Abschiedskolloquium für Professor Otto Huber (Freiburg i. Ü., 27. Juni 1984).

(mathematische!!) Physik undenkbar wäre. So wurzelt unsere ganze Feldtheorie in seinen Vorstellungen, und genau wie er fassen wir Heutigen die Materie und ihre chemischen Veränderungen als Wirkungen der Elektrizität auf. Aus seinem Grundgesetz der Elektrolyse und dem Atomismus folgt, wie Hermann von Helmholtz anlässlich seiner Faraday Lecture im Theater of the Royal Institution am Dienstag dem 5. April 1881 zum ersten Mal klar dargestellt hat, die Existenz einer elektrischen Elementarladung. Ihr Quadrat hat sich in unserem Jahrhundert zur Feinstrukturkonstanten gewandelt, deren Grösse oder Kleinheit das Mass und die Eigenschaften der gewöhnlichen Materie bestimmt. Eine Physik ohne Mathematik ist auch das Anliegen der deutschen romantischen Naturphilosophie und des ausgehenden Idealismus (Hegel, Schelling, Oken, Schopenhauer) die sich hinwiederum auf die Autorität von Johann Wolfgang Goethe als Naturforscher stützten. Es ist deshalb ganz verkehrt, dessen Naturwissenschaft als die dilettantischen Versuche eines Poeten in einem ihm fremden Gebiet abzutun. Dazu war sein Bemühen ein viel zu ernsthaftes und schmerzensreiches, und dazu war vor allem seine Macht über die Universität Jena, wo er seit 1803 die Oberaufsicht über die sämtlichen naturwissenschaftlichen Institute inne hatte, viel zu gross. Ja im Dezember 1815 werden alle kulturellen Institute des Grossherzogtums in der "Oberaufsicht über die unmittelbaren Anstalten für Wissenschaft und Kunst in Weimar und Jena" unter Goethes Leitung zusammengeschlossen. Es ist klar, dass schon vor dieser Zeit nicht nur die Botaniker, Zoologen, Chemiker und Physiker an der Universität Jena, sondern auch die Philosophen, die dort wirkten: etwa Schelling und Hegel und wie die übrigen heissen, die jemals in Jena zu Gast waren, von ihm abhängig waren. Natürlich ist Goethes Abneigung gegen die Anwendung der Mathematik zur Naturbeschreibung mit seiner Gegnerschaft gegen Newton gewachsen, sie strömt daher aus den trüben Quellen der Selbstüberschätzung und der verletzten Eitelkeit. Sie erscheint gebunden an ein paranoisch fixiertes einmaliges Erlebnis in der Gestalt einer plötzlichen Erleuchtung beim Versuch mit den Büttnerschen Prismen, der uns in den Materialien zur Geschichte der Farbenlehre so eindrücklich geschildert wird. Kein mitfühlender Leser wird jemals das Gefühl der Beklemmung vergessen, in welchem der Dichter das Experiment mit den geborgten Glasprismen von Monat zu Monat hinausschiebt, ganz als ahnte er das Unheil, das ihm wartete, um dann schliesslich im letzten Augenblick doch durch die verhängnisvollen Glasgebilde zu blicken und "wie durch einen Instinkt sogleich laut vor sich hin zu sprechen: 'Die Newton'sche Lehre ist falsch' ". "Ein entschiedenes Aperçus ist wie eine inokulierte Krankheit anzusehen: man wird sie nicht los, bis sie durchgekämpft ist", bemerkte Goethe in diesem Zusammenhang, und wirklich erwies sich die Krankheit, mit der er angesteckt worden war, als unheilbar. Wär einem nicht Weh, so möchte man eine Satire schreiben über die lächerlichen Angriffe des Weimarers gegen den grossen Toten. Etwa über die Breitspurigkeit, mit der er Nebensächlichkeiten, wie die Erfindung chromatisch korrigierter Objektive durch John Dollond, für eine der

Newtonschen Lehre beigebrachte tödliche Wunde hielt, weil hier Brechung ohne Dispersion vorliege. Bekanntlich war ja Newton zu seinen chromatischen Theorien gerade durch das Bestreben, die (chromatische) Aberration der Teleskope zu verstehen, geführt worden, ein Bestreben, das ihn auch das Spiegelteleskop hat erfinden lassen. Immerhin ist zuzugestehen, dass Goethes Veranlassung zur Beschäftigung mit der Farbenlehre eine ganz andere war. Sie liegt im Kolorit der Malerei, vor allem der Landschaftsmalerei und beruht auf Fragen: woher kommt die Luftperspektive, die uns ferne Gegenstände als bläulich erscheinen lässt, weshalb ist unser Tagesgestirn beim Auf- und Untergang rot und warum ist der Himmel blau? Das nun waren in der Tat Probleme, auf welche die Newtonsche Lehre keine Antwort hatte, denn deren Beobachtungen und Experimente spielen sich in der "camera obscura" ab, die nur durch ein "foramen exiguum" mit der Aussenwelt verbunden ist. Newtons Versuche waren übrigens, bis es starke Lichtquellen gab – also im wesentlichen bis zum Gebrauch des elektrischen Lichtbogens – als objektive Demonstrationen durchaus schwierig auszuführen, da man dazu des Sonnenlichtes bedurfte und auch eines Zimmers, einer Camera, welches die richtige Orientierung hatte. Es waren viele Bedingungen zu erfüllen, bevor das "Gespenst", das "spectrum", erscheinen konnte, und Goethe ist nicht müde geworden, sich über dieses Zauberstück lustig zu machen: einer Dame konnte man es schon gar nicht demonstrieren, weil die Schicklichkeit es verboten hätte, mit ihr die dunkle Kammer zu betreten. Über das Himmelsblau aber kursierten die merkwürdigsten Vorstellungen. So wurde es durch eine blaue Färbung der Luft oder einer ihrer Bestandteile erklärt, wodurch denn allerdings das Rot der untergehenden Sonne unerklärlich blieb, oder seine Existenz wurde wegdisputiert und das Blau als eine optische Täuschung erklärt, als ein Kontrast zum Gelbgrün der Landschaft, ja man versuchte, sich und andere durch Begucken des Himmels durch eine Pappröhre von dessen Farblosigkeit und Weisse zu überzeugen. Hier hat nun Goethe das entschiedene Verdienst, das Himmelsblau zusammen mit dem Abendrot als Aspekte eines, wie wir heute sagen, Streuphänomens, wie es auch in trüben Medien stattfindet, zu erkennen. Daher seine wahre Verliebtheit und seine Begeisterung für kolloidale Lösungen.[1] Sein Fehler aber bestand darin, ein abgeleitetes Phänomen, nämlich die Streuung von Licht an einem Kolloid – oder auch an Dichteschwankungen – als Urphänomen zu postulieren. Wir berühren hier eine sehr schwierige und nur durch den Erfolg beantwortbare Frage nach *den* Erscheinungen, die uns ohne Umschweife zu den Grundbegriffen einer richtigen Theorie führen. Die von Newton entdeckte Dispersion des Lichtes ist offenbar ein solches Phänomen und eben dies wird von Goethe wortreich bestritten.

Trotzdem bleibt ihm die Fähigkeit, sogar aus seinen Irrtümern gute Gedichte zu machen. Wo er sich freilich dem Anti-Newtonismus polemisch überantwortet,

---

[1]Döbereiner Briefwechsel G → D20. Juni 1818, vergl. aber Fussnote; Nachträge zur Farbenlehre.

wird er unerträglich, nicht so im Gedicht "Phänomen",[2] aus dem West-östlichen Divan, geschrieben am 25. Juli 1814 auf der Reise von Weimar nach Frankfurt, offenbar nach einem sommerlichen Gewitter:

> Wenn zu der Regenwand
> Phöbus sich gattet,
> Gleich steht ein Bogenrand
> Farbig beschattet.
>
> Im Nebel gleichen Kreis
> Seh ich gezogen,
> Zwar ist der Bogen weiß,
> Doch Himmelsbogen.
>
> So sollst Du, muntrer Greis,
> Dich nicht betrüben:
> Sind gleich die Haare weiß,
> Doch wirst Du lieben.

Oder im weniger bekannten

> Entopische Farben[3]
>
> (An Julien)
> Laß Dir von den Spiegeleien
> Unsrer Physiker erzählen,
> Die am Phänomen sich freuen,
> Mehr sich mit Gedanken quälen.
>
> Spiegel hüben, Spiegel drüben
> Doppelstellung auserlesen;
> Und dazwischen ruht im Trüben
> Als Kristall das Erdewesen.
>
> Dieses zeigt, wenn jene blicken,
> Allerschönste Farbenspiele;
> Dämmerlicht, das beide schicken,
> Offenbart sich dem Gefühle.
>
> Schwarz wie Kreuze wirst Du sehen,
> Pfauenaugen kann man finden;
> Tag und Abendlicht vergehen,
> Bis zusammen beide schwinden.

---

[2]Über den *Regenbogen* , "Diderots Versuch über die Malerei" Weimarer Ausgabe I, <u>45</u>, 305 ff., *Farbenlehre* § 814, *Regenbogen* als "anerkannter Refraktionsfall", Materialien sub Renatus Cartesius H.G. <u>14</u>, 112.

[3]Entopische Farben sind für Goethe Farberscheinungen, die durch Spannungsdoppelbrechung entstehen. Sie wurden von Goethes Freund, dem Physiker Johann Thomas Seebeck (1770-1831) entdeckt.

Und der Name wird ein Zeichen,
Tief ist der Kristall durchdrungen:
Aug in Auge sieht dergleichen
Wundersame Spiegelungen.
Laß den Makrokosmus gelten,
Seine spenstischen Gestalten!
Da die lieben kleinen Welten
Wirklich Herrlichstes enthalten.

Daneben finden sich, meist aphoristisch, Einsichten von eigenartiger Tiefe, etwa in den Betrachtungen im Sinne der Wanderer aus dem zweiten Buch von Wilhelm Meisters Wanderjahren, wo wir lesen: "Als getrennt muß sich darstellen: Physik von Mathematik. Jene muß in einer entschiedenen Unabhängigkeit bestehen und mit allen liebenden, verehrenden, frommen Kräften in die Natur und das heilige Leben derselben einzudringen suchen, ganz unbekümmert, was die Mathematik von ihrer Seite leistet und tut. Diese muß sich dagegen unabhängig von allem Äußeren erklären, ihren eigenen großen Geistesgang gehen und sich selber reiner ausbilden, als es geschehen kann, wenn sie wie bisher sich mit dem Vorhandenen abgibt und diesem etwas abzugewinnen oder anzupaßen trachtet." Oder es findet sich sogar das Porträt des bedeutenden Astronomen und Arztes Wilhelm Olbers, des väterlichen Freundes von Carl Friedrich Gauss, der in seiner Nebenbeschäftigung mehr für die Astronomie leistete als mancher Professor für Astronomie in seiner Haupttätigkeit. Er wird uns vorgestellt als Makariens "Hausfreund im schönsten und weitesten Sinne, bei Tag der belehrende Gesellschafter, bei Nacht Astronom, und Arzt zu jeder Stunde." "Er ist ein Mathematiker und also hartnäckig ein heller Geist und also ungläubig" und wehrt sich lange aber vergebens, Makariens Geheimnis anzuerkennen. Wir jedoch sind davon dispensiert und können uns dem oben angeführten Postulat zur Trennung der Physik von der Mathematik zuwenden.

Aufgestellt wurde es um 1830. Etwa gleichzeitig hat der 20jährige Evariste Galois die Gausssche Theorie der Kreisteilungsgleichung zu seiner grossartigen Theorie der allgemeinen algebraischen Gleichung verallgemeinert, bevor er 1831 im bekannten Duell umgebracht worden ist. Die reine Mathematik, ausgehend von Gauss' Disquisitiones Arithmeticæ, war, unabhängig von allem Äusseren, auf ihrem eigenen grossen Geistesgang begriffen. Das Vorhandene war ihr gleichgültig, ihm versuchte sie weder etwas abzugewinnen oder anzupassen.

Um dieselbe Zeit aber wandelt sich Michael Faraday vom Chemiker zum Physiker und beginnt seine berühmten "Experimental Researches in Electricity", deren erste Serie, die Entdeckung des Induktionsgesetzes mitteilend, nur wenige Wochen nach Goethes Tod erschienen ist. Goethe hat diese Wandlung nicht mehr erlebt. Wir dürfen aber vermuten, dass ihm der Name des grossen Engländers zu Ohren gekommen ist, denn 1828 erschien dessen "Chemical Manipulation, being

Instructions to Students in Chemistry on the Methods of Performing Experiments of Demonstration or of Research with Accuracy and Success" aus dem Jahr 1827 in Übersetzung im Verlag des Grossherzoglichen Sächsischen privaten Landes-Industrie-Comptoirs in Weimar. Es scheint mir fast ausgeschlossen, dass Goethe von diesem Buch nicht Kenntnis erhalten hätte.

Das Werk enthält übrigens Ratschläge, die auch heute noch Gültigkeit haben möchten, etwa im §1181, der in der, mir allein zugänglichen, deutschen Übersetzung lautet: "§1181. Für alle allgemeinen Experimente muß ein besonderer und bequemer Theil der im Laboratorium befindlichen Tische bestimmt werden. Man hat denselben nur als einen Platz zu betrachten, wo gearbeitet wird, und darf ihn daher nicht mit Gegenständen bedecken, die bloß der Bequemlichkeit wegen dort liegen bleiben. Jedes Apparatstück, welches der Chemiker dorthin bringt, soll daselbst nur eine einstweilige Stelle finden; kein anscheinend verunreinigtes Glas oder weiter nicht brauchbares Gefäß darf von den übrigen im Laboratorium Zutritt habenden Personen von dort entfernt werden, sondern der, welcher die Experimente anstellt, hat einzig und alleine darüber zu verfügen, ob ein Gegenstand von dort weggenommen werden, oder daselbst bleiben soll. Bei einer langen Reihe von Experimenten müssen an diesem Orte womöglich jeden Abend alle überflüssig gewordenen Artikel weggeräumt werden, damit man am folgenden Tage die Experimente ohne Zeitverlust fortsetzen könne; allein dies muß vom Experimentator selbst, oder wenigstens unter dessen persönlicher Leitung geschehen."

Von einiger Bedeutung im Hinblick auf die Beurteilung des dokumentarischen Wertes von Faradays eigenem (im übrigen publizierten) Tagebuch ist weiter der "§1183. Das Notizbuch oder Manual des Laboratoriums in welches man die Resultate der Experimente einträgt, muß, nebst Feder und Tinte, immer bei der Hand seyn. Alle bemerkenswerthen Resultate und Erscheinungen müssen im Laufe der Experimente selbst niedergeschrieben werden, während die Dinge über die berichtet wird, noch zugänglich sind, und wenn irgend ein Zweifel oder eine Schwierigkeit entsteht, von neuem untersucht werden können. Die Angewohnheit, alles erst beim Schluß einer Reihe von Experimenten, oder auch nur Abends niederzuschreiben, ist höchst verwerflich, indem man sich auf sein Gedächtnis nie hinreichend verlassen kann. Auch wird man wahrscheinlich manche wichtigen Puncte, an die man erst beim Aufsetzen der Resultate denkt, nicht mehr ermitteln können, während dies im Laufe der Experimente selbst, ohne Schwierigkeit möglich wäre."

"§1184. Das erste, was man jedesmal zu bemerken hat, ist der Tag, der Monat und das Jahr ... ". Lauter allgemeine, zweckmässige Anordnungen wie sie Otto Huber vielleicht auch für die Laboratoriums-Ordnung am Physikalischen Institut der Universität Fribourg getroffen hat.

Wie steht es aber um die erste Hälfte des Goetheschen Postulates?

"(Die Physik) muß in einer entschiedenen Unabhängigkeit bestehen und mit allen liebenden, verehrenden, frommen Kräften in die Natur und das heilige Leben derselben einzudringen suchen, ganz unbekümmert, was die Mathematik von ihrer Seite leistet und tut."

Das sind zum guten Teil schwierige und für uns anstössige Worte. Sie rühren an Verantwortung und Bindung oder Religion – Begriffe also, denen wir uns lieber entziehen möchten. Die Kategorien des Erfolges, der Ehre, ja des Ehrgeizes liegen uns näher. Auch kann es keinen Zweifel darüber geben, dass Faraday den Erfolg herbeiwünschte und seine Ehre verteidigte, wo er sie angegriffen glaubte. Und er achtete auch, im Sinne der Zeit, genau auf Prioritäten und datierte vorsichtig seine Entdeckungen. Aber als ehrgeizig im üblichen Sinne können wir ihn nicht bezeichnen. Dagegen spricht seine aussergewöhnliche Hilfsbereitschaft, die alle, die ihm näher gekommen sind, so zauberhaft angenehm berührte. Sein Verhalten der Natur gegenüber war durch Bescheidenheit und grösste Aufmerksamkeit bestimmt. Seine Experimente waren nie gewaltsam und glichen viel mehr einem behutsamen Fragen. Und schliesslich erfüllte ihn eine Dankbarkeit, die ich nur mit dem altväterischen, wohl verpönten Beiwort "demütig" umschreiben kann.

Doch wollen wir uns den ganzen Menschen ansehen. Die Familie, aus Yorkshire stammend, gehörte dem Bauern- und Handwerkerstand an. Sein Vater war Schmied, seine Mutter eine Bauerntochter. Beide waren "dissenter", d.h. sie gehörten einer religiösen Sekte an, welche die Staatskirche ablehnte: sie waren Sandemanianer. Der junge Michael wuchs in dieser religiös bestimmten Gemeinschaft auf. Er blieb ihr sein Leben lang treu. Das allerletzte Amt, das er in seinem Alter abgeben sollte, war das eines Kirchenältesten in der Sandemanschen Gemeinschaft in London. Die Sandemanianer waren streng wortgläubig, aber zur Wortgläubigkeit gehört die Bibelkenntnis, und so dürfen wir denn getrost annehmen, dass der junge Michael, der mit zwei älteren Geschwistern, einer Schwester und einem Bruder aufwuchs (eine zweite Schwester, Margret, war 11 Jahre jünger als er), sich in seinem Elternhaus das Lesen in der Heiligen Schrift als etwas Gebräuchliches aneignete. Seine Bibel ist erhalten. Sie zeigt Lesespuren besonders im Buch Hiob, ein Buch, das seit alters als den Naturwissenschaften besonders zugeneigt gilt. Ich glaube durchaus, dass seine naturphilosophische Einstellung durch diese Lektüre wesentlich beeinflusst worden ist. Das gilt besonders für seine Überzeugung, dass die verschiedenen Naturkräfte unterschiedliche Aspekte einer einzigen ihnen gemeinsamen Ursachen seien. Natürlich gebot es die Klugheit, solche Zusammenhänge zwischen Religion und Berufung öffentlich zu verschweigen, denn was bei Newton noch möglich war: die Andeutung wenigstens der Verbindung zwischen moderner Wissenschaft und der Jüdisch-Christlichen Tradition, war im liberalen 19. Jahrhundert nicht mehr opportun.

Neben das Wort tritt bei den Sandemanianern ein unbedingter Erlösungsglaube, und der war, weiss Gott, für den Zusammenhalt der Faradayschen Familie lebensnotwenig, denn nach dem Umzug von Yorkshire nach London, 1791, im Geburtsjahr von Michael, versank sie rasch im Proletariat. Der Vater ward durch Krankheit halb invalid, das Zusammenbleiben der Familie wurde vorwiegend die

Aufgabe der Mutter, die ihrem Michael besonders zugetan war. Später, im Alter, nahm er sie zu sich in die Royal Institution. Die sichere Zuversicht auf die Erlösung ist wohl die Quelle von Faradays Fröhlichkeit und steht am Ursprung seines nie verletzenden Humors. Jedenfalls scheint dies in etwa die Meinung seines Nachfolgers an der Royal Institution, John Tyndalls, eines Agnostikers, der an nichts glaubte, gewesen zu sein.

Mit 14 Jahren kam Michael bei George Riebau an der Blanford Street in die Buchbinderlehre. Seine Schulbildung war minimal und reichte kaum über den elementaren Unterricht in Lesen, Schreiben und Rechnen hinaus. Die Freizeit hatte er vorwiegend auf der Gasse verbracht. Wir glauben gern, dass er bei seiner grossartigen manuellen Geschicklichkeit ein hervorragender Marmelspieler gewesen ist.

Die Lehre dauerte 7 Jahre und war, ausser durch lange Arbeitsstunden, zunächst ausgezeichnet durch omnivores Lesen, das sich, unter dem Eindruck von Jane Marcets 'Conversations on Chemistry' und James Tytlers Artikel über 'Electricity' in der 3. Auflage der Encyclopaedia Britannica dann mehr und mehr auf Werke über modene Chemie und Elektrizitätslehre einschränkte. Ein unstillbarer Hunger nach höherer Bildung führte ihn 1810 zu einer Gruppe Gleichgesinnter in der City Philosophical Society – vergleichbar etwa der Akademie Olympia, die 90 Jahre später Einstein mit seinen Freunden in Bern gründete: wie dort hält man sich gegenseitig Vorträge über alle möglichen philosophischen und naturwissenschaftlichen Gegenstände. Etwa gleichzeitig baut Faraday seine Voltasäule und macht Versuche zur Elektrolyse von Wasser. In der klaren Erkenntnis, dass ohne ein akzentfreies, korrektes Hochenglisch ein Aufstieg in die Klasse der Gebildeten unmöglich sei, lernt er Englisch und beginnt einen ausführlichen Briefwechsel über Naturphilosophie, d.h. vorwiegend Chemie, mit Benjamin Abbott, einem Freund aus der City Philosophical Society. Er eignet sich das technische Zeichnen an, lernt später, als Assistent von Humphry Davy, Französisch und Italienisch – nie aber scheint er das mindeste Bedürfnis nach mathematischen Kenntnissen zu fühlen.

Ein Glück, wie es nur dem Tüchtigen widerfährt, bringt ihn als Labordiener an die Royal Institution of Great Britain. In dienender Funktion begleitet er Sir Humphry Davy und seine frisch angetraute Gattin Lady Jane, verwitwete Apreece, auf eine 18-monatige Europa-Tour mitten durch die ausgehenden Napoleonischen Kriegswirren. Die Lady ist unausstehlich, Sir Humphry aber führt ihn als seinen wissenschaftlichen Assistenten in allen grossen Laboratorien Frankreichs, Italiens und auch Genfs ein. Bekanntschaften und Freundschaften fürs Leben werden geschlossen mit Gaspard und Auguste de la Rive, mit André-Marie Ampère, mit Jean Nicolas Pierre Hachette und anderen. Auch die Schweiz wird bereist und es ist wahrscheinlich, dass Faraday im Sommer oder Herbst 1814, auf der Reise von Lausanne nach Bern und Zürich auch durch Fribourg gekommen ist.

Als er endlich um den 20. April 1815 in Deal wieder heimatlichen Boden betrat, geschah dies in grosser Dankbarkeit und mit dem provisorischen Gelübde, die Insel nie mehr zu verlassen. Aber der Zurückgekehrte war ein anderer als der Scheidende: er hatte in den anderthalb Jahren mit Humphry Davy die denkbar beste Ausbildung zum Chemiker erhalten. Seine wissenschaftlichen Einsichten waren im Gespräch mit dem grossen Naturforscher gereift und das vielfache Experimentieren auch mit einfachsten Hilfsmitteln aus dem mitgeführten Gepäck war seiner natürlichen Anlage auf das glücklichste entgegengekommen und hatte seine experimentelle Geschicklichkeit zur eigentlichen Kunst vervollkommnet.

Der erste Anstoss zur Physik (ein Wort, übrigens, das Faraday hasste, für ihn zerfiel die Erforschung der Natur nicht in Einzelnes, sie war eins: sie war "natural philosophy") erfolgte im Oktober 1820 als die Kunde von Hans Christian Oersteds Entdeckung nach London drang. Man wiederholte das Experiment, missverstand wohl auch dessen Bedeutung, indem man im stromführenden Draht magnetische Pole vermutete – so eingefleischt waren damals die Vorstellungen über Universalität der Zentralkräfte – bis Faraday dann in wunderbarer Einfachheit mit seiner, noch heute gebräuchlichen Anordnung die Rotation eines Magnetpols um den stromführenden Leiter und die Rotation des Leiters um einen Magnetpol darstellte. Die etwas voreilige Mitteilung dieser Erfindung brachte dem 30-jährigen die ersten Misshelligkeiten mit Sir Humphry Davy ein, der das Heranwachsen eines Grösseren neben sich begreiflicherweise nicht leicht ertrug, zumal sein eigenes Leben allgemach eine Wendung ins Unglück nahm. Aber die Publikation trug ihm auch die Korrespondenz mit André-Marie Ampère ein, und jetzt zum ersten Mal spricht der knapp 31jährige von seinem Mangel an mathematischer Bildung. Ungeheuer Vieles hatte er sich selbständig angeeignet, aber ein Bedürfnis nach mathematischen Kenntnissen, in welchen Ampère sich auszeichnete, offenbar eben nie empfunden. Jetzt lesen wir das Geständnis: "I am unfortunate in a want of mathematical knowledge and the power of entering with facility into abstract reasoning (.) I am obliged to feel my way by facts closely placed together. ... I fancy the habit I got into of attending too closely to experiment has somewhat fettered my powers of reasoning and chains me down (,) and I cannot help now and then comparing myself to a timid ignorant navigator who (,) though he might boldly and safely steer accross a bay or an ocean by the aid of a compass which in its action and principles is infallible is afraid to leave sight of the shore because he understands not the power of the instrument that is to guide him. ... With regard to electromagnetism also feeling my insufficiences to reason as you do, I am afraid to receive at once the conclusions you came to (though I am strongly tempted by their simplicity and beauty to adopt them) ... I delay not because I think them hasty or erroneous but because I want some facts to help me on."

Der eigentliche Durchbruch und der Beginn der berühmten Experimental Researches in Electricity fällt dann, wie schon angedeutet, ins Jahr 1831 mit der Entdeckung der Elektromagnetischen Induktion. Besonders der Umstand, dass Faraday nun eine Erklärung hatte für die 1824 von Dominique François Jean Arago entdeckte und bis anhin rätselhafte Tatsache, dass eine rotierende Kupferscheibe einen in der Achse darüber aufgehängten drehbaren Magneten mitschleppt, erfüllte ihn mit berechtigtem Stolz. Er schreibt darüber seinem Freund Richard Phillips am 29. November 1831: "It is quite comfortable to me to find that experiment need not quail before mathematics, but is quite competent to rival it in discovery; and I am amazed to find that what the high mathematicians have announced as the *essential condition* of the rotation ... has so little foundation".

Die letzte Bemerkung bezieht sich auf eine Theorie von Sir John F.W. Herschel und Charles Babbage aus dem Jahr 1825.

Faraday war jetzt (1831) 40 Jahre alt und seine unbegreiflich fruchtbare Schaffenskraft auf ihrem Höhepunkt. In den folgenden 10 Jahren entstehen 17 Serien seiner Experimental Researches in Electricity. Sie enthalten die ganzen Untersuchungen über die Elektrolyse (ein Wort, das wie die anderen: Elektrolyt, Anode, Kathode, Ion, Anion, Kation auf Faradays Anregung hin von dessen Freund William Whewell vom Trinity College Cambridge geprägt worden ist), den Nachweis, dass die Elektrizität ein einheitliches Phänomen ist, unabhängig davon, ob sie aus Voltaischen Elementen, oder durch Reibung, durch elektromagnetische Induktion oder als Thermoelektrizität entstanden oder schliesslich von elektrischen Fischen erzeugt worden ist: in jedem Fall wurde die physiologische Wirkung auf Zunge und Auge, die Oerstedische Wirkung auf die Magnetnadel, die Erzeugung von Magneten im Solenoid, die Erwärmung eines stromdurchflossenen Leiters, die elektrostatische Anziehung und Abstossung, die Elektrolyse und die Entladung durch heisse (ionisierte) Luft untersucht und, wenn möglich, nachgewiesen. Dann entdeckte Faraday die Schmelzelektrolyse von Oxyden und Salzen, brachte den Nachweis, dass Voltaische Elektrizität stets mit chemischen Prozessen verbunden ist, untersuchte Entladungen in verdünnten Gasen und entdeckte den Faradayschen Dunkelraum, der die Kathodenschicht von der anodischen Säule trennt etc. Aus all diesen Entdeckungen wollen wir eine einzige, diejenige des elektrischen Verschiebungsfeldes $\vec{D}$ und der Dielektrizitätskonstanten ε herausgreifen, denn hier zuallererst tritt uns Faraday als Erfinder der Feldtheorie entgegen. Die Arbeit an dieser elften Serie der Experimental Researches in Electricity dauerte vom September 1836 bis zum November 1837, also länger als ein Jahr. Die Publikation umfasst 57 Seiten. Es kann hier nicht die Rede sein, darüber auch nur oberflächlich in Vollständigkeit zu berichten. Ich werde eine Episode herausgreifen, aber bevor ich dazu übergehe, möchte ich Ihnen den einleitenden Paragraphen, es ist §1161 der Experimental Researches in Electricity, vorlesen. Er verrät uns viel über Faradays Einstellung zur Forschung.

"§1161. The science of electricity is in that state in which every part of it requires experimental investigation, not merely for the discovery of new effects, but what is just now of far more importance, the development of the means by which the old effects are produced, and the consequent more accurate determination of the first principles of action of the most extraordinary and universal power in nature: – and to those philosophers who pursue the inquiry zealously yet cautiously, combining experiment with analogy, suspicious of their preconceived notions, paying more respect to a fact than a theory, not too hasty to generalize, and above all things, willing at every step to crossexamine their own opinions, both by reasoning and experiment, no branch of knowledge can afford so fine and ready a field for discovery as this. Such is most abundantly shown to be the case by the progress which electricity has made in the last thirty years: Chemistry and Magnetism have successively acknowledged its over-ruling influence, and it is probable that every effect depending upon the power of inorganic matter, and perhaps most of those related to vegetable and animal life, will ultimately be found to subordinate to it." Eine ins Tiefste eindringliche Warnung vor dem falschen Weg, der durch bequeme Theorien und Vorurteile in den Irrtum führt, und eine grossartige Verheissung für den, der auf dem schmalen Pfad der Wachsamkeit und Selbstprüfung das Ziel erreicht.

Und trotzdem lässt sich Faraday durch vorgefasste und erworbene Anschauungen verleiten, Theorien irrtümlich als falsch zu erklären. Das berühmteste solche Beispiel ist die sogenannte Widerlegung der Poissonschen Potentialtheorie. Ich illustriere zunächst an einem idealisierten Experiment. Jeder kennt heutzutage das elektrische Feld, welches eine Punktladung Q ausserhalb einer geerdeten metallischen Kugel vom Radius R erzeugt. Es setzt sich, nach William Thomson (1824-1907), dem späteren Lord Kelvin, aus dem Feld der Punktladung Q im leeren Raum und dem Feld einer gespiegelten, fiktiven, entgegengesetzten Ladung $Q' = -Q \cdot \frac{R}{\rho}$ im Kugelinnern (ρ der Abstand von Q vom Kugelmittelpunkt) zusammen. Diese Anschauung gab es natürlich 1837 noch nicht, denn William Thomson war damals erst etwa 13 Jahre alt. Aus dem Feld aber ergibt sich die auf der Kugel influenzierte Ladungsdichte, denn diese ist proportional zur Kraftliniendichte auf ihrer Oberfläche. Ist die Ladung Q

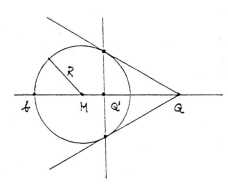

negativ, dann ist diese influenzierte Ladungsdichte überall strikte positiv, auch an dem der Ladung Q diametral abgewandten Punkt b der Kugeloberfläche. Nicht so, erklärt Faraday: die Poissonsche Potentialtheorie erzeugt eine "Influenz in geraden Linien" ("an induction in straight lines").

Die Feldlinien strahlen aus der Punktladung Q aus, als ob die Kugel nicht vorhanden wäre, enden, falls sie auftreffen, auf der Kugeloberfläche und erzeugen dort eine Influenzladung. Die Kugel wirft also einen kegelförmigen Schatten in die

Kraftlinien. Auf der der Ladung Q abgewendenten Seite enden keine Kraftlinien und die influenzierte Ladungdichte verschwindet. Diese für uns Heutige absurde Behauptung lässt sich natürlich leicht experimentell widerlegen. Faraday wählt zu diesem Zweck eine Schellack-Säule von 2 cm Durchmesser und 18 cm Höhe, die in einem hölzernen Sockel steht und krönt sie oben mit einer hohlen Messingkugel von 2,5 cm Durchmesser. Durch Reiben der oberen Hälfte der Säule mit einem trockenen Flanell wird diese negativ elektrisch. Nach Faradays Auffassung der Poissonschen Theorie wirft die geerdete Metallkugel nun einen konischen Schatten in das Kraftlinienbild der entstandenen Ladungsverteilung. Im Widerspruch dazu weist er eine influenzierte Ladung im Scheitelpunkt b der Kugel nach.

Er hat damit zweifellos gezeigt, dass die Influenz "in gekrümmten Linien erfolgt" und er schliesst daraus, dass dies nur möglich sei, wenn sie sich durch Materie und zwar längs sich berührender Teilchen fortpflanze. Die elektrische Influenz beruht also nach ihm auf *Nahwirkung*, die Isolatoren zwischen den Ladungen, das *Dielektrikum*, tritt aus seiner passiven Rolle heraus. In Faradays eigenen Worten (1666): "The great point of distinction and power (if it have any) in the theory is, the making of the dielectric of essential and specific importance, instead of leaving it as it were a mere accidental circumstance or the simple representation of space, having no more influence over the phenomena than the space occupied by it."

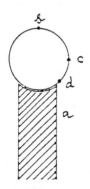

Das erste Resultat der neuen Auffassung war die Entdeckung der "specific inductive capacity": dessen was wir heute die Dielektrizitätskonstante nennen. So kann man denn sagen, dass Faradays Unvermögen, die Poissonsche Theorie zu verstehen, ihm zur Entdeckung der Nahwirkung und schliesslich des elektrischen Verschiebungsfeldes geholfen hat. Aber ein Lob der Ignoranz soll man daraus nicht ableiten. Wo Faraday erfolgreich war, da war er es durch sein kritisches, aufmerksames, beharrliches Experimentieren – durch seine Treue der Erscheinung gegenüber. Ein anderer strauchelte an der Unkenntnis. Dadurch, dass Faraday die elektrische Influenz aus der gegenseitigen Wirkung sich berührender Teilchen erklärte, kam er notwendig in Konflikt mit dem damals anerkannten Atomismus, der sich auf Newton berufen konnte, welcher in der grossartigen 31. und letzten Query seiner Opticks erklärt hatte: "All these things being consider'd, it seems probable to me, that God in the Beginning form'd Matter in solid, massy, hard impenetrable, moveable Particles, of such Size and Figures, and with such other Properties, and in such Proportion to Space, as most conduced to the End for which he form'd them; and that these primitive Particles being Solids, are incomparably harder than any porous Bodies compounded of them; even so very hard, as never to wear or break in pieces; no ordinary Power being able to divide what God himself made one in the first Creation." Natürlich wirken zwischen diesen Atomen eingeprägte und unveränderliche Kräfte, die sie zu den uns bekannten makroskopischen Körpern binden. Zunächst weicht Faraday dieser Auseinandersetzung mit Newton aus, indem er unter den "sich berühren-den Teilchen" "benachbarte Teilchen" versteht, die als elektrisch polarisierbar vorausgesetzt werden.[4] Es drängen ihn andere Untersuchungen. Auch verlangt der 10jährige Raubbau an seinen Kräften Tribut. Das Gedächtnis scheint ihn im Stich zu lassen, Schwindelanfälle suchen ihn heim, die Ärzte verordnen voll-kommene Abstinenz von intellektueller Anstrengung. Eine Schweizerreise wird arrangiert. Es ist das übliche: Berner Oberland, Zentralschweiz und Ostschweiz. Auf der Grimsel trifft man James David Frobes und plant Louis Agassiz im Un-teraar zu besuchen. Schlechtes Wetter verhindert den Ausflug. Regen begleitet auch den Gewaltmarsch von Leukerbad über die Gemmi nach Kandersteg, Fruti-gen, Spiez bis Thun, total 72 km in 10 1/2 Stunden; Faraday ist mit seiner körperlichen Verfassung zufrieden, wenn nur das Gedächtnis besser wäre: "but what have I to do with that? Be thankful", schreibt er in sein Reisetagebuch. Vier Jaher bleibt die Arbeit an den Experimental Researches in Electricity un-terbrochen, nicht so die anderen Tätigkeiten Faradays an der Royal Institution. Der Unterbruch gibt Raum für Spekulationen. Am 20. Januar 1844 gab er einen Friday Evening Discourse für die Gönner der Royal Institution of Great Britain über "A speculation touching Electric Conduction and the Nature of Matter", in dem er Stellung bezieht gegen Newtons starre Atome und zu Gunsten eines Dynamismus, der die Grundbausteine der Materie als Kraftzentren sieht, deren Kraftlinien den ganzen Raum ausfüllen, so dass irgend zwei aus solchen Kraftzen-tren aufgebauten Moleküle sich durchdringen und daher benachbart sind. Das Vakuum wird abgeschafft, der Raum wird wieder zu einem Plenum. Hier in Kürze die Argumentation gegen Newtons Atome. Zunächst kann ein makroskopischer Körper, etwa ein Stück Natrium oder ein Stück Schwefel keine starre Atom-packung sein, sonst blieben thermische Ausdehnung und Kompressibilität un-verständlich. Ja, die Chemie lehrt, dass festes Kalium etwa sehr viel leeren Raum enthält, denn man füge ihm Sauerstoff- und Wasserstoffatome so zu, dass Ätzkali (KOH) entsteht. Dabei *schrumpft* das Volumen, Sauerstoff und Wasserstoff sind also im leeren Raum eingelagert worden. Die einzige zusammenhängende Kompo-nente in einem Stück Kalium ist offenbar der leere Raum, das Vakuum. Da aber Kalium leitet, muss das Vakuum ein Leiter sein. Stellt man dieselbe Überlegung aber für Schwefel an, so findet man, dass das Vakuum in Schwefel ein Nichtleiter ist. Im Newtonschen Modell hat das Vakuum paradoxe Eigenschaften, also ist es mit der Erfahrung unverträglich; in Faradays Worten "Any ground of reasoning which tends to such conclusions must in itself be false." Der Brief an Richard

---

[4]1164 Fussnote Dezember 1838.

Taylor vom Philosophical Magazine, in welchem Faraday über seinen Freitag-Vortrag berichtet, schliesst mit der bescheiden-stolzen Feststellung: "My desire has been (rather) to bring certain facts from electrical conduction and chemical combination to bear strongly upon our views regarding the nature of atoms and matter, and to assist in distinguishing in natural philosophy our real knowledge, i.e. the knowledge of facts and laws, from that, which, though it has the form of knowledge, may, from its including so much that is mere assumption, be the very reverse." Hier endlich finden wir einen Grund für Faradays Zurückhaltung vor Theorie und Mathematik: die mathematischen Aussagen, wenn sie beweisbar sind, haben immer "die Gestalt der Richtigkeit" unbekümmert darum, ob sie Wahres oder Falsches aussagen, in Goethes Worten: "Die Mathematik ist, wie die Dialektik, ein Organ des inneren höheren Sinnes, in der Ausübung ist sie eine Kunst wie die Beredsamkeit. Für beide hat nichts Wert als die Form; der Gehalt ist ihnen gleichgültig. Ob die Mathematik Pfennige oder Guineen berechne, die Rhetorik Wahres oder Falsches verteidige, ist beiden vollkommen gleich." Faraday sagt es einfacher in seinem abweisenden zweiten Brief an Robert Hare aus Philadelphia, der ihn gerne in eine Polemik verwickelt hätte: "I do not wish to be drawn into statements more precise than are my thoughts." Und trotzdem gibt es letzte Dinge, in welchen Faraday keine Zweifel kennt. Lassen Sie mich schliessen mit einem Brief, dessen Original sich in der Nähe befindet: dem Brief vom 19. September 1861 an Faradays Freund Auguste de la Rive in Genf, der in der dortigen Bibliothèque publique et universitaire aufbewahrt wird. Faraday ist alt und sehr vergesslich geworden. In drei Wochen wird er um Entlassung aus allen Pflichten bei der Royal Institution, wo er 49 Jahre gewirkt hat, nachkommen. Jetzt schreibt er:

> "My very dear friend,
>
> I cannot tell when I wrote you last. Of late years I kept a note, but I suppose I have forgotten to note. Having no science to talk to you about, a motive, which was very strong in former times, is now wanting: – but your last letter reminds me of *another motive* which I hope is stronger than Science with both of us; and that is the future life which lies before us. I am, I hope, very thankful that in the withdrawal of the powers & things of this life, – the good hope is left with me, which makes the contemplation of death a comfort – not a fear.
>
> ...next Sabbath day I shall complete my 70th year. – I can hardly think myself so old as I write to you – so much cheerful spirit; – ease – & general health is left to me; – & if my memory fails – why it causes that I forget *troubles* as well as pleasure; & the end is, I am happy & content."

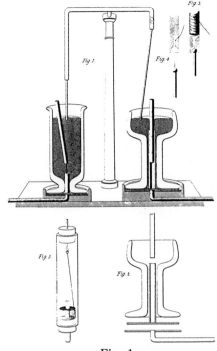

Fig. 1
Faradays Nachweis der Rotation eines Magnetpols
um den stromführenden Leiter und der Rotation
eines stromführenden Leiters um den Magnetpol.

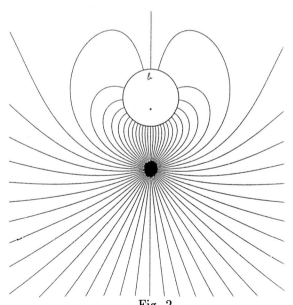

Fig. 2
Kraftlinien einer Punktladung ausserhalb einer
geerdeten Kugel nach der Potentialtheorie.

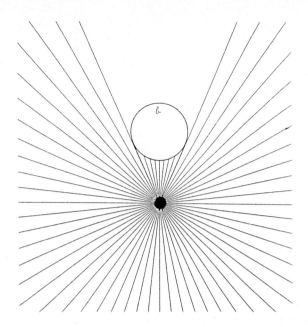

Fig. 3
Faradays Anschauung der Kraftlinien einer Punktladung
ausserhalb einer geerdeten Kugel.

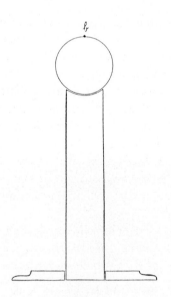

Fig. 4
Faradays Anordung zur "Widerlegung"
der Potentialtheorie.

Mathematik und Physik seit 1800; Zerwürfnis und Zuneigung*

Das Thema "Die Mathematik in den Wissenschaften" ist, wie dieser Vortragszyklus wohl trotz allen Bemühungen erweisen wird, ein unerschöpfliches.

Bekannt sind die Versuche, die Mathematik mit der Wissenschaft zu identifizieren. So sagt *Immanuel Kant* in der Vorrede zu seinen "Metaphysischen Anfangsgründen der Naturwissenschaft":[1]

"Ich behaupte aber, daß in jeder besonderen Naturlehre nur so viel e i g e n t l i c h e Wissenschaft angetroffen werden könne, als darin M a t h e m a t i k anzutreffen ist."

Und *David Hilbert* geht in seinem "Axiomatischen Denken"[2] sogar noch weiter, wenn er sagt:

"Ich glaube: Alles, was Gegenstand des wissenschaftlichen Denkens überhaupt sein kann, verfällt, sobald es zur Bildung einer Theorie reif ist, der axiomatischen Methode und damit mittelbar der Mathematik. Durch Vordringen zu immer tieferliegenden Schichten von Axiomen im vorhin dargelegten Sinne gewinnen wir auch in das Wesen des wissenschaftlichen Denkens selbst immer tiefere Einblicke und werden uns der Einheit unseres Wissens immer mehr bewußt. In dem Zeichen der axiomatischen Methode erscheint die Mathematik berufen zu einer führenden Rolle in der Wissenschaft überhaupt."

Was also bei Kant noch Mathematik als Ganzes zu leisten hatte, wird bei Hilbert einem Teil der Mathematik, nämlich der axiomatischen Methode, überbunden, aus der allein die apodiktische Gewissheit – und damit die Widerspruchsfreiheit fliessen kann.

Aber ist die Widerspruchsfreiheit vielleicht nicht eher ein Zeichen der Erstarrung? *Max Planck* scheint dieser Ansicht zu sein, denn er erklärt an der 64. Naturforscher-Versammlung 1891 in Halle an der Saale:[3]

---

* Res Jost, Mathematik und Physik seit 1800: Zerwürfnis und Zuneigung, in: Die Mathematisierung der Wissenschaften, ed. P. Hoyningen-Huene (Artemis Verlag, Zürich, 1983).

[1] [K] Vorrede p. 14.
[2] [H] Axiomatisches Denken p. 156.
[3] [P] Allgemeines zur neueren Entwicklung der Wärmetheorie p. 381.

"Eine lebens- und entwicklungsfähige Theorie geht ja den Widersprüchen nicht aus dem Wege, sondern sucht sie im Gegenteil auf, denn nur aus Widersprüchen, nicht aus Bestätigungen kann sie den Trieb zur weiteren Fortbildung schöpfen."

Und Planck folgt der hierdurch angedeuteten dialektischen Methode zu seiner grossen Entdeckung des elementaren Wirkungsquantums vom Herbst 1900.

Mir ist natürlich, wie jedem Zeitgenossen, bekannt, dass Hilberts grandiose axiomatische Begeisterung durch *Kurt Gödel* gedämpft worden ist – wobei in Gödels Beweisen die Arithmetik eine eigentümliche Rolle spielt – . Trotzdem hat Hilberts Stimme Gewicht, wenn freilich die des grössten Vermittlers zwischen Mathematik und Physik in unserem Jahrhundert, die von *Hermann Weyl* uns eindringlicher mahnt. Wir lesen in seinem wunderbaren Buch über Gruppentheorie und Quantenmechanik aus der Vorrede das Bekenntnis:[4]

"Ich kann es nun einmal nicht lassen, in diesem Drama von Mathematik und Physik – die sich im Dunkeln befruchten, aber von Angesicht zu Angesicht so gerne einander verkennen und verleugnen – die Rolle des (wie ich genugsam erfuhr) oft unerwünschten *Boten* zu spielen."

Womit wir unvermerkt aus der Wissenschaftsphilosophie in die Wissenschaftspsychologie geraten sind.

Wie aber soll sich ein armer Sterblicher wie der Sprechende in den Urteilen dieser Heroen zurecht finden?

Mir ist durch Zufall und Zuneigung der folgende Ausweg eingefallen, auf den ich Sie jetzt führen möchte. Ich personifiziere die Mathematik des 19. Jahrhunderts in *Carl Friedrich Gauss*[5] und ich werde den Ursprung einer neuen, antiklassischen und zunächst mit der Mathematik zerworfenen Physik in Person und Werk von *Michael Faraday*[6] beschreiben. Eine Versöhnung erfolgt dann durch den grossen *James Clerk Maxwell*.

Natürlich sollte ich mich für diese gewaltsame Vereinfachung rechtfertigen.

Von Gauss weiss jeder, dass er mit *Archimedes* und *Newton* zum Triumvirat der überragenden Mathematiker der Menschheit gehört. Wie sehr aber zutrifft, was in der heldensüchtigen Biographik des Wilhelminischen und Nach-Wilhelminischen Deutschlands behauptet wird: dass der jugendliche Gauss fast alle grossen Gegenstände der Mathematik des kommenden Jahrhunderts zwischen seinem 17. und 24. Altersjahr vorausgenommen hat, ist mir erst bei der Vorbereitung zu diesem Vortrag klar geworden. Allerdings waltet um den grossen Mann eine eigentümliche Tragik. Seine Produktivität, wiewohl gewaltig, ist seiner Inspiration nur zum kleinsten Teil gewachsen. So haben wir denn nur auf *einem* Gebiet, dem der höheren Arithmetik oder Zahlentheorie, von ihm ein Werk, wiewohl ein Torso auch es, welches uns von der Fülle der Gaussschen Ideen einen zutreffenden

---

[4][Wy] Vorrede p. V f.
[5]Über C.F. Gauss orientieren [D] und [B].
[6]Über M. Faraday orientieren [B-J] und [Wi].

Eindruck gibt: es sind dies die 1801 erschienenen Disquisitiones Arithmeticae[7] des 24jährigen. Dieses Werk, seinem Gönner *Carl Wilhelm Ferdinand*, Herzog von Braunschweig und Lüneburg gewidmet, war kommerziell kein Erfolg. Zum Unterschied von *Legendres* "Essai d'une théorie des nombres"[8] ist nie eine zweite oder gar dritte Auflage erfolgt. Indem es ausschliesslich durch eine Elite von grossen Mathematikern bis in unsere Tage hinein wirkt (etwa durch *Eisenstein, Jacobi, Abel, Dirichlet, Galois, Kummer, Dedekind, Hermite, Minkowski, Hilbert*, und *Carl Ludwig Siegel*) hat es, so meine Behauptung, die Mathematik entscheidend gewandelt.

Michael Faraday, vierzehn Jahre nach Gauss, 1791 in Newington bei London geboren und 1867, zwölf Jahre nach Gauss in Hampton Court gestorben, hat durch seine experimentellen Forschungen über Elektrizität die Ablösung der sich auf Newton berufenden Fernwirkungstheorie durch eine allgemeine feldtheoretische Betrachtungsweise erreicht. Seine Vorstellungen und sein Ziel, die verschiedenen Naturkräfte als Manifestationen der einen, grundlegenden Ursache zu begreifen,[9] sind heute noch und heute wieder besonders lebendig. Auf Faradays Anschauungen aufbauend, hat dann James Clerk Maxwell seine *mathematische* Theorie des Elektromagnetismus entwickelt. Diese hat ihre Gültigkeit bewahrt und stellt die erfolgreichste physikalische Theorie überhaupt dar.

Gauss und Faraday gemeinsam ist die Einfachheit des Herkommens. Ihre Väter waren Handwerker, die vom Lande hergezogen in der Stadt Wohnsitz genommen hatten. Für beide war die Mutter das dominierende Elternteil und beide Mütter behandeln mit berechtigtem Stolz ihre Söhne als ihren angebeteten Besitz. Hier aber endet die Analogie. Gauss erregt schon in den ersten Schuljahren die Aufmerksamkeit der Umgebung und wird mit 13 Jahren am Hof des regierenden Herzogs vorgestellt. Der Herzog ist um seine Ausbildung und seinen Unterhalt besorgt, und Gauss kann ohne wesentliche finanzielle Sorgen während 14 Jahren den Wissenschaften Mathematik und Astronomie leben. Über Faradays Kindheit wissen wir nur, dass er in tiefer Armut lebte. Halt bietet ihm und seiner Familie die Zugehörigkeit zur Sandemanschen Sekte, einer verachteten Glaubensgemeinschaft, der er sein Leben lang treu bleibt. Mit 14 Jahren tritt er eine 7jährige Lehrzeit als Buchbinder an. Sein Lehrmeister, ein französischer Emigrant, *George Riebau*, Zeitungsverleger, Buchhändler und Buchbinder, hat Verständnis für die erwachenden naturwissenschaftlichen Interessen seines Lehrlings. Durch ein Glück, wie es nur dem Tüchtigen widerfährt, wird der 22jährige Buchbindergeselle Laborant und Diener von *Sir Humphrey Davy*, dem

---

[7][G; DA] und [G;WI].

[8][L].

[9]Etwa [F III], p. 1, wo unter Art. 2146 aus Anlass der Entdeckung der Wirkung eines Magnetfeldes auf die Polarisationsebene des Lichtes steht:

"2146. I have long held an opinion, almost amounting to conviction, in common I believe with many other lovers of natural knowledge, that the various forms under which the forces of matter are made manifest have one common origin [...]."

Entdecker der Alkali- und Erdalkalimetalle, dem gefeierten Redner an der Royal Institution, dessen Chemie-Vorlesungen in London ein gesellschaftliches Ereignis ersten Ranges sind. Mit 30 Jahren (Gauss ist mit diesem Alter schon längst berühmt) ist Faraday als Chemiker allgemein anerkannt, mit annähernd 40 Jahren macht er seine erste ganz grosse Entdeckung: die des Induktionsgesetzes.[10] Und nun hat er sein Arbeitsgebiet gefunden: das weite Feld der elektrischen und magnetischen Untersuchungen. Alle Kräfte werden, bis zum Zusammenbruch und bis zur schliesslichen völligen Erschöpfung darauf konzentriert. Was die Originalität, die Dichte und die Bedeutung der Entdeckungen angeht, bleibt Faraday im Gebiet der experimentellen Wissenschaft völlig einzigartig.

Im Vergleich zu Faraday verzettelt Gauss seine Arbeitskraft. Im Jahr 1801 erwirbt er sich höchsten Ruhm – nicht durch die unvergänglichen Disquisitiones Arithmeticae sondern – durch planetarische Bahnberechnungen, die es dem Astronomen *Xaver von Zach* auf dem Seeberg bei Gotha gestatten, den um Neujahr desselben Jahres von *Giuseppe Piazzi* in Palermo entdeckten und bald darauf verloren gegangenen kleinen Planeten Ceres nach 11 Monaten wiederzufinden. Und ähnliche Erfolge warten ihm bei der Entdeckung der Pallas und der Vesta, zweier weiterer Planetoiden, durch seinen väterlichen Freund *Heinrich Wilhelm Olbers* in Bremen. Mit 30 Jahren ist Gauss Direktor (der zwar einstweilen nur geplanten, neuen) Göttinger Sternwarte. Er bleibt in seiner amtlichen Stellung Astronom bis an sein Lebensende 1855, immer wieder verbraucht durch grosse praktische Aufgaben wie die Hannoveranische Landesvermessung, die Anfertigung der Normalmasse des Königsreichs[11] und ihren Vergleich mit den übrigen kontinentalen

---

[10][F I] p. 1 ff. [F; DI] p. 367 ff.

[11]Dieser Auftrag führte Gauss in eine tiefe Krise, wovon u.a. der Brief an Schumacher vom 17. August 1839 [G.-S. III] p. 236 ff. zeugt:

"Schon vor fast 3 Jahren (November 1836) erhielt ich von dem Ministerium des Innern Aufträge von abschreckender Weitläufigkeit. Sie enthielten, ich solle unter meiner Aufsicht ausführen l a s s e n, die sämmtlichen Normalmaaße und Gewichte, einige in 2, andere in 3 Exemplaren. Bestehend

1) In den Hohlmaaßen von Himten, $\frac{1}{2}$ Himten, $\frac{1}{4}$ Himten &c. &c. &c.

2) In den Medicinalgewichten, große Menge Stücke, alle dreifach, eben so wie die folgenden.

3) In den Juwelengewichten.

4) In Gewichtssätzen von 1 Pfund, aufwärts bis 100 Pfund. 1, 2, 3, 4, 5, 10, 25, 50, 100.

5) In Gewichtssätze, abwärts bis $\frac{1}{125}$ Pfund.

6) In 2 eigentlichen Normalpfunden, eines zu deponiren in Hannover, eines bei hiesiger Societät.

7) In 2 Normalfußen oder Doppelfußen, eben so zu deponiren.

Man mag in Hannover gar nicht gewußt haben, was es mit dem m a c h e n l a s s e n für eine Bewandtniß habe, aber unter obwaltenden Umständen war dies nur eine Redensart; übernahm ich die Sache, so sah ich voraus, daß ich fast alles selbst thun müsse, und daß dieß einen ungeheuren Zeitaufwand kosten würde. Ich war eben schon im Begriff die Sache völlig abzulehnen, als mir brevi manu eine 4 Centner schwere Kiste mit Berliner Gewichten, 1 - 100 Pfund, geschickt wurde, mit Anheimgabe, diese als ein Exemplar für Auftrag 4 zu benutzen und justiren zu lassen."

Gauss hatte fest auf die Mithilfe seines Freundes und Kollegen, des Physikers Wilhelm Weber gerechnet, der aber seine Professur, wie übrigens auch Gauss' Schwiegersohn, der Orientalist

Normen, ja in hohem Alter und längst verwitwet sogar die Reorganisation der Witwenkasse der Universität.[12] Gauss hat in seinem Leben ein unerhörtes Zahlenmaterial verarbeitet – sicher mehr als irgendein Sterblicher vor oder nach ihm (bis zur Erfindung der grossen Automaten, durch die man Zahlen verarbeiten *lassen* kann). Das ist alles noch ganz im Stil des 18. Jahrhunderts, wo man von einem "Geometer" (und so hätte sich Gauss wohl selber bezeichnet) eben Hilfe in allen technischen und rechnerischen Problemen erwartete. Es ist ein Wunder, dass die Königin der Wissenschaften, die Mathematik, an solchen Nebensächlichkeiten nicht zugrunde ging – ja, dass Gauss' Geist aus dieser geistlosen Beschäftigung noch Nahrung zog – wie seine grundlegende Abhandlung über Flächentheorie,[13] die aus den geodätischen Arbeiten entstanden ist, beweist. *Eine* Fähigkeit des Gaussischen Genies blieb übrigens bis nach seinem Tod nahezu verborgen und durch die Öffentlichkeit weitgehend ungenutzt, nämlich die erfolgreiche Spekulation in Wertpapieren. Gauss hat seinen Erben das über Hundertfache seines Jahreseinkommens hinterlassen. Das Arbeiten mit Zahlen und Tabellen war ihm eben nie zwecklos und manchmal einträglich.[14]

Denn für Gauss herrscht die *Zahl* im innersten Heiligtum der Wissenschaft.[15] Darin ist er neu und wegweisend bis in unsere Tage. Seit Gauss wird die gesamte Mathematik zunehmend durch zahlentheoretische Begriffe bestimmt. Währenddem die Vor-Gaussische Mathematik der Neuzeit von den Erfolgen der Infinitesimalrechnung fasziniert ist, gilt für Gauss der Primat der Arithmetik, deren zentraler Begriff eben die Zahl ist. Durch Gauss findet die Mathematik wieder zu ihrem Ursprung zurück. Ganz bewusst knüpft er an das klassische Altertum an, wenn er in der Praefation seiner Disquisitiones Arithmeticae, nach einem ein-

---

G.H.A. Ewald, als einer der 7 Signatare des Göttinger Protestes gegen die willkürliche Aufhebung des Verfassung des Königreiches von 1833 durch den neuen König Ernst August, am 12. Dezember 1837 verlor.

[12][G; W IV] p. 110-188. Dazu aus Gauss' Brief an Gerling vom 31. Januar 1846 [G.-G] p. 728 f.: "Unsere Witwenkassenangelegenheit hat mich einen enormen Zeitaufwand gekostet. Auf das Hineinstudieren, mit Hülfe von mehr als 100 Jahresrechnungen, auf die Konstruktion detaillierter Hülfstafeln (unter Zugrundelegung der Brune'schen Mortalitätstafeln gewissermaßen den einzigen, die auf ganz richtigen Prinzipien basiert sind), die wirkliche Anwendung derselben auf 42 Ehepaare und 20 Witwen nach zwei verschiedenen Zinsfüßen haben ungefähr eine Arbeit von 5 Monaten erfordert, nachher die Ausarbeitung einer Denkschrift über den Zustand sowie eine kritische Revision der frühern Verhandlungen, auf welche das bestehende Regulativ gegründet ist – auch wieder mehr als 6 Wochen. Jetzt endlich habe ich wieder eine neue Denkschrift mit Vorschlägen zur Abhilfe der sonst drohenden Übel ausgearbeitet, die zwar von der ganzen mir beigeordneten Kommission pure angenommen ist, die aber, wie ich große Ursache habe zu besorgen, von einer großen Zahl des Senats auf potentiiert-abderitische Weise entgegengenommen wird. Um dies so gleichmütig wie möglich ertragen zu können, bin ich (einen solchen Erfolg voraussehend) schon vor 1/2 Jahre für meine Person ausgetreten."

[13][G; W IV] p. 217-258: Disquisitiones generales circa superficies curvas (Deutsch von *A. Wangerin* in Ostwalds Klassiker der exakten Wissenschaften Nr. 5, Leipzig 1889).

[14][D] p. 237

[15]Das "innerste Heiligtum der Wissenschaft" dient als Übersetzung für das "penetrale divinae scientiae" aus der Praefatio der [G; DA].

leitenden Absatz, in welchem die elementare Arithmetik von der höheren Arithmetik, der "arithmetica sublimioris" geschieden wird, erklärt:

"Zur höheren Arithmetik gehört das, was Euklid im siebenten und den folgenden Büchern der Elemente mit der bei den Alten gewohnten Eleganz und Strenge gelehrt hat, doch beschränkt sich das auf die Anfänge dieser Wissenschaft".

Wie hoch Gauss die Alten geschätzt hat, belegt eine Stelle aus dem Brief vom 1. September 1850 an *Hans Christian Schumacher*,[16] die lautet:

"Es ist der Character der Mathematik der neueren Zeit (im Gegensatz gegen das Alterthum) daß durch unsere Zeichensprache und Namengebungen wir einen Hebel besitzen, wodurch die verwickeltsten Argumentationen auf einen gewissen Mechanismus reducirt werden. An Reichthum hat dadurch die Wissenschaft unendlich gewonnen, an Schönheit und Solidität aber wie das Geschäft gewöhnlich betrieben wird, eben so sehr verloren."

Noch interessanter ist mir ein indirektes Zitat aus dem Brief von *Friedrich Wilhelm Bessel* an Gauss vom 10. Januar 1820. Bessel schreibt:[17]

"Sie sagten einmal von Euklides, daß er Begriffe und Sätze der höheren Arithmetik besessen haben müsse, von denen sich in den Elementen keine directe Spur nachweisen lasse: ich glaube etwas ähnliches von Bradley und aus demselben Grunde, nämlich nach dem Erfolge."

Was hier Gauss in den Mund gelegt wird, stammt sicher aus früher Zeit, denn Bessel ist seit dem 11. Mai 1810 Astronom in Königsberg und hat Gauss nur kurz im April 1825 nochmals gesprochen. [18]

---

[16][G.-S. VI] p. 107.

[17][G.-B.] p. 311.

[18]Über das enttäuschende Zusammentreffen zwischen Gauss und Bessel am 25. April 1825 in Rotenburg bei Bremen vergleiche man die Briefe No. 557-562 in [G.-O.; 2.2] p. 389-395 und den folgenden, auch in anderer Hinsicht interessanten Ausschnitt eines Briefes von Gauss an Bessel aus Zeven vom 25. April 1825 [G.-B.] p. 452 f.:

"In der Stunde, wo ich nach meinem frühern, leider mißlungenen Plane Sie, mein theuerster Bessel, hier zuerst in einer reizenden Naturumgebung zu empfangen und dann wenigstens noch einen vollen Tag zu besitzen, ungestört zu besitzen hoffte, kann ich Ihnen nun nur noch einige Zeilen auf Ihre Rückreise nachschicken. Unbeschreiblich weh hat es mir gethan, Sie nur eine so kurze Zeit gesehen zu haben und unter Verhältnissen, wo ich selbst diese kurze Zeit nur so wenig nutzen konnte. Hatte ich nicht bei meiner Abreise mit Gewißheit darauf gerechnet, Sie hier zu sehen (und nach allen mir vorliegenden Umständen konnte ich nicht anders) und danach alle meine Dispositionen und Verabredungen getroffen, so hätte ich Sie allerdings nach Bremen begleitet: jedoch bin ich jetzt doppelt überzeugt, daß ich dann auch dort, ich will nicht sagen den Astronomen Bessel, aber den *Freund Bessel* lange, lange nicht so hätte genießen können, wie hier hätte der Fall sein können. Außer der, dazu, viel zu zahlreichen Gesellschaft, so werth die Glieder derselben mir auch an sich sind, würde auch mein Befinden, wie ich jetzt mit Gewißheit sagen kann, mir wenig Fähigkeit dazu gelassen haben. Ich kam, wie es bei mir nach sechstägiger körperlicher, mitunter starker, Anstrengung bei schwüler Luft gewöhnlich ist, sehr unwohl an und bin noch jetzt schwach, eine eintägige Ruhe ist bei mir unter solchen Umständen alle Mal erforderlich, um mich wieder herzustellen, und morgen rechne ich bei der Ruhe, die ich mir heute hier geben kann, darauf, wieder ziemlich wohl zu sein: bei der materiellen Lebensweise in Bremen, zumal unter den dießmaligen Umständen, wäre dieß platterdings unmöglich gewesen. Möge nur Ihnen, da Sie auch schon über Übelbefinden klagten, die große Fatigue nicht geschadet

Versteht man unter Renaissance das bewusste Anknüpfen an ein klassisches Ideal, verbunden mit der Überzeugung, die Alten hätten Kenntnisse besessen, die weit über das hinaus gehen, was die Überlieferung uns vermittelt, dann darf man vielleicht Gauss' und bis zu einem geringeren Grad auch Adrien-Marie Legendres Werke zur höheren Arithmetik als den Ausdruck einer Renaissance der klassischen Mathematik bezeichnen. Und dass der Arithmetik der Vorrang über die Geometrie gehört, zeigt Gauss' erste grosse Entdeckung: die Konstruierbarkeit des regulären 17- und des regulären 257-Ecks.[19] Wir lesen darüber in der Vorrede der Disquisitiones Arithmeticae.

"Die Theorie der Kreisteilung oder der regulären Polygone [...] gehört zwar an und für sich nicht in die Arithmetik; doch müssen ihre Prinzipien einzig und allein aus der höheren Arithmetik geschöpft werden; dies wird vielleicht dem Geometer ebenso überraschend sein, wie ihm hoffentlich die neuen Wahrheiten, die man aus dieser Quelle schöpfen kann, angenehm sein werden."

Aber ich muss versuchen, mir und Ihnen einen, wenn auch aus vielen Gründen notwendig unvollkommenen, Eindruck von Gauss' Verhältnis zur Zahl zu geben. Zuerst in seiner Entwicklung kam das Rechnen. Wann Gauss zu rechnen begonnen hat, weiss man nicht: genug, dass diese Fähigkeit offenbar zu seinen frühesten Kindheitserinnerungen gehört, wodurch die Aussage, der kleine Carl

---

haben und die neue große Ihnen bevorstehende Fatigue Ihnen nicht schaden!

Über die Berliner Angelegenheit hätte ich so gern mit Ihnen ausführlich gesprochen: Sie müssen jetzt die Hauptmomente von meiner Seite aus dem, was ich Ihnen nach Königsberg geschrieben habe, und aus dem, was Ihnen vermuthlich Olbers und Schumacher mündlich gesagt haben werden, entnehmen. Ich selbst bleibe über vieles von dortiger Seite noch völlig im dunkeln. Vielerlei anscheinend äußerst zufällige, zum Theil an sich geringfügige Umstände mußten zusammen kommen, der Sache *diese* Wendung zu geben. Man wird bei solchen anscheinenden Zufälligkeiten, die zuletzt einen so entscheidenden Einfluß auf das ganze Leben hervorbringen, geneigt, darin Werkzeuge einer höheren Hand zu erkennen. Das große Lebensräthsel wird uns hier unten nie klar."

Gauss scheint schon damals an Herz- und Kreislaufbeschwerden gelitten zu haben, jedoch hat er sein Leben durch eine in jeder Hinsicht gemässigte und äusserst vernünftige Lebensweise tatsächlich bis in ein hohes Alter verlängert. Die "Berliner Angelegenheit" ist einer der misslungenen Versuche, Gauss für Berlin zu gewinnen.

[19][G.-G.] p. 187 f. aus dem Brief vom 6. Januar 1819:

"Das Geschichtliche jener Entdeckung ist bisher nirgends von mir öffentlich erwähnt, ich kann es aber sehr genau angeben. Der Tag war der 29. März 1796, und der Zufall hatte gar keinen Anteil daran. Schon früher war alles, was auf die Zerteilung der Wurzeln der Gleichung $\frac{x^p-1}{x-1} = 0$ in *zwei* Gruppen sich bezieht, von mir gefunden, wovon der schöne Lehrsatz D.A. p. 637 unten abhängt, u[nd] zwar im Winter 1796 (meinem ersten Semester in Göttingen), ohne daß ich den Tag aufgezeichnet hätte. Durch angestrengtes Nachdenken über den Zusammenhang aller Wurzlen untereinander nach arithmetischen Gründen glückte es mir, bei einem Ferienaufenthalt in Braunschweig am Morgen des gedachten Tages (ehe ich aus dem Bette aufgestanden war) diesen Zusammenhang auf das klarste anzuschauen, so daß ich die spezielle Anwendung auf das 17-Eck und die numerische Bestätigung auf der Stelle machen konnte. Freilich sind später viele andere Untersuchungen des 7. Abschn[ittes] der D.A. hinzugekommen. Ich kündigte diese Entdeckung in der "Jenaischen Literaturzeitung" an, wo mein Inserat ungefähr im Mai oder Juni 1796 abgedruckt sein wird."

Der "schöne Lehrsatz D.A. p. 637 unten" steht in [G; DA] Art. 357.

hätte gerechnet, bevor er gesprochen hat, vielleicht eine Deutung erfährt. Ich kann nun unmöglich ausführen, wie die für die Neuzeit typische Spannung zwischen gemeinen Brüchen und Dezimalbrüchen der Keim zu den wesentlichsten Entwicklungen der modernen Mathematik ist, genug, dass Gauss sich schon sehr früh mit der Verwandlung gemeiner Brüche in periodische (unendliche) Dezimalbrüche wird befasst haben. Uns ist von ihm eine Tafel der vollständigen Perioden der reziproken Primzahlpotenzen, soweit diese 1000 nicht übertreffen, erhalten.[20] Ich zeige Ihnen hier einen Ausschnitt (Fig. 1).

Dazu bemerke ich: 457, 461 und 463 sind Primzahlen. Die Periode zu 1/461 hat eine Länge von 460. Das entspricht einer allgemeinen Regel: sei p eine Primzahl, die 5 übertrifft, dann ist die Periodenlänge im Dezimalbruch für $1/p$ höchstens $p-1$. Das ist leicht einzusehen, denn bei der Division $1:p$ kann es höchstens $p-1$ verschiedene Reste geben, also muss sich mindestens ein Rest unter den ersten p Resten wiederholen. So entstehen bei der Divison von 1:7 der Reihe nach die Reste 1, 3, 2, 6, 4, 5,$\underline{1}$, und demnach hat das Resultat die Periodenlänge 6 und ist $1/7 = 0,14285\overline{71}$. Dagegen bleiben bei der Division 1:13 nacheinander die Reste 1, 10, 9, 12, 3, 4, $\underline{1}$, d.h. der Zyklus der Reste wiederholt sich schon nach 6 (und nicht erst nach 12) Resten, demgemäss ist $1/13 = 0,076923\overline{0}$ und hat die Periodenlänge 6. Dasselbe können wir in der Gaussschen Tabelle beobachten: 1/457 hat die Periodenlänge 456:3 = 152, 1/463 hat die Periodenlänge 462:3 = 154. Allgemein ist für jede Primzahl $p > 5$ die Periodenlänge von $1/p$ ein Teiler von $p-1$. Hinter dieser einfachen Feststellung, die seinerzeit jedem Primarschüler geläufig war, verbirgt sich eine allgemeine Wahrheit (Gauss wird sie später Schumacher gegenüber als ein "ABC-Theorem" bezeichnen):[21] Sei p eine Primzahl und sei a eine ganze, durch p nicht teilbare Zahl, dann ist $a^{p-1}-1$ durch p teilbar. So ist eben $10^{460}-1$ durch 461 teilbar und es ist $10^{456}-1$ durch 457 teilbar, und daher erreicht die Periode von 1/457 nicht die Länge 456.

Zur bequemeren Ausdrucksweise verwende ich eine Gausssche Erfindung aus den Disquisitiones Arithmeticae.[22] Wenn die Differenz zweier ganzer Zahlen a und b durch die ganze Zahl m teilbar ist, dann nennt Gauss a und b "kongruent modulo m" und schreibt

$$a \equiv b \pmod{m}.$$

Damit können wir den eben erwähnten Satz von Fermat schreiben: ist $a \not\equiv 0 \pmod{p}$, p prim, dann ist $a^{p-1} \equiv 1 \pmod{p}$. Und dieser Satz folgt empirisch (induktiv) aus der Erfahrung mit *Dezimalbrüchen*.

Jedoch: nur den Pythagoräern war die Zahl 10 heilig und unsere Elementarschüler müssen sich schon daran gewöhnen, "in einem beliebigen Zahlsystem zu rechnen", also die Basis 10 der Dezimalbrüche durch irgendeine Basis g zu er-

---

[20][G; W II] p. 441-434.

[21][G.-S. III] p. 388 Brief von Gauss vom 6. Julius 1840.

[22][G; DA] und [G; WI] 1. Abschnitt.

setzen. Und da erhebt sich nun die entscheidende Frage: gibt es zu jeder Primzahl p eine Basis g, so dass der "g-ale Bruch" von $1/p$ genau die längst-mögliche Periode $p - 1$ besitzt. Eine solche Zahl g heisst nach Gauss eine *Primitivwurzel* zu p, und Gauss erkennt, dass solche Primitivwurzeln immer existieren, und es finden sich in unserer Tabelle Fig. 1 Werte für Primitivwurzeln. So ist 264 eine Primitivwurzel zu $p = 457$ und 174 eine solche für 463. Also hat der "264-ale" Bruch für $1/457$ die exakte Periode 456 und der 174-ale Bruch von $1/463$ hat die exakte Periode 462.

Wir haben sehr gute Gründe zur Vermutung, dass die Erkenntnis der Existenz einer Primitivwurzel zu jeder Primzahl (und übrigens auch zu jeder Potenz einer ungeraden Primzahl) die direkte Voraussetzung zum ersten zahlentheoretischen Erlebnis des jungen Gauss war.[23] Ich kann Ihnen hier nicht zeigen, wie diese Erkenntnis auch der Schlüssel zur Theorie der Kreisteilung ist und ich kann nur andeuten, welche interessanten Schlüsse man in anderer Hinsicht daraus ziehen kann. Es ist 2 eine Primitivwurzel zu $p = 13$ und es gilt

$$2^{12} = (2^6)^2 \equiv 1 \pmod{13}.$$

Aber 2^6 kann nicht selbst schon zu 1 kongruent sein, sonst wäre 2 nicht Primitivwurzel. Also muss

$$2^6 = (2^3)^2 \equiv -1 \pmod{13}$$

sein. Die Zahl $2^3 = 8$ ist also modulo 13 eine Wurzel aus -1, oder wie Gauss sich ausdrückt -1 ist quadratischer Rest modulo $13: -1 \, R \, 13$. Damit will er sagen, dass $x^2 \equiv -1 \pmod{13}$ eben lösbar ist.

Es ist weiter 10 eine Primitivwurzel modulo 7 und es gilt

$$10^6 = (10^3)^2 \equiv 1 \pmod{7}$$

und wie oben

$$10^3 \equiv -1 \pmod{7}.$$

Da links *kein* Quadrat steht, kann -1 modulo 7 kein quadratischer Rest sein, Gauss schreibt dafür $-1 \, N \, 7$.

Das *allgemeine* Gesetz, zu welchem man leicht gelangt, lautet

$$-1 \, R \, p, \text{ falls } p \equiv 1 \pmod{4} \quad \text{und}$$
$$-1 \, N \, p, \text{ falls } p \equiv 3 \pmod{4}.$$

---

[23]Darauf deutet die Einleitung der Disquisitiones Arithmeticae [G; DA] und [G; WI], insbesondere die Aussage:

"Während ich nämlich damals" (zu Anfang 1795) "mit einer andern Arbeit beschäftigt war, stieß ich zufällig auf eine ausgezeichnete Wahrheit (wenn ich nicht irre, war es der Satz des Artikels 108), und da ich dieselbe nicht nur an und für sich sehr schön hielt, sondern auch vermutete, daß sie auch mit andern hervorragenden Eigenschaften im Zusammenhang stehe, bemühte ich mich mit ganzer Kraft, die Prinzipien, auf denen sie beruhte, zu durchschauen und einen strengen Beweis dafür zu erhalten."

Der Satz aus Art. 108 ist eben gerade $-1 \, R \, p$, falls $p \equiv 1 \pmod{4}$ und $-1 \, N \, p$ falls $p \equiv 3 \pmod{4}$, p prim.

Das ist *ein* sogenannter Ergänzungssatz zum *quadratischen Reziprozitätsgesetz*, welches allgemein die Frage beantwortet: gegeben q, für welche Primzahlen p gilt dann qRp (und für welche andern Primzahlen p' gilt qNp'). Es ist nicht sehr schwierig, induktiv die Antwort auf diese Frage zu finden: diese hatten vor Gauss schon andere (*Euler* und *Legendre*); aber der strenge *Beweis* der *Richtigkeit* dieser Antwort gelang erst (dem damals knapp 19jährigen) Gauss. Gauss hat später noch etwa sieben weitere Beweise für dieses fundamentale Theorem der quadratischen Reste gegeben.

Aber, wird man sich fragen, entspringt denn die Gaussische Tabelle der Dezimalbrüche für die reziproken Primzahlpotenzen nicht doch einer, durch allerlei geistreiche Spielereien verbrämten, nutzlosen und zum Schluss geistlosen Beschäftigung? Man wird sich vor einem voreiligen Urteil hüten. Die Disquisitiones Arithmeticae enthalten einen höchst merkwürdigen 6. Abschnitt, eingeschoben zwischen den riesigen Abschnitt über binäre und ternäre quadratische Formen und den Abschnitt über die Kreisteilung. Sein Titel lautet: "Verschiedene Anwendungen der vorhergehenden Untersuchungen". Ich halte diesen Abschnitt für den urtümlichsten Teil und in mancher Hinsicht für die Keimzelle der Gaussischen Arithmetik. Gauss beginnt mit der Verwandlung gemeiner Brüche in Dezimalbrüche. Sei Z/N ein gekürzter Bruch und laute die Primfaktorzerlegung von $N : N = p^\alpha q^\beta r^\gamma \cdots$, dann lässt sich Z/N in *Partialbrüche* zerlegen

$$Z/N = \frac{a}{p^\alpha} + \frac{b}{q^\beta} + \frac{c}{r^\gamma} + \cdots + k,$$

wobei $a, b, c, \cdots, k$ ganze Zahlen sind; $a, b, c \cdots$, positiv und kleiner als die Nenner des korrespondierenden Bruchs, lassen sich leicht mit Gauss' Kongruenzrechnung bestimmen. Sind nun die Primzahlpotenzen in den Nennern alle kleiner als 1000, so findet man den Dezimalbruch von Z/N – und zwar, und das ist das Wesentliche, *auf beliebig viele Stellen genau* – durch eine Addition von Werten aus der Gaussschen Tabelle. Gauss wie immer aufs äusserste bedacht, jede Aussage durch ein lehrreiches Beispiel zu illustrieren, exemplifiziert wie folgt (Fig. 2):

F ist der Quotient zweier zehnstelliger Zahlen. Die Primfaktorzerlegung des Nenners lautet $1271808720 = 2^4 \cdot 3^2 \cdot 5 \cdot 7^2 \cdot 13 \cdot 47 \cdot 59$. Sie führt zur angegebenen Partialbruchzerlegung. Durch Addition von Werten aus der Gaussschen Tabelle, von der ein geringer Auszug als Tafel III den Disquisitiones Arithmeticae beigefügt ist, erhält man den Dezimalbruch zu F (nach Rundung) auf 21 Stellen genau. In der Tat liefert eine genauere Rechnung auf 27 Stellen, die keine Mühe macht, statt der letzten Ziffern 17 das Resultat 1893936. Aber zu F steht eine Fussnote, die aussagt, dass der Bruch "einer von denen ist, welche der Quadratwurzel aus 23 möglichst nahe kommen, und zwar ist der Unterschied kleiner als 7 Einheiten in der zwanzigsten Dezimalstelle".[24] Was also ausgerech-

---

[24]Die Gleichung $x = (24x+115)(5x+24)^{-1}$ hat die Wurzeln $\pm\sqrt{23}$. Ausgehend von $\gamma_0 = 24/5$

net wird ist die $\sqrt{23}$ und zwar auf fast 19 Stellen genau. Und das ist der Sinn der Gaussschen Tabelle: die Berechnung von Irrationalzahlen auf viele Stellen.

Wir haben in Gauss' Nachlass die Berechnung von $\sqrt{15}$ auf 50 Stellen genau, eine Rechnung, die ihn sicher keine Stunde Zeit gekostet hat.[25]

Für dieses Gausssche Rechenverfahren ist entscheidend, rasch und zuverlässig die Primfaktoren einer unter Umständen beträchtlichen Zahl zu finden. Hiezu erfindet Gauss ein Verfahren, welches auf den quadratischen Resten beruht und welches unmittelbar auf die Fragestellung des Reziprozitätsgesetzes führt.[26] Das Verfahren arbeitet im übrigen mit Rechenstäben, auf welchen die quadratischen Reste abgetragen sind – und überflüssig zu sagen: man hat diese Stäbe im Gaussschen Nachlass auch gefunden.

Da wir unmöglich tiefer unter die Oberfläche in die Disquisitiones Arithmeticae eindringen können, muss ich mit ohnmächtigen Worten zu beschreiben versuchen, worin das Spezifische des Buches besteht. Zunächst: das Werk zeigt kein Zeichen des Alters. Es strahlt die Jugend und Begeisterung des Verfassers, der als Erster – dieses "von Reichtümern überquellende Heiligtum der göttlichen Wissenschaft" betreten hat. Die Überfülle an neuen Einsichten zeigt sich besonders im 5. Abschnitt über Quadratische Formen, der, indem sich eine Idee zur nächsten gesellt, unter der Hand aus allen Fugen gerät und schliesslich mehr als die Hälfte des Werkes einnimmt. Und wegen dieser Ausdehnung des fünften Abschnittes muss Gauss auf einen geplanten 8. Abschnitt verzichten und wir sind um diesen ärmer. Bei aller Fülle ist die Darstellung nirgends gehetzt und immer herrscht makellose Gründlichkeit. Lehrreiche Beispiele aus Gauss' unerschöpflichem Fundus an empirischem Material bilden willkommene Ruhepunkte und führen zu neuen, tiefsinnigen Vermutungen. Der Leser, der sich der Gaussschen Führung anvertraut, betritt eine ideale Welt von Wahrheiten, abgeschirmt von allen Unvollkommenheiten unserer plumpen physischen Wirklichkeit. Das Werk atmet eine "Ruhe und Heiterkeit des Geistes", nach der sich sein Schöpfer in späteren Jahren sehnt – und die er nie mehr erreicht.[27] Die äusseren Verhält-

---

entstehen durch Iteration die folgenden Näherungsbrüche:

$$\gamma_1 = 1151/240 \quad \gamma_2 = 55224/11515$$
$$\gamma_3 = 2649601/552480 \quad \gamma_4 = 127125624/26507525$$
$$\gamma_5 = 6099380351/1271808720 = F.$$

Die Primfaktorzerlegung der Nenner lautet:

$$240 = 2^4 \times 3 \times 5; \quad 11515 = 5 \times 7^2 \times 47$$
$$552480 = 2^5 \times 3 \times 5 \times 1151, \quad 26507525 = 5^2 \times 11 \times 41 \times 2351.$$

[25] [G; W X.2] Artikel von *Ph. Maennchen*, "Gauss als Zahlenrechner".
[26] [G; DA] und [G; WI] Art. 330-332.
[27] Brief an Olbers vom 11. November 1806 [G.-O. II.1] p. 313. Siebzehn Tage zuvor war Gauss Zeuge, wie sein zu Tode verwundeter Gönner, der Herzog von Braunschweig, mit kleinem Geleit

nisse hindern ihn, Katastrophen suchen ihn heim – die ärgste, der Tod der ersten Frau im dritten Kindbett nach vierjähriger Ehe am 11. Oktober 1809. Sein Brief an Olbers vom 12. Oktober zerreisst das Herz. Von diesem Schlag hat er sich nie erholt. Ein grimmiger Lebenswinter ist von da an sein Schicksal. Er bleibt der unermüdliche Arbeiter, der grosse Rechner, der Planer grosser systematischer Präzisionsmessungen. Aber diese Tätigkeit berührt nur peripher seine tiefsten Interessen – sagt er uns. Die Vermutung ist allerdings kühn, dass die Anstrengung, aus der die Disquisitiones Arithmeticae entstanden sind, Gauss unbewusst, doch Spuren hinterlassen hat, die ihn vor einem erneuten ähnlich gefahrvollen Abenteuer in der Innenwelt insgeheim zurückschrecken liessen.[28]

---

durchs Wendenthor ins Exil abgezogen war:

"Sie werden sich wohl nicht wundern, daß die Arbeit an meinem öfters erwähnten Werke in dieser Zeit nur wenig vorgerückt ist, wo mir freilich nicht zu jeder Stunde die dazu nöthige Heiterkeit des Geistes zu Gebote steht".

Beim "Werk" handelt es sich um die "Theoria motus corporum coelesticum in sectionibus conicis solem ambientium".

Brief an Olbers vom 21. März 1816 [G.-O.II.1] p. 629:

"Für Ihre Nachrichten, die Pariser Preise betreffend, bin ich Ihnen sehr verbunden. Ich gestehe zwar, daß das *Fermat*'sche Theorem als isolirter Satz für mich wenig Interesse hat, denn es lassen sich eine Menge solcher Sätze leicht aufstellen, die man weder beweisen, noch widerlegen kann. Allein ich bin doch dadurch veranlaßt, einige alte Ideen zu einer *großen* Erweiterung der höheren Arithmetik wieder vorzunehmen. Freilich gehört diese Theorie zu den Dingen, wo man nicht voraussetzen kann, inwiefern es gelingen wird, dunkel vorschwebende entfernte Ziele zu erreichen. Ein glückliches Gestirn muß mit obwalten, und meine Lage und so vielfache abziehende Geschäfte erlauben mir freilich nicht, solchen Meditationen *so* nachzuhängen, wie in den glücklichen Jahren 1796 - 1798, wo ich die Hauptsachen meiner *Disquisitiones Arithmeticae* bildete."

Brief an Olbers vom 13. Februar 1821 [G.-O.II.2] p. 68:

"Mit Betrübnis fühle ich, wie wenig ich in meiner Lage mit *allen* ihren Mißverhältnissen von dem leisten kann, was ich vielleicht unter glücklicheren Umständen hätte leisten können, und daß wohl selbst der größere Theil meiner früheren *Lukubrationen* mit mir untergehen wird. – Verzeihen Sie, theuerster Olbers, den Ausbruch eines Gefühls, welches gerade jetzt beim Empfang eines mit jugendlichem Feuer geschriebenen Briefes von einem 18jährigen Florentiner, Namens Libri, der mir eine kleine vielversprechende Abhandlung über höhere Arithmetik zuschickte, wieder recht lebendig bei mir geworden ist."

[28]Ein eindrückliches Zeugnis über die wissenschaftliche Arbeit höchster Qualität (Gauss beschäftigte sich damals mit Flächentheorie) gibt der Brief vom 19. Februar 1826 an Olbers [G.-O.II.2] p. 438:

"Sie haben Recht, es ist eine halbe Ewigkeit, daß ich nichts von mir habe hören lassen, und Sie haben mich durch Ihren gütigen Brief gleichsam beschämt. Krankheit kann ich eigentlich als Entschuldigung nicht anführen, ich weiß eigentlich selbst nicht, ob ich mich krank oder gesund nennen soll. Ich leide eigentlich an nichts als an Schlaflosigkeit und deren Folgen. Selten schlafe ich eine Nacht mehr als eine oder zwei Stunden. Die Ursache liegt nicht unmittelbar in meinem Körper, sondern in meinen Beschäftigungen, zum Theil wohl im *Mißverhältniß* meiner Beschäftigungen. Ich wüßte kaum eine Periode meines Lebens, wo ich bei so angestrengter Arbeit, wie in diesem Winter, doch verhältnismäßig so wenig reinen Gewinn geerntet hätte. Ich habe *viel* Schönes herausgebracht, aber dagegen sind meine Bemühungen über anderes oft *Monate* lang fruchtlos gewesen. Wenn dem Geiste ein gewisses Ziel dunkel vorschwebt, ohne welches erreicht zu haben das Übrige lückenhaft erscheint, nicht wie ein Gebäude, sondern wie Mauersteine zu einem Gebäude, – kann man nicht ablassen, darüber anhaltend zu meditiren, 100 verschiedene Versuche zu machen, und fühlt sich unbehaglich, wenn einer nach dem andern

So hätte sich Gauss' Wirken denn bewusst nach aussen gerichtet, zu einer genauen Vermessung der Zirkumpolarsterne, der geodätischen Umwelt und schliesslich des Erdmagnetismus – seiner letzten grossen wissenschaftlichen Unternehmung?

Bei Faraday treffen wir, wie schon angedeutet, die entgegengesetzte Entwicklung. Von 1831 an stellen wir eine ständige Konzentration auf das Wesentliche fest. *Bence Jones* (Fig. 3) überliefert uns eine Darstellung von Faraday selbst, welche diesen Prozess veranschaulicht. Am längsten durchgehalten werden die Friday Evening Lectures und die Weihnachtsvorlesungen für die Jugend. Beides sind seine Erfindungen. Es sind Demonstrationsvorlesungen. Er ist der grosse, gefeierte Meister solcher Veranstaltungen. Er liebt sie, sie machen ihm Spass – zum Unterschied von Gauss, der unter jeglichem Vorlesungszwang unsäglich leidet, der auch gar keinen Grund sieht, die Wissenschaft unter den "Analphabeten", d.h. unter der grossen Majorität der Erdenbürger populär zu machen. Faradays Kontakt mit der Welt ist – das Konventikel und die grosse Vorlesung. Gauss verkehrt mit ihr im Briefwechsel und durch die Zeitungslektüre.

Uns ist aus Faradays Jugend natürlich kein Ereignis bekannt, was sich mit Gauss' Entdeckung der Primitivwurzeln zu jeder ungeraden Primzahlpotenz vergleichen liesse, denn uns fehlt jede Kenntnis des jugendlichen Michael. Höchste manuelle Geschicklichkeit, der unstillbare Drang, die natürlichen Erscheinungen zu beobachten, zu erkennen und zu verstehen, sind ihm angeboren, sie sind verbunden mit einer unglaublichen Ausdauer.[29] Höchst charakteristisch ist sein Widerstreben gegen mathematische Theorien. Wiederholt erklärt er sich für unfähig, mathematischen Schlüssen folgen zu können.[30]

---

wie ein Irrlicht spottend entflieht. Ich bin fest überzeugt, daß in einer anderen äußeren Lage alles besser gehen würde: "Unabhängigkeit", das ist das große Losungswort für Geistesarbeiten in die Tiefe. Aber wenn ich meinen Kopf voll von in der Luft schwebenden geistigen Bildern habe, die Stunde heranrückt, wo ich Kollegien lesen muß, so kann ich Ihnen nicht beschreiben, wie angreifend das Abspringen, das Anfrischen heterogener Ideen für mich ist, und wie schwer mir oft Dinge werden, die ich unter anderen Umständen für eine erbärmliche ABC-Arbeit halten würde. Die Rathschläge, die man in solchen Fällen giebt, kenne ich wohl; man meint, man solle eine solche Beschäftigung eine Zeit lang ganz bei Seite setzen u. dergl., aber ich weiß auch, daß ein solcher Gang nicht zum Ziel führt."

Darauf antwortet Olbers (er ist von Beruf Arzt aber gleichzeitig mit Wilhelm Bessel der bedeutendste Astronom Deutschlands) am 3. März 1826 [G.-O.II.2] p. 441:

"Sie haben mich wirklich durch Ihren lieben Brief vom 19. Febr. aus einer großen Angst gerissen. Ich fürchtete, eine Sie selbst, oder ein Ihnen theueres Glied Ihrer Familie befallene schwere Krankheit möchte Ihr langes, mir ganz ungewohntes Stillschweigen verursacht haben. Dem Himmel sei Dank, daß Sie wenigstens nicht körperlich krank sind. Was Ihre Geisteskrankheit betrifft, so kann nur ein Geist wie der Ihrige daran leiden."

[29]Zeugnis für diese Ausdauer ist das wissenschaftliche Tagebuch von M. Faraday [F; D], oder auch die Eintragungen eines einzelnen Tages, wie des 13. September 1845 [F; D IV] p. 263 ff., dem Tag der Entdeckung des Faraday-Effektes am Bleiglas. An diesem Tag werden die Feststellungen 7498 bis 7536 protokolliert. Nach fast 40 Experimenten schliesst Faraday mit der Bemerkung "Have got enough for today."

[30]Brief von M. Faraday an A.-M. Ampère vom 2. Februar 1821 [F; CI] p. 132:

Ob sein gänzlicher Mangel an mathematischer Kenntnis auf einer eigentümlichen Unbegabung oder auf Abneigung beruht, ist nicht zu entscheiden. Im Hintergrund seines Bewusstseins lauert bei ihm aber die Angst, es führe die mathematische Methode in der Wissenschaft zur Erstarrung, es verhindere ein solch strenges Schema die unvoreingenommene Beobachtung der Erscheinungen und kastriere die Wirkung der Einbildungskraft. Ja er fürchtet sich schon vor einer allzu suggestiven Namengebung. Deshalb prägt er, während seiner Untersuchung der elektrochemischen Zerlegung von Lösungen, die indifferenten Namen:[31] Elektrolyse, Elektrolyt, Anode, Kathode, Ion, Anion, Kation, oder vielmehr: er wählt sie aus den Vorschlägen seiner gelehrten Freunde *Dr. Withlock Nicholl*, seinem Arzt, und *William Whewell*, seinem Kollegen vom Trinity College, Cambridge, aus.[32]

Faraday muss auch die Erscheinungen alle *selbst* beobachtet haben, Beschreibungen anderer sagen ihm nichts.[33] Er sucht den unmittelbaren Kontakt mit dem Phänomen. Komplizierten Apparaturen scheint er zu misstrauen. Ich glaube nicht, dass er irgendwann in seinen Untersuchungen ein Fernrohr oder ein Mikroskop und höchstens einmal eine Lupe verwendet hat. Auch das unterscheidet ihn vom myopen Gauss,[34] den man sich beobachtend nicht ohne Fernrohr

---

"I regret that my deficiency in mathematical knowledge makes me dull in comprehending these subjects. I am naturally sceptical in the matter of theories and therefore you must not be angry with me for not admitting the one you have advanced immediately. Its ingenuity and applications are astonishing and exact, but I cannot comprehend how the currents are produced and particularly if they be supposed to exist round each atom or particle and I wait for further proofs of their existence before I finally admit them."

Brief an A.-M. Ampère vom 3. September 1822 [F; CI] p. 134:

"I am unfortunate in a want of mathematical knowledge and the power of entering with facility into abstract reasoning. I am obliged to feel my way by facts closely placed together so that it often happens I am left behind in the progress of a branch of science not merely from the want of attention but from the incapability I lay under of following it notwithstanding all my exertions. It is just now so I am ashamed to say with your refined researches in electromagnetism or electrodynamics. [...] I fancy the habit I got into of attending too closely to experiment has somewhat fettered my powers of reasoning and chains me down [...].

I cannot help thinking there is an immense mine of experimental matter ready to be opened and such matter as would at once carry conviction of the truth with it."

[31][F II] Art. 662-667.

[32]Briefe von

M.F. an W. Whewell vom 24. April 1834 [F; CI], p. 264
W. Whewell an M.F. vom 25. April 1834 [F; CI], p. 265
M.F. an W. Whewell vom 3. Mai 1834 [F; CI], p. 268
W. Whewell an M.F. vom 5. Mai 1834 [F; CI], p. 269
M.F. an W. Whewell vom 5. Mai 1834 [F; CI], p. 271
W. Whewell an M.F. vom 6. Mai 1834 [F; CI], p. 271.

[33]Brief von M.F. an Benjamin Abbott vom 2. August 1812 [F; CI], p. 12:

"I am obliged to you for the philosophical experiment you have described to me so clearly; yet, as you know that the eyes are by far more clear and minute in the information they convey to the sensorium than the tongue or rather ears you must allow me to defer any observations untill I have repeated and varied it myself."

[34]Über Gauss' Kurzsichtigkeit aus vielen Zeugnissen, etwa dem Brief an Olbers vom 18.

oder Mikroskop vorstellen kann. Faradays empfindlichstes elektromagnetisches Instrument bleibt eine Zeitlang ein an einer einzelnen Seidenfaser aufgehängtes astatisches Nadelpaar, bestehend aus den beiden Hälften einer gebrochenen magnetisierten Nähnadel, die entgegengesetzt in einen trockenen Grashalm gesteckt sind. Zum Schutz vor Zugluft wird das ganze in einer Flasche aufgehängt. Als Beispiele dienen mir die Experimente vom 21. Dezember 1831, [F; D I], p. 398 f., mit welchen die elektromagnetische Induktion im Erdfeld nachgewiesen wird (Fig. 4).[35] Fast zur selben Zeit verwendet Gauss zur absoluten Präzisionsmessung des erdmagnetischen Feldes die Spiegelablesung mit Fernrohr an einer 25pfündigen Magnetnadel.[36]

Faraday braucht zur Erforschung völlig neuer Wissensgebiete leichtes Gepäck; Gauss ein umständliches Instrumentarium zur genauesten Ausmessung seiner Umgebung.

In seiner Abneigung gegen mathematische Theorien zeigt Faraday unter verschiedenen Malen die Gabe des produktiven Missverständnisses. Er hält diese oder jene falsche oder unvernünftige Aussage für die Folge einer mathematischen Theorie (oder für die Behauptung eines Forschers), widerlegt sie experimentell, ist siegesgewiss, fühlt sich bestärkt und schreitet fort zu wirklich neuen Entdeckungen. Das wichtigste solche Beispiel ist seine "Widerlegung" der Fernwirkungstheorie der Elektrostatik. Sie findet sich in der Untersuchung der elektrostatischen Induktion – dessen was man heute etwa als die elektrostatische Influenz oder Po-

---

November 1802 (G.-O.II.1), p. 112: "Mein Gesicht ist ziemlich scharf, aber *sehr* kurzsichtig." Die Feststellung erfolgt im Zusammenhang mit einer möglichen Anstellung als Astronom.

[35]Eine andere Beschreibung des Galvanometers mit astatischem Nadelpaar [F I] Art. 87 (p. 26) und Art. 205 (p. 59 f.). Eine spätere Form eines verwandten Galvanometers mit besonders kleinem inneren Widerstand [F III], ARt. 3123 (p. 349 f.).

[36]Gauss an Olbers vom 31. August 1834 [G.-O.II.2], p. 607 f.:
"Das Blatt der G.G.A.[1], worin eine kurze Notiz über das hiesige magnetische Observatorium unlängst von mir gegeben ist, lege ich bei, da Ihnen solches vielleicht sonst nicht zu Gesicht gekommen ist. Vielleicht gebe ich dazu in Kurzem noch einen Nachtrag, wovon ich Ihnen vorläufig eine kurze Nachricht geben will. Für feine magnetische Beobb. ist es zu *vielen* Zwecken unumgänglich nöthig, *zwei* Apparate aufgestellt zu haben, wie Sie schon aus meiner *Intensitas vis* etc. an vielen Stellen abnehmen können. In der Sternwarte waren früher, wie Sie wissen, *zwei, einer* davon wurde nun nach Vollendung des magn. Obs. überflüssig und ist an *Weber* abgegeben. Allein der andere war nun nicht mehr ganz würdig, die Kontrolle für den Apparat im magn. Obs. zu bilden, da jener nur eine einpfündige Nadel ist, und in der Sternwarte der Luftzug nicht ganz ausgeschlossen werden kann. Eine 4pfündige Nadel erfordert nun aber durchaus eine Aufhängung an der Decke, und da schien [es] mir der Mühe werth zu versuchen, noch einen großen Schritt weiter zu thun. Ich habe daher eine 25pfündige Nadel an der Decke an einem etwa 15 pariser Fuß langen Kupferdraht aufgehängt. Die übrigen Vorkehrungen sind freilich nur vorläufige, sollen aber in Kürze durch sorgfältig gearbeitete remplacirt werden. Schiffchen mit Torsionskreis ist bereits fertig; Spiegel und Spiegelhalter sind in Arbeit, und ein dichter Kasten soll demnächst auch besorgt werden. Aber auch so, wie die Vorkehrungen sind, zeigen sich bewundernswürdig schön harmonirende Resultate, und es leidet gar keinen Zweifel, daß man mit beiden Apparaten den feinsten astronomischen Beobb. an Schärfe gleichkommen kann."
[1] G.G.A. verweist auf [G; WV], p. 519-525. Die Intensitas vis etc. auf [G; WV], p. 80-118.

larisierung bezeichnet, in der XI. Serie der *Researches in Electricity* aus dem Jahr 1837. Faraday ist überzeugt, dass die Fernwirkungstheorie (also auch die 1812 durch *Siméon Denis Poisson* begründete elektrostatische Potentialtheorie) nur zu geradlinigen elektrischen Induktionslinien führen könne.[37] Daher wirft, so hätte er im einfachsten Fall geschlossen, ein geerdeter Leiter, etwa eine geerdete Metallkugel oder eine Metallplatte einen geradlinig begrenzten Schatten in das Feld der elektrischen Induktionslinien einer Punktladung. Diese unsinnige Behauptung, die auf einem völligen Verkennen der Natur der elektrostatischen Randwertprobleme beruht, lässt sich natürlich leicht experimentell widerlegen. Faraday wählt als experimentelle Anordnung eine Schellacksäule von etwa 2 cm Durchmesser und 18 cm Länge, die senkrecht in einem hölzernen Fuss befestigt ist, und deren obere Endfläche, konkav vertieft, eine Messingkugel oder andere Metallgegenstände tragen kann (Fig. 5). Nun wird die obere Hälfte des Schellacks durch Reiben mit einem warmen Flanellappen negativ gemacht. Darauf berührt man die metallische Krönung der Säule an verschiedenen Stellen mit einer geerdeten Probekugel, hebt die Erdung auf, entfernt die Probekugel und misst in gehöriger Entfernung deren Ladung. Diese erweist sich immer als positiv und zwar auch dort, wo nach der "Schattentheorie" die influenzierte Ladung verschwinden müsste.[38] Damit hat Faraday zweifellos die Krümmung der elektrischen Induktionslinien nachgewiesen und, seiner Meinung nach, die Fernwirkungstheorie widerlegt. Die Ausbreitung der elektrischen Induktion – das war sein fruchtbarer Trugschluss – muss also durch Nahwirkung von Teilchen zu Teilchen (von Atom zu Atom) und zwar "kontagiös" d.h. durch Berührung erfolgen.[39] Dann aber muss die Ausbrei-

---

[37] Der einleitende Artikel 1161 der elften Serie der Experimental Researches in Electricity ist so kennzeichnend für Faraday, dass wir ihn hier integral zitieren [F I] p. 360: § i. Induction and action of contiguous particles.

"1161. The science of electricity is in that state in which every part of it requires experimental investigation; not merely for the discovery of new effects, but what is just now of far more importance, the development of the means by which the old effects are produced, and the consequent more accurate determination of the first principles of action of the most extraordinary and universal power in nature: – and to those philosophers who pursue the inquiry zealously yet cautiously, combining experiment with analogy, suspicious of their preconceived notions, paying more respect to a fact than a theory, not too hasty to generalize, and above all things, willing at every step to crossexamine their own opinions, both by reasoning and experiment, no branch of knowledge can afford so fine and ready a field for discovery as this. Such is most abundantly shown to be the case by the progress which electricity has made in the last thirty years: Chemistry and Magnetism have successively acknowledged its over-ruling influence; and it is probable that every effect depending upon the powers of inorganic matter, and perhaps most of those related to vegetable and animal life, will ultimately be found subordinate to it."

Der Schlußsatz stellt eine Vision der Entwicklung des kommenden Jahrhunderts dar. Woher Faraday allerdings die Überzeugung hat, die im folgenden Zitat zum Ausdruck kommt, ist mir unklar [F I] p. 362:

"1165. The respect which I entertain towards the names of Epinus, Cavendish, Poisson, and other most eminent men, all of whose theories I believe consider induction as an action at a distance and in straight lines, long indisposed me to the view I have just stated" [...].

[38] [F I], p. 380 ff. Art. 1215-1225.

[39] [F I], p. 361 f. Art. 1164 und Fussnote vom Dec. 1838.

tung der elektrischen Induktion vom (isolierenden) Zwischenmedium abhängig sein – und diese Abhängigkeit hat nun Faraday in ausserordentlich schwierigen Versuchen, deren erfolgreiche Durchführung ein volles Jahr beansprucht haben, nachgewiesen. Das war die Entdeckung der Dielektrizitätskonstanten und der elektrischen Verschiebung. Natürlich ist, was ich Ihnen hier erzähle, nur der schale Abklatsch eines unerhörten Ringens um eine vorgefasste Meinung, eine präformierte bildhafte Vorstellung, eben der Nahwirkung und der dynamischen Kraftlinien, im Widerstreit mit der widerspenstigen experimentellen Erfahrung. Es ist auch für den Theoretiker lehrreich, das Laboratoriumsjournal für das Jahr 1837 zu durchblättern.[40] Er lernt dabei etwa die Tücken des Schellacks kennen, der isoliert und sich unvermutet auflädt und handkehrum springt und elektrisch leitet; er bewundert Faradays nie versiegende Erfindungskraft und seine Ausdauer. Vor allem aber bekommt er eine Ahnung von der innern Logik des Experiments, die nach andern Gesetzen fortschreitet als die mathematische Logik eines Gauss.

Dass Gauss und Faraday etwas so gänzlich Verschiedenes unter Elektrizität und Magnetismus verstanden haben, hat historische Wurzeln.[41] In den ersten Dezennien des 19. Jahrhunderts hat sich die Mathematik zunächst die Elektrostatik und hernach den Magnetismus erobert. Ausgangspunkt ist die Analogie mit der Newtonschen Gravitation, deren Potentialtheorie durch Siméon Denis Poisson 1812/13 auf die Elektrostatik und 1824 auf den Magnetismus übertragen worden ist.[42]

---

[40][F; D III] p. 105-225, Art. 3622-4286:
"4286. The great point of distinction and power in the theory is the making the *dielectric* of essential importance, and not merely an accident almost. Hence pressure of the air, that awkward expression, disappears in my view – same advantage in chemical action – same in all inductive phenomena. Even metals are to me *di-electrics*, but how would the pressure of the air principle apply here, or avail here?"
"Pressure of the air" bezieht sich auf eine Schwierigkeit, der jede Theorie unterworfen ist, die *immaterielle* "elektrische Flüssigkeiten" einführt: wie sollen solche im Nichtleiter oder im Leiter festgehalten werden? *Eine* Antwort war: durch den Luftdruck. Und diese Antwort schien einiges für sich zu haben (Entladung in verdünnter Atmosphäre). Faraday, der hier nur gebundene Ladungen kennt, ist von dieser Schwierigkeit befreit.
[41]Für das folgende vergleiche [Wk] chapters II & III.
[42]Bezeichnend dafür ist die folgende Stelle aus [G; W XI.1], p. 55: "An Königliches Universitäts-Curatorium: Vortrag des Hofraths Gauß in Göttingen, das Bedürfniß eines besonderen Locals für magnetische Beobachtungen betreffend."
"Unter den Gegenständen, welchen die Naturforscher des gegenwärtigen Jahrhunderts das lebhafteste Interesse widmen, nimmt die Lehre vom Magnetismus, wenn nicht die erste, doch eine der ersten Stellen ein, und seit den letzten zwölf Jahren ist durch die großen Entdeckungen von Oersted, Ampère, Arago und Faraday in Beziehung auf das wunderbare Band, welches jene Lehre mit der von der Elektricität und dem Galvanismus verknüpft, jenes Interesse noch viel mehr gesteigert worden. Fast noch wichtiger aber, als der glänzende Zuwachs unerwarteter Thatsachen, die in diesen Gebieten entdeckt sind, ist der Umstand, daß auch hier die Versuche einer alles frühere weit überflügelnden Schärfe, und ihre einfachen Grundgesetze einer wahrhaft mathematischen Präcision fähig werden, so daß die Scheidewand zwischen eigentlich sogenannter Physik und angewandter Mathematik auch hier (wie längst in der Bewegungslehre und

Etwas früher aber entsteht neben dieser mathematisch-physikalischen Theorie der Elektrizität eine chemisch-physikalische Richtung; denn mit Brief vom 20. März 1800 teilt *Alessandro Volta* aus Como dem Präsidenten der Royal Society in London, *Sir Joseph Banks*, die Entdeckung der "Volta-Säule" mit, einer elektrischen Batterie, wie sie im wesentlichen heute noch gebraucht wird. Mit dieser neuen Einrichtung gelingt *William Nicholson* und *Anthony Carlisle* schon am 2. Mai darauf die Elektrolyse. Damit aber wurde die Elektrizität zu einem Gegenstand der Chemie, ja man kann ohne Übertreibung sagen: sie wurde zu einem chemischen Element und zu einer chemischen Grundkraft. Für Faraday ist die Elektrizität die chemische Affinität schlechthin.[43]

Während nun in der mathematisch-physikalischen Lehre von der Elektrizität und dem Magnetismus die mathematischen Begriffe immer schärfer herausgearbeitet wurden, etwa durch *George Green*[44] 1828 und durch Gauss[45] selbst 1840, lebt in der chemisch-physikalischen Elektrizitätslehre eine vormathematische Welt von Bildern und Begriffen weiter.

Gauss erobert sich von 1830 an den Magnetismus mit dem Willen zur Präzision in Messung und mathematischer Beschreibung; *Faraday* dringt von 1820 an in diese neue Welt mit der Hoffnung, zutreffende Bilder und Zusammenhänge zu erkennen und zu entdecken. Ich kann Ihnen den kulturellen Hintergrund, aus dem Faraday gearbeitet hat, vor allem aus eigener Unkenntnis, nur unvollkommen beschreiben.[46] Man nahm damals an, dass ausser von "ponderabler Materie", der Raum durch masselose Fluida erfüllt sei: neben dem Aether gab es die in der Materie enthaltende kalorische Flüssigkeit (die noch bei Lavoisier ein Element ist), es gab ein oder zwei elektrische Fluida und das australe und boreale magnetische Fluidum – und aus diesen Fluida konnten Eluvia ausströmen, die etwa für die Vermittlung der Kräfte massgebend waren. Faraday hatte eine Abneigung gegen diese Flüssigkeitswirtschaft, und die ging soweit, dass er nicht einmal den elektrischen Strom als Transporterscheinung kritiklos hinzunehmen bereit war. So definiert er etwa in den Experimental Researches in Electricity:

"283. By *current*, I mean anything progressive, whether it be a fluid of electricity, or two fluids moving in opposite directions, or merely vibrations, or, speaking still more generally, progressive forces ..."
oder er resigniert (aus guten Gründen)
... "517 (electric current) ...may perhaps best be conceived of as an axis of power having contrary forces, exactly equal in amount, in contrary directions."
Eine ausserordentlich dunkle Beschreibung, die aber gewiss das Ziel erreicht,

---

Optik) zu sinken, und die tiefer eingreifende Bearbeitung dem Mathematiker anheim zu fallen anfängt. ...Göttingen, den 29 Januar 1833"
[43][F; L] lecture VI.
[44][Gr].
[45]*C.F. Gauss*, "Allgemeine Lehrsätze in Beziehung auf die im verkehrten Verhältnis des Quadrats der Entfernung wirkenden Anziehungs- und Abstoßungskräfte", [G; W IV], p. 195-242.
[46]Ausführlicher darüber [Wi].

keine konkreten voreiligen Assoziationen hervorzurufen.

Räumt Faraday wo immer möglich mit den Fluida auf, so transformieren sich bei ihm die Eluvia in Kraftlinien, und durch Kraftfelder, ja ausschliesslich durch Kraftfelder wirkt die Materie raumerfüllend. Faraday liebt es, in diesem Zusammenhang das Atommodell von *Rudjer Bošković* (1711-1787), eines kroatischen Jesuiten, der hauptsächlich in Italien gewirkt hat und dort der Lehre Newtons zum Durchbruch verholfen hat, zu zitieren.[47] Hier Faradays Beschreibung:[48] Beschreibt man gewöhnlich ein Atom als ein Stückchen undurchdringlicher Materia A umgeben von einem Kraftfeld K, dann verschwindet in Bošković' Theorie A vollständig, oder es löst sich A allenfalls in ein System von mathematischen Punkten, den Kraftzentren, auf. Alles was vom Atom in dieser Theorie übrig bleibt ist sein Kraftfeld K. So ist die Masse durch die Kraft in *grossem Abstand* vom Atom bestimmt, wo diese sich verhält wie eine Konstante geteilt durch r^2, und nicht etwa durch ein Korn Materie im Zentrum des Atoms. In einer solchen Theorie haben die Atome eine unendliche Ausdehnung und irgend zwei Atome berühren sich im Sinn der Faradayschen Vorstellung von der Nahwirkungsausbreitung der elektrischen Verschiebung. Später, in einem offenen Brief an Richard Phillips vom 15. April 1846 lesen wir:[49]

"You are aware of the speculation which I some time since uttered respecting that view of the nature of matter which considers its ultimate atoms as centres of force, and not as so many little bodies surrounded by forces, to bodies being considered in the abstract as independent of the forces and capable of existing without them. In the latter view, these little particles have a definite form and a certain limited size; in the former view such is not the case, for that which represents size may be considered as extending to any distance to which the lines of force of the particle extend: the particle indeed is supposed to exist only by these forces, and where they are it is. The consideration of matter under this view gradually led me to look at the lines of force as being perhaps the scat of the vibrations of radiant phaenomena."

In dieser Weise wird jedes Atom im eigentlichen Sinn des Wortes ewig und allgegenwärtig. Der Raum ist erfüllt von Kraftlinien und diese dynamischen Kraftlinien tragen die Lichtwellen.

Sechs Jahre später erscheinen in kurzer Folge die beiden Arbeiten über "Lines of Magnetic Force", die für James Clerk Maxwell den Ausgangspunkt für seine Theorie des elektromagnetischen Feldes bilden. Die zweite vom Juni 1852 ist spekulativ. Ihre einführenden Paragraphen erlauben einen tiefen Einblick in die Philosophie von Faradays Forschung. Wir lesen in den Experimental Researches

---

[47]Dass auch Gauss Bošković, wenn auch aus anderen Gründen, besonders geschätzt hat, geht aus seinen Briefen an Olbers vom 27. Januar 1807 und vom 26. Mai 1807 ([G.-O.II.1] p. 322 und p. 365) hervor.

[48]Letter to Richard Taylor from January 25th 1844 [F II], p. 284 ff.

[49]Letter to Richard Phillips from April 15th 1846 [F III] p. 885 ff.

in Electricity, Vol. III:

"3243. ...I am now about to leave the strict line of reasoning for a time, and enter upon a few speculations respecting the physical character of the lines of force, and the manner in which they may be supposed to be continued through space. We are obliged to enter into such speculations with regard to numerous natural powers, and, indeed, that of gravity is the only instance where they are apparently shut out."

"3244. It is not to be supposed for a moment that speculations of this kind are useless, or necessarily hurtful, in natural philosophy. They should ever be held as doubtful, and liable to error and to change; but they are wonderful aids in the hands of the experimentalist and mathematician. For not only are they useful in rendering the vague idea more clear for the time, giving it something like a definite shape, that it may be submitted to experiment and calculation; but they lead on, by deduction and correction, to the discovery of new phaenomena, and so cause an increase and advance of real physical truth, which, unlike the hypothesis that led to it, becomes fundamental knowledge not subject to change."

Sie haben richtig gehört, der Mathematiker wird dem Experimentalisten beigesellt, der 60jährige Faraday hat sich mit ihm versöhnt. Zwar sind nicht alle Wünsche erfüllt, es bleibt das Problem der Verständigung. Im Brief an J. Clerk Maxwell vom 13. November 1857 schreibt Faraday:[50]

"There is one thing I would be glad to ask you. When a mathematician engaged in investigating physical actions and results has arrived at his own conclusions, may they not be expressed in common language as fully, clearly, and definitely as in mathematical formulae? If so, would it not be a great boon to such as we to express them so – translating them out of their hieroglyphics that we also might work upon them by experiment. I think it must be so, because I have always found that you could convey to me a perfectly clear idea of your conclusions, which, though they may give me no full understanding of the steps of your process, gave me the results neither above nor below the truth, and so clear in character that I can think and work from them."

Meine Damen und Herren, nach Kräften habe ich mich bemüht, Gauss, den Zahlentheoretiker als introvertiert und Faraday als extrovertiert zu beschreiben. Es wäre natürlich grundverkehrt, nun alle Mathematiker dem einen, alle Physiker dem andern Typus zurechnen zu wollen. Aber der Eindruck der beiden Protagonisten auf die Nachwelt hat diese Spannung hinterlassen, dass die Mathematik sich in ihr Heiligtum in Sicherheit zurückziehen kann, und es für die Physik eine solche Sicherheit nicht gibt. Nicht, dass Gauss sich selber in dieses "penetrale divinae scientiae" zurückgezogen hätte – Gauss war universell. Aber er macht erst den Typus von Mathematiker möglich, der diesen Rückzug vollzieht und darin vielleicht ein Verdienst erblickt und Ruhm erwirbt.

---

[50][F; C II], p. 885.

Eine Nachfolge von Faraday unter den Experimentatoren gibt es nicht. Ihm am ähnlichsten ist vielleicht *J.J. Thomson*, der Entdecker des Elektrons. Ihm so unähnlich als möglich Philipp Lenard – der ihm so gerne geglichen hätte. Aber die Beziehung zwischen Mathematik und Physik ist seit Faraday vielfältiger geworden. Das zeigt sich auch in der theoretischen Physik. Sie richtet sich verstärkt nach allgemeinen Vorstellungen, zielt vermehrt nach der Erfahrung, folgt einer Fährte, die oft von der Geradlinigkeit mathematischer Richtigkeit abweicht und fürchtet sich nicht vor Widersprüchen. Wir haben *Max Planck* erwähnt und fügen diesem als sein Nachfolger im Geiste *Niels Bohr* bei. Natürlich sind solche Spekulationen "liable to error and change", aber durch sie – oder meist nur durch sie – gelangt man "to real physical truth", zur richtigen neuen physikalischen Einsicht, die in einer mathematischen Theorie kristallisiert. Und dabei erscheint uns oft eine prästabilierte Harmonie zwischen den beiden untrennbar vermählten Wissenschaften. Auch wenn sie sich so oft verkennen und verleugnen, treffen sie in schöpferischen Perioden zusammen zu einem Neuen und Ganzen.

So verschmelzen in *Einsteins* Allgemeiner Relativitätstheorie die Raumvorstellungen von Gauss und *Riemann* – deren Ursprung in Gauss' geodätischen Arbeiten liegt – mit der alten Newtonschen Gravitation zu einer neuen Einheit. So fand sich die Mathematik zur neuen Quantenmechanik von *Heisenberg* vorgebildet in David Hilberts Geometrisierung der Analysis in einem unendlich-dimensionalen Vektorraum, und Hermann Weyls Darstellungstheorie der kontinuierlichen Gruppen, selbst entstanden aus der Beschäftigung mit der Allgemeinen Relativitätstheorie, fügte sich mit *Erwin Schrödingers* Wellenmechanik zur Gruppentheoretischen Betrachtungsweise, in der sich unsere heutige Physik entwickelt hat. So erfanden schliesslich vor etwa dreissig Jahren unabhängig voneinander der Mathematiker *Shiing-shen Chern* und der Physiker *Chen Ning Yang* die Faserbündel und die Theorie der Eichfelder, aus denen viele von uns sich die Erfüllung der Faradayschen Wünsche und Hoffnungen erwarten. *Denn Zuneigung folgt doch immer dem Zerwürfnis.*

Literatur

[B]   *W. Kaufmann Bühler*, Gauss, A Biographical Study, Berlin-Heidelberg-New York, 1981.

[D]   *G. Waldo Dunnington*, C.F. Gauss, Titan of Science, New York 1955

[F I-III] *M. Faraday*, Experimental Researches in Electricity Vol. I London 1839, Vol. II London 1844, Vol. III London 1855

[F; L]   M. Faraday, A Course of Six Lectures on the Various
                    Forces of Matter and Their Relations to Each Other,
                    delivered before a Juvenile Auditory ..., during the
                    Christmas Holidays of 1859-1860, 3rd ed. Glasgow 1861

[F; D I-VII, Index] M. Faraday, Diary, Being the Various Philosophical
                     Notes of Experimental Investigation by Michael
                     Faraday, Vol. I-VII, Index; London 1932-1936

[F; C I,II]   M. Faraday, Selected Correspondence, Vol. I, II,
                     L.Pearce Williams ed., Cambridge 1971

[G; W I-XII]   C.F. Gauss, Werke, herausgegeben von der König-
                     lichen Gesellschaft der Wissenschaften zu
                     Göttingen, Göttingen 1846 und folgende

[G; DA]   C.F. Gauss, Disquisitiones Arithmeticæ,
                     Leipzig 1801, Deutsch von H. Maser in C.F. Gauss,
                     Untersuchungen über höhere Arithmetik, Berlin 1889

[G-B]   Briefwechsel zwischen Gauss und Bessel
                     herausgegeben von G.F. Anwers, Leipzig 1880

[G-G]   Briefwechsel zwischen Gauss und Gerling
                     herausgegeben von Cl. Schaefer, Berlin 1927

[G-O]   Briefwechsel zwischen Gauss und Olbers
                     herausgegeb. von C. Schilling in 'Wilhelm Olbers Leben
                     und Werk', Bd. 2.1 Leipzig 1900; Bd. 2.2 Leipzig 1909

[G-S; I-VI]   C.F. Gauss und H.C. Schumacher, Briefwechsel,
                     herausgegeb. von C.A.F. Peters, 6 Bde, Altona 1860-65

[Ge]   Theo Gerardy, Nachträge zum Briefwechsel
                     Carl Friedrich Gauss und Hans Christian Schumacher,
                     Göttingen 1969

[Gr]   George Green, An Essay on the Application of
                     Mathematical Analysis to the Theories of Electricity
                     and Magnetism,Nottingham 1828

[H]   David Hilbert, Gesammelte Abhandlungen, Bd. III,
                     2. Aufl., Berlin 1970

[B.-J.]   H. Bence Jones, The Life and Letters of Faraday,
                     2 vols, 2nd ed., London 1870

[K]   Immanuel Kant, Metaphysische Anfangsgründe der
                     Naturwissenschaften, Riga 1786, in: Bd. V von I. Kant,
                     Werke, Darmstadt 1970

[L]   A.-M. Legendre, Théorie des nombres, $3^{\text{ème}}$ ed.,
                     Paris 1830

[P]   M. Planck, Physikalische Abhandlungen und Vorträge,
                     Bd. I, Braunschweig 1958

[Wy]   H. Weyl, Gruppentheorie und Quantenmechanik,
                     Leipzig 1928

[Wh]   E. Whittaker, A History of the Theories of Aether and
                     Electricity, Vol. I, 2nd ed., London 1951

[Wi]   L. Pearce Williams, Michael Faraday, London 1965

NACHLASS.

```
457  (1)..7768052516  4113785557  9868708971  5536105032  8227571115  9737417943  1072210065  6455142231
          9474835886  2144420131  2910284463  8949671772  4288840262  5820568927  7899343544  85
     (2)..0765864332  6039387308  5339168490  1531728665  2078774617  0678336980  3063457330  4157549234
          1356673960  612914660   8315098468  2713347921  2253829321  6630196936  5426695842  45
     (0)..0218818380  7439824945  2954048140  0437636761  4879649890  5908096280  0875273522  9759299781
          181619256   1750547045  9518599562  3632385120  3501094091  9037199124  7264770240  70
461  (0)..0216919739  6963123644  2516268980  4772234273  3188720173  5357917570  4989154013  0151843817
          7874186550  9761388286  3340563991  3232104121  4750542299  3492407809  1106290672  4511930585
          6832971800  4338394793  9262472885  0325379609  5444685466  3774403470  7158351409  9783080260
          3036876355  7483731019  5227765726  6811279826  4642082429  5010845986  9848156182  2125813449
          0238611713  6659436008  6767895878  5249457700  6507592190  8893709327  5488069414  3167028199
          5661605206  0737527114  9674620390  4555314533  6225596529  2841648590
463  (1)..7580993520  5183585313  1749460043  1965442764  5788336933  0453563714  9028077753  7796976241
          9006479481  6414686825  0539956803  4557235421  1663066954  6436285097  1922246220  3023
     (2)..9092872570  1943844492  4406047516  1987041036  7170626349  8920086393  0885529157  6673866090
          7127429805  6155507559  3952483801  2958963282  9373650107  9913606911  4470842332  6133
     (0)..0215982721  3822894168  4665226781  8574514038  8768898488  1209503239  7408207343  4125269978
          4017278617  7105831533  4773218142  5485961123  1101511879  0496760259  1792656587  4730
```

Theiler	3	9	11	13	27	31	37	41	43	53	67	71	73	79	81	83	89	101
Primitivwurzel	2	2	2	6	2	17	5	6	28	26	12	62	5	29	11	50	30	2

Theiler	103	107	121	127	137	139	151	157	163	169	173	191	197	199	211
Primitivwurzel	6	63	35	106	12	92	114	18	70	137	82	157	73	127	7

Theiler	227	239	241	243	251	271	277	281	283	293	307	311	317	331	347
Primitivwurzel	163	35	14	65	111	6	80	54	259	89	138	258	71	37	125

Theiler	349	353	359	373	397	401	409	421	431	439	443	449	457	463
Primitivwurzel	220	28	299	82	133	190	174	54	21	285	240	34	264	174

Figur 1 Ausschnitt aus *Gauss* Werke Bd. II p. 420. Angegeben sind die Mantissen (d.h. die Stellen nach dem Komma) in den Dezimalbrüchen $10 \cdot g^k : p$, wo p eine Primzahl und g, $0 < g < p$, die kleinste Primitivwurzel modulo p ist, welche die Eigenschaft hat, dass $g^\nu \equiv 10 \pmod{p}$ mit minimalem ν erfüllt ist. Der Wert von k steht jeweilen in Klammern. Die Liste der so definierten Primitivwurzeln ist vom Herausgeber E. Schering beigefügt.

317.

Per praecedentia mantissa fractionis cuiuscunque, cuius denominator est numerus primus aut numeri primi potestas intra limites tabulae, ad figuras quotcunque sine computo erui potest; sed adiumento disquisitionum in initio huius Sectionis tabulae ambitus multo latius patet, omnesque fractiones, quarum denominatores sunt producta e numeris primis aut primorum potestatibus intra ipsius limitem, complectitur. Quum enim talis fractio in alias decomponi possit, quarum denominatores sint hi factores, atque has in fractiones decimales ad figuras quotcunque convertere liceat, restat tantummodo, ut hae in summam uniantur. Ceterum vix opus erit monere, summae sic prodeuntis figuram ultimam iusto minorem evadere posse; manifesto autem defectus ad tot unitates adscendere nequit, quot fractiones particulares adduntur, unde hae ad aliquot figuras ulterius computare conveniet, quam fractio proposita iusta desideratur. Exempli caussa considerabimus fractionem $\frac{6099380351}{1271808720} = F$*), cuius denominator est productum e nume-

---

*) Haec fractio est una ex iis, quae ad radicem quadratam ex 23 quam proxime appropinquant, et quidem excessus est minor quam septem unitates in loco figurae decimalis vigesimae.

ris 16, 9, 5, 49, 13, 47, 59. Per praecepta supra data invenitur $F = 1 + \frac{11}{16} + \frac{4}{5} + \frac{4}{9} + \frac{22}{49} + \frac{5}{13} + \frac{7}{47} + \frac{52}{59}$, quae fractiones particulares, ita ut sequitur, in decimales convertuntur:

$$
\begin{array}{rl}
1 &= 1 \\
\tfrac{11}{16} &= 0,6875 \\
\tfrac{4}{5} &= 0,8 \\
\tfrac{4}{9} &= 0,4444444444 \quad 4444444444 \quad 44 \\
\tfrac{22}{49} &= 0,4489795918 \quad 3673469387 \quad 75 \\
\tfrac{5}{13} &= 0,3846153846 \quad 1538461538 \quad 46 \\
\tfrac{7}{47} &= 0,1489361702 \quad 1276595744 \quad 68 \\
\tfrac{52}{59} &= 0,8813559322 \quad 0338983050 \quad 84 \\
\hline
F &= 4,7958315233 \quad 1271954166 \quad 17
\end{array}
$$

Defectus huius summae a iusto certo minor est quinque unitatibus in figura ultima vigesima secunda, quare viginti primae inde mutari nequeunt. Calculum ad plures figuras producendo, pro duabus figuris ultimis 17 prodit 1893936 . . . — Ceterum vel nobis non monentibus quisque videbit, hanc methodum, fractiones communes in decimales convertendi, ei potissimum casui accomodatam esse, ubi multae figurae decimales desiderentur; quando enim paucae sufficiunt, divisio vulgaris sive logarithmi aeque expedite plerumque adhiberi poterunt.

Figur 2 Artikel 317 aus dem sechsten Abschnitt von Gauss' *Disquisitiones Arithmeticae*, die Verwandlung des gemeinen Bruches *F* in einen Dezimalbruch betreffend.

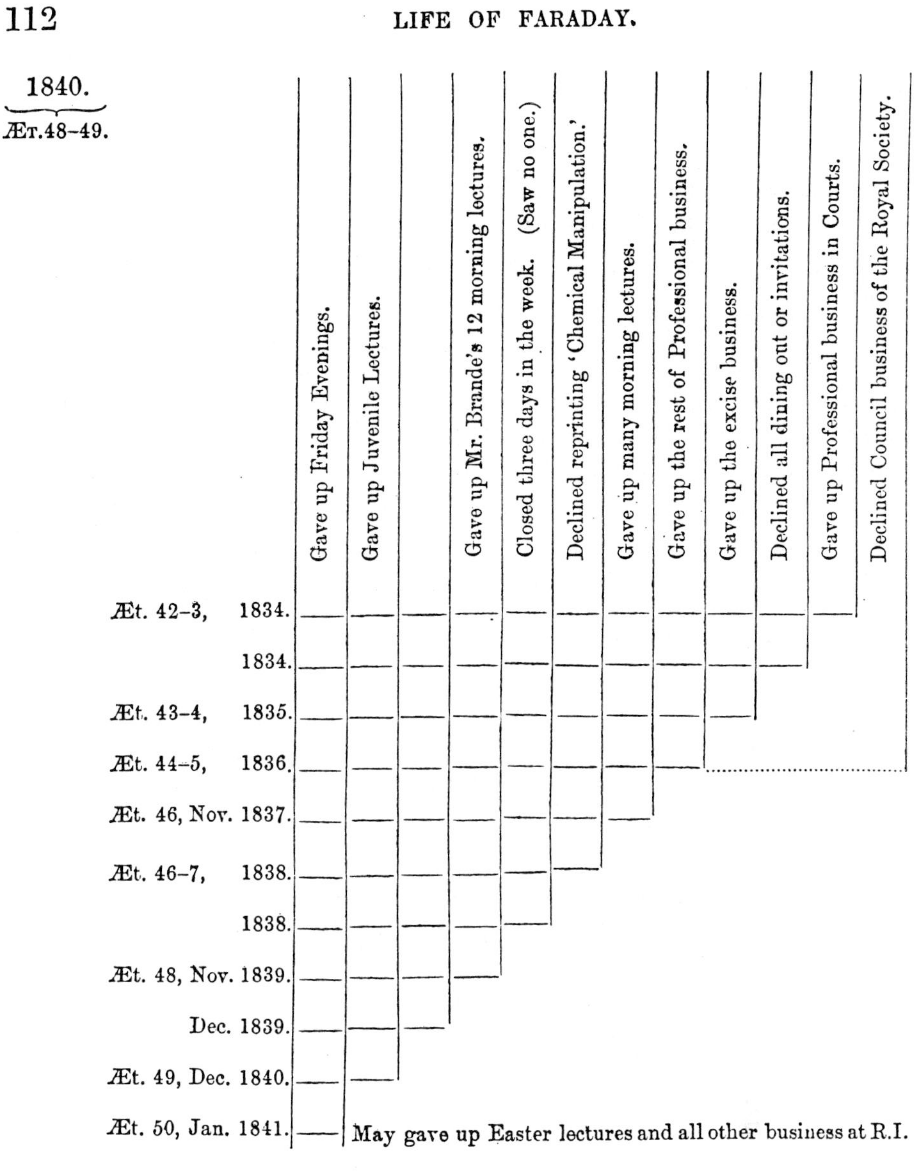
112
LIFE OF FARADAY.
1840.
ÆT.48-49.
Gave up Friday Evenings.
Gave up Juvenile Lectures.
Gave up Mr. Brande's 12 morning lectures.
Closed three days in the week. (Saw no one.)
Declined reprinting 'Chemical Manipulation.'
Gave up many morning lectures.
Gave up the rest of Professional business.
Gave up the excise business.
Declined all dining out or invitations.
Gave up Professional business in Courts.
Declined Council business of the Royal Society.
Æt. 42-3, 1834.
1834.
Æt. 43-4, 1835.
Æt. 44-5, 1836.
Æt. 46, Nov. 1837.
Æt. 46-7, 1838.
1838.
Æt. 48, Nov. 1839.
Dec. 1839.
Æt. 49, Dec. 1840.
Æt. 50, Jan. 1841.
May gave up Easter lectures and all other business at R.I.

Figur 3 *Faradays* Darstellung der allmählichen Konzentration seiner Tätigkeiten zwischen 1834 und 1842 (aus [B.-J. II] p. 112).

EXPTS. IN TERRESTRIAL MAGNETO-ELECTRIC INDUCTION

DECR. 21.

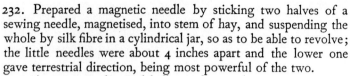

232. Prepared a magnetic needle by sticking two halves of a sewing needle, magnetised, into stem of hay, and suspending the whole by silk fibre in a cylindrical jar, so as to be able to revolve; the little needles were about 4 inches apart and the lower one gave terrestrial direction, being most powerful of the two.

233. A common electrical ball 4 inches in diameter was fastnd. to a stiff wire so as to be rotated easily between the fingers (like a mop) in any direction. It was not magnetic when at rest—was hollow and light.

234. Held ball on west of upper needle outside the jar. When revolved clock fashion as in figure, marked pole went east or from the ball. When ball revolved unscrew or reverse to former direction, marked pole went west or towards the ball.

235. Now held ball on west of lower needle. When revolving screw fashion the marked pole went east or from ball—when revolving unscrew, marked pole went west or to the ball—the same as before.

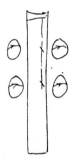

236. Now changed the ball to the east of the needles and when opposite the one or the other, and revolved screw fashion, marked pole went east or towards the ball. When the motion unscrew then marked pole went west or from the ball, both of the upper or lower needle. So that in these four positions, when ball revolved the same way, the same pole of needle always went same way. When motion is direct or screw the marked pole goes east.

237. Then brought up a magnet until the needle stood in a plane perpendicular to the magnetic meridian, and now revolved the ball to the north and the south of the needles, the axis of rotation always being perpendicular to the dip. When the ball was revolved screw fashion the needle moved exactly in the same relation to it as before—all proving that a current of electricity was running round the ball in a plane at right angles to the plane of rotation, and that this current deflected the needle.

Figur 4 Ausschnitt aus Faradays publiziertem Wissenschaftlichen Tagebuch [F; D I] p. 398. Das astatische Nadelpaar ist als Randzeichnung abgebildet und in Art. 232 beschrieben.

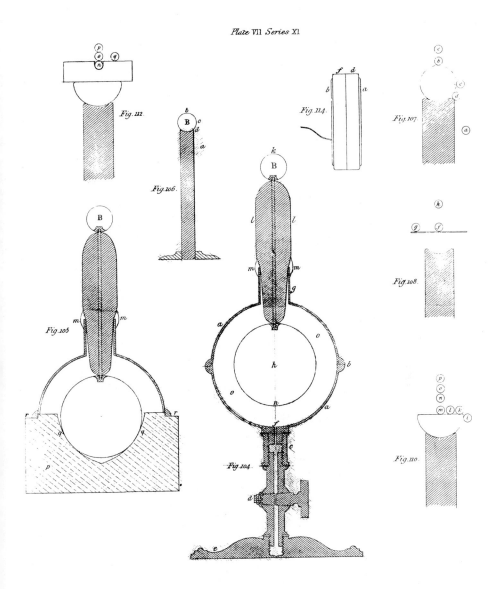

Plate VII Series XI

Fig. 112.

Fig. 106.

Fig. 105.

Fig. 104.

Fig. 114.

Fig. 107.

Fig. 108.

Fig. 110.

Figur 5 Abbildung zur 11. Serie von M. Faradays *Experimental Researches in Electricity.* Die Figuren 106, 107 und 110 stellen die im Text erwähnte Schellacksäule mit Fuss und ihre diversen Aufbauten dar.

Wissen und Gewissen

Physik: Gestern und Morgen[*]

1. Einleitung

Dieser Vortrag ist Bestandteil einer Folge, die zwar nicht die Zukunft ergründen will, wohl aber die Erwartungen, welche von verschiedener Seite hinsichtlich der kommenden Jahre gehegt werden, darstellen soll. Ich selber soll als Physiker sprechen und spreche als theoretischer Physiker.

Die Physik ist nun in der Tat aus unserem Leben nicht wegzudenken, ja sie fasziniert – zu ihrem Schaden und zum Gewinn – den heutigen Menschen. Diese Faszination greift oft auch auf die Physiker über, gibt ihnen einen dunklen Nimbus, beraubt sie ihrer Unbefangenheit, macht sie, wie Friedrich Dürrenmatt feststellt, "theaterfähig". Sollte dieser Nimbus von den Hörern, welche mich nicht näher kennen, auch mir ums Haupt gelegt werden, dann würden die Verse vom Nebelspalter Bö meine Stimmung ziemlich treffen.

> "Das Opfer steht verdattert da
> Und denkt "jä so" und denkt "aha"
> Und nimmt die eigene Gefahr
> Mit Stolz und leichtem Gruseln wahr."

Ich hoffe aber, solche Gefühle seien überflüssig, man höre mir, wie das bei uns üblich ist, mit wohlwollender Skepsis zu und verwechsle mich weder mit einem Orakel noch mit Doktor Strange-Love. Meine Aufgabe kommt mir auch so schwierig genug vor, denn ich muss Ihnen das Wesen der Physik, so wie ich es verstehe darlegen, und dabei gegen vorgefasste Meinungen kämpfen.

Wie gefährlich es jedoch sogar für einen anerkannten Fachmann ist, etwas über die Zukunft unserer Wissenschaft vorauszusagen, will ich an einem warnenden Beispiel zeigen. Es entstammt einer Gastvorlesung, die Max Planck, der Erfinder des elementaren Wirkungsquantums, der Grossvater also der modernen Atomtheorie, am 1. Dezember 1924 in München gehalten hat.[1] Hören wir ihn selber: "Als ich meine physikalischen Studien begann und bei meinem ehrwürdigen

---

[*]Radiovortrag (1968).

[1]Max Planck, Physikalische Abhandlung und Vorträge. F. Vieweg & Sohn, Braunschweig 1958, Bd. III, p. 145.

Lehrer Philipp von Jolly wegen der Bedingungen und Aussichten meines Studiums mir Rat holte, schilderte mir dieser die Physik als eine hochentwickelte, nahezu voll ausgereifte Wissenschaft, die nunmehr, nachdem ihr durch die Entdeckung des Prinzips von der Erhaltung der Energie gewissermaßen die Krone aufgesetzt sei, wohl bald ihre endgültige stabile Form angenommen haben würde. Wohl gäbe es vielleicht in einem oder dem anderen Winkel noch ein Stäubchen oder Bläschen zu prüfen und einzuordnen, aber das System als Ganzes stehe ziemlich gesichert da, und die theoretische Physik nähere sich merklich demjenigen Grad der Vollendung, wie ihn etwa die Geometrie schon seit Jahrhunderten besitze." Planck berichtet aus dem Jahr 1876. Natürlich hatte Jolly in jeder Hinsicht unrecht. Sein Irrtum beruht auf zwei Ursachen, einmal auf mangelnder Kritik den Grundlagen der damals bestehenden Physik gegenüber, andererseits auf einem Mangel an Phantasie im Hinblick darauf, was die Physik zu leisten in der Lage sein sollte. So erkannte Jolly kaum, dass das von Galilei entdeckte Relativitätsprinzip zwar für die klassische Mechanik allein und auch für die Maxwellsche Elektrodynamik allein gültig ist; vereinigt man aber die beiden Theorien (und das muss man), dann ist es verletzt. Die ersten Versuche von Michelson, welche die Gültigkeit des Relativitätsprinzips dartun sollten, sind nur 5 Jahre jünger als Jollys Aussage. Es ist merkwürdig, dass dieses Problem schliesslich eine tiefgreifende Änderung gerade der *geometrischen* Grundlagen der Physik notwendig machte: es entstand daraus die spezielle Relativitätstheorie. Das bedeutet, dass auch Jollys Fixpunkt, nämlich die der Physik zugrunde zu legende Raumstruktur, die Geometrie also, schlecht gewählt war.

Zum andern spricht aus Jollys Äusserung der Verzicht auf eine einheitliche Theorie der Materie – auf eine Atomtheorie, der Verzicht also auf die Erfüllung einer Forderung, die seit dem Altertum an die Theorie gestellt worden ist.

Es ist überflüssig zu betonen, dass uns die Physik heute – ganz im Gegensatz zu Jollys Urteil vor 90 Jahren – ganz und gar nicht abgeschlossen sondern weit offen erscheint. Aber auch wir können uns täuschen.

2. Der "beschleunigte Prozess"

Der heutige Zustand unseres Planeten wird am besten durch einen Begriff beschrieben, den Jacob Burckhardt, ein Zeitgenosse von Jolly, in seinen Weltgeschichtlichen Betrachtungen ans Licht gehoben hat: Wir befinden uns in jeder Hinsicht in einem *beschleunigten Prozess*. Hier die Beschreibung des grossen Baslers:[2] "Der Weltprozeß gerät plötzlich in furchtbare Schnelligkeit; Entwicklungen, die sonst Jahrhunderte brauchen, scheinen in Monaten und Wochen wie flüchtige Phänomene vorüberzugehen und damit erledigt zu sein."

Freilich hatte Burckhardt die *politische* Geschichte, und hier besonders die

---

[2]Jacob Burckhardt, Weltgeschichtliche Betrachtungen. Hallwag, Bern 1947, p. 262.

grosse Französische Revolution im Auge. Wenn wir seinen Begriff auf die gesamte menschliche Entwicklung übertragen wollen, sprechen wir besser anstatt von Jahrhunderten von Jahrtausenden und statt von Monaten und Wochen von Jahren und Jahrzehnten. Dass die Bedingungen des menschlichen Lebens sich überall in den vergangenen Jahrzehnten stärker verändert haben als zuvor in Jahrtausenden, ist mit Händen zu greifen; die erhaltene Weltliteratur bezeugt allerdings, dass das *menschliche Erleben* in historischen Zeiten unverändert geblieben ist.

Wie sehr aber der Begriff der Beschleunigung, der, wie sich mancher Hörer aus der Schule erinnert, am Anfang der Newtonschen Physik steht, ins tägliche Leben eingedrungen ist, beweist der Handelsteil irgendeiner Zeitung treffend: nicht Wachstumsraten, sondern deren Veränderung wird als entscheidend hingestellt und der Jammer beginnt schon, wenn diese *Veränderung* negativ wird.

In dieser permanenten Umwälzung nun spielen die Naturwissenschaften und spielt die Physik eine entscheidende Rolle. Dabei verkenne ich nicht die Tatsache, dass der Weg von der wissenschaftlichen Erkenntnis bis zu dem, das tägliche Leben beeinflussenden, industriellen Produkt noch immer lang ist und die Erfindungskraft auf eine harte Probe stellt. Es liegt mir auch gar nicht daran, die Erzeugnisse der modernen Technik den Naturwissenschaften allein oder auch nur vorwiegend aufs Ruhmesblatt zu schreiben: aber ungemein vieles wäre ohne die Grundlagenforschung eben überhaupt nie zustandegekommen. Man denke etwa an die elektrische Taschenlampe, den Kühlschrank, die Strahlentherapie des Krebses, die Atomkraftwerke, die unendlich mannigfache Verwendung des Transistors – kurz man schaue sich nur etwas um.

Und hier erhebt sich für uns die entscheidende Frage: Was ist der Motor der physikalischen Forschung? Wodurch wird der Mensch, die nötige Begabung vorausgesetzt, veranlasst oder getrieben, sich mit Physik zu beschäftigen und, wenn's glückt, Naturgesetze zu finden?

3. Der Forschungstrieb

Aufschluss darüber erhalten wir wieder von Max Planck, diesmal aus seiner "Wissenschaftlichen Selbstbiographie", erschienen 1948 in seinem Todesjahr, geschrieben nach einem langen, an wissenschaftlichen Erfolgen und schweren Schicksalsschlägen reichen Leben. Planck schreibt:[3]

"Was mich zu meiner Wissenschaft führte und von Jugend auf für sie begeisterte, ist die durchaus nicht selbstverständliche Tatsache, daß unsere Denkgesetze übereinstimmen mit den Gesetzmäßigkeiten im Ablauf der Eindrücke, die wir von der Außenwelt empfangen, daß es also dem Menschen möglich ist, durch reines Denken Aufschlüsse über jene Gesetzmäßigkeiten zu gewinnen. Dabei ist von wesentlicher Bedeutung, daß die Außenwelt etwas von uns Unabhängiges,

---

[3]l.c. [1] p. 374.

Absolutes darstellt, dem wir gegenüberstehen, und das *Suchen nach den Gesetzen*, die für dieses Absolute gelten, erschien mir als die schönste wissenschaftliche Lebensaufgabe."

Und er fährt fort:

"Gestützt und gefördert wurden diese Gedanken durch den ausgezeichneten Unterricht, den ich im Münchner Maximiliangymnasium viele Jahre hindurch von dem Mathematiklehrer Hermann Müller empfing, einem mitten im Leben stehenden, scharfsinnigen und witzigen Mann, der es verstand, die Bedeutung der physikalischen Gesetze, die er uns Schülern beibrachte, durch drastische Beispiele zu erläutern."

Hier haben wir die Motivierung – weiter wollen wir sie nicht verfolgen. Unser Geist bildet – das ist die Aussage von Planck – bewusste Strukturen, die genau auf ausgewählte Ausschnitte unserer Sinneserfahrungen passen. Für die Physik sind diese Strukturen mathematische Gebäude oder Konstruktionen. Teile der Mathematik, die der menschliche Geist – so will es scheinen – ohne die Notwendigkeit einer äusseren Anregung hervorzubringen in der Lage ist, liefern die Beschreibung eines Ausschnittes der Aussenwelt, lassen sich in das Geschehen der Aussenwelt *abbilden*. Es ist für den forschenden Menschen ein hoher Genuss und kann ein Lebensziel sein, auf diese Weise Innenwelt und Aussenwelt zur Deckung zu bringen.

Nicht scharf genug aber kann ich betonen, dass der der Physik zugängliche Ausschnitt der Aussenwelt diese nicht vollständig umfasst. Was der Physiker mit seinen Formeln beschreibt, sind immer ausgewählte, meist präparierte Erscheinungen, sind Experimente und diese Experimente müssen klug erfunden und ausgeführt werden, damit sie in einfacher Beziehung zu unseren Grundformeln stehen. Und oft werden sie dadurch auch kostspielig. Hermann Weyl, der grosse Mathematiker und bedeutende Physiker, hat die Rolle des Experiments in der physikalischen Forschung wunderbar formuliert. Er schreibt:[4]

"Die Entwicklung der Quantentheorie ist nur möglich gewesen durch die enorme *Verfeinerung der physikalischen Experimentierkunst*, die uns überall sozusagen direkt an das atomare Geschehen herangeführt hat. ... Vor der Arbeit des Experimentators und seinem Ringen um *deutbare Tatsachen* in unmittelbarer Berührung mit der unbeugsamen Natur, die zu unseren Theorien so kräftig Nein und so undeutlich Ja zu sagen versteht, bezeuge ich ein für allemal meinen tiefen Respekt."

Diejenigen Erscheinungen, die sich auf mathematische Strukturen beziehen lassen, die also einer physikalischen Theorie zugänglich sind, bezeichnet Planck als die "Gesetz- mässigkeit im Ablauf der Eindrücke." Der sehr bedeutsame Rest bildet dann das Ungesetzmässige oder Zufällige.

Ein Beispiel aus der *Himmelsmechanik* soll das erläutern. Das Gesetzmässige

---

[4]Hermann Weyl, Gruppentheorie und Quantenmechanik. S. Hirzel, Leipzig 1925, p. 2.

der Planetenbewegung wird sehr vollkommen durch die Newtonsche Theorie, d.h. durch ein System von Differentialgleichungen beschrieben. In diese Gleichungen gehen die Verhältnisse der Planetenmassen zur Sonnenmasse ein. Wir wollen diese Zahlen als bekannt von unserer Diskussion ausschliessen. Nun gestatten uns die Newtonschen Gleichungen durchaus nicht, die Bewegung von Sonne und Planeten in unserem Sonnensystem auszurechnen. Wir brauchen im Gegenteil noch Anfangsbedingungen, nämlich die Lage der Himmelskörper und ihre Geschwindigkeiten zu einer festen Zeit. Diese werden durch diese Theorie nicht bestimmt, sie sind etwas Zufälliges, sozusagen ein historisches Faktum. Die Newtonsche Theorie gibt daher keine Erklärung für die Titius-Bodesche Regel, welche viele Planetenabstände von der Sonne erstaunlich gut wiedergibt. *Die physikalischen Gesetze beschreiben also nicht die Wirklichkeit, sie betten die Wirklichkeit vielmehr in ein Reich der Möglichkeiten ein.* Die Trennung des Gesetzlichen vom Zufälligen ist übrigens eine wissenschaftliche Aufgabe allerersten Ranges. So steht Galileis Entdeckung, dass die gleichförmige Bewegung von der Ruhe nicht durch ein Naturgesetz unterschieden ist, am Anfang der Physik der Neuzeit.

Noch ausgeprägter kommt das Unvermögen, die einmalige Wirklichkeit zu beschreiben, in der Quantenmechanik zum Ausdruck. Zwar ist auch diese immer noch kausal: aus einem bekannten Anfangszustand kann der Zustand für alle Zeiten berechnet werden. Während aber in der klassischen Physik aus einem Zustand die Resultate von Messungen mit unbegrenzter Schärfe vorausgesagt werden können, ist das in der Quantenmechanik prinzipiell unmöglich: diese liefert im allgemeinen für die einmalige Messung überhaupt keine Aussage und sagt etwas nur aus über die statistische Verteilung vieler gleichartiger Messungen an gleichartigen Systemen. So entzieht sich das Einmalige der physikalischen Beschreibung.

Hier zeigt sich eine Entwicklung, der wohl allgemeine Bedeutung zukommt. Zwar erschliesst die Quantenmechanik der theoretischen Naturbeschreibung ein ungeheures neues Erfahrungsgebiet, nämlich die Atomphysik, aber sie kann dies nur auf Grund eines grossen prinzipiellen Verzichts in der Aussagekraft. Indem die Quantenmechanik als umfassendere Theorie die klassische Mechanik überall ersetzt, ist uns der klassische Determinismus völlig abhanden gekommen. Freilich stellt dieser etwa für die Himmelsmechanik immer noch eine hervorragend gute Näherung dar: die statistischen Aussagen werden in diesem Beispiel praktisch zur Sicherheit.

Halten wir fest: die eigentümliche Harmonie zwischen den von unserem Geist ohne äussere Veranlassung erzeugten mathematischen Strukturen und gewissen Ausschnitten der Aussenwelt fasziniert unser Bewusstsein seit dem Beginn der Neuzeit. Diese Faszination steht am Ursprung der für unsere Kultur so bezeichnenden wissenschaftlichen Einstellung und diese wieder ist die Triebfeder der beschleunigten Entwicklung. Ihre Grundlage ist also durchaus etwas Geistiges. Nicht der Materialismus, sondern die Vergeistigung der Materie, ihre symbolische

Rekonstruktion im Geiste ist typisch für unsere Zeit. Das theoretische Verständnis ist eine eminent menschliche Fähigkeit, ganz im Gegensatz zu den, meist als besonders menschlich empfundenen, dem tierischen Verhalten viel näheren, gefühlsmässigen und instinktiven Reaktionsweisen. (Es versteht sich, dass das Attribut *tierisch* hier nicht im vulgären Sinn als Werturteil zu verstehen ist. Je mehr wir über das tierische Verhalten lernen, desto grösser wird unsere Ehrfurcht.)

Von einem Einhalten auf dem nun eingeschlagenen Schicksalsweg der Menschheit kann kaum die Rede sein. Es liegt im Wesen eines beschleunigten Prozesses, dass er sich selbst immer neu antreibt. Wenn ein solcher Prozess seinen Ursprung in einer universellen Geisteshaltung hat und materiell so wesentlich mit unseren Gewohnheiten und Ansprüchen, ja mit der Möglichkeit des Überlebens überhaupt – und auch der völligen Zerstörung – verknüpft ist, dann sind fromme Wünsche völlig wirkungslos. Es ist ein hoher intellektueller Genuss, sich die angenehmen Seiten des vorwissenschaftlichen Lebens, etwa des Mittelalters, nach Kräften zu vergegenwärtigen, aber unsere Sehnsucht nach diesen Zeiten unterschlägt uns in der Regel soviele notwendige Verzichte auf liebgewordene Bequemlichkeiten, ja auf heutige Lebensnotwendigkeiten, sie unterdrückt soviele Schattenseiten, dass sie unglaubhaft ist. In einer Zeit der fortwährenden Veränderung ist das Verlangen nach dem Bleibenden natürlich. In uns allen lebt das Heimweh nach dem goldenen Zeitalter. Bevor man sich aber diesem Gefühl bis zur Selbstaufgabe ergibt, prüfe man, ob es nicht vielleicht der Zerstörungstrieb ist, der einem die verlockenden Bilder vorgaukelt. Anschauungsunterricht über den rein destruktiven Charakter von Bewegungen, die Stabilität und Ordnung versprachen, haben wir in Europa wahrlich hinreichend erhalten.

Kein Wort mehr verliere ich darüber, dass wir mit dem Fortschreiten unseres wissenschaftlichen Zeitalters vom naiven Fortschrittsglauben des letzten und vorletzten Jahrhunderts endgültig kuriert sind.

Inwiefern und ob durch unsere Zeit die Menschen in ihrer gesamten Einstellung wesentlich und dauernd verändert werden, werfe ich nur als Frage auf. Ganz unmöglich erscheint mir dies nicht.

4. Physik und Technik

Nachdem wir jetzt die gewünschte Einsicht in das Wesen der Physik gewonnen haben, wollen wir ihr Verhältnis zur Technik im allgemeinen näher betrachten. Wir sprechen von Technik, wenn wissenschaftliche Erkenntnisse zum Bau von Geräten Anlass geben. Diese Geräte können Hilfsmittel zur experimentellen Forschung sein, dann sprechen wir von Experimentiertechnik. Neben sie tritt die industrielle Technik.

Bleiben wir zunächst bei der Experimentiertechnik. Hier überrascht zweierlei. Erstens die Raschheit, mit welcher neue physikalische Erkenntnisse Instrumente zur weiteren Forschung werden. Zweitens die oft unerwartete Anwendung der Erkenntnisse aus einem Arbeitsgebiet in einem scheinbar völlig fremden Bereich. Ein klassisches Beispiel mag das erläutern.

Ein wichtiges Ergebnis der Hochenergiephysik unserer Grossväter, die mit den wundervollen funkensprühenden Induktionsapparaten hantierten, sind die Röntgenstrahlen. Sie wurden von *von Laue* und Mitarbeitern durch den Nachweis ihrer Beugung an der regelmässigen Anordnung der Atome oder Ionen in Kristallen als elektromagnetische Wellen erkannt. Dieser Nachweis lieferte ein Spektrometer für Röntgenlicht und gestattete das Aufsuchen von Spektrallinien. Aus der Abhängigkeit der Wellenlänge dieser Spektrallinien vom Material, an welchem die Röntgenstrahlen erzeugt werden, hat Mosley sein berühmtes Gesetz abgeleitet, welches für die Entwicklung der Atomphysik von grosser Bedeutung wurde. Auf der anderen Seite eröffnete sich das ungeheure Gebiet der Kristallstruktur-Untersuchungen mit Röntgeninterferenz, ja in neuerer Zeit die Möglichkeit, komplizierte Moleküle wie das Vitamin B_{12} oder den roten Blutfarbstoff, das Hämoglobin, gewissermassen zu photographieren und strukturchemisch zu analysieren. Heutzutage ist die Röntgenanalyse längst zu einem gewöhnlichen Hilfsmittel in Wissenschaft und Technik herabgesunken, und es bedarf einer gewissen Anstrengung, sich der epochenmachenden Leistung von von Laue zu erinnern. Wo und wie die Röntgenstrahlen sonst noch Verwendung finden, weiss der Hörer ebensogut wie ich.

Ähnliches liesse sich von der durch die Quantenmechanik geforderte Erkenntnis von der Wellennatur der Elektronen sagen: sie führten schon sehr bald zur Elektronenmikroskopie; und wieder ähnliches trifft für die Kernphysik zu, die Hilfsmittel für *alle* Naturwissenschaften hervorgebracht hat.

Als Beispiel aus der neueren Zeit könnte die Entdeckung der Paritätsverletzung durch die schwachen Wechselwirkungen dienen: Wir wissen heute, dass die Naturgesetze zwischen rechts und links unterscheiden. Angeregt wurde diese Entdeckung, die den beiden in Amerika lebenden Chinesen Yang and Lee den Nobelpreis eingebracht hat, durch die moderne Hochenergiephysik, bestätigt wurde sie in der klassischen Kernphysik und ihre Anwendung wird sie, wenn einmal die μ-Mesonen in Masse produziert werden, in allen Teilen der Physik finden.

Lassen Sie, verehrte Hörer, mich nun noch kurz die Situation der Atomtheorie beschreiben. Dies ist für das Verständnis des folgenden nötig. Wir besitzen in der Quantenmechanik, wenn wir die statischen Eigenschaften der Atomkerne wie ihre Ladung, ihre Masse, ihren Spin und ihre elektrischen und magnetischen Momente als bekannt hinnehmen, im Prinzip eine vollständige Theorie der Materie in allen ihren gewohnten und in vielem ungewohnten Erscheinungsformen. Wir kennen also die Grundgesetze. Das bedeutet nun keineswegs, dass wir die makroskopischen Eigenschaften eines Stückes Materie, etwa eines Flusses oder der Erdatmosphäre oder eines Elefanten berechnen können. Unsere mathematischen Fähigkeiten reichen nicht aus, um die Kluft, welche die Grundgleichungen vom Verhalten von Billionen-Billionen von Atomen trennt, zu überbrücken. Daher brauchen wir intermediäre Theorien, Theorien nämlich, die gar durch meist drastische Vereinfachungen der Grundgleichungen entstehen, die aber trotzdem soviel des Wesentlichen bewahren, dass sie zur Ordnung und zum Verständnis der betrachteten Erscheinungen Wesentliches beitragen. Wir haben zwar keinen Grund, abschätzig über solche halbphänomenologische Konstruktionen zu urteilen und wir bewundern die Souveränität der Forscher, die diese Brücke, ohne sie zu überlasten, zu neuen und unerwarteten Erscheinungen hin überschreiten. Natürlich wird man nicht gerade nach einer physikalischen Theorie der Elefanten verlangen. Man beschränkt sich auf einfachere Systeme: Kristalle, Kristalle mit Verunreinigungen, Flüssigkeiten, ionisierte Gase. So ist denn die Festkörperphysik ein besonders wichtiger Teil der modernen Physik – so bietet uns allgemein die Materie doch immer noch Probleme, die wir nun freilich – und das ist das Entscheidende – auch durch *mathematische Experimente* (sit venia verbo) untersuchen können.

Diese Spannung zwischen Mathematik und Materie ist es, die ganze Industrien hervorgebracht hat. Ohne sie gäbe es keine moderne Elektronik, keine Rechenautomaten, die uns die Steuern ausrechnen, die Bahnen von Astronauten steuern, den Unterricht in naher Zukunft revolutionieren werden, – gäbe es auch keine Firmen wie Texas Instruments, deren Aktien so vielen so grosses Vergnügen bereitet haben. Es ist die moderne Atomtheorie einem Bergwerk für neue Erfindungen zu vergleichen, das auch noch in weiter Zukunft ergiebig sein wird. Vom Standpunkt der industriellen Entwicklung aus besteht also kein Anlass, die Grundlagenforschung in subatomare Bereiche für wünschbar zu halten und diese stösst von jener Seite daher auch oft auf verständliche Ablehnung.

Im subatomaren Bereich der Atomkerne und der Elementarteilchen verfügen wir nicht über eine geschlossene Theorie, wohl aber über einige fundamentale Einsichten und einen Rahmen aus allgemeinen Prinzipien, der sich durchaus bewährt. Hier ist alles im Fluss, hier ringt man mit unerhörtem Aufwand um die physikalische Einsicht. Es tönt paradox, dass die Erforschung des winzig Kleinen die grössten experimentellen Anlagen hervorbringen musste. Der Grund liegt darin, dass für die Erforschung des Subatomaren eine ungeheure Konzentration der Energie auf *ein* Elementarteilchen – etwa *ein* Proton oder *ein* Elektron – nötig ist. Um diese Konzentration zu erreichen, braucht man grosse Distanzen. In der Natur geschieht dies in kosmischen Räumen, in den Laboratorien sind es Kilometer. Die Experimente selbst sind ungemein komplex, eigentliche Expeditionen ins Unbekannte und verlangen eine ganz klare Einsicht auch von Seiten der Theorie in die Frage, auf die man von der Natur eine Antwort erhalten will. Es scheint mir, als habe die moderne Elementarteilchenphysik einen wesentlich neuen Typus von Experimentalphysiker hervorgebracht, der wenig mehr gemein hat mit dem überkommenen Bild des, oft in sich gekehrten, weltabgewandten Naturforschers, sondern der vielmehr, neben dem unbedingten Willen, die theoretischen Entwicklungen seines Gebietes zu beherrschen, durch einen bedeutenden Zuschuss von Gaben, die man sonst mehr bei Leitern industrieller Unternehmungen trifft, ausgezeichnet ist.

Es liegt in der logischen Entwicklung der Dinge, dass im Gebiet der experimentellen Elementarteilchenphysik eine wesentliche Konzentration der Kräfte unumgänglich ist. Diese zeigt sich in der Schaffung nationaler und internationaler Laboratorien.

Das CERN in Genf ist ein leuchtendes Beispiel eines hervorragenden internationalen Laboratoriums. Gegenwärtig ist die Schweiz dabei, ein nationales Laboratorium für Hochenergiephysik zu schaffen. Damit hinken wir in der Entwicklung den Industrienationen etwas nach, doch hat es keinen Sinn, den Kopf hängen zu lassen. Besser ist es, etwas zu tun.

Dagegen eignen sich andere Disziplinen der modernen Experimentalphysik hervorragend für die Forschung an einzelnen Universitäten. Ein Beispiel ist die für die industrielle Technik so ungemein wichtige Quantentheorie der Materie, die heute vor allem als Festkörperphysik in Erscheinung tritt.

5. Physik und Mathematik

Der Ausdehnung und Verfeinerung der experimentellen Technik in der Aussenwelt entsprechen die verfeinerten mathematischen Strukturen, die unser Intellekt hervorbringt. Mit der Vergrösserung des Anwendungsbereiches unserer Theorie wird der *mathematische* Apparat zunehmend *abstrakter*. So entsprechen etwa den Zuständen der Quantenmechanik Punkte in einem unendlichdimensionalen Raum und zur Beschreibung von physikalischen Grössen wie Ort, Energie, Impuls dienen bestimmte Abbildungen eines unendlichdimensionalen Raumes in sich. Die Mathematik solcher Abbildungen wurde durch die Bedürfnisse der theoretischen Physik wesentlich gefördert. Wir haben hier ein *modernes Beispiel* einer fruchtbaren mathematischen Anregung durch die Physik. Das *klassische Beispiel* ist bekanntlich die Erfindung der Infinitesimalrechnung durch den Physiker Newton.

Natürlich gibt es viele grossartige mathematische Disziplinen, die ihre Anregung rein aus der Mathematik schöpfen. Oft grenzt es jedoch ans Wunderbare, wie auch solche aus der reinsten Mathematik entsprungene Erkenntnisse plötzlich auf eine physikalische Theorie zugeschnitten erscheinen. Arnold Sommerfeld, der grösste Lehrer für theoretische Physik aus unserem Halbjahrhundert, sprach von einer prästabilierten Harmonie zwischen Mathematik und Physik. Hermann Weyl sah dieses Verhältnis etwas anders, und vielleicht zutreffender, wenn er sagt:[5]

"Ich kann es nun einmal nicht lassen, in diesem Drama von Mathematik und Physik – die sich im Dunkeln befruchten, aber von Angesicht zu Angesicht so gerne einander verkennen und verleugnen – die Rolle des (wie ich genugsam erfuhr,

---

[5] l.c. [4] p. V/VI.

oft unerwünschten) Boten zu spielen."

Es scheint mir, dass die nähere Zukunft, nach einer langen Periode des gegenseitigen Misstrauens, verursacht durch Hochmut auf beiden Seiten, wieder zu einem besseren Ehefrieden zwischen Mathematik und Physik führen könnte.

6. Ausblick und Abschluss

Nachdem wir so, länger als vielleicht notwendig, in der Nähe der augenblicklichen Situation der Physik verweilt haben, mag Ungeduld den Hörer ergreifen, wohin die beschleunigte Reise nun eigentlich führt. Darauf weiss ich aber durchaus keine Antwort, die auch nur das geringste Mass an Glaubwürdigkeit besässe.

Zwar kann die Astrophysik und die Himmelsmechanik das zukünftige Schicksal unserer Sonne und des Planetensystems mit grosser Zuverlässigkeit voraussagen, sofern der Mensch die Himmelskörper in ihrem grossen Gang nicht stört. Aber in einer sich expandierenden technologischen Gesellschaft ist dies nicht so sicher, Veränderungslust und Bevölkerungsdruck mögen zu Unternehmungen veranlassen, die über viele Menschenalter hinweg konsequent fortgeführt, unsere planetarische Umwelt wesentlich verändern. Wenn wir annehmen, dass technologische Gesellschaften ähnlich der unsrigen in unserer Galaxie nicht sehr selten sind, so muss es, in Anbetracht der Länge der kosmischen Zeiten auch Gesellschaften geben, die viel weiter entwickelt sind als wir. Sollten wir auf der Erde Botschaften von ihnen erhalten, dann freilich würden wir vielleicht erkennen, wie ein Spätstadium einer entwickelten Technologie aussieht.

Ein lieber Freund von mir und ein hervorragender Physiker, Freeman Dyson,[6] hat sich die Mühe genommen, aufgrund des materiellen und energetischen Inventars unseres Planetensystems sich ein solches Spätstadium vorzustellen – denn bekanntlich sieht man ja nur, was man weiss. Das Ziel müsste ein doppeltes sein: erstens die Schaffung von möglichst viel Lebensraum und zweitens die volle Nutzung der von der Sonne ausgestrahlten Energie. Nun reicht die Masse der Planeten aus, um die Sonne mit einer Art Kugelschale in doppeltem Erdabstand zu umgeben, in der sich bequem leben liesse. Freilich müssten die Planeten dazu zertrümmert werden, was aber energetisch und technisch in etwa 100'000 Jahren möglich wäre. Ja, in Zeiträumen von Millionen Jahren – und solche sind immer noch kurz, verglichen mit kosmischen Zeiten – liesse sich wohl auch unsere Galaxie zu einem technokratischen Artefakt zähmen. Überflüssig zu betonen, dass wir bis jetzt am Himmel keine Zeugnisse einer solchen fortgeschrittenen Technik erkennen konnten.

Wir wollen aber diese kolossalen Perspektiven verlassen, nicht ohne auf eine alte Erfahrung hinzuweisen: die Gefahren für die Menschheit kommen gewöhnlich

---

[6]F. Dyson in R.E. Marshak (ed), Perspectives in Modern Physics. Interscience Publishers, New York 1966, p. 641.

aus unerwarteter Richtung. Mein verstorbener Lehrer in anorganischer Chemie, Volkmar Kohlschütter, hat das mit dem folgenden Beispiel illustriert: Ende des letzten Jahrhunderts, als die Rolle des gebundenen Stickstoffs für die allgemeine Ernährung, besonders für die künstliche Düngung, klar erkannt war, erwartete man einen katastrophalen Stickstoffmangel und prophezeite eine eigentliche Stickstoffkatastrophe. Der erste Weltkrieg zeigte, dass die Katastrophe aus einem Überfluss an gebundenem Stickstoff – der auch die Basis der Explosivstoffe darstellt - entstanden ist.

Doch geraten wir ins Allgemeine und Politische, d.h. in ein Gebiet, in dem der Wahn und oft der Wahnsinn eine weit bedeutendere Rolle spielt, als in der Wissenschaft. Natürlich spielt auch hier die Physik ihre bekannte Rolle: sie hat, seit dem letzten Weltkrieg, den Irrsinn eines grossen Krieges verhindert und, so wollen wir hoffen, die Aggressivität der grossen Mächte zum Teil in das Feld der wissenschaftlichen Forschung abgelenkt.

Aber es erhebt sich für uns Schweizer die bange Frage: wie behaupten wir uns in diesem Ringen um neue Erkenntnisse und um die Ausbeutung bekannter wissenschaftlicher Einsichten?

Soweit ich sehe, haben wir hier nur eine Chance, nämlich die Ausnützung aller Begabungsreserven. Wir sind ein kleines, rohstoffarmes Land. Sparsamkeit und kluges Haushalten sind daher unser erstes Gebot. Das gilt besonders für unseren kostbarsten Besitz, für unsere Jugend. Wir müssen uns die Aufgabe stellen, auch schwächer begabte Schüler möglichst gut auszubilden. Dabei halte ich den Ruf nach einer Elite-Bildungsanstalt nach ausländischem Muster für verfehlt. Eine solche ist, mit ihrem enormen Verschleiss und auch dem Hochmut, den sie züchtet, nur für eine grosse Nation geeignet. Vieles wird bei uns notwendig im Kleinen und Mittleren stecken bleiben, aber an unsere Schulen müssen wir die höchsten Ansprüche stellen. Dies gilt vor allem für die Mittel- und Hochschulen. Es ist fürwahr besorgniserregend, wenn besonders die Mittelschulen heute die grösste Mühe haben, die offenen Stellen für Mathematik und Physik mit qualifizierten Lehrern zu besetzen. Dabei wird gerade dem Mathematikunterricht, wenn er sich einmal von der heute vielerorts noch üblichen Vermittlung von Rechentechniken löst, eine ganz grundlegende Rolle in der Bildung zukommen: durch ihn und nur durch ihn kann ein Verständnis für die, in den modernen exakten Naturwissenschaften so wesentlichen abstrakten Konstruktionen unterrichtet werden. Welch grossartige Aufgabe aber dem begnadeten Mittelschullehrer wartet, zeigt die wissenschaftliche Selbstbiographie von Max Planck. Plancks Mathematiklehrer *Hermann Müller* ist durch sie unsterblich geworden.

Ich glaube, dass nicht nur unsere Hochschulen, sondern auch unsere Mittelschulen eine schwierige Entwicklungsphase durchlaufen und all mein Hoffen geht dahin, dass wir zu einem glücklichen Ende damit kommen.

Leicht wird es für uns nicht sein. Vor der letzten grossen Zerstörung Europas war die Physik weitgehend eine zentraleuropäische Wissenschaft. Wenn die

Physik (und auch Mathematik) bei uns in der ersten Hälfte unseres Jahrhunderts weit über dem Durchschnitt stand, wenn wir uns heute immer noch behaupten können, so beruht das sehr weitgehend auf der klugen Ausnützung des grossartigen wissenschaftlichen Potentials Deutschlands, das freilich nach 1933 dem Ungeist geopfert worden ist. Wir stehen fürwahr bei unseren Ausländern in tiefer Dankesschuld. Aber die Wissenschaft schreitet fort, weil sie sich lernen und unterrichten lässt. Sie ist im eigentlichen Sinn unspezifisch. Sie ist bei Russen und Chinesen ebensogern zu Gast wie in Frankreich und den beiden Amerikas. Über alle Schranken hinweg bildet sie eine menschliche Gemeinschaft des Verständnisses, denn über wahr und falsch herrscht in den exakten Naturwissenschaften nur *eine* Meinung. Auch deshalb und nicht nur aus Gründen unseres Wohlergehens müssen wir, besonders in unserem kleinen Land und in unserer direkten Demokratie, dafür besorgt sein, dass ihr eigentliches Wesen von möglichst vielen erkannt wird. Das, und nicht die Elimination und Selektion, ist die Aufgabe des Unterrichtens, daraus leitet sich das Recht – nicht die Gnade – auf Bildung ab, dadurch allein können wir die verderbliche Kluft zwischen einer gebildeten Elite und einer gärenden ungebildeten Majorität vermeiden.

Besser als die meisten meiner Hörer kenne ich die Grenzen, die den Schulen jeder Art gezogen sind, kenne ich die Ohnmacht des Lehrers – und trotzdem: wir dürfen keine Mühe scheuen.

Das Märchen vom elfenbeinernen Turm*

Es ist in den letzten Monaten und Jahren von zum Teil mangelhaft informierten Leuten auch aus der Industrie soviel Wahres, Falsches und Halbrichtiges über Forschung und Hochschule gesagt, geschrieben und bezeugt worden, dass ich den Mut gefasst habe, von der offenbar herrschenden Rede-Freiheit auch für meine Person Gebrauch zu machen. Sie werden mich dabei ebenso unbelehrbar finden wie andere Leute meines Alters, die in einigermassen leitende Positionen aufgestiegen sind: bei uns ist das Lernen ein reversibler Prozess geworden, was unserer Überzeugungskraft aber nichts abbricht. Ich bitte Sie also, das schon Gesagte und das Folgende mit einem Gran Salz zu würzen.

Dass ich meinen Vortrag in diesem Kreise halte hat, nach der Einladung durch den Vorstand, zweierlei Gründe: erstens handelt es sich hier um etwas Gemein-verständliches – soweit überhaupt von Verständnis die Rede sein kann – und zweitens handelt es sich um etwas Politisches, und mit der Wissenschaftspolitik, so schliesse ich aus der letzten Jahresversammlung, will ja unsere Physikalische Gesellschaft ihre guten Beziehungen pflegen.

Nach diesem Prolog erwarten Sie bestimmt den Text zu meiner Rede, das Märchen nämlich vom elfenbeinernen Turm. Hier setzen Sie mich schon in Verlegenheit: denn nirgends konnte ich dieses Märchen finden. Das Märchen vom elfenbeinernen Turm ist wirklich ein *Märchen*. Dies sage ich mit Zuversicht, denn ich habe im Webster und in John Bartlett's Book of Quotations nachgeschaut und schliesslich steht neben mir die Autorität von *Erwin Panofsky,* der 1953 einen Vortrag "In Defense of the Ivory Tower" gehalten hat.[1] Woher also stammt der Ausdruck "der elfenbeinerne Turm" und wie kam es, dass die Beschimpfung: "Sie leben – oder – sie forschen in einem Elfenbeinturm" in Amerika und anderswo – und hier paraphrasiere ich Panofsky – zum stärksten geworden ist, was man sich gegen jemanden erlauben kann, ohne eine Ehrverletzungsklage zu riskieren? Der Ausdruck selbst stammt eindeutig aus dem alten Testament und kommt dort einzig in Kapitel 7 Vers 4 des Hohen Liedes vor. Ich konnte mich nicht enthalten, Ihnen den Vulgata Text aufzuschreiben:

*Schweizerische Physikalische Gesellschaft, 1970.
[1] Erwin Panofsky, The Centennial Review Vol. I, No. 2, 1957.

VII/4   Collum tuum sicut *turris eburnea*. Oculi tui sicut piscinae in Hesebon, quae sunt in porta filiae multitudinis. Nasus tuus sicut *turris,* quae respicit contra Damascum

und daneben noch V/14 zu setzen:

V/14   Venter eius *eburneus,* distinctus sapphiris

In VII/4 preist der Bräutigam Hals, Augen und Nase der Braut, und er sagt im ersten Satz, dem Sinne nach: "Dein Hals ist so weiss und so fest wie Elfenbein, ist so schön geformt wie ein hoher Turm." Dass das eburneus auf das Aussehen und das Tastgefühl (das dürfen wir ruhig hier einschliessen) bezogen ist, geht aus V/14 hervor, wo der Bauch oder Leib des Bräutigams beschrieben wird, der, in Luthers Übersetzung ist "··· wie reines Elfenbein mit Saphiren geschmückt." Dass aber turris die Gestalt des Halses beschreibt, das folgt aus dem grossartigen Vers IV/4: "Dein Hals ist wie der Turm Davids, mit Brustwehr gebaut, daran tausend Schilde hangen und allerlei Waffen der Starken." Aus dem Hohen Lied ist der elfenbeinerne Turm zusammen mit dem Turm Davids in das Missale Romanum übergegangen, wo in der Lauretanischen Litanei die Mutter Gottes als turris Davidica, turris eburnea angerufen wird.

Das also ist der Ursprung des elfenbeinernen Turms. Wie aber ist daraus eine Beschimpfung geworden? Die nächste Quelle nach Bartlett und Panofsky ist *Charles-Augustin Sainte-Beuve* 1837 "Pensées d'Août". Im Gedicht für M. Villemain tadelt er Alfred de Vigny, weil dieser im Gegensatz zu Victor Hugo, nicht den ganzen Tag im Harnisch kämpfte sondern: "··· plus secret / Comme en sa tour d'ivoire avant midi rentrait." Hier tritt zuerst, zaghaft zunächst, der Sinn hervor, der später in der Beschimpfung sich schamlos enthüllt: Aber welch ein Abfall zur prallen, sinnlichen turris eburnea des Hohen Liedes. D'ivoire bezieht sich jetzt auf tour und macht, zusammen mit dem Ritter Vigny, der sich in den Turm zurückzieht, ein Bild von (vielleicht beabsichtigter?) vollendeter Lächerlichkeit. In der Tat, es liegt im Attribut elfenbeinern, es liegt in der Grösse der Elefantenzähne – und seien es meinetwegen Mammutzähne – dass ein Elfenbeinturm immer ein Türmchen bleiben muss. Und so stellt man sich denn den Ritter vor, wie er gen Mittag zusammenschmort um schliesslich, vielleicht auf seinem Pferdlein, in der spannenlangen "tour d'ivoire" zu verschwinden. Vielleicht ist der betreffende Turm sogar ein Tintenzeug auf des Dichters Tisch in Gestalt des schiefen Turms von Pisa und schaut nur scheinbar wie aus Elfenbein aus.[2] Ohne Zweifel aber hat Sainte-Beuve das Bild der tour d'ivoire aus dem Missale Romanum.

Die glänzende Geschmacklosigkeit des neuen Elfenbeinturmes und der Stil der Zeit haben das Bild rasch über den französich-angelsächsischen Sprachbereich

---

[2] Niemand wird hoffentlich auf die Idee kommen, das Meisterwerk Giottos bei Sta Maria del Fiore in Florenz als Elfenbeinturm zu bezeichnen. Hingegen gibt es unter den Schachfiguren oft Elfenbeintürme.

ausgebreitet.[3] Bei uns tritt der Ausdruck, in seiner herabkommendsten journalistischen Form, erst seit etwa 15 Jahren als Amerikanismus auf. Der biblische Ursprung des "elfenbeinernen Turmes" aber sollte die christlich oder jüdisch oder mohammedanisch empfindenden Mitmenschen zur Verwendung des Wortes als Beschimpfung nicht gerade ermuntern.

Von der Beschimpfung aber kommen wir jetzt zu den Beschimpften und fragen: "Wie steht es denn nun mit dem bequemen, durch Gelder der Öffentlichkeit ermöglichten, der lässigen Kontemplation gewidmeten Leben des Forschers oder professoralen Lehrers; wie steht es um diese Luxus-Menschlein der modernen Gesellschaft, die, wenn sie Lehrer sind, nichts besseres zu tun wissen, als ihre begabten Schüler zu ähnlich lasterhaftem Leben zu verführen und sie dadurch den gesunden Produktionsprozessen zu entziehen?"

Ich möchte Ihnen im folgenden beibringen, dass das Leben eines Forschers – wenn er nämlich forscht – auch dann, wenn er durch Gelder der Öffentlichkeit der Notwendigkeit des unmittelbaren Broterwerbes enthoben ist, durchaus nicht so edel, durchaus nicht so idyllisch verlaufen muss wie das der Mann aus dem rauhen Klima der wirtschaftlichen Welt oft annimmt. Es läge nun nahe, dies aus meiner eigenen bescheidenen Forschertätigkeit zu demonstrieren, und solches wäre durchaus möglich. Allein es hätte eine solche Demonstration den Charakter einer Konfession: ich müsste mich erneut mit Emotionen und Gefahren befassen, ich müsste mich nochmals nach Kräften in Situationen zurückversetzen, welchen ich Gott sei Dank entronnen bin. Sie verstehen wohl, dass ich eine solche Anstrengung nicht auf mich nehmen will. Es ist auch nicht nötig. Wir besitzen nämlich im Buch von *James D. Watson,*[4] eine solche Konfession, die ausserdem eine Entdeckung allerersten Ranges betrifft.

Die Sachlage ist bekannt: es handelt sich um die Erforschung des genauen räumlichen Aufbaus der Desoxyribonukleinsäure (DNS), welche für (fast) alle Lebewesen der Träger der Erbinformation ist. In das Drama verwickelt sind 4 Hauptpersonen: Maurice Wilkins und Rosalind Franklin vom King's College London, Francis Crick und James Watson vom Cavendish Laboratory in Cambridge England. Als Katalysator von aussen wirkt Linus Pauling vom California Institute of Technology. Von diesen 5 Personen sind 2 Physiker, nämlich Wilkins und Crick, Miss Franklin war Physiochemikerin und Linus Pauling ist Chemiker. Von allen war Watson zur Zeit der Handlung der Jüngste und Unerfahrenste, keine 25 Jahre alt, aber auch der bei weitem Ungeduldigste.

Das Haupthilfsmittel zur Erforschung räumlicher Strukturen von Molekülen und Kristallen ist die Röntgenbeugung. Die Röntgenanalyse der DNS wurde von Miss Franklin in London an Material von R. Signer in Bern ausgeführt. Zwar war

---

[3]Es ist hier nicht der Ort, zu zeigen, wie die *turris eburnea* in Henry James letztem unvollendeten Roman dieses Titels eine völlig andere, überzeugende und neue Bedeutung hat. Cf. Panofsky l.c.

[4]J.D. Watson "The Double Helix", New York 1968.

das Cavendish unter der Direktion von Sir Lawrence Bragg, zum grössten Leidwesen der meisten jüngeren und mittelaltrigen Physiker, immer noch eine Hochburg der Röntgenanalyse, doch hatte man sich dort hauptsächlich auf die äusserst nützliche und erfolgreiche Untersuchung von Eiweisskörpern (Haemoglobin und Myoglobin) konzentriert. Die experimentelle Untersuchung der DNS überliess man der Kings-Gruppe in London.

Was nun bewirkte die dramatische Verwicklung? Die zentrale Wichtigkeit der DNS für alles Leben war allen Beteiligten klar; sie wussten, dass die Struktur der Gene nur aufgrund der Struktur der DNS verstanden werden konnte. Und jeder wusste, *dass hier ein Nobelpreis zu gewinnen war.* Einigkeit herrschte auch unter den 4 Hauptbeteiligten, dass der Preis wenn irgend möglich nach England kommen, Pauling also ausgespielt werden sollte. Watson und Crick – aber auch Rosalind Franklin und ebenso Wilkins trauten sich zu, das Problem lösen zu können. Dieses Selbstvertrauen ist besonders im Fall von Watson erstaunlich – aber ohne solche Selbstsicherheit können eben grosse Probleme überhaupt nicht gelöst werden. Völlig entgegengesetzt aber waren die Meinungen zunächst über die Zeitspanne, die zur völligen Erforschung eines so komplizierten Moleküls erforderlich sei. Während Watson und Crick in Wochen und Monaten rechneten, sahen Wilkins und Miss Franklin eine konzentrierte Anstrengung über viele Jahre voraus. Insbesondere muss Miss Franklin nach einem äusserst sorgfältigen Arbeitsplan, der nichts dem Zufall überlassen wollte, der also mutmasslich mit Sicherheit zur Lösung führen sollte, vorgegangen sein.

Ganz im Gegenteil hiezu waren Crick und Watson der Überzeugung, dass die Struktur aus relativ wenigen Messungen durch den Bau von Modellen und durch theoretische Überlegungen glücklich erschlossen werden könne. Man ist hier versucht, von einem Konflikt zwischen gegensätzlichen Typen, nenne man sie nun introvertiert und extrovertiert oder, nach W. Ostwald, Klassiker und Romantiker zu sprechen. Aber solche nützlichen Schematisierungen schaffen das konkrete Problem nicht aus der Welt: Miss Franklin allein hatte die auf jeden Fall nötigen Röntgenaufnahmen, wollte damit aber nicht herausrücken. Für Watson und Crick stellte sich hier also ein Problem (wenn das Wort erlaubt ist) der Werkspionage. Wie dieses schliesslich bewältigt wurde, mit welcher Zähigkeit und weiblicher List sich Rosalind Franklin gegen die Beraubung wehrte, wie im Hintergrund der grosse Mann Pauling vorwiegend durch seine Existenz zu äusserster Eile, zum Einsatz der verwegensten psychologischen und andern Mittel verführte, das bildet den spannendsten Teil dieses faszinierenden Buches. Aber von der stolzen Abgeschiedenheit im blöden Elfenbeinturm ist hier nichts zu merken: die Emotionen sind stark, besonders unerträglich der nur aus der Situation begründete Hass zwischen den 3 Männern und Rosy Franklin. Mit dem endgültigen Sieg von Watson und Crick bricht er zusammen und es scheint, dass er zwischen Rosalind Franklin und Francis Crick von gegenseitiger Achtung und Freundschaft abgelöst worden ist. Der frühe Tod von Miss Franklin überschattet das Drama. Er ist wohl die Ursache für Watsons Buch, welches eine merkwürdige und rührende Ehrengabe für diese grossartige Frau darstellen könnte.

Etwas fällt uns aber an der Arbeit von Watson und Crick um die Aufklärung der DNS besonders auf: Es handelt sich um eine ganz ungeordnete Anstrengung. Von einer geregelten Arbeit keine Spur. Watson beschreibt einen Zeitraum von etwa 100 Wochen. Von diesen entfallen höchstens 4 auf äusserst intensive und gezielte Arbeit am Modell. Zugegeben, daneben laufen noch andere und beachtliche wissenschaftliche Untersuchungen – aber viel, sehr viel Zeit wird mit Reisen, mit Mädchen, beim Tennis, im Kino, bei "parties" vertan. Watson kommt nach Kopenhagen. Er kann keine Chemie. Er weiss, dass er chemische Kenntnisse bitter nötig haben wird. Er lernt jedoch nicht, denn sein Instinkt sagt ihm richtig, dass die Chemie, welche er jetzt in Kopenhagen lernen könnte, zur Lösung des Problems, von dem er besessen ist, unbrauchbar ist. Bei aller Ablenkung aber, die er sucht, ist seine Aufmerksamkeit hell wach. Unendlich vieles läuft über ihn weg, ohne das Bewusstsein zu benetzen, bis plötzlich etwas aufblitzt, was ihn der (Er-) Lösung näher bringen kann. Es ist eine derartige Besessenheit, der man durch systematische Tätigkeit beizukommen nicht in der Lage ist, ein sehr unbequemer Zustand;[5] *denn die Lösung kann nur aus dem Zufall kommen.* So folgt Watson seinem Chef nach Neapel in der klaren Voraussicht, dass er dort nichts tun wird. Sein Motiv ist vielleicht die (betrogene) Hoffnung, es werde im Süden warm und angenehm sein. Aber in Neapel trifft er den ihm unbekannten Maurice Wilkins, der selbst zufälligerweise seinen Chef J.T. Randall an einer Tagung vertritt. Wilkins berichtet über die Röntgenbeugung an der DNS und – "Suddenly I was excited about chemistry" schreibt Watson. Dieser eine Zufall gibt seinem Leben die entscheidende Wendung. Das weiss er augenblicks und sogleich versucht er, dem (unverheirateten) Wilkins näher zu kommen, indem er ihm seine Schwester als Köder hinwirft. Der Plan misslingt, zeigt aber, dass Watson im günstigen Augenblick bereit ist alles, auch das Kostbarste, ins Spiel zu werfen: denn seine Schwester bedeutet ihm offenbar viel. Sie ist im ganzen Buch die einzige Frau, zu der er eine normale Beziehung hat. Welcher Zufall weiter führt Peter Pauling, den Sohn von Linus, rechtzeitig ins Cavendish; welch nützliches Zusammentreffen, dass im selben Zimmer mit Crick und Watson auch der Kristallograph Jerry Donohue arbeitet, der genau zur richtigen Zeit einen fatalen Fehler aller Chemiebücher über die Tautomerie der vier Basen korrigieren kann – und schliesslich, welches Glück, dass James Watson im Cavendish Francis Crick trifft, sich – aus welchen Gründen auch immer, und wenig schmeichelhafte

---

[5] Als Laie mag man im Fall Watson eine gewisse Parallele zur Assimilation eines Komplexes sehen. Eine solche kann in einer akuten Psychose erfolgen (H.K. Fierz: Klinik und Analytische Psychologie, Zürich 1963, p. 139 ff.). Man vergleiche etwa die zunehmende Ratlosigkeit von Watson in Neapel, seine Tagträume über zukünftige Erfolge – dies eine tatsächliche Vorwegnahme der Zukunft –, seine Versicherung, dass auch andere vor ihm den schwierigen Weg erfolgreich gegangen waren – dies die Bedeutung der Lektüre klassischer genetischer Arbeiten – mit der präakuten Phase des zitierten Falles; aber man beachte auch die Unterschiede.

Gründe lassen sich leicht vermuten – mit ihm anfreundet und seine überragende Begabung mehr fühlt als erkennt. Das Letzte ist besonders bemerkenswert; denn Crick ist schon 35 und hat noch nichts hervorgebracht: ein erstaunlicher, wenn auch nicht ganz vereinzelter Fall einer Spätentwicklung.

Welchen sozusagen moralischen Wert der Autor aber dem Glück, dem glücklichen Zufall zubilligt, geht schlagend aus einem Satz p. 14 hervor, wo über die Skeptiker, die damals – 1951 – noch an der überragenden Rolle der DNS für die Vererbung zweifelten, schreibt: "Many were cantankerous fools who unfailingly backed the wrong horses." Wer also beim Pferdewetten unfehlbar verliert, ist ein bösartiger Narr. Nun muss man, um die Stärke dieser Aussage zu verstehen, wissen, dass unter Wissenschaftern, deren intellektuelle Funktion ja überbetont ist, das Wort "Narr" durchaus einen Angriff auf die Moral mitenthält.

Offensichtlich hat, wenigstens in unserm Fall, der Wissenschafter ein besonderes – und wie sich sogleich zeigen wird – ein minderwertiges Verhältnis – zum Zufall, zum Schicksal, zum Einmaligen – nennen Sie es wie Sie wollen. Das gilt allgemein. Der Naturforscher untersucht nämlich nicht das Einmalige, was er wegwerfend als zufällig bezeichnet, was wir aber auch als schicksalshaft angesprochen haben, sondern das Wiederholbare, Regelmässige, das Gesetzmässige, was ein Avantgardist als das Langweilige bezeichnen könnte. Das Reproduzierbare präpariert er sich sorgfältig im Experiment – es sei denn, er war Astronom und fand die Naturgesetze am Himmel. Ich wähle die Vergangenheit, da man ja heute um teures Geld am Himmel herumexperimentiert. Naturgesetze aber sind im Prinzip dem Einmaligen gegenüber völlig machtlos. Das Zufällige, das was einem zu-fällt, ist dem Naturwissenschafter also notwendigerweise ein Minderwertiges. Gerade deshalb mag er, wenn er seine Ziele hoch steckt, in seiner Beschäftigung völlig ein Opfer des Zufalls werden: denn zur Entdeckung neuer Naturgesetze führt kein gebahnter Weg, den man bequem abschreiten könnte, hier ist man der Einsamkeit und Wegelosigkeit völlig ausgesetzt. Das können wir bei Watson klar erkennen, das kennt aber jeder in weniger bedeutendem Grade an sich selbst. Es ist weitgehend ein Zufall, ob ich in einer Bibliothek das richtige Buch herausgreife; denn heutzutage, wo die Literatur so umfänglich ist, legt eine grobe Problemstellung, ein ungefähres Gefühl über die nützliche Methode noch lange nicht eindeutig *ein* Werk fest. Das gilt ebensogut für den Geisteswissenschafter wie für den Naturwissenschafter, daher ich die schöne Beschreibung von Dora Panofsky über Pans Verhältnis zu den Büchern hier nicht unterdrücken will: "Pan", sagte sie, "betritt eine Bibliothek und die richtigen Bücher fliegen ihm zu." Jeder, der auch nur etwas von Erwin Panofsky gelesen hat, weiss, wie bereitwillig ihm die Bücher ihre Schätze zugetragen haben.

Mit dem Himmel aber, den ich schon beiläufig erwähnt habe, hat es eine besondere Bewandtnis und mit dieser müssen wir uns jetzt beschäftigen. Himmel und Erde bilden seit unabsehbarer Zeit ein Gegensatzpaar. Herrscht hier der Zufall, so dort die Harmonie und die Gesetzmässigkeit. Im Studium der Himmelserscheinungen mussten und konnten die grossen Naturgesetze gefunden werden,[6] sie interessieren den Forscher, den philosophum, deshalb wendet er sich von dem irdischen Geschehen ab. Dadurch aber muss er dem Geschäftsmann, auch dem Industriellen und dem Politiker, den Leuten also, "die mit beiden Füssen in der rauhen Wirklichkeit stehen", die dem Leben ihren Tribut zollen und das Leben der andern erst ermöglichen, verdächtig erscheinen. Ist dem einen der Zufall ein Greuel, dann lebt der andere in dem, was ihm täglich zufällt; erschrickt der eine über jedes Klopfen an der Tür, vor jedem zu öffnenden Brief, so heisst der andere das Unerwartete willkommen und ist bestrebt, es auf seine Weise zu nützen; fasst der eine nur schwer Entschlüsse, weil er die Folgen nicht absieht, so treibt der andere durch seine Entschlusskraft sich und seine weitere, seine oft sehr grosse Umgebung in neue unerwartete Bahnen; kann der eine (im primitiv materiellen Sinn) nicht einmal für sich selbst sorgen, dann sorgt der andere für Tausende und Zehntausende; hat der eine eine minderwertige Einstellung zum Zufälligen, so liegt die Gefahr beim andern – wohl anderswo; denn hier getraue ich mich nicht, die Analyse ohne das Studium etwa der Selbstbiographie eines Industriellen weiterzuführen.

In welch unmittelbarer Weise aber etwa der philosophus vom Himmel Besitz ergriffen hat, geht handgreiflich aus Macrobius' Kommentar zum Traum des Scipio aus dem 6. Buch Ciceros de re publica hervor. Dieser Kommentar ist für die Geistesgeschichte des Mittelalters ein durchaus sehr wichtiges Buch, aus dem man also schon etwas lernen kann; nur seinetwegen ist uns das somnium scipionis aus der spät und lückenhaft überlieferten "de re publica" vollständig erhalten, um jetzt von unsern Söhnen und Töchtern im Gymnasium übersetzt zu werden.

Das Somnium überlieferte dem Mittelalter die pythagoräische Kosmologie mit der unbewegten kugelförmigen Erde im Zentrum, den 7 Planetensphären (wobei Sonne und Mond auch zu den Wandelsternen zählen) und der Fixsternsphäre. Auf Erden, unter dem Mond ist alles vergänglich und unterliegt dem Zerfall, ausgenommen die Seele, welche dem Menschen als göttliches Geschenk zukommt. Diese Seelen aber, vom Tod aus den Fesseln des Körpers wie aus einem Gefängnis befreit, geniessen in der Fixsternsphäre ein ewiges, das eigentliche Leben, in Seligkeit – sofern zu ihnen Menschen gehörten, die in Ciceros Worten, patriam conservaverint, adiuverint, auxerint, sofern sie also dem Römischen Reich als Staatsmänner brav gedient hatten. Was nun aber macht Macrobius aus dieser Lehre? Er beginnt recht bedenklich:[7] "Zunächst ist hier etwas über die zu erwartende Seligkeit derer zu sagen, welche dem Vaterland gedient haben. Erst

---

[6]Wie sehr dies freilich wieder auf dem Zufall beruht, nämlich darauf, dass die Anfangsbedingungen für die Planeten (und des Mondes) zu einer sehr regelmässigen Bewegung führen, dass die Unregelmässigkeiten, etwa die Abweichung der Planetbahnen von Kreisen, aber doch so gross sind, dass sie gemessen werden konnten und nach einer Theorie verlangten, das ist eine Erkenntnis der Neuzeit. Siehe hiezu Otto Neugebauer: Exact Sciences in Antiquity, 2. Aufl., Providence 1957 p. 124 ff.

[7]A.T. Macrobius, Commentarii in somnium scipionis, 1.8. 2-3.

dann werden wir die angeführte Stelle richtig verstehen." Jetzt fährt er aber mit etwas völlig anderem fort: "Nur die Tugenden machen selig und kein anderer Weg führt zur Seligkeit. Daher erklären diejenigen," (und Macrobius zählt auch zu ihnen) "welche der Meinung sind, Tugenden kommen nur den Philosophen zu, dass nur Philosophen selig werden" (und damit in den Himmel kommen) "können. Mit Recht halten sie das Verständnis der göttlichen Dinge" (allein) "für Weisheit und sagen, dass nur jene weise seien, welche die himmlischen Wahrheiten mit wachem Geist erforschen und sorgfältig bewahren." Es ist klar, dass sich der Kommentator jetzt in die grössten Schwierigkeiten hineinmanövriert; denn er muss ja den Männern der Tat im Himmel auch noch ein Plätzchen offen halten. Es ist wirklich amüsant, ihm zuzuhören, wie er es am Ende doch noch schafft; doch genug davon.

Wir sehen hier handgreiflich wie die Vorläufer der späteren Naturforscher vom Himmel Besitz ergreifen und sich von der sublunaren Welt mit ihrer Gesetzlosigkeit abwenden. Aber mit Ernst müssen wir uns fragen, ob nicht Hochmut und wieweit nicht Hochmut dabei die treibende Kraft vorstellt. Hochmut als superbia ist eine der sieben Todsünden und als solche eine christliche Erfindung. Die Anklage auf Gelehrtenhochmut ist wohl eine Konstante der Geistesgeschichte. Sie ist die Kehrseite des Neides, der invidia, die sich gegen jeden richtet, der etwas weiss oder etwas besitzt. Aber hin und wieder tritt die Anklage plötzlich epidemisch auf, so im 16. Jahrhundert in Italien gegen die Humanisten[8] oder, uns näher, um 1930 in Deutschland, wo die Epidemie zur fast völligen Zerstörung alles Geistigen geführt hat.

Vor dieser dunklen Folie wollen wir uns jetzt in die Psychologie des Forschers und Wissenschafters einzufühlen versuchen. Dass wir es hier oft oder meist mit Menschen von grossem, ja überwältigendem Ehrgeiz zu tun haben, sollte aus der biographischen Skizze von Watson genügend hervorgegangen sein. Dass damit eine grosse Verletzlichkeit mit in Kauf geht, wird niemanden verwundern. Das macht es für diese Menschen äusserst schwer, Fehler und Misserfolge[9] zu ertragen. Aber in einem grossen Unternehmen sind diese unvermeidlich. Watson beschreibt einen solchen Misserfolg mit ihrem ersten sterischen Modell drastisch. Der Misserfolg droht in eine persönliche Katastrophe auszumünden, denn Crick erhält den strikten Befehl, sich von nun an ausschliesslich seiner Dissertation zu widmen. Er ist nicht der erste spätere Nobelpreisträger, der solches erträgt. Nun sind die Wissenschafter unter sich nicht Leute, welche einander Schmerzen gern ersparen. Auch das beschreibt Watson: ein wohlbestallter Gelehrter überschüttet

---

[8]Jacob Burckhardt, Kultur der Renaissance, Abschnitt 3, Kapitel 11, Gesamtausgabe Bd. V, p. 192 ff.

[9]Über Rolle von Fehlern und Misserfolgen vor (oder auch nach) einer bedeutenden geistigen Leistung wäre manch Wichtiges zu sagen, was hier viel zu weit führen würde. Der Autor der Double Helix hat darüber Treffendes zu sagen, etwa p. 170, Zeile 1-5. Es ist dies, soweit ich sehe, der einzige Gegenstand, über den er in diesem Buch eine Einsicht verrät. Diese ist aber sehr bedeutend.

Crick mit Hohn als er entdeckt, dass Crick die 4 Basen der DNS nicht mit Sicherheit auseinanderkennt. Hier freilich wird das Verhalten von Crick schon wieder zur Waffe, indem ein rasches Sich-ducken den Gegner zu einer fatalen Unterschätzung des augenblicklichen Opfers verführt. Man macht sich, und dies wollte ich erläutern, im allgemeinen nur schwer klar, welche seelischen Wunden und Narben der Aufstieg zum anerkannten Forscher hinterlässt. Und sehr schwierig ist es, sich die Empfindlichkeit eines jungen Menschen vorzustellen, der sich seiner Begabung bewusst ist, der aber in diesem Bewusstsein, das von niemandem geteilt wird, sein einziges Kapital besitzt. Was hat aber ein Forscher, wenn er unter grössten Opfern – und die Fälle, wo etwa die Familie geopfert wird, sind nicht selten – ein Ziel erreicht hat, was hat er dann gewonnen: ein grösseres oder bescheideneres Stück Ruhm, das ihm von der Jugend gleich wieder streitig gemacht wird, eine Anstellung, die es ihm und seiner Familie gestattet, in Anstand durchs Leben zu kommen. Aber nichts ist ihm erreichbar, welches auch nur von Ferne die Dauerhaftigkeit und Verehrbarkeit des bedeutenden materiellen Besitzes erreicht. Sein Sohn und seine Tochter muss, sollte sie begabt sein, trotzdem wieder von vorne anfangen. Hier liegen durchaus ernste Sorgen: die Karriere eines Forschers, wenn er es zu etwas bringen will, absorbiert im allgemeinen soviele Kräfte, bedingt soviel Herumziehens, dass fast notwendig darunter die Familie leidet. Nur so kann ich mir erklären, dass doch recht oft Söhne, besonders die ältesten Söhne, hervorragender Wissenschafter nur mit Mühe ihren Weg finden.

Wenn man aber erfahren will, wie die begabte Jugend über das verdiente Alter urteilt, dann lese man wieder Watsons Buch und man wird mir beipflichten, dass Sir Lawrence Braggs sympatische Einleitung, in welcher er empfiehlt, dass "those who figure in the book must read it in a very forgiving spirit", von wahrer Grösse zeugt.

Im Vergleich mit dem erfolgreichen Geschäftsmann ist der erfolgreiche Wissenschafter hienieden also durchwegs benachteiligt. Deshalb finde ich Macrobius' Meinung verzeihlich, der dem Philosophen wenigstens nach dem Tode den Himmel als sicheren Lohn verspricht. In diesem Sinn mögen sich auch die Mächtigen und Besitzenden dieser Erde die Bitte Sir Lawrences merken, wenn ihnen der Stolz und die Verletzlichkeit der Intellektuellen schwer erträglich vorkommt. Denn diese sind nun einmal dazu ausersehen, das Bleibende, der Veränderung nicht Unterworfene unter Mühen zu erwerben und zu erhalten, die Naturgesetze zu finden, die in langer Sicht unsere Welt nachhaltiger verändern als all die grossen politischen und wirtschaftlichen Entscheidungen.

Damit ist auch der letzte Vorwurf schon berührt, der in der Beschimpfung: "Du lebst im Elfenbeinturm" mitschwingt. Es ist der Vorwurf des Schmarotzertums. Ja wer das grosse Hauptbuch des Weltgeschehens kennte, der könnte auch nachschauen, ob jetzt die Firmen, die etwa in der Schweiz Atomkraftwerke bauen, bei Einstein schmarotzten oder Einstein, als er die spezielle Relativitätstheorie und noch viel anderes im Amt für geistiges Eigentum erfunden hat, bei der Eidgenossenschaft schmarotzt hat. Freilich, für den, der das grosse Milchbüchlein führt, ist die Antwort klar. Aber wir kommen so nicht weiter.

Und nochmals muss ich auf die Gefahr, die eigentliche Gefahr zurückkommen, welche mit den gegensätzlichen Einstellungen zum Zufall verbunden ist. Es ist die Gefahr der *Masslosigkeit*. Man versteht alles oder man will alles von seiner Einstellung aus beherrschen. Und diese Gefahr ist natürlich für alle viel grösser, wenn ihr ein Mächtiger erliegt. Ein Professor kann solchenfalls vielleicht ins Burghölzli[10] kommen, ein Geschäftsmann, der General Motors mit dem Universum identifiziert – vielleicht die Kirche an der nächsten Strassenecke ausgenommen – riskiert aber eher, in die amerikanische Regierung aufgenommen zu werden. Ich weiss, dass ich jetzt dem reichen Charles Wilson unrecht getan habe und entschuldige mich dafür. Das Gegengift gegen die Masslosigkeit ist alt und wurde schon dem Römischen Triumphator verabreicht: "Wisse, dass auch du nur ein Mensch bist!" – und, fügen wir hinzu, Nebenmenschen hast.

Mir aber fällt kein schicklicherer Schluss für unsere etwas ungeordneten Betrachtungen ein, als die letzte Ermahnung Johannis, wie sie uns von Hieronymus[11] überliefert ist, das also, was Lessing das Testament Johannis nennt. Sie kennen die Geschichte: Johannes, schon sehr alt und sehr schwach, lebte bei seiner Gemeinde in Ephesus und alles, was er bei der täglichen Kollekte noch hervorbringen konnte war "Kinderchen liebt euch!" Als dieses "Kinderchen liebt euch" aber sich ständig wiederholte, wurde es den Jüngern so schal, so matt und überdrüssig, dass sie den alten Mann zur Rede stellten und ihn fragten: "Meister, wieso sagst Du immer dasselbe?" Worauf der selige Johannes ihnen die ihm würdige Antwort gab: "Darum, weil es der Herr befohlen. Weil das allein, das allein, wenn es geschieht, genug, hinlänglich genug ist." Das also ist die *digna Ioanne sententia*.

O ja, dieses *filioli, diligite alterutrum* ist auch eine Erfindung. Man kann damit sogar Geld verdienen: wie verdeutscht es denn der *Axel Springer* ?

Seid nett zueinander!

---

[10]Psychiatrische Universitätsklinik, Burghölzli, Zürich.

[11]Hieronymus ist seit dem späten Mittelalter der Schutzpatron der Gelehrten und Humanisten. Hiezu und überhaupt zu unserem Thema siehe Ernst H. Kantorowicz: Die Wiederkehr gelehrter Anachorese im Mittelalter, in Selected Studies, N.Y. 1965, p. 339 ff.

Wissen und Gewissen – Die Naturwissenschaft zwischen Sehnsucht und Sünde[*]

Zur Sünde verhält sich das Gewissen etwa wie das ätzende Alkali zum Indikator Lackmus. Und dass Sünde und Erkenntnis sich eigentümlicherweise ergänzen, ist eine uralte Erfahrung, die tief in unserer jüdisch-christlichen Tradition wurzelt. Wir können aber nur nach vorwärts, gewissermassen durch das Unendliche hindurch, zur Erlösung unserer Sehnsucht gelangen: die Pforten des Paradieses sind hinter uns ins Schloss gefallen.

In Emil du Bois-Reymonds Gedächtnisrede auf seinen Lehrer und Kollegen, den Berliner Physiologen Johannes Müller[1] (1801-1858), steht folgende Episode als Fussnote:[2] "Als Student machte er (J.M.) mit mehreren einen Ritt von Bonn an die Ahr, hier fand er, als er de Respiratione Foetus schreiben wollte, eine trächtige Katze. Sie sollte und mußte zu Pferde mit nach Bonn genommen werden, alle scheinbaren Hindernisse wurden beseitigt, in einem Sacke band er sie hinter seinem Sattel fest und allem Miauen ungeachtet wurde sie in allen Reitarten, Schritt, Trab, Galopp, mitgeschleppt; in Bonn angekommen, war sie wütend und biß ihn sehr bösartig in die Hand, so daß er fürchtete wasserscheu zu werden; alles half nichts und wehrte nicht, sie wurde zu seinen Zwecken lebend zerlegt."

Die Erzählung hat sich mir tief eingeprägt. Zwar gebe ich gerne zu, dass Scheusslicheres im Namen der Wissenschaft täglich geschieht. Hier aber wird mit Leiden geprahlt, geschieht das Unerträgliche im Rausch der Begeisterung, wird das Mitleiden verspottet. Es liegt mir fern, gegen die Vivisektion im speziellen oder gegen den Tierversuch im allgemeinen anzukämpfen, und ohne Wissenschaftsbegeisterung wird in den Naturwissenschaften nichts erreicht. Aber mit dem Experiment verbunden bleiben muss die Einsicht in die Bedenklichkeit der Mittel. Für das Bedenken gibt es keine General-Absolution, und auch der höchste Zweck heiligt die Mittel keineswegs. Schliesslich soll aus dem Beispiel kein schiefes Licht auf Johannes Müller fallen, der der Naturphilosophie im Goetheschen Sinn

---

[*]Engadiner Kollegium, 1986; Wissen und Gewissen (E. Kull et al. eds); Zürich 1987, 177-189.

[1]Emil du Bois-Reymond: Reden, 2 Bde., herausgegeben von Estelle du Bois-Reymond, Leipzig 1912, Bd. I, S. 135-317.

[2]l.c. 1, S. 291, Anmerkung 8).

anhing und im Urteil seines Kollegen du Bois-Reymond als Physiologe und Natur-forscher (wenn auch nicht als Dichter) im 19. Jahrhundert eine ähnliche Stellung einnimmt wie Albrecht von Haller im Jahrhundert zuvor. In späteren Jahren wurde gegen ihn sogar der Vorwurf erhoben, sich der Vivisektion zuwenig zu be-dienen und, besonders im Unterricht, die Demonstration am lebenden Objekt allzusehr einzuschränken.

Die Sehnsucht nach dem Erkennen, "nach der freudigen Aufregung, welche einen fruchtbaren Blick in die Natur oder die Entdeckung einer verständlichen und Verständnis bringenden Tatsache zu begleiten pflegt",[3] war ihm sein Leben lang eigen. Sie kennzeichnet den modernen Naturforscher und tritt, historisch gese-hen, bei Isaac Newton mit der endzeitlichen Erlösungssehnsucht der christlichen Religion vergemeinschaftet auf.

Es bereitet uns Heutigen allerdings Mühe, uns in eine Zeit zurückzuverset-zen, in welcher das Wort Gottes – die Bibel – und das Werk Gottes – die Natur – gleichmässig und für dieselbe Person Gegenstände der ernsthaftesten Forschung waren. Aber Isaac Newton hat uns neben seinen überragenden Werken, den "Philosophia Naturalis Principia Mathematica" (1. Auflage 1687) und den "Opticks" (1. Auflage 1704) und neben seinen mathematischen Schriften eine überwältigende Masse von chemisch-alchemistischen, chronologischen und theo-logischen Manuskripten hinterlassen, deren Umfang man auf etwa 2 Millionen Worte schätzt.

Natürlich ist das Werden und Walten eines Genies unerklärlich und wunder-bar. Und voller Vorbedeutung muss Isaac Newton schon die Erzählung seiner Geburt erschienen sein. Früh am Morgen des Weihnachtstages 1642 (alter Rech-nung) als Sohn eines Freibauern posthum zur Welt gekommen, erwartete niemand sein Überleben: so winzig und schwach und vorzeitig war das Neugeborene. Sein Vater lag bei seiner Geburt schon drei Monate im Grab. In seinem vierten Lebens-jahr verliess ihn auch seine Mutter Hannah, denn sie heiratete den schon betagten Barnabas Smith und lebte fortan bei diesem. Sie kehrte in seinem 11. Lebens-jahr, zum zweiten Male verwitwet, mit drei Stiefgeschwistern zu ihm zurück, der inzwischen in der Obhut seiner Grossmutter mütterlicherseits gelebt hatte. Es ist glaubhaft, was die modernen Newton-Biographen behaupten, dass "Sein Vater im Himmel", der Entzug der Mutter im zarten Kindesalter, ihre Wiederkunft in der Vorpubertät, in der seelischen Landschaft des Auserwählten tiefe Spuren hinterlassen haben.[4] Im übrigen waren die Zeiten wild genug. Es herrschte Bür-gerkrieg, alles strebte der Diktatur Oliver Cromwells zu, König Karl I. wurde gefangengesetzt und 1649 enthauptet. Cromwell starb und machte erneut den Stuarts Platz. Unter Karl II., der Wissenschaft und Weiber liebte, wird die Royal Society gegründet. Die Pest durchzieht das Land, die Universität Cambridge, wo

---

[3] l.c. 1) S. 250.
[4] Frank E. Manuel: A Portrait of Isaac Newton, Harvard University Press 1968, Part one.

Newton studiert, wird geschlossen. London verbrennt in den Tagen vom 2. bis 4. September 1666. Auch Karl II. stirbt, Jakob II. führt das Land erneut in den Bürgerkrieg, der mit der glorreichen Revolution und William und Mary auf dem Thron endet. Königin Anna erhebt Newton in den Adelsstand und schliesslich erreicht man mit Georg I. (1714-1727) von Hannover wieder dynastische Stabilität.

Eine Zeit, in der man Gottes Hand in Glück und Unglück empfand, eine Zeit, die zum Studium der prophetischen Bücher des Alten und Neuen Testaments herausforderte. Aber derselbe Kleriker, der sich in das Buch Daniel und in die Apokalypse Johannis vertiefte, studierte vielleicht auch das andere Buch Gottes, das Buch der Natur (Isaac Barrow, John Wallis, John Flamsteed). Und derselbe Newton, der die moderne mathematische Analysis und die mathematische Physik geschaffen und der für uns das Licht erforscht hat, vertiefte sich in die prophetischen Bücher vielleicht in der Erwartung, dass das Ende nicht fern sei, und dass es gelte, die Zeichen der Zeit zu erkennen. Zwar schreibt er:[5] "Religion und Naturwissenschaft müssen streng getrennt werden. Es ist uns nicht erlaubt, göttliche Eingebung in der Naturwissenschaft noch naturwissenschaftliche Meinungen in der Religion als Argument zu verwenden." Aber in Wirklichkeit ist sein Verhalten viel differenzierter; denn das Wort Gottes und das Werk Gottes lassen sich nicht trennen: sie sind in Gottes Namen verbunden. Und so ist es ganz unvermeidlich, dass die Religion in die Naturwissenschaften hineinragt und dass die Wissenschaft vom Gang der Gestirne die Chronologie und damit die Eschatologie bestimmen hilft. Sowohl die "Principia" wie auch die "Opticks" enthalten in ihren späteren Auflagen umständliche Abschnitte, in welchen von Gott die Rede ist. In den "Principia" ist dies vor allem das Scholium Generale des dritten Buches, in der "Opticks" findet die Auseinandersetzung in den Queries 28 und 31 statt.

Ich muss hier oberflächlich bleiben und werde mich auf je einen Ausschnitt aus der "Opticks" und dem "Scholium Generale" beschränken. Zunächst aus der Query 31. Newton erklärt seine Methode in Worten, die ich wie folgt übersetze:[6]

---

[5]H. McLachlan: Sir Isaac Newton, Theological Manuscripts, Liverpool 1950, S. 58. "That religion and Philosophy are to be preserved distinct. We are not to introduce divine revelations into Philosophy nor philosophical opinions into religion."

[6]Sir Isaac Newton: Opticks based on the fourth edition, London, 1730, Dover Publications, New York 1979. S. 404 f.: "As in Mathematicks, so in Natural Philosophy, the Investigation of difficult Things by the Method of Analysis, ought ever to precede the Method of Composition. This Analysis consists in making Experiments and Observations, and in drawing general Conclusions from them by Induction, and admitting of no Objections against the Conclusions, but such as are taken from Experiments, or other certain Truths. For Hypotheses are not to be regarded in experimental Philosophy. ... By this way of Analysis we may proceed from Compounds to Ingredients, and from Motions to the Forces producing them; and in general, from Effects to their Causes, and from particular Causes to more general ones, till the Argument end in the most general. This is the Method of Analysis: And the Synthesis consists in assuming the Causes discover'd, and establish'd as Principles, and by them explaining the Phaenomena proceeding from them, and proving the Explanations. ... And if natural Philosophy in all its Parts, by pursuing this Method, shall at length be perfected, the Bounds of Moral Philosophy

"Wie in der Mathematik so muss auch in der Naturforschung bei der Erforschung schwieriger Gegenstände die Methode der Analyse der Methode der
Synthese vorausgehen. Diese Analyse besteht im Durchführen von Experimenten
und Beobachtungen, aus denen man durch Induktion allgemeine Folgerungen
zieht, gegen die man keine Einwände gelten lässt ausser solchen, welche aus den
experimentellen Bedingungen oder aus allgemeinen als wahr erkannten Sachver-
halten folgen: denn Vorurteile (Hypothesen) haben in den experimentellen Wissenschaften keinen Platz. ... Durch diese Art der Analyse mögen wir von den
Verbindungen zu den Bestandteilen und von den Bewegungen zu den Kräften,
die sie hervorbringen, allgemein von den Wirkungen zu ihren Ursachen, und von
speziellen Ursachen zu allgemeineren fortschreiten, bis wir schliesslich bei der
allgemeinsten Ursache ankommen. Dies ist die Methode der Analyse: in der Synthese aber werden die entdeckten Ursachen zu Prinzipien erhoben und aus ihnen
die Phänomene, die daraus hervorgehen, erklärt und diese Erklärungen bewiesen.
... Und wenn einmal die Naturwissenschaft in allen ihren Teilen in Verfolgung
dieses Weges ihr Ziel erreicht hat, dann werden sich auch die Grenzen der Moralphilosophie geweitet haben. Denn wenn wir einmal durch Naturforschung die
erste Ursache (nämlich Gott, Anm. R.J.) erfahren haben und wissen, welche
Macht er über uns hat und welche Wohltaten von ihm ausgehen, dann wird uns
unsere Pflicht Gott und den Mitmenschen gegenüber im hellen Licht der Natur
erscheinen. Kein Zweifel: hätte nicht die Verehrung falscher Götter die Heiden
mit Blindheit geschlagen, dann hätte sich ihre Moralphilosophie über die Lehre
von den vier Kardinaltugenden hinaus entwickelt, und statt die Seelenwanderung
zu lehren und Sonne und Mond und die toten Helden anzubeten, hätten sie uns
angeleitet, unseren wahren Schöpfer und Wohltäter zu verehren, wie das ihre Vorfahren unter dem Regiment Noahs und seiner Söhne getan hatten, bevor sie dem
Verderbnis anheimgefallen sind."

Über diese *letzte Ursache* finden wir im Scholium Generale die Ausführun-
gen (diesmal in der Übersetzung von J.Ph. Wolfers):[7] "Dieses unendliche Wesen
beherrscht alles, nicht als Weltseele, sondern als Herr aller Dinge. ... Denn das
Wort Gott (Deus) bezieht sich auf Diener, und die Gottheit ist die Herrschaft
Gottes nicht über einen eigentlichen Körper, wie diejenigen annehmen, welche
Gott einzig zur Weltseele machen, sondern über Diener. Der höchste Gott ist

---

will be also be enlarged. For so far as we can know by natural Philosophy what is the first
Cause, what Power he has over us, and what Benefits we receive from him, so far our Duty
towards him, as well as towards one another, will appear to us by the light of Nature. And no
doubt, if the Worship of false Gods had not blinded the Heathen, their moral Philosophy would
have gone farther than to the four Cardinal Virtues; and instead of teaching the Transmigration
of Souls, and to worship the Sun and Moon, and dead Heroes, they would have taught us to
worship our true Author and Benefactor, as their Ancestors did under the Government of Noah
and his Sons before they corrupted themselves."

[7]Sir Isaac Newton's Mathematische Principien der Naturlehre. Herausgegeben von J.Ph.
Wolfers, Berlin 1872, S. 508 ff.

ein unendliches, ewiges und durchaus vollkommenes Wesen; ein Wesen aber, wie vollkommen es auch sei, wenn es keine Herrschaft ausübte, würde nicht Gott sein .... Es folgt hieraus, daß der wahre Gott ein lebendiger, einsichtiger und mächtiger Gott, dass er über dem Weltall erhaben und durchaus vollkommen ist. Er ist ewig und unendlich, allmächtig und allwissend; d.h. er währt von Ewigkeit zu Ewigkeit, von Unendlichkeit zu Unendlichkeit, er regiert alles, er kennt alles, was ist oder was sein kann. Er ist weder die Ewigkeit noch die Unendlichkeit, aber er ist ewig und unendlich; er ist weder die Dauer noch der Raum, aber er währt fort und ist gegenwärtig; ... er existiert stets und überall, er macht den Raum und die Dauer aus. ... Wir kennen ihn nur durch seine Eigenschaften und Attribute, durch die höchst weise und vorzügliche Einrichtung aller Dinge und durch ihre Endursachen; wir bewundern ihn wegen seiner Vollkommenheiten, wir verehren und beten ihn an ... Wir als Unterthanen beten ihn an, denn Gott ohne Vorsehung, ohne Herrschaft und ohne Endursachen ist nichts anderes, als die Bestimmung (Fatum) und die Natur."

Und so noch weiter in dieser Einführung, aus der ich manche Stimme ausgelassen habe und die in einem Zwischenschluss feststellt:[8] "Dies hatte ich von Gott zu sagen, dessen Werke zu untersuchen, die Aufgabe der Naturlehre ist."

Mir scheint, man hört durch die Übersetzung hindurch die erhabene Weise der Propheten des Alten Testamentes, und wirklich kann man Newton ohne Zwang als einen vom Geist Getriebenen bezeichnen, der sich selbst als von Gott auserwählt vorgekommen ist. Das war die Last, die er ertragen musste und die ihn auch immer zum Wort Gottes zurückgeführt hat.

Merkwürdig klingt der Schlusssatz der 31. Query der "Opticks" nach, den ich wie folgt wiedergegeben habe: "Kein Zweifel: hätte nicht die Verehrung falscher Götter die Heiden mit Blindheit geschlagen ... dann hätten sie uns angeleitet, unseren wahren Schöpfer und Wohltäter zu verehren, wie das ihre Vorfahren unter dem Regiment Noahs und seiner Söhne getan hatten ..."

Hier spricht der Glaube an eine uralte, unverdorbene Welt, von deren Existenz Newton so überzeugt war, dass er die ganze Chronologie daraufhin ausgerichtet hat. Mit dieser urtümlichen Welt aber war eine verschollene Wissenschaft verbunden, der nachzuforschen keine Mühe zu gross war. Ich kann hier im einzelnen nicht ausführen, wie diese Überzeugung mit den alchemistischen Bestrebungen Newtons und seiner Zeit zusammenhängt. Es mag das Stichwort genügen, dass die Alchemie aus griechischen, hermetischen und arabischen Quellen als Fossil der *prisca scientia* (der uralten Wissenschaft) in die neue Zeit hineinzuragen schien. Dass die Verwandlung unedler Metalle in edlere, also etwa von Eisen in Kupfer, von Kupfer in Silber und von Silber in Gold, möglich sei, war zu Newtons Zeiten eine durch eine lange Überlieferung weitverbreitete Meinung. Verbunden war sie mit dem Glauben an den Stein der Weisen, oder an das philo-

---

[8]l.c. 7), S. 511.

sophische Quecksilber, welche solche Verwandlungen bewirken. Doch interessiert mich hier ein anderer Aspekt der Alchemie, nämlich die geistig-moralische Komponente. Zunächst, so lautete die allgemeine Lehre, konnte das grosse Werk nur dem Würdigen gelingen: in Newtons eigenen Worten wie sie uns von Conduitt übermittelt sind:[9] "Die da nach dem Stein der Weisen suchen, sind gemäss ihrer eigenen Regel zu einem strengen und religiösen Leben verpflichtet."

Dann barg das Werk selbst und die Kenntnisse, die daraus gezogen werden konnten, lauter Gefahren, wie aus dem Brief vom 26. April 1676 von Newton an Oldenburg hervorgeht, aus dem ich ziemlich frei übersetze (ich erinnere an die vielbedeutende Rolle, die "Mercurius", "$\overset{o}{+}$", "Quecksilber" in der Alchemie spielt):[10] "Gerade weil die Kenner der Methode, mit der Quecksilber so veredelt werden kann, diese mit Absicht geheim gehalten haben, könnte sie der Zugang zu weit höherem Tun sein, welches selbst nicht ohne unermeßlichen Schaden für die Welt öffentlich dargestellt werden kann .... Deshalb ziehe ich die Weisheit des edlen Autors (Robert Boyle) nicht in Zweifel, daß er in tiefer Verschwiegenheit verharrt, bis er vollständige Klarheit über die möglichen Folgen dieser Dinge hat."

Newton zeigt hier der Alchemie gegenüber eine hervorragend verantwortungsbewusste Einstellung. Wir erleben dabei das merkwürdige Schauspiel, dass die Werturteile sich in die zum Untergang bestimmte hermetische Wissenschaft zurückziehen, währenddem die aufstrebende mathematische Naturwissenschaft – wie man sagt – wertfrei entsteht. Der neue Massstab wird ausschliesslich die Wahrhaftigkeit. Und wahr ist im Experiment nur das Reproduzierbare – wohingegen die alte hermetische Wissenschaft gerade das Einmalige, nur vom würdigen Adepten zu Leistende, erstrebte. Es wäre gewiss ungerecht zu behaupten, die einzige heilige Schrift des modernen Forschers sei sein Laboratoriums-Tagebuch, aber die Hauptsünde bleibt der Labor-Schwindel in der Gestalt der falschen Eintragungen in das Journal. Und wie man die Wahrheit einer Aussage im Eid an der Wahrheit des Wortes Gottes misst, so mag ein Wissenschafter den Wahrheitsgehalt einer Behauptung an seinem wissenschaftlichen Tagebuch messen. Dass solches wirklich vorkommt, zeigt ein Beispiel aus einem der faszinierendsten Bücher unseres Jahrhunderts: dem Protokoll der Anhörung im Fall von J. Robert Oppenheimer vom 12. April 1954 bis zum 6. Mai 1954 in Washington D.C.. Am drittletzten Tag stand Dr. Jerrold R. Zacharias im Zeugenstand und wurde vom fürchterlichen Ankläger Roger Robb im Kreuzverhör um einer Nichtigkeit willen

---

[9]l.c. 4), S. 173 "They who search after the Philosopher's Stone by their own rules obliged to a strict & religious life".

[10]The Correspondence of Isaac Newton, Volume II, Cambridge Press 1960, S. 2. "But yet because ye way by wch $\overset{o}{+}$ may be so impregnated, has been thought fit to be concealed by others that have known it, & therefore may possibly be an inlet to something more noble, not to be communicated wthout immense dammage to ye world ..., therefore I question not but that ye great wisdom of ye noble Authour will sway him to high silence till he shall be resolved of what consequence ye thing may be ...".

auf glühendem Eisen geröstet:[11]

Robb fragt: "Könnten Sie sich in Ihrer Aussage nicht vielleicht doch irren?"

Zacharias antwortet:[12] "Es tut mir leid, ich bin ein Wissenschafter, Sir, ich kann mich in allem irren, was nicht in meinem Laborjournal steht."

Das Verfälschen einer Silbe im Buch der Natur wird ein ebenso schlimmes, ja ein schlimmeres Vergehen als der Verstoss gegen die Gebote des Wortes Gottes. Dazu ein Beispiel aus Richard Feynmans akademischer Rede an die frischen Doktoren und Diplomierten am California Institute of Technology – aus einer letzten Ermahnung, sozusagen, an die angehenden Wissenschafter, in ihrer Arbeit immer selbstkritisch zu bleiben. Feynman sagt:[13] "Ich versuche nicht, Ihnen darzulegen, was Sie zu tun haben, wenn Sie Ihre Frau betrügen oder Ihre Freundin belügen oder andere Gebote verletzen, sofern Sie als gewöhnliche Menschen und nicht als Wissenschafter handeln. Wir lassen dies eine Angelegenheit zwischen Ihnen und Ihrem Rabbi sein. Ich spreche hier von der besonderen und einzigartigen Unbestechlichkeit, die nicht nur nicht lügt, sondern sich verrenkt, um allen Quellen möglichen Irrtums nachzuspüren. Diese Unbestechlichkeit zeichnet den Wissenschafter im Verkehr mit anderen Wissenschaftern – und ich denke auch im Verkehr mit Nichtfachleuten – aus."

Einfacher macht es sich der schreckliche Vereinfacher Edward Teller, wenn er für seine Bombe Adepten sucht. Er schreibt:[14]

"Der Wissenschafter trägt keine Verantwortung für die Naturgesetze. Seine Aufgabe ist es, herauszubringen wie diese Gesetze wirken. Seine Aufgabe ist es, Wege zu finden wie diese Gesetze dem menschlichen Willen unterworfen werden können. Es ist jedoch *nicht* seine Aufgabe, zu entscheiden, ob eine Wasserstoffbombe gebaut werden, noch ob sie eingesetzt werden, noch wie sie eingesetzt werden soll. Darüber entscheiden das amerikanische Volk und seine gewählten Vertreter."

---

[11] In the Matter of J. Robert Oppenheimer, Transcript of Hearing before Personnel Security Board, United States Government Printing Office, Washington 1954, S. 928: "Q. Could you reasonably be mistaken about it?"

[12] J.R. Zacharias: "I am afraid I am a scientist, Sir, and I could be mistaken about anything that is not written down in my notebook."

[13] Richard P. Feynman: "Surely You're Joking Mr. Feynman!" New York, London 1985, S. 343: "I am not trying to tell you what to do about cheating on your wife, or fooling your girlfriend, or something like that, when you're not trying to be a scientist, but just trying to be an ordinary human being. We'll leave those problems up to you and your rabbi. I am talking about a specific, extra type of integrity that is not lying, but bending over backwards to show how you're maybe wrong, that you ought to have when acting as a scientist. And this is our responsibility as scientists, certainly to other scientists, and I think to laymen."

[14] Edward Teller: Back to the Laboratories. Bulletin of the Atomic Scientists 6 (1950) 71. "The scientist is not responsible for the laws of nature. It is his job to find out how these laws operate. It is the scientist's job to find the ways in which these laws can serve the human will. However, it is *not* the scientist's job to determine whether a hydrogen bomb should be constructed, whether it should be used, or how it should be used. This responsability rests with the American people and with their chosen representatives."

Denken wir zurück an die behutsamen Worte Newtons über die Verantwortung des Alchemisten aus seinem Brief vom 26. April 1676, so müssen wir in den eben erwähnten Zeugnissen eine ungeheuer vergröbernde Einschränkung der moralischen Anforderung an den Naturforscher feststellen. Diese bezieht sich allein noch auf die Denk-Funktion: Intuition, Fühlen und Empfinden sind völlig verdrängt. Dass ein Physiker mit dieser Einstellung in seinem Leben in Schwierigkeiten kommen kann oder muss, leuchtet ein: die Seele verlangt schliesslich auch ihr Recht. Und so mag denn zum merkwürdigen harmonischen Ausgleich festgehalten werden, dass offenbar die Träume und Phantasien eines Physikers vor allem Carl Gustav Jung auf den archetypischen Kern der alchemistischen Begriffe und Symbole geführt haben.[15]

So wäre denn das Ewige in dem verwirrenden Spiel der hermetischen Wissenschaft im 18. Jahrhundert nicht untergegangen, sondern im Unbewussten des Einzelnen untergetaucht?[16]

Nach diesem Exkurs, zu dem wir uns nicht eigentlich berechtigt fühlen, wird man gerne ein differenziertes Wort eines modernen Physikers zu unserem Thema vernehmen. Sie kennen es alle, es stammt von Robert Oppenheimer und lautet:[17] "In some sort of crude sense which no vulgarity, no humor, no over-statement can quite extinguish, the physicists have known sin; and this is a knowledge which they cannot lose." Die Übersetzung dieser sinnvollen Periode ist schwierig; lassen Sie es mich trotzdem versuchen: "In einem rohen Sinn, den weder Verharmlosung, noch Sarkasmus, noch Übertreibung ganz tilgen können, haben die Physiker die Sünde kennen gelernt, und diese Erfahrung können sie nicht verlieren."

Robert Oppenheimer spielt hier auf seine Arbeit während des Krieges als Direktor des Laboratoriums in Los Alamos an, wo es ihm gelungen war, eine wahre Galaxie von Physikern um Sterne erster Ordnung zu einheitlichem Tun auf das Ziel einer Atombombe hin zu sammeln und zusammenzuhalten. Ein Aussenstehender wie der Sprechende, der nie etwas Anwendbares entdeckt oder erfunden hat, kann kaum erfassen, mit welcher Inbrunst und Begeisterung in den Jahren 1943 bis 1945 dort auf dieses Ende hin geforscht und entwickelt worden ist. Die Mannschaft war jung, Oppenheimer selbst knapp 40jährig. Sie bestand aus den eigentlichen Begründern der noch jungen Wissenschaft von den Atomkernen und ihren begabtesten Schülern. Der Ort war abgeschieden und gegen die Aussenwelt hermetisch isoliert, aber im Innern gab es keine Schranken: jeder wusste, worum es ging, jeder konnte sich unter Oppenheimers souveräner Führung zu allen

---

[15]C.G. Jung: Psychologie und Alchemie, Gesammelte Werke Bd. 12, Olten und Freiburg i. Br., 4. Auflage 1984.

C.G. Jung: Psychologie und Religion, Zürich 1947.

C.A. Meier: Die Bedeutung des Traumes. Olten und Freiburg i. Br. 1972, S. 147.

[16]B.J.T. Dobbs: The Foundations of Newton's Alchemy or "The Hunting of the Greene Lyon", Cambridge 1975.

[17]J. Robert Oppenheimer: Physics in the Contemporary World, Bulletin of the Atomic Scientist 4 (1948), S. 65 ff.

Fragen äussern, nahm am ungeheuren Gemeinschaftserlebnis teil, trotzdem (oder weil) er von Natur aus eher ein Einzelgänger war. Die Versammlung war einzigartig in der Geschichte der Physik – nur wenige, darunter Edward Teller, hatten Mühe, sich einzufügen. Man kannte das Ziel, man wusste um die Zerstörungskraft der Bombe, man stand oder glaubte im tödlichen Wettstreit gegen das schlechthin Böse, gegen den mordenden Nazismus zu stehen. Trotz der Bedenklichkeit des Zieles arbeitete man mit Lust. Die Süssigkeit der Mittel heiligte den Zweck.

Hier liegt wohl die Sünde, von der Robert Oppenheimer schreibt. Es liegt in der Natur der wissenschaftlichen Arbeitsweise, dass sich Teilprobleme und Fragestellungen verselbständigen und ihre eigene Dynamik im Seelenleben des Forschers entwickeln. Wer nicht von einem Problem gepackt wird, der leistet nichts. Wer aber besessen ist, der findet nirgends Ruhe, bis ihm die Lösung oder wenigstens ein Weg zur Lösung einfällt – oder bis er sich durch eine gewaltsame Amputation von dem autonomen Komplex gelöst hat. Mit einer Krankheit vergleicht Carl Friedrich Gauss diesen Zustand in einem Brief an den Arzt und Astronomen Wilhelm Olbers (19. Februar 1826) und schreibt:[18] "Wenn dem Geiste ein gewisses Ziel dunkel vorschwebt, ohne welches erreicht zu haben das Übrige lückenhaft erscheint, nicht wie ein Gebäude sondern wie Mauersteine zu einem Gebäude – kann man nicht ablassen, darüber anhaltend zu meditiren, 100 verschiedene Versuche zu machen, und fühlte sich unbehaglich, wenn einer nach dem anderen wie ein Irrlicht spottend entflieht." Umso freudiger wird dann der als erfolgversprechend erkannte Weg beschritten und gutgeheissen – und zwar unabhängig von der Bedenklichkeit des Zieles. Auch dazu ein Zeugnis aus den Protokollen der Anhörung in der Sache von Robert Oppenheimer. Es ist wohlbekannt, dass das beratende Gremium der amerikanischen Atomenergiekommission unter ihrem Vorsitzenden Robert Oppenheimer sich am 30. Oktober 1949 gegen den überstürzten Bau einer Wasserstoffbombe ausgesprochen hat und überhaupt vor dem Bau einer Waffe mit praktisch unbegrenzter Zerstörungskraft gewarnt hat. Von da her betrachtet erscheint die Frage, die Dr. Gordon Gray anlässlich der erwähnten Anhörung an Oppenheimer gestellt hat, natürlich:[19]

Mr. Gray: "...und so müssen denn Ihre Befürchtungen mit zunehmender Einsicht in die Machbarkeit (der Bombe) zugenommen haben."

Der Zeuge: "Mir scheint das Gegenteil ist wahr. ...Meine Ansichten über die Entwicklung (der Bombe) änderten sich im Maße wie die Machbarkeit klarer

---

[18]Wilhelm Olbers, sein Leben und seine Werke, Bd. II, Berlin 1900, S. 438.
[19]l.c. 11) S. 251.
Mr. Gray: "Your deep concern about the use of the hydrogen bomb, if it were developed, ...became greater ..., as the practicabilities became more clear? Is that an unfair statement?
The Witness: I think it is the opposite of true, ...my feeling about development became quite different when the practicabilities became clear. When I saw how to do it, it was clear to me that one had to at least make the thing. ...The program in 1951 was technically so sweet that you could not argue about that. It was purely the military, the political, and the humane problem of what you were going to do about it once you had it."

wurde. Als ich erkannte, wie die Sache zu tun sei, war es mir klar, daß wir das Ding herstellen mußten .... Das (neue) Programm von 1951 war vom technischen Standpunkt aus so süß, daß man es nicht bekämpfen konnte. Es blieb (nur) das rein militärische, das politische, das menschliche Problem übrig: was man mit dem Ding anstellen sollte, wenn man es einmal hatte."

Und trotzdem bleibt der Anlass zu dieser Anhörung von Robert Oppenheimer einer der wenigen Lichtblicke im Verkehr zwischen Naturwissenschaft und Macht. In der Empfehlung des beratenden Gremiums an die amerikanische Atomenergie-Kommission gegen den überstürzten Bau einer Wasserstoffbombe hatte die Vernunft und das Gewissen über den Irrsinn der unvorstellbaren Zerstörungskraft, der Machtgier, der Dummheit und des Hasses gesiegt. Die Empfehlung war, wie man aus der rückblickenden Analyse weiss, richtig und richtig begründet.[20] Es ist ein schwacher Trost, dass wie immer Harry S. Truman am 31. Januar 1950 entschieden hätte, unsere Welt heute vermutlich dieselbe wäre. Und es ist kein Trost, aber eine Erkenntnis, dass die Mächtigen darauf drängten, der abwägenden Vernunft, dem Wissen und Gewissen in der Gestalt von Robert Oppenheimer ein für allemal den Einfluss zu nehmen.

---

[20]Ich stütze mich hier auf die sorgfältige Analyse von Herbert F. York: The Advisers, Oppenheimer, Teller and the Superbomb, San Francisco 1976. Das Buch enthält als Appendix den nahezu vollständigen Wortlaut des Berichtes vom 30. Oktober 1949 des General Advisory Committee an die Atomic Energy Commission.

Zur Problematik siehe auch Gerhart Wagner, Die Forschung zwischen Wissen und Gewissen, EVZ-Verlag Zürich, 1961.

Verzeichnis der Schriften von Res Jost

Publikationen

Die mit (*) bezeichneten Schriften befinden sich in diesem Band.

1. Zur Ladungsunabhängigkeit der Kernkräfte in der Vektormeson-Theorie ohne neutrale Mesonen
   Helv. Phys. Acta **19** (1946) 113-136

2. Bemerkungen zu einer Arbeit von D. ter Haar ("On the Redundant Zeros ...", Physica **12** (1946) 501)
   Physica **12** (1946) 509-510

3. Bemerkungen zur mathematischen Theorie der Zähler
   Helv. Phys. Acta **20** (1947) 173-182

4. Über die falschen Nullstellen der Eigenwerte der S-Matrix
   Helv. Phys. Acta **20** (1947) 256-266

5. Compton Scattering and the Emission of Low Frequency Photons
   Phys. Rev. **72** (1947) 815-820

6. Eine Bemerkung über die Entropie in der Wellenmechanik
   Helv. Phys. Acta **20** (1947) 491-494

7. Die höheren strahlungstheoretischen Näherungen zum Compton Effekt (mit E. Corinaldesi)
   Helv. Phys. Acta **21** (1948) 183-185

8. Remarks on the Problem of Vacuum Polarization and the Photon Self-Energy (with J. Rayski)
   Helv. Phys. Acta **22** (1949) 457-466

9. Vakuumpolarisation und e^4-Ladungsrenormalisation für Elektronen (mit J.M. Luttinger)
   Helv. Phys. Acta **23** (1950) 201-214

10. Distribution of Recoil Nucleus in Pair Production by Photons (with J.M. Luttinger and M. Slotnik)
    Phys. Rev. **80** (1950) 189-196

11. On the Scattering of a Particle by a Static Potential (with A. Pais)
    Phys. Rev. **82** (1951) 840-851

12. Construction of a Potential from a Phase Shift (with W. Kohn)
    Phys. Rev. **87** (1952) 977-992

13. Selection Rules Imposed by Charge Conjugation and Charge Symmetry (with A. Pais)
    Phys. Rev. **87** (1952) 871-875

14. Equivalent Potentials (with W. Kohn)
    Phys. Rev. **88** (1952) 382-385

15. On the Relation between Phase Shift, Energy Levels and the Potential (with W. Kohn)
    Dan. Mat. Fys. Medd. **27** (1953) Nr. 9

16. Lineare Differenzengleichungen mit periodischen Koeffizienten
    Comm. Math. Helv. **28** (1954) 173-185

17. Mathematical Analysis of a Simple Model for the Stripping Reaction
    ZAMP **6** (1955) 316-326

18. Construction of Potentials from the S-Matrix for Systems of Differential Equations (with R.G. Newton)
    Nuovo Cimento **1** (1955) 590-622

19. Eine Bemerkung über den Zusammenhang von Streuphase und Potential
    Helv. Phys. Acta **29** (1956) 410-418

20. Integraldarstellung kausaler Kommutatoren (mit H. Lehmann)
    Nuovo Cimento **5** (1957) 1598-1610

21. Eine Bemerkung zum CTP-Theorem,
    Helv. Phys. Acta **30** (1957) 409-416

22. Ein Beispiel zum Nukleon Vertex
    Helv. Phys. Acta **31** (1958) 263-272

23. Sur le théorème CTP
    Les problèmes mathématiques et la théorie quantique des champs. CNRS, Paris 1959, 105-109

24. Das Pauli-Prinzip und die Lorentzgruppe
    Theoretical Physics in the Twentieth Century (M. Fierz and V. Weisskopf
    eds.) New York 1960, 107-136

25. Die Normalform einer komplexen Lorentztransformation
    Helv. Phys. Acta **33** (1960) 773-782

26. Properties of Wightman functions
    Lectures on Field Theory and the Many-Body Problem (E.R. Caianiello
    ed.) New York 1961, 127-144

27. Necessary Restrictions on Wightman Functions (with K. Hepp, D. Ruelle
    and O. Steinmann)
    Helv. Phys. Acta **34** (1961) 542-544

28. Über die Matrixelemente des Translationsoperators (mit K. Hepp)
    Helv. Phys. Acta **35** (1962) 34-46

29. CTP-Invarianz der Streumatrix und interpolierende Felder
    Helv. Phys. Acta **36** (1963) 77-82

30. Axiomatic Field Theory
    Proceedings of the Sienna International Conference on Elementary Particles
    II, Bologna 1963, 140-144

31. Poisson Brackets: An Unpedagogical Lecture
    Revs. Mod. Phys. **36** (1964) 572-579

32. The General Theory of Quantized Fields
    American Mathematical Society, Providence R.I. 1965, XV + 157 p.

33. Affine Vollständigkeit und kompakte Lorentzsche Mannigfaltigkeiten (mit
    M. Fierz)
    Helv. Phys. Acta **38** (1965) 137-141

34. Über das zeitliche Verhalten von glatten Lösungen der Klein-Gordon-
    Gleichung
    Helv. Phys. Acta **39** (1966) 21-26

35. Eine Bemerkung zu einem Letter von L. O'Raifeartaigh und einer Entgeg-
    nung von M. Flato und D. Sternheimer
    Helv. Phys. Acta **39** (1966) 369-375

*36. Einiges über die Lorentzgruppe und das einäugige Sehen
    Verein Schweizerischer Mathematik- und Physiklehrer, Bulletin Nr. 2 (1966)
    1-10

*37. Das Carnotsche Prinzip, die absolute Temperatur und die Entropie
Verein Schweizerischer Mathematik- und Physiklehrer, Bulletin Nr. 4
(1967) 1-6

38. Winkel und Wirkungsvariable für allgemeine mechanische Systeme
Helv. Phys. Acta **41** (1968) 965-968

39. Motion of a Point Mass on a Pseudosphere
Suppl. to New Physics **7** (1968) 26-28, Korean Physical Society

40. Remarks on a Conjecture of Robinson and Ruelle Concerning the Quantum
Mechanical Entropy (with F. Baumann)
Problems in Theoretical Physics, Essays dedicated to N. Bogolibov, Moscow
1969, 285-293

41. Über eine Ungleichung von E.P. Wigner und M.M. Yanase
Quanta (P.G.O. Freund, C.J. Goebel und Y. Nambu eds); Chicago 1970,
13-19

*42. Foundations of Quantum Field Theory
Aspects of Quantum Theory (A. Salam and E.P. Wigner eds); Cambridge
University Press 1972, 61-77

43. A Generalization of the Hopf Bifurcation Theorem (with E. Zehnder)
Helv. Phys. Acta **45** (1972) 258-276

44. Die Heisenberg-Weylschen Vertauschungsrelationen: zum Beweis des
Neumannschen Satzes
Physical Reality and Mathematical Description (Ch. Enz and I. Mehra
eds); Dordrecht-Boston 1974, 234-238

45. Measures on the Finite Dimensional Subspaces of a Hilbert Space: Remarks
on a Theorem by A.M. Gleason
Studies in Mathematical Physics (E.H. Lieb, B. Simon and A.S. Wightman
eds); Princeton 1976, 209-228

*46. Einstein und Zürich, Zürich und Einstein
Vierteljahrsschrift der Naturforschenden Gesellschaft Zürich **124** (1979)
7-23

*47. Boltzmann und Planck: Die Krise des Atomismus um die Jahrhundertwende
und ihre Überwindung durch Einstein
Einstein Symposion, Berlin; Lecture Notes in Physics **100** (1979) 128-145

48. Comment on "Einstein on Particles, Fields, and the Quantum Theory"
Some Strangeness in the Proportion (Harry Woolf ed.); Reading, Mass.
1980, 252-265

*49. Mathematik und Physik seit 1800: Zerwürfnis und Zuneigung
Die Mathematisierung der Wissenschaften (Paul Hoyningen-Huene ed.);
Zürich 1983, 65-92

*50. Das Wesen von Materie und Kraft. Emil du Bois-Reymonds Weltmodell
Vierteljahrsschrift der Naturforschenden Gesellschaft Zürich, **128** (1983)
145-165

51. Mathematics and physics since 1800 (Discord and sympathy)
Relativity, Groups and Topology (B.S. Dewitt and R. Stora eds); Amsterdam 1984, 4-36

*52. Wissen und Gewissen – Die Naturwissenschaft zwischen Sehnsucht und
Sünde
Wissen und Gewissen (E. Kull et al. eds); Zürich 1987, 177-189

53. Walter Heitler (1904-1981)
Vierteljahrsschrift der Naturforschenden Gesellschaft Zürich **128** (1983)
138-141

*54. Erinnerungen: Erlesenes und Erlebtes
Physikalische Blätter **40** (1984) 178-181

55. Quantenmechanik I (ausgearbeitet von W. Schneider und E. Zehnder)
Verlag des Vereins der Mathematiker und Physiker an der ETHZ, Zürich
1969

56. Repetitorium für Quantenmechanik
Verlag des Vereins der Mathematiker und Physiker an der ETHZ, Zürich
1970

57. Repetitorium zur allgemeinen Mechanik, nach der Vorlesung im Wintersemester
1970/71
Verlag der Fachvereine an der ETHZ, Zürich 1971

58. Quantenmechanik II (ausgearbeitet von W. Schneider und E. Zehnder)
Verlag der Fachvereine an der ETHZ, Zürich 1973

59. Elektrodynamik, Vorlesung im Sommersemester 1975
Verlag der Fachvereine an den schweizerischen Hochschulen und Techniken,
Zürich 1976

Manuskripte
Nicht publiziert oder Erscheinungsort unbekannt:

*60. Physik: Gestern und Morgen (Radiovortrag, 1968)

*61. Das Märchen vom elfenbeinernen Turm (Schweizerische Physikalische Gesellschaft, 1970)

*62. Zur Vorgeschichte des Planckschen Strahlungsgesetzes. (Naturforschende Gesellschaft in Zürich, Vortrag, 1972)

 63. Irreversibility and the Discovery of Planck's Constant (Gwatt Conference, 1978)

 64. Ausführliche Notizen zum Gwatt-Vortrag (Handschrift, 1978)

 65. Literaturrecherchen zum Gwatt-Vortrag (Handschrift, 1978)

*66. Ernst Mach & Max Planck (Vortrag in Bern, 15. Juni 1979)

*67. Kommentar zu A. Pais' Vortrag "Einstein on Particles, Fields and the Quantum Theory"

*68. Planck-Kritik des T. Kuhn (Vortrag Heidelberg, 8.2.1980)

*69. Symmetrie in der Physik. (Vortrag bei der Firma Landis & Gyr, Zug (Handschrift) 1980)

*70. Michael Faraday – 150 years after the discovery of electromagnetic induction. (Lecture in Geneva, February 22, 1982)

*71. Physik ohne Mathematik; aus Johann Wolfgang Goethe und Michael Faraday. Abschiedskolloquium für Professor Otto Huber. (Freiburg i. Ü., 27. Juni 1984)

 72. Erwin Schrödinger (Buchbesprechung, 1985)

Die in diesem Band nicht abgedruckten Manuskripte können beim Institut für Theoretische Physik, ETH-Hönggerberg, CH-8093 Zürich, angefordert werden. Der wissenschaftliche Nachlass von Res Jost wird später der Wissenschaftshistorischen Sammlung der Hauptbibliothek der ETH Zürich übergeben.

Lecture Notes in Physics

For information about Vols. 1–425
please contact your bookseller or Springer-Verlag

New Series m: Monographs